分子遗传与表观遗传

主　编　崔　娜（沈阳农业大学）
刘　琛（沈阳农业大学）

副主编　李　丛（沈阳农业大学）
董小妹（沈阳农业大学）
于　洋（沈阳农业大学）

其他编者（以姓氏笔画为序）
刘玉卫（河北农业大学）
齐　鑫（苏州科技大学）
阮燕晔（沈阳农业大学）
孙　权（沈阳农业大学）
李琳琳（大连民族大学）
张　敖（沈阳农业大学）
易　飞（中国农业大学）
岳　静（沈阳化工大学）
孟祥南（沈阳农业大学）
梅　超（山西农业大学）
曹慧颖（沈阳农业大学）
董　雪（山西农业大学
富　薇（沈阳师范大学

科学出版社
北　京

内 容 简 介

本书为遗传学科学术型硕士研究生课程的配套教材。主要内容包括基因与基因组，基因与基因组学研究方法和技术，遗传标记与遗传性状的分析方法，DNA复制与基因表达，基因表达调控，基因突变、重组与修复，表观遗传，非编码RNA在基因表达调控中的作用，分子遗传与植物发育，分子遗传研究与农作物生产等。编者在编写过程中，总结了多年来的教学、科研和实践经验，参考了国内外有关资料，既有基础知识，也有最新的研究进展。本书注重理论联系实际、图文并茂、由浅入深，体现了遗传学科中分子遗传与表观遗传的科学性、系统性、前沿性，保持了农业院校应用的特色。

本书可供生物类、农学类学术型硕士研究生使用，也可供相关专业和学科的工作人员使用。

图书在版编目（CIP）数据

分子遗传与表观遗传/崔娜，刘琛主编. —北京：科学出版社，2022.10
ISBN 978-7-03-073501-0

Ⅰ. ①分… Ⅱ. ①崔… ②刘… Ⅲ. ①分子遗传学－研究生－教材 ②表观遗传学－研究生－教材 Ⅳ. ①Q75 ②Q3

中国版本图书馆CIP数据核字（2022）第194388号

责任编辑：丛 楠 韩书云 / 责任校对：严 娜
责任印制：赵 博 / 封面设计：迷底书装

科学出版社 出版
北京东黄城根北街16号
邮政编码：100717
http://www.sciencep.com
北京中石油彩色印刷有限责任公司印刷
科学出版社发行 各地新华书店经销
*
2022年10月第 一 版 开本：787×1092 1/16
2025年 2 月第三次印刷 印张：17 3/4
字数：427 000

定价：88.00元

（如有印装质量问题，我社负责调换）

前　言

遗传学是研究从亲代到子代生物遗传信息传递过程中基因组的遗传与变异，基因结构和功能，遗传信息的贮存、复制，以及在生物体生命过程中基因的表达和调控的科学。随着各种生物基因组研究的进行和深入，遗传学已成为生命科学各门学科的核心，它的分支几乎扩展到生物学的各个研究领域。分子遗传是在分子水平上研究生物遗传和变异的机制，不仅包含了分子生物学的基本理论，而且发展出了基因工程、基因重组等前沿技术，并与遗传育种、遗传病诊治、衰老研究，以至工业、医药、农药等都有直接而紧密的关系。表观遗传是研究在基因的核苷酸序列不发生改变的情况下，基因表达的可遗传变化的分子遗传学新分支，成为现代生物科学中发展最迅速、最为活跃的前沿之一。

分子遗传与表观遗传课程是高等农业院校生物类和农学类相关学科学术型硕士研究生的基础课，也是学位课，主要内容包括基因与基因组，基因与基因组学研究方法和技术，遗传标记与遗传性状的分析方法，DNA复制与基因表达，基因表达调控，基因突变、重组与修复，表观遗传，非编码RNA在基因表达调控中的作用，分子遗传与植物发育，分子遗传研究与农作物生产等。

编者在编写过程中，总结了多年来的教学、科研和实践经验，参考了国内外有关资料，既有基础知识，也有最新的研究进展。本书注重理论联系实际、图文并茂、由浅入深，体现了遗传学科中分子遗传与表观遗传的科学性、系统性、前沿性，保持了农业院校应用的特色。本书可供生物类、农学类学术型硕士研究生使用，也可供相关专业和学科的工作人员使用。

在本书编写之初，我们召开了教材编写会议，提出了编写指导思想，拟定了编写大纲，明确分工后，各司其职认真进行编写工作。在大家的共同努力下，完成了本书的编写任务。

本书的编写也得到了许多遗传学教师和分子遗传、表观遗传科技工作者的大力支持，在此深表感谢。感谢沈阳农业大学研究生院领导、老师的大力支持，也非常感谢科学出版社的大力支持。

由于编者的水平有限，在文字和内容上难免存在不足之处，谨请读者批评指正，以便进一步修订和提高。

编　者

2022年2月

目　　录

第一章 绪论

一、分子遗传与表观遗传的含义

遗传学三大定律的发现揭开了经典遗传学发展的序幕，它们共同揭示了基因在代间传递的一般规律，甚至可以通过遗传作图绘制出基因在染色体分子上的排列顺序及其相对距离。随着基因的化学本质被发现，生化遗传学证明了基因的化学本质是DNA，但无论是经典遗传学还是生化遗传学，都不能准确地解释基因究竟是以何种机制、通过何种途径来控制个体的发育、分化及其表现型（表型）的特征。那时的遗传学研究不但没有揭示出基因的分子结构，而且不能解释细胞核中的基因是怎样控制细胞质中发生的各种生化过程，以及在细胞分裂周期中基因如何准确地产生自己的复制品。而诸如此类的问题都是分子遗传的研究范畴。不难看出，直到1953年J. Watson和F. Crick提出 DNA双螺旋模型之前，人们对于基因的认识仍然停留在初级阶段。DNA双螺旋模型建立后，遗传学研究转向遗传物质的分子结构与传递机制、遗传信息表达的分子机制、基因和基因组的结构与功能、遗传变异的分子机制、基因控制细胞分化和发育的分子机制。可见，DNA双螺旋模型的发现为科学工作者研究分子遗传相关内容提供了正确的思路，奠定了成功的基础。因此，1953年J. Watson和F. Crick的DNA双螺旋模型的建立，标志着遗传学研究跨入了分子遗传的新阶段。它全面继承和发展了经典遗传学和生化遗传学的科学内涵，又孕育并催生了基因工程学、基因组学和表观遗传学等数个现代遗传学主要分支的相继问世。

近些年来，随着分子遗传尤其是基因组学研究工作的不断深入，在诸多的生物体中发现了越来越多的非孟德尔遗传现象和异常的遗传模式。这些问题强烈地激发了一大批科学工作者的浓厚兴趣。如此便有力地促进了表观遗传的产生和发展，使之迅速地成为分子遗传研究领域中相对独立的一门新兴学科。

表观遗传专门研究在生物体发育与分化过程中，表型性状特征发生改变，而相应基因的核苷酸序列却没有变化的特殊遗传现象。这种基因型不发生变化，只对表型有影响的独特遗传变化称为表观遗传改变。表观遗传的主要观点是，生物体的大部分性状都是由DNA序列中编码蛋白质的基因负责传递的，但是DNA序列以外的化学标记编码的表观遗传密码（epigenetic code），对于生物体的表型特征也有深刻的影响。

传统遗传学观点认为，生物体的遗传信息是由基因组DNA中编码蛋白质的基因构成的。但是事实上，遗传信息的构成是相当复杂的。近年来，表观遗传的研究人员发现，DNA并非遗传信息的唯一载体。基因所占的比例还不到全部DNA序列的2%，而生命遗传信息的组成还包括其他层面。第一个层面仅含有非编码RNA（non-coding RNA，ncRNA）基因，主要包括rRNA基因、tRNA基因、snoRNA基因及miRNA基因和siRNA基因等。这类RNA基因存在于基因组DNA的非编码蛋白质的序列中。越来越多的研究表明，非编码RNA基因在生命过程中的作用也是不可或缺的。第二个层面为表观遗传信息层（epigenetic layer of information），它贮藏于环绕在DNA分子周围并同DNA相互结合的蛋白质及其他化合物中。尽管目前我们对于表观遗传信息层的功能效应尚不十分清楚，但有大量的报告提示它对于生物体的作用，可能比RNA基因信息层还要重要。目前的观点认为，表观遗传信息层可能在生长、发育、衰老及癌变的过程中起到关键的作用。例如，同卵双生个体，虽然他们具有完全一样的基因组DNA序列，但往往也存在着一些外观表型的差异。当其中一个成员患上精神分裂症、躁郁症及儿童糖尿病等遗传性疾病时，另一个成员的健康状态却是正常的。这种差异的产生可能与环境因素有关系，然而研究者更加倾向于用表观遗传改变这一概念给予解释。因此，对于表观遗传的研究不仅可以增加表观遗传的基础知识，在理论上对全面理解细胞命运和类型的决定及表型的维持具有重要意义，还有可能为某些遗传性疾病的治疗和新药的制备指明新的途径。因此，有学者认为目前总体的趋势是，遗传学的研究正逐步地让位给表观遗传学，它是分子遗传发展的崭新阶段。

二、分子遗传和表观遗传的产生与发展

（一）分子遗传的产生与发展

在整个遗传学的发展史上，分子遗传的确起到了承上启下的传承作用。20世纪50年代初期至70年代初期是分子遗传迅猛发展、快速进步的时期。在这20余年间，诸多分子遗传的基本理论相继被提出，大量的重要发现不断涌现。其中比较重要的有：1956年，美国科学家A. Komberg在大肠杆菌中发现了DNA聚合酶Ⅰ（DNA polymerase Ⅰ），这是可以在试管中合成DNA链的第一种酶，至此人类拉开了DNA合成研究的序幕；1957年，H. Fraenkel-Conrat和B. Singer证实，烟草花叶病毒（TMV）的遗传物质是RNA，进一步表明RNA同样具有重要的生物学意义；1958年，M. Meselson和F. W. Stahl发现了DNA半保留复制（semiconservative replication）机制，揭示了基因之所以能够代代相传、准确保留的分子本质；同年，F. Crick提出了描述遗传信息流向的中心法则（central dogma），阐明了在基因表达过程中，遗传信息从DNA到RNA再到蛋白质的传递途径；1961年，两位法国科学家M. F. Jacob和J. Monod建立了解释原核基因表达调节机制的操纵子模型（operon model），说明基因不但在结构上是可分的，在功能上也是有分工的；1961～1966年，经过M. W. Nirenberg和H. G. Khorana等科学家的努力，全部64种遗传密码（genetic code）已被成功破译，从而将RNA分子上的核苷酸顺序同蛋白质多肽链中的氨基酸顺序联系了起来，它是分子遗传发展过程中影响最为深远的科学发现之一；1970年，美国科学家H. N. Temin和D. Baltimore发现了RNA病毒及其反转录酶（reverse transcriptase），证明遗传信息也可以从RNA反向传递到DNA，这是对中心法则的重大修正；1970年，H. O. Smith和K. W. Wilcox从流感嗜血菌中首先分离到Ⅱ型限制性内切核酸酶，其与1967年被

发现的DNA连接酶（DNA ligase）为DNA体外重组技术的建立提供了酶学基础。正是上述这些研究发现与进展构成了分子遗传的核心内容。

（二）表观遗传的产生与发展

表观遗传学（epigenetics）这个术语由研究胚胎发育的英国生物学家C. Waddington于1942年提出。C. Waddington提出表观遗传学是基于他在1939年首先提出发育是后成（epigenetic）遗传的观点。"后成论"者认为，生物发育时是由简单向复杂的形态发展，而不是已经预先在受精卵细胞中定型。

英国分子生物学家R. Holliday根据DNA甲基化可改变基因活性这个共识，于1987年在一篇学术论文中重新提出"epigenetic"并引起了研究人员的极大关注。1990年，R. Holliday给出表观遗传学的定义为：研究复杂生物发育过程中基因活动的时间和空间上机制的学科。1996年，美国遗传学家A. Riggs等将表观遗传学定义为：在不改变遗传序列的情况下，基因在功能上因有丝分裂或减数分裂而发生的遗传变化。2007年，英国遗传学家S. A. Bird将表观遗传学定义为：染色体区域结构的调整，导致表达、发出信号或保持改变的活动状态。2008年，在冷泉港学术会议上，表观遗传学的特性被公认为：在DNA序列没有发生改变的情况下，染色体变化所导致稳定遗传的表型。此外，2013年，美国国立卫生研究院（NIH）根据表观遗传学研究方面的外延，认为表观遗传学既包括细胞或个体基因活动和表达的遗传变化，也包括在细胞转录潜在水平上长期稳定且没有遗传的变化。

三、分子遗传与表观遗传在生产中的重要应用

（一）在医学诊断中的应用

早期对癌症进行诊断，增加了有效治疗和适当监测疾病的机会。对于许多类型的实体恶性肿瘤，通常要等到原发肿瘤转移后才会出现症状。因此，在开发可靠、无创且具有成本效益的常见癌症早期检测方法方面，人们付出了很多努力。随着对肿瘤发生分子机制的认识不断提高，以及新分子技术的迅速发展，通过液体活检及体液中的肿瘤衍生分子，极大地扩展了早期非侵入性癌症检测的范围。从血液（血浆/血清）、尿液、支气管肺灌洗液、乳腺抽吸液、唾液或痰等各种生物体液中分离出来的循环游离DNA（circulating free DNA，cfDNA）受到了广泛关注。特别是循环肿瘤DNA（circulating tumor DNA，ctDNA），即来自肿瘤细胞的cfDNA的一部分，可用作癌症早期诊断指标。在肿瘤发生发展过程中，ctDNA被从凋亡或坏死的肿瘤细胞中释放出来，或通过活细胞主动分泌释放出来，可为检测提供有关原发性和继发性肿瘤基因组的信息。

分子遗传和表观遗传的改变都参与了癌症的发生与发展，通过液体活检检测基因组和表观遗传的改变正在从概念逐渐转为在临床上得以实现。目前检测ctDNA的方法通常是基于对cfDNA中的体细胞突变进行测序，这对于监测具有可操作突变的肿瘤细胞克隆是非常有价值的。然而，由于复发突变的数量有限，这些方法在早期癌症患者中的诊断敏感性可能较低。肿瘤组织的克隆性和异质性同样降低了检测cfDNA中特定体细胞单核

苷酸突变的敏感性，从而稀释了在循环中可检测的信号。而这通常需要极高的检测敏感度，好比大海捞针。相比之下，DNA甲基化的分子约束并不那么严格，并且甲基化检测具有更好的早期癌症检测能力，具体优势如下：①表观遗传的改变，如异常的DNA甲基化，通常发生在肿瘤早期，并具有组织和癌症类型特异性；②DNA甲基化模式遍布整个肿瘤组织和相同的肿瘤类型，而体细胞突变通常仅限于肿瘤细胞的亚群/克隆；③DNA甲基化在较大的基因组区域内是一致的，因此可以使用多个CpG二核苷酸进行检测。

cfDNA可以容易地从血液或其他体液中被捕获，并用以研究感兴趣基因的DNA甲基化水平。目前，表观遗传特征可以通过各种技术进行鉴定，包括通过使用限制酶、基于亲和力的方法，或者通过重亚硫酸盐转化来富集甲基化或未甲基化的片段，从而区分甲基化和未甲基化的胞嘧啶。迄今为止，研究最广泛的表观遗传改变是CpG二核苷酸处的5-mC，其高度集中在基因启动子区域内的CpG岛中，癌细胞中的启动子高度甲基化与抑制肿瘤基因的沉默有关，并导致之后肿瘤的发生。每种DNA甲基化分析技术都有其自身的优势和局限性，但是在这一快速发展的领域中，技术的进步使得对位点特异性DNA甲基化的敏感性和特异性评估越来越精准。目前基于多种癌症类型多种肿瘤基因的研究，已经揭示了可用于早筛和预后诊断的DNA甲基化模式。基于一些cfDNA甲基化的表观遗传生物标记，如结肠直肠癌中的*VIM*和*SEPT9*、肺癌中的*PTGER4*/*SHOX2*、前列腺癌中的*GSTP1*和*DNMT1*，均已在临床上得以应用，并且已生产出商业检测试剂盒。

（二）在农业生产中的应用

分子遗传和表观遗传与农业生产有着密切的联系，在畜牧和作物育种、新品种培育、种质资源创新等方面都有重要应用。近些年，杂交二倍体马铃薯的获得、玉米叶夹角控制基因的发现、玉米单倍体诱导基因的克隆、水稻细胞质雄性不育基因的发现、小麦抗赤霉病主效基因的发现等一系列重要成果的取得都离不开分子遗传与表观遗传的发展。

马铃薯是世界上最重要的块茎类粮食作物，全球约有13亿人口将马铃薯作为主食。我国马铃薯主产区位于黑龙江、甘肃、内蒙古、宁夏、云南、贵州等省份。农业生产中使用的栽培马铃薯为四倍体，依靠块茎进行无性繁殖。四倍体遗传的复杂性和薯块繁殖的高成本严重制约了马铃薯遗传改良育种的进程和产业发展。为了解决这些问题，中国农业科学院深圳农业基因组研究所黄三文研究员联合云南师范大学等国内外优势团队发起了“优薯计划”，目的是用杂交种子繁殖的二倍体育种替代无性繁殖的四倍体育种，这是马铃薯育种和繁殖的“绿色革命”，是对马铃薯产业重要的农业创新。通过基因组设计育种，黄三文团队改变了自交不亲和基因与有害基因，克服了马铃薯自交不亲和与自交衰退，培育出高纯合度的二倍体马铃薯杂交品种‘优薯1号’。在云南省德宏傣族景颇族自治州的小区试验显示‘优薯1号’F_1代有明显的杂种优势，产量约为2.7t/亩①，接近当地主要四倍体品种的产量（3t/亩），类胡萝卜素和干物质含量较高，蒸煮口感俱佳。

分子遗传的另一重要应用是发现了玉米单倍体诱导基因。玉米杂交育种的核心环节是自交系选育，而获得稳定的自交系至少需要8代的连续自交。近年来玉米单倍体育种

① 1亩≈666.7m²

技术发展迅速，它采取“诱导＋单倍体加倍”的方法，只需两代即可获得由单倍体加倍的双单倍体（doubled haploid，DH）纯系，大大缩短了育种时长，已被国内外各大育种公司广泛应用。中国农业大学发现了单倍体诱导系候选基因，并将其命名为*ZmPLA1*。*ZmPLA1*含有4个外显子，编码一个长428个氨基酸残基的磷脂酶。该基因突变导致玉米单倍体的产生，为加速玉米育种进程奠定了良好的基础。

小麦赤霉病（*Fusarium* head blight，FHB）是全球范围内的一种小麦病害，是由禾谷镰刀菌（*Fusarium graminearum*）、黄色镰刀菌（*Fusarium culmorum*）、燕麦镰刀菌（*Fusarium avenaceum*）等多种镰刀菌属真菌引起的一种穗部病害。感染后的小麦植株在小穗和颖片上出现小的水渍状、淡褐色病斑，后期导致整个小穗枯黄或萎蔫，造成小麦减产甚至绝收。因此，小麦赤霉病有“小麦癌症”之称。山东农业大学孔令让教授团队经过近20年的研究，从小麦近缘植物长穗偃麦草（*Thinopyrum elongatum*）中通过远缘杂交的方式获得了小麦抗赤霉病基因*Fhb7*。长穗偃麦草是一种多年生的小麦近缘种，包括二倍体、四倍体、十倍体，携带多种优异抗性基因，抗寒、抗旱、抗病能力都很强，并且可以与小麦杂交，是实现优质小麦育种的重要亲本之一。*Fhb7*基因编码一个谷胱甘肽*S*-转移酶（glutathione *S*-transferase，GST），通过对GST超家族系统进化分析得知，*Fhb7*属于谷胱甘肽转移酶醚酶相关（glutathione transferase etherase-related，GTE）亚家族，该基因从内生真菌通过水平基因转移（horizontal gene transfer，HGT）到二倍体长穗偃麦草并整合到其基因组中，从而使后者进化出抵御镰刀菌属病原菌侵染的性状。

主要参考文献

陈海伟．2013．现代分子遗传学理论与发展研究．北京：中国水利水电出版社

吴乃虎，黄美娟．2015．分子遗传学原理（上册）．北京：化学工业出版社

Liu C, Li X, Meng D, et al. 2017. A 4-bp insertion at *ZmPLA1* encoding a putative phospholipase a generates haploid induction in maize. Molecular Plant, 10: 520-522

Tian J, Wang C, Xia J, et al. 2019. Teosinte ligule allele narrows plant architecture and enhances high-density maize yields. Science, 365: 658-664

Wang H, Sun S, Ge W, et al. 2020. Horizontal gene transfer of *Fhb7* from fungus underlies *Fusarium* head blight resistance in wheat. Science, 368 (6493): eaba5435

第二章 基因与基因组

第一节 基因概念的发展

遗传学是研究生物遗传和变异基本规律的科学，分子遗传是遗传学的主要分支之一，其主要研究内容为基因的结构与功能、基因的变异、基因的演化和物种进化等。因此，基因作为分子遗传的核心概念，贯穿研究的始终。近百年来，科学研究人员对基因分子本质的认识已发生了由表及里、从简单到复杂的深化，人们对基因分子本质的认识逐步深入，基因的概念也在不断发展和更新。在不同的历史发展时期，基因的概念有着不同的具体内涵。早期的基因概念较为简单，即遗传的独立单位。时至今日，随着现代分子遗传学的快速发展及基因组计划的实施，对基因精细结构和非编码RNA功能的了解不断深化，基因的概念也变得更为复杂。具体来讲，基因概念的发展主要分为以下几个阶段。

一、孟德尔基因概念的早期探索

遗传学的奠基人孟德尔采用经典的豌豆杂交实验，揭示了遗传学的基因分离定律和自由组合定律，认为生物的性状都是由“遗传因子”决定的，并将决定一对相对性状的显性因子和隐性因子称为等位因子。孟德尔提出的遗传因子是人类对基因概念的最早认识，为基因概念的提出奠定了关键的基础。遗传因子即一个遗传单位，可以决定从亲代遗传给子代的性状。

二、Johannsen 基因概念的提出

自孟德尔提出遗传因子的概念后，遗传学家开始通过实验来证实其存在。1902年，美国细胞学家萨顿和德国胚胎学家鲍维里通过独立实验发现豌豆产生配子时，遗传因子的行为与减数分裂中染色体的行为非常一致，并提出了著名的“萨顿-鲍维里假想”，即“遗传的染色体学说”，孟德尔提出的遗传因子与配子形成和受精过程中染色体的传递行为具有平行性，染色体是遗传物质的载体。这是第一次将遗传物质和染色体联系起来，认为孟德尔提出的遗传因子位于染色体上。

1909年，丹麦遗传学家Johannsen首次提出“基因”概念来表示遗传的独立单位，认为孟德尔提出的遗传因子即基因。而且，Johannsen还将遗传的决定因素与性状进行了区分，提出“基因型”（genotype）与“表现型”（phenotype）两个不同的概念，初步揭示了基因与性状之间的关系。需要注意的是，此时Johannsen提出的基因概念是推论得到的，

不代表遗传物质的实体，并不具有分子遗传学基础，为抽象概念。

三、摩尔根基因物质性的探索

自孟德尔的遗传学定律被发现后，世界各国遗传学家致力于揭示“基因如何控制性状”。美国科学家摩尔根是第一个从分子水平研究基因的遗传学家，他通过果蝇杂交实验发现了遗传学的连锁互换规律，首次将代表遗传性状的基因定位到了具体的染色体上，成功地证实了基因的分子载体是染色体，揭示了基因的遗传物质基础。摩尔根等认为，基因既是遗传的功能单位，同时也是交换单位和突变单位，能够以线性形式排列决定相应的性状，而且能随着染色体同源片段的互换进行交换并能发生突变。因此，摩尔根提出的“功能、交换、突变”三位一体的基因概念将基因与染色体联系起来，阐明了基因存在的物质性。

四、基因化学本质的探索

摩尔根的基因理论加深了人们对基因本质的认识，强有力地推动了遗传学的研究。遗传学家迫切想了解的科学问题是：DNA和蛋白质，何者为基因真正的分子载体？格里菲思和埃弗里通过肺炎双球菌转化实验证明DNA是主要的遗传物质，基因的分子载体是DNA而不是蛋白质。那么，基因是如何传递遗传信息的呢？ 1953年，J. Watson和F. Crick利用X射线衍射分析，提出了DNA双螺旋结构模型，进一步通过实验证明基因是DNA分子上的一个片段。在此基础上，M. Meselson等科学家发现了DNA半保留复制方式，揭示了基因在代代间传递遗传信息的机制。因此，基因化学本质的确定为基因内部精细结构的揭示奠定了基础。此时，基因被定义为一段能够自我复制、具有特定功能的DNA序列。

五、Benzer基因结构的探索

互补测验又称顺反测验，在二倍杂合体中，如果所用的两个突变分别位于两条染色体上，这种组合方式称为反式排列，如果两个突变同时位于一条染色体上，则称为顺式排列。在顺反两种排列情况下所表现的遗传效应称为顺反效应。

大肠杆菌T_4噬菌体rⅡ区具有3000多个突变，且这些突变型均具有不能在大肠杆菌K菌株中生长繁殖的相同表型。1955年，美国分子生物学家S. Benzer根据大肠杆菌T_4噬菌体野生型与rⅡ突变体在不同大肠杆菌菌株中的噬菌斑表型差异（表2-1），通过大量的成对突变型杂交实验，测定其重组频率，进而对T_4噬菌体rⅡ区进行了精细的基因制图。Benzer发现T_4噬菌体rⅡ区的基因组DNA可以分为A和B两个区段，这两个区段中任一区段的突变都不会影响另一区段的功能，只有当两个突变点分别位于A区段和B区段时，两个噬菌体才能互补进而在K（λ）菌株中生长繁殖；反之，在同一区段发生突变的任何两个噬菌体均不会在K（λ）菌株中产生互补表型。这些实验结果提示T_4噬菌体rⅡ区的A、B区段为两个独立的遗传单位。Benzer把通过互补测定发现的遗传功能单位称为顺反子（cistron），即基因。一个顺反子是一段DNA序列，它可以编码一条完整的氨基酸多肽链。

表2-1　T_4噬菌体r^+野生型与rⅡ突变型的区别

基因型	不同大肠杆菌菌斑平板上的表型	
	E. coli B	*E. coli* K（λ）
r^+野生型	噬菌斑小，边缘模糊	噬菌斑小，边缘模糊
rⅡ突变型	噬菌斑大，边缘清楚	不能生长

根据Benzer的顺反子理论，基因是遗传上一个不可分割的功能单位，而非一个突变单位或重组单位。在T_4噬菌体rⅡ区，A区段和B区段为两个不同的顺反子，每个顺反子中有若干个能够发生突变的位点。因此，一个顺反子是一个编码多肽的DNA片段，其内部可发生突变或重组，这是对基因概念新的认识。

六、基因控制性状的探索

基因如何控制性状呢？1941年，美国微生物遗传学家G. W. Beadle和E. L. Tatum以红色链孢霉为材料进行了生化遗传研究，认识到生物体内发生的代谢反应是由特定基因编码的酶来控制的。他们第一次明确提出了"一个基因一种酶"的假说，认为基因对性状的控制是通过控制酶的合成来实现的。1949年，美国化学家L. C. Pauling与合作者在研究镰状细胞贫血时推论基因决定着多肽链的氨基酸顺序。至此，人们已了解到基因能够控制蛋白质的合成进而决定生物体的性状。但是，直到1957年，V. M. Ingram等应用最新的氨基酸测序技术，对正常的血红蛋白和镰状细胞贫血患者的血红蛋白的氨基酸序列进行比对，才首次通过实验发现了基因与蛋白质之间的直接联系，证实了"一种基因一种酶"假说的正确性。后来，随着对蛋白质结构的研究逐步深入，科学家发现许多蛋白质都是由多个亚基组成的，为了能够适用于具有不同亚基蛋白质的情况，将"一种基因一种酶"修正为"一种基因一种多肽链"。根据这种理论，基因的概念发展为编码一种特定蛋白质多肽链的一段核苷酸序列。

七、基因传递遗传信息机制的探索

基因是通过何种途径将遗传信息转移到蛋白质多肽链上的呢？1958年，F. Crick在综合分析关于遗传信息传递相关资料的基础上，提出了描述DNA、RNA和蛋白质三者关系的中心法则（central dogma）：在基因表达过程中，遗传信息首先从DNA传递至RNA，然后再从RNA传递至蛋白质。因此，中心法则的提出明确了基因核苷酸碱基顺序与蛋白质氨基酸顺序之间的对应关系。后来，反转录酶的发现，使科学家认识到在特定情况下，遗传信息也可以从RNA反向传递到DNA，这是对中心法则的一个重要补充。

进一步，"核苷酸序列如何转变为蛋白质序列"成为分子遗传学的研究热点。科学家推测，必定存在着一种特殊的遗传密码系统，能够将RNA分子上的核苷酸顺序同蛋白质多肽链上的氨基酸顺序联系起来。经过多位科学家的努力，到1966年底，全部64种密码子被成功破译。而且，遗传密码具有通用性，除了线粒体和叶绿体存在个别特例，所有生物体的密码子同氨基酸之间的关系都是相同的。根据中心法则和遗传密码通用性的理论，基因的概念为编码蛋白质或传递RNA信息的遗传单位。

八、基因精细结构与分工的探索

S. Benzer的顺反子理论是最早试图揭示基因内部精细结构的研究，但由于技术水平的限制，有关基因精细结构的研究进展较为缓慢。1961年，F. Jacob和J. Monod在研究大肠杆菌乳糖代谢的调节机制过程中，发现有些基因不起蛋白质合成的模板作用，只发挥调节或操纵作用，据此提出了乳糖操纵子模型（图2-1）。从此，根据基因功能把基因分为结构基因、调节基因和操纵基因。很多功能相关的结构基因串联排列在染色体上，由一个共同的调控区来操纵这些基因的表达，包含这些结构基因和调控区的整个核苷酸序列称为操纵子（operon）。根据操纵子学说，蛋白质及RNA的编码基因称为结构基因，能够调节其他相关基因表达活性的基因称为调节基因。因此，从基因研究的发展水平来看，操纵子概念比顺反子概念又前进了一步，表明基因不仅在结构上可分，在功能上也是有分工的，开创了基因调控的研究。

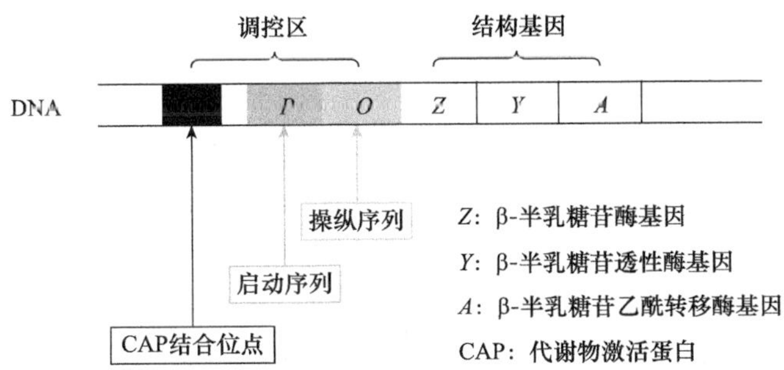

图2-1　大肠杆菌的乳糖操纵子模型（改编自Kraikivski，2021）

九、新类型基因的发现

核苷酸序列测定技术的发展，促进了移动基因、断裂基因、假基因、重叠基因、重复基因及RNA基因等具有特殊分子结构特征的新类型基因的发现。

移动基因（movable gene）又称为跳跃基因或转座子，可以在染色体基因组上移动，甚至还可以在不同染色体分子之间，或是在染色体、噬菌体及质粒DNA之间跃迁，是由美国遗传学家B. McClintock在玉米染色体中首次发现的。玉米籽粒色斑具有不稳定的遗传现象，B. McClintock认为在基因组的不同区域存在可移动的控制因子，其可改变在染色体上的位置，同时使其离开或插入部位邻近的基因失活或恢复活性，从而导致玉米籽粒性状改变，并于1951年首次提出转座子的概念。20世纪60年代，英国生物化学家J. A. Shapiro在大肠杆菌中也发现了一类可移动位置的遗传因子，并将其称为插入序列。移动基因的发现使我们认识到在染色体基因组上，基因的位置不都是固定不变的。

断裂基因（split gene）是1977年由P. Sharp等在腺病毒中首先发现的。这是一类编码序列中插入了与氨基酸编码无关的DNA间隔序列的基因。断裂基因的编码序列被分割成若干个不连续的区段。1978年，W. Gilbert等提出基因是一个转录单位，并认为真核细胞基因是通过重组不同的外显子而出现的，内含子则是外显子重组过程中所产生的残片。在断裂基因发现之前，遗传学家认为基因的全部编码序列都是连续不断串联在一起的。因此，断裂基因的发现改变了传统遗传学对基因编码区结构的认识，促进了对基因表达调节机制的探索。

假基因（pseudogene）是G. Jacq等通过对非洲爪蟾5S rRNA基因簇的研究首次提出的概念，特指核苷酸序列与野生型亲本基因基本相同，但因突变不能翻译形成功能蛋白质的失活基因。基因组序列分析表明，绝大多数真核生物中均存在大量的假基因。过去一直认为假基因是没有功能的，但在2003年，S. Hirotsune首次证明小鼠中与*Makorinl*同源的假基因*Makorinl-p1*能够调控同源功能基因的表达。因此，假基因的发现极大地丰富了我们对基因分子本质多样性的认识。

重叠基因（overlapping gene）是一类核苷酸序列彼此重叠、编码不同蛋白质的两个或多个基因的结构。1977年，F. Sanger等在噬菌体中发现了由5375个核苷酸组成的单链DNA序列所包含的10个基因，其中有几个基因的序列具有不同程度的重叠，但是这些重叠基因具有不同的读码框架。后来在真核生物中也发现了重叠基因的存在。重叠基因的发现修正了人们一直认为的在一段DNA序列中，各个基因的序列是彼此独立、互不重叠的概念。

重复基因（repeated gene）是指染色体上存在多个拷贝的基因。在单倍体细胞中，有一些基因，如组蛋白基因和rRNA基因等，是以多拷贝形式存在的，而且往往彼此聚集成簇，这类多拷贝的基因即重复基因。

RNA基因（RNA gene）是指能够转录生成非编码RNA的DNA序列。近年来，基因组学的迅猛发展促使人们发现，在基因组中除了传统的能够编码蛋白质的基因，还存在着一类全新概念的RNA基因。它们不能翻译为蛋白质，但可通过转录为非编码RNA（non-coding RNA，ncRNA）发挥生理功能。RNA基因的发现进一步深化了人们对基因概念的认识。

因此，在遗传学发展的不同阶段，基因的定义有着不同的界定，它的具体含义随着基因序列测序技术的发展和研究工作的不断深入而发生相应的变化。

十、基因的现代概念

在现代遗传学中，基因的概念将基因的结构和功能联系起来，强调基因是一个携带从上一代到下一代遗传信息的物质单位和功能单位，是合成一条有功能的多肽链或RNA分子所必需的完整的DNA序列。完整的DNA序列是指基因序列包含RNA编码区及其两端的转录调控区。

当今，人们借助先进的分子生物学技术和高通量测序技术，通过功能基因组和比较基因组的研究，对基因结构和功能有了更深入的认识，这必将带动基因概念的不断更新和发展。

第二节 原核基因组与原核基因的分子结构

根据中心法则，基因是传递遗传信息的功能单位。因此，要深入理解遗传的分子本质，就必须对基因的结构和功能进行解析。自20世纪70年代以来，随着基因工程技术的快速发展，人们能够从核苷酸碱基的水平认识基因的分子结构了。

一、原核基因组

原核生物的细胞结构简单，不具有完整的由核膜包裹的细胞核结构，但存在着由基因组DNA盘旋形成的类似细胞核的拟核（nucleoid）结构。由于拟核没有细胞膜围绕，仅结合少量的蛋白质，通常认为其是致密浓缩的裸露DNA分子。原核细胞的这种拟核DNA即其染色体基因组DNA。此外，有的原核细胞中还存在一类小的能够自我复制的环形双链DNA分子，这种小的DNA分子称为质粒（plasmid）。

大肠杆菌是原核生物的典型代表之一，是分子生物学和基因工程研究中常用的模式生物。大肠杆菌的染色体DNA长1333μm，可以通过折叠和螺旋进一步缩短为2μm，形成更高级的染色体结构。因此，大肠杆菌的染色体不是一条裸露的DNA链，而是以高度组装的形式存在，这种结构不仅适应了细菌的狭小空间，而且便于染色体复制和基因表达。在大肠杆菌中还存在着许多类型的质粒分子，但质粒基因组DNA通常只有几千碱基对。

二、原核基因组的结构特点——以大肠杆菌为例

（一）高效的序列利用率

大肠杆菌基因组利用的高效性主要体现在三个方面：①高达98%以上的核苷酸序列为编码区，无不必要的冗余序列和重复序列；②基因的排列十分紧凑；③存在核苷酸序列部分重叠编码不同蛋白质的重叠基因。

（二）双链DNA的编码功能

大肠杆菌基因组DNA的两条单链无固定的正义链和反义链，任何一条单链都同时存在着基因的编码序列和非编码序列。

（三）操纵子结构

在大肠杆菌基因组中，功能相关的若干基因可形成操纵子结构。同一操纵子中的数个结构基因是由同一个启动子区控制的转录单位，它们被共同转录为一条mRNA分子后，再进一步翻译成多种蛋白质多肽链。

（四）拷贝数的波动性

在大肠杆菌细胞中，基因的拷贝数与细菌的生长状态密切相关。通常情况下，大肠

杆菌的基因都是以单拷贝的形式存在的，但当其在营养丰富的培养基中快速生长时，每个细胞中的基因以多拷贝的形式存在。

三、原核基因的结构

从DNA核苷酸序列方面分析，原核基因的结构包括启动子区、转录区和终止区三部分。

（一）启动子区

大肠杆菌的启动子区是一段位于操纵子转录起始位点上游，长度为20～200bp的非编码核苷酸序列。作为RNA聚合酶的结合部位，启动子区负责启动下游基因的转录。典型的原核基因启动子区大多具有－10元件和－35元件两种主要的特征结构元件。－10元件因位于转录起始位点上游10bp处而得名，又称为普里布诺框（Pribnow box）。－10元件基本上都是由保守的TATAAT核苷酸序列组成的，因而也称为TATA盒。一般认为，TATA盒可被RNA聚合酶识别，使RNA分子能按照5′→3′的方向合成。－35元件位于转录起始位点上游35bp处，保守序列为TTGACA，是启动子区中结合RNA聚合酶的起始位点。需要注意的是，不同原核基因启动子区的－10元件和－35元件也会存在个别碱基的差异，这种差异能够影响启动子区的转录启动活性。另外，某些大肠杆菌启动子区还存在着一种位于核心元件上游40bp和60bp之间的UP元件（5′-CAGAAAATTATTTTAAATTTC-3′）。UP元件能够使启动子区结合大量的RNA聚合酶，进而具有超强的转录激活能力。

（二）转录区

转录区是指转录起始位点到转录终止位点的DNA片段。原核基因的转录区可转录成一条连续的mRNA分子，无须进行剪接加工。转录区由5′-非翻译区（5′-untranslated region，5′-UTR）、编码区（coding region）和3′-非翻译区（3′-untranslated region，3′-UTR）三部分组成。其中5′-非翻译区和3′-非翻译区分别指位于基因5′端上游和3′端下游的一段转录但不翻译的核苷酸序列，5′-非翻译区通常含有核糖体结合位点和翻译起始信号，3′-非翻译区含有mRNA分子转录终止的信号；编码区是指位于基因起始密码子和终止密码子之间的一段能够编码氨基酸的核苷酸序列。起始密码子是决定蛋白质翻译起始的信号，它的序列通常为AUG，在少数情况下为GUG和UUG。和起始密码子相对应，终止密码子是决定蛋白质翻译终止的信号。原核基因的终止密码子有UAA、UAG和UGA。

（三）终止区

原核基因的终止区是指位于操纵子3′端转录终止位点之后的一段核苷酸序列，能为RNA聚合酶提供转录终止信号，促使其从结合的DNA分子上解离，停止转录。终止区的结构具有三个方面的特征：①存在一段反向重复序列，可转录形成茎-环结构；②在邻近环端的茎区序列富含G-C碱基对；③富含A-T碱基对，转录产生的mRNA分子具有poly（U）尾。

第三节 真核基因组与真核基因的分子结构

一、真核基因组

与原核生物基因组相比，真核生物基因组更加复杂，由细胞核染色体基因组和细胞器基因组组成。由于细胞器基因组仅占极少的比例，通常说的真核基因组为细胞核染色体基因组。

细胞核染色体基因组简称为核基因组，是指真核生物细胞核染色体所包含的全部遗传信息，即碱基对。不同物种的核基因组大小差别较大。线粒体基因组是指线粒体内的环形或线性的双链DNA，通常仅编码几十个基因，而且在不同物种之间存在明显的差异。叶绿体基因组是指位于叶绿体内的环形双链DNA分子。叶绿体基因组的大小为120～150kb，包括叶绿体的tRNA基因、rRNA基因及参与光合作用的蛋白质基因等。

二、真核基因组的结构特点

（一）组装成染色体结构

与裸露的原核基因组DNA不同，真核生物基因组结构最显著的特点之一是庞大的基因组DNA组装成若干条染色体。例如，人类基因组DNA序列总长为3.2×10^9bp，被组装成22条常染色体和2条性染色体。

（二）庞大的基因数量

真核生物的基因组DNA分子质量要远远大于原核生物的基因组DNA分子质量，因而编码的基因数量也远多于原核生物。例如，原核生物大肠杆菌基因组仅包括约4289个基因，而高等植物水稻包括约40 000个基因，人类的基因组共包括约22 000个基因。

（三）基因组具有多倍性

原核生物只有单拷贝的基因组，而大多数真核生物是二倍体（diploid），即具有两套分别来自父本和母本的完整基因组。而且，有些高等植物是多倍体（polyploid），具有多个拷贝的基因组。

（四）存在大量的重复序列

高等真核生物核基因组中存在着大量的重复DNA序列，即在单倍体基因组中拷贝数大于2的DNA序列。根据重复序列的拷贝数，通常将其分为低度重复DNA、中度重复DNA和高度重复DNA。不同类型的重复DNA序列功能不同，其中绝大部分高度重复的DNA序列不编码蛋白质，有的甚至不能转录。

（五）含有大量的非编码DNA序列

基因组DNA测序结果显示，真核生物基因组中存在大量的不能编码蛋白质的DNA

序列，包括两基因之间的非编码序列和基因内部的非编码序列。例如，在人类基因组中，编码蛋白质的DNA序列不足2%，而98%以上的DNA序列为非编码的DNA序列。目前，非编码DNA序列的功能已成为研究热点。

三、真核蛋白质编码基因的结构

真核蛋白质编码基因在DNA水平的结构可分为启动子、转录区和终止子三部分。

（一）启动子

真核基因的启动子（promoter）是位于5′端转录起始位点上游的一段非编码DNA序列，相当于原核基因的启动子区。启动子是RNA聚合酶在基因中的结合部位，能够影响基因的转录活性。一般来讲，真核蛋白质编码基因的启动子包含起始元件、TATA盒、CAAT盒、GC盒、Oct元件、增强子和沉默子等结构元件。

1）起始元件。真核蛋白质编码基因的起始元件特指转录起始位点及其两侧−3到+5位的一小段DNA序列。不同的真核蛋白质编码基因的启动子之间，其转录起始位点处的碱基一般都是A，在A两侧通常为嘧啶碱基，但总体来看该元件并不具有高度的保守性。

2）TATA盒。真核蛋白质编码基因的TATA盒与原核基因启动子−10元件的结构和功能类似，只是位置不同。在真核基因中，TATA盒位于转录起始位点上游25～30bp处，其保守序列为5′-TATA（A/T）A（A/T）-3′，两侧通常被富含GC的碱基对包围，功能是帮助RNA聚合酶正确定位并启动基因转录。

3）上游元件。上游元件是指转录起始位点上游与启动子活性密切相关的转录调控序列，如CAAT盒、GC盒和Oct元件等。在不同的真核基因启动子中，上游元件的位置和数量存在差异。CAAT盒通常位于转录起始位点上游约75bp处，其保守序列为5′-GGCCAATCT-3′，能够增强启动子的转录活性。研究显示，CAAT盒中碱基的突变能够降低基因的转录效率。GC盒的保守序列为5′-GGGCGG-3′，其可以以多拷贝的形式存在。Oct元件的保守序列为5′-ATGCAAAT-3′，又称为八聚体元件，通过与特异性转录因子结合，增强启动子的活性。

4）增强子。增强子（enhancer）通常位于5′-侧翼序列区，含有转录激活蛋白的结合位点，能够在距离启动子较远的位置增强基因的转录活性。例如，SV40的增强子位于转录起始位点上游约200bp处，具有多个转录激活因子的结合位点，能够提高启动子的转录活性。

5）沉默子。沉默子（silencer）也是能够在较远距离处调控启动子活性的顺式作用元件，但其功能与增强子相反，能够抑制相关基因的转录活性。沉默子能够与阻遏蛋白结合，使染色质发生浓缩，抑制转录因子与启动子的结合，进而抑制基因转录。

（二）转录区

转录区是位于转录起始位点和转录终止位点之间的一段DNA核苷酸序列，能够在RNA聚合酶的作用下，转录为一条连续的mRNA分子。与原核基因不同，真核蛋白质编码基因转录的mRNA均为单顺反子，即一个转录区只能编码一个基因。大多数真核基因的DNA序列被内含子序列间断，因而称为断裂基因。在转录过程中，断裂基因首先转录为mRNA前体（precursor mRNA，pre-mRNA）。在结构方面，mRNA前体由5′-非翻译区（5′-UTR）、外显子区（exon region）、内含子区（intron region）和3′-非翻译区（3′-UTR）组成。mRNA前体进一步经过剪接、加帽和加尾等加工过程，形成包括5′-帽子、5′-UTR、编码区、3′-UTR和3′-poly（A）尾的成熟mRNA分子。其中5′-帽子和3′-poly（A）尾均具有维持mRNA分子稳定性的作用。

（三）终止子

终止子是位于转录终止位点下游基因末端的一段DNA序列，负责中断基因转录。由RNA聚合酶Ⅱ负责转录的真核蛋白质编码基因主要用加尾信号作为转录终止信号，解释RNA聚合酶Ⅱ释放的机制目前主要有两个模型：鱼雷模型（torpedo model）和变构模型（allosteric model）。

第四节 重复序列与重复基因

一、重复序列

重复序列是与单一拷贝的DNA序列相对而言的，这两类DNA序列在原核生物基因组、低等真核生物基因组和高等真核生物基因组中的分布比例有着显著的差异。例如，大肠杆菌基因组中仅存在单一拷贝的DNA序列，秀丽隐杆线虫基因组中重复DNA序列的比例不足20%，但是在高等植物和两栖动物中，重复DNA序列的比例已高达80%。

通常根据DNA序列的重复次数，可将其分为低度重复序列、中度重复序列和高度重复序列。低度重复序列数量较少，通常指重复基因的拷贝数在3～10的DNA序列。中度重复序列是最主要的重复序列类型，由相对较短的序列组成，每个重复单元的长度为130～300bp，重复次数通常在10～100 000次。高度重复序列通常指重复次数在几十万次的DNA序列，通常非常短，可组成长的串联重复。

二、重复基因

基因在基因组上的分布并不是均[illegible]的。大部分真核蛋白质编码基因为单拷贝基因，如卵清蛋白基因，占基因总数的25%～50%。除此之外，真核基因组中还存在着大量的具有多个拷贝数的重复基因，如rRNA基因、tRNA基因和组蛋白基因等。这些重复基因编码的蛋白质通常在细胞生命活动中需求量大且功能保守。

rRNA基因是一种中等重复的基因，多集中分布于核仁形成区。在真核细胞基因组中通常存在[illegible]个rRNA基因的串联重复区域。例如，人类rRNA基因含有约200个拷贝，两栖类rRNA基因含有约600个拷贝。在人基因组的4种rRNA基因中，18S rRNA、5.8S rRNA和28S rRNA基因是串联在一起的，每个基因被间隔区隔开。在转录过程中，rRNA基因的一个重复单位首先转录为45S rRNA前体，然后45S rRNA前体进一步通过加工形成28S rRNA、18S rRNA和5.8S rRNA。而5S rRNA基因并不与18S rRNA、5.8S rRNA和

28S rRNA连锁，其位于另外一条染色体上。在原核基因组中，23S rRNA、16S rRNA和5S rRNA基因连锁分布，而且拥有一个共同的启动子。

tRNA是一类包括75～90个核苷酸的小RNA分子，负责氨基酸的转运。在不同物种的基因组中，tRNA基因的拷贝数差别较大。例如，酵母基因组中含有9个拷贝的tRNA基因，而非洲爪蟾基因组中则含有约200个拷贝的tRNA基因。

组蛋白基因是已知的重复基因中具有蛋白质编码功能的基因，能够编码包括H1、H2A、H2B、H3和H4在内的5种组蛋白。在低等真核生物海胆的基因组中，每个组蛋白基因簇都是可编码这5种组蛋白、大小为5000～6000bp的重复单位，在每个重复单位内，各种组蛋白基因均按照H1、H4、H2B、H3和H2A的顺序排列，彼此之间由空挡区隔开；这些基因簇按照串联的形式重复100～1000次。但在高等真核生物的基因组中，组蛋白基因簇通常重复10～40次。

第五节　重 叠 基 因

重叠基因（overlapping gene）是核苷酸编码序列彼此公用、编码不同蛋白质的一类基因。其有长基因内包含短基因、几个基因有一段核苷酸序列重叠在一起等多种重叠方式，不仅有编码序列，也有调控序列，基因的重叠能够高效利用DNA遗传信息，并且可能参与对基因表达的调控，在原核生物基因和真核生物基因中均存在重叠基因。

一、原核生物重叠基因的类型

根据重叠序列的位置，原核生物重叠基因可分为以下4种类型。

第一种类型为一个基因的DNA编码序列完全被包含在另一个基因的DNA编码序列内的序列重叠方式，由于读码框不同，两个基因编码不同的蛋白质。在ΦX174噬菌体中，同一段DNA序列能编码两种不同的蛋白质。例如，*B*基因位于*A*基因内，*E*基因位于*D*基因内，并且彼此的读码框不同。这类基因又称为全序列共用的重叠基因。

第二种类型为两个基因核苷酸序列的末端密码子相互重叠的方式。例如，在ΦX174噬菌体中，*D*基因终止密码子的最后一个核苷酸为相邻*J*基因起始密码子的第一个核苷酸。这种前一个基因的终止密码子与后一个基因的起始密码子之间存在一或两个碱基重叠共用的方式，也称为前后两基因首尾序列共用的重叠基因。

第三种类型为三基因序列共用的重叠基因。大肠杆菌G4噬菌体*K*基因的编码序列中存在着两段3个基因共用的重叠序列区，其中ATGA重叠区同时参与*K*、*A*和*C*三个基因的编码，TGATG重叠序列区参与编码*K*基因的起始密码子、*A*基因的天冬氨酸密码子和*B*基因的终止密码子。这种三个基因间存在共用的重叠序列区，又称为多碱基共用的重叠基因。

第四种类型为重叠操纵子。操纵子之间、操纵子与编码区可以发生重叠。例如，大肠杆菌中，*frd*、*ampC*为两个相邻的操纵子。*frd*操纵子中包含4个结构基因*frdA*、*frdB*、*frdC*和*frdD*，*frdD*的终止密码子位于*ampC*操纵子的－10区与转录起始位点之间，frdD肽链羧基端的10个氨基酸是被*ampC*启动基因的序列所编码。因此，*frd*、*ampC*两个相邻的操纵子之间有DNA序列的重叠。

二、真核生物重叠基因的类型

在高等真核生物基因组中也同样存在着重叠基因。例如，在人类基因组中，约有9%的蛋白质编码基因间存在着部分DNA序列的重叠。但是，高等真核生物中重叠基因的类型与原核生物中重叠基因的类型不同，主要包括内含子式重叠基因和嵌套式重叠基因两大类。内含子式重叠基因是编码序列完全位于其他基因内含子序列中的基因重叠方式。例如，在果蝇中，编码蛹角质膜蛋白的基因序列位于编码甘氨酰胺核苷酸甲酰转氨酶基因的第一个内含子序列中，两者的转录方向相反。而嵌套式重叠基因是基因的两条互补链分别编码两种不同蛋白质的方式。例如，人类基因组中，一种编码819个氨基酸的cDNA，其互补链编码一个类固醇21-羟化酶。

第六节 断裂基因

基因结构的研究显示，有许多基因的编码序列并不是连续的，而是被与编码氨基酸无关的DNA序列间隔开，使基因的编码序列被分隔为若干个不连续的DNA区段，这类基因称为断裂基因（split gene）。1977年，P. Sharp等利用电子显微镜等技术发现，腺病毒外壳蛋白基因的编码序列不是连续的，其由3个内含子和4个外显子组成。目前，在高等动植物、低等真核生物及少数原核生物中都发现了断裂基因。

一、断裂基因的典型结构特征

（一）外显子与内含子

断裂基因最主要的结构特征是其基因核苷酸序列可分为编码的外显子区和非编码的内含子区。外显子是指断裂基因DNA序列中编码氨基酸的核苷酸片段，它们的序列在pre-mRNA的剪接过程中被保留，并进一步彼此连接形成成熟的mRNA分子；内含子是指断裂基因DNA序列中位于两个外显子之间的不编码氨基酸的核苷酸片段，它们的序列在pre-mRNA的剪接过程中被剪切掉，不参与构成成熟的mRNA分子。因此，只有外显子中的突变能够影响蛋白质肽链的序列，但内含子中的突变会影响RNA的加工，可能会影响序列或肽链的产生。需要注意的是：①在不同的生物中，断裂基因的比例相差悬殊。例如，在原核生物中几乎不存在断裂基因，在高等真核生物中断裂基因所占的比例高于94%。②在不同的断裂基因中，内含子的数目和大小差异很大。③在不同生物的同源基因中，内含子的位置通常是保守的，但是相应内含子的长度变化可以较大。例如，在哺乳动物、鸟类和蛙类的活性珠蛋白中，断裂发生在相同的位置上（相对于编码序列），第一个内含子通常很短，第二个内含子通常很长，其长度的不同决定了不同珠蛋白基因之间总长度的差异。

（二）剪接位点

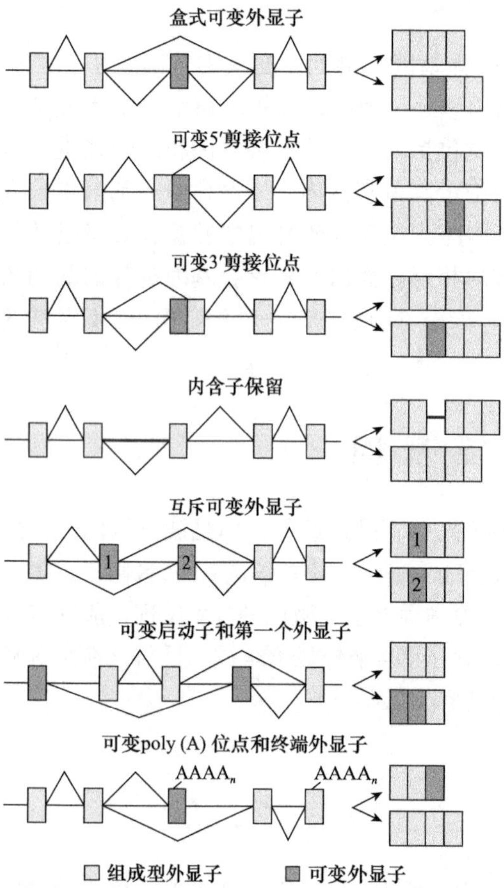

图2-2 可变剪接的类型（引自Blencowe，2006）

在断裂基因中，外显子-内含子的剪接位点比较保守，通常是指由GU、AG二核苷酸基序组成的保守序列结构。其中，由GU基序和其两侧特征性碱基组成的保守序列称为5′-剪接位点，或称为剪接给体位点；由AG基序和其两侧特征性碱基组成的保守序列称为3′-剪接位点，或称为剪接受体位点。GU和AG这两个高度保守的二核苷酸序列界定了内含子序列的位置，因而也称为GU-AG规则。

二、可变剪接

在mRNA前体的加工过程中，基因的某些外显子是可选择的，也就是说，它们可以被保留存在于成熟的mRNA序列中，也可以被删除。可变剪接（alternative splicing）是指含有内含子的同一种mRNA前体通过不同的剪接方式，形成不同mRNA剪接异构体的过程。一个基因转录形成的mRNA前体可通过可变剪接产生多种mRNA，进而翻译出不同的蛋白质（图2-2）。这样就形成了一个相关的蛋白质家族，可以在不同发育阶段、不同组织或不同细胞内发挥各自特有的功能。

第七节 转 座 子

转座子（transposon，Tn）是染色体（或质粒）上的一段DNA短片段，能够从基因组的一个位点转移到另一个位点，或从一个复制子（如质粒）转移到另一个复制子，又称为转位因子、移动基因或跳跃基因，是生物界普遍存在的一类特殊的基因类型。转座子的序列特点是其两端具有重复序列，中间具有编码转位酶等基因的序列。转座子通过其两端的DNA序列与宿主DNA中的一段序列之间发生重组而进行移位。转座子移位对插入位点的序列通常没有选择性，可能会插入基因内部，也可能会插入基因的调控序列中。因此，转座子移位是许多物种中新突变的主要来源之一。

一、转座子的类型

根据核苷酸性质的差异，可将转座子分为两种类型：一种类型是直接以DNA序列某些区段作为转座成分，称为DNA转座子；另一种类型是反转录转座子（retrotransposon），其在转座过程中存在着临时性的RNA中间体阶段。

DNA转座子可分为复制型转座子、非复制型转座子和保守型转座子三种类型。复制型转座子在转座过程中，转座子移动的部分被复制，一个拷贝保留在原位点，另一个拷贝则插入新的位点，因此转座的DNA序列是原转座子的一个拷贝，主要涉及转座酶和解离酶，分别作用在原转座子和复制的转座子拷贝的末端。非复制型转座子能够直接从供体位点移动到受体位点，在供体位点造成DNA断裂，在发生非复制型转座之后，供体分子的存活通常需要宿主修复系统识别并修复双链缺口。保守型转座子从供体位点上被切除并通过一系列过程插入靶位点，该过程类似于λ噬菌体的整合机制。因此，保守型转座也是另一种非复制型转座过程。

与DNA转座子不同，反转录转座子的转座过程由RNA介导，通过反转录酶将转座子转录的RNA反转录为cDNA，再进一步插入基因组的新位点。目前，只在真核生物基因组中发现了反转录转座子。

二、原核生物中的转座子

根据分子结构和遗传特征，可将原核生物的转座子分为插入序列（insertion sequence，IS）、Tn转座子和Mu噬菌体。

插入序列是原核生物中最简单的转座子，又称为插入因子，简称IS因子。IS因子结构简单，一般只编码一种参与转座作用的转位酶，同时其两端都有一段9～40bp的反向重复序列。IS因子因带有介导自身转座的转座酶，是可以自主转座的DNA单元。Tn是一类分子质量较大的转座子，两端也存在38～40bp的反向重复序列。除了含有与转座作用有关的基因，Tn还带有抗性基因及其他基因（表2-2），因此，Tn的转座能够使宿主获得有关基因的特性。根据分子结构的差异，细菌中的Tn可分为复合转座子和TnA转座子。其中，复合转座子是由两个IS因子连接在抗生素抗性基因的两侧构成的一类结构比较复杂的转座子；TnA转座子是一类没有IS序列、长度超过5000bp的转座子，其两端存在一段长度为38～40bp的反向重复序列。因此，有无IS因子是复合转座子与TnA转座子在结构上的一个重要差别。

表2-2　常见的Tn转座子（引自戴灼华等，2008）

转座子	抗性基因	长度/bp	反向重复序列长度/bp
Tn1	氨苄青霉素	4975	38
Tn5	卡那霉素	5400	8～9
Tn6	卡那霉素	4200	
Tn9	氯霉素	2638	18～23
Tn10	四环素	9300	17～23

Mu噬菌体是一种大肠杆菌的温和噬菌体，其基因组DNA约为37kb，两端各带一小段大肠杆菌的DNA，是分子质量最大的转座子之一。Mu噬菌体中的基因*A*和基因*B*与转座有关，分别编码转座酶和ATP酶。每个Mu噬菌体携带的宿主DNA都各不相同。Mu是突变子（muton）的缩写，源于其高效转座的能力，因为当Mu噬菌体DNA插入宿主细胞后，宿主细胞会频繁地增加新的突变。

三、真核生物中的转座子

真核生物不同物种中转座子的特征有较大的差异，下面分别以酵母、果蝇、玉米和人类基因组中的转座子为例进行介绍。

酵母是低等的真核生物，其转座子在许多方面和细菌的转座子相似。*Ty*系列是目前酵母中研究得较为清楚的转座子，长度约为5900bp，两端含有两个称为δ的正向长末端重复序列。每个正向重复序列的长度约为340bp，包含一个启动子和一段被转座酶识别的序列。*Ty1*因子的转座过程与反转录病毒的复制和整合类似，首先以其DNA为模板合成一个拷贝的RNA，再通过反转录合成一条新的*Ty1*因子，最后新的*Ty1*转座子插入新的基因组位点上。

1977年，M. G. Kidwell等证实黑腹果蝇中一些品系间杂交子代出现杂种劣育与*P*因子的转座密切相关。*P*因子全长2907bp，由4个外显子和3个内含子组成，其两端有31bp的反向重复序列。在生殖细胞中，*P*因子产生的成熟mRNA包括全部4个外显子并被翻译为转座酶，进而导致*P*因子转座和配子败育。*P*因子插入引起突变的基因有白眼（*w*）、焦刚毛（*sn*）和黄体（*y*）等。除了*P*因子，果蝇基因组中的转座子还有*copia*、*412*、*279*、*Tip*和*FB*等。它们的结构虽有不同，但是两端都有反向重复序列。

B. McClintock在玉米基因组中发现的控制因子，是由激活因子（activator，Ac）和解离因子（dissociator，Ds）组成的，所以其又被称作激活-解离因子（*Ac*/*Ds*）。在*Ac*/*Ds*体系中，自主转座的*Ac*因子是一种结构和功能都比较完整的转座子，含有自动转座的信息及一些与切割和转座有关的DNA序列；*Ds*为一种转位酶编码基因发生突变的转座子，只具有与切割有关的识别序列，所以不能自动转座。但在共存于同一个细胞内的*Ac*提供的转位酶的作用下，*Ds*也能发生转位作用。

人类基因组中重复序列的比例高达50%以上，其中转座子占重复序列的45%。所有的转座子都是多拷贝的，可分为4种类型：长散在重复序列（LINE）、短散在重复序列（SINE）、反转录病毒类转座子和DNA转座子。其中最常见的转座子为LINE，能够进行自主转座。

第八节　基因概念展望

基因是携带遗传信息的物质单位和功能单位，是合成一条有功能的多肽或RNA分子所必需的完整的DNA序列。完整的DNA序列提示我们在研究基因功能时，不能忽略基因编码区两端的转录调控序列，基因表达受到多维调控（图2-3）。在基因组研究中，常常利用由起始密码子和终止密码子所界定的可读框序列，作为鉴别蛋白质编码基因的依据。

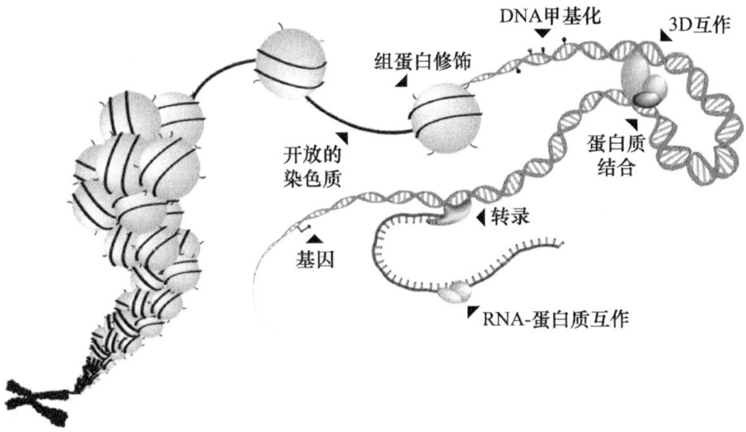

图2-3　基因表达的多维调控（引自Diehl and Boyle，2016）

严格来讲，这只是找到了基因的编码区，还不能认为找到了一个完整的基因。

《DNA元件百科全书》（*Encyclopedia of DNA Elements*，ENCODE）通过各种高通量实验和计算技术完成了对1%的人类基因组的表征，该项目旨在解析人类基因组中所有功能性元件，代表了人类基因组特征的一个重要里程碑，是人类基因组计划之后，国际科学界在基因组学研究领域取得的又一重大进展。ENCODE的研究结果强调了基因组产生的RNA转录本的数量和复杂性。我们之前以蛋白质为中心的基因观点与基因组广泛转录活动所揭示的观点之间的差异促使我们现在重新考虑基因是什么。

下面通过介绍ENCODE项目的研究结果思考基因概念的发展方向。①未注释的转录。ENCODE联盟的第一个发现重现了早期Bertone和Cheng的结果，即大量未作为已知基因注释的DNA被转录为RNA，这些新的转录区域通常称为转录活性区域和转录子片段。虽然大部分基因组是在初级转录物水平上转录的，但在所有细胞系中检测到的加工（剪接）转录本中只有大约一半来自目前被注释的基因。②未注释的和可变的转录起始位点。ENCODE联盟的第二个发现是许多已知的蛋白质编码基因具有可变的转录起始位点，有时在注释的转录起始位点上游＞100kb处。③更多的可变剪接。大量新的未注释转录本可能对应于全新的蛋白质编码基因位点，但其中大部分可能对应于已知基因未注释的选择性剪接转录本或全新的非编码RNA。④分散调控。ENCODE项目为整个基因组中的分散调控提供了证据。一个特定基因的调控位点不一定直接位于该基因的上游，它可以位于染色体上很远的地方，靠近另一个基因。在传统的简洁基因模型中，调节基因表达的DNA元件（如启动子、增强子和绝缘子）不会被转录，因此不是基因转录的一部分。ENCODE项目和其他的染色质免疫沉淀（ChIP）芯片实验提供了大规模的证据，表明传统的基因模型可能过于简单，许多调控元件实际上存在于基因的第一个外显子、内含子或整个基因内。⑤非编码RNA（ncRNA）基因。随着高通量测序技术的发展和基因组研究工作的不断深入，科学家发现基因组中除了编码蛋白质的基因，还存在大量的ncRNA基因，它们不编码蛋白质，但能够以RNA的形式在细胞生命活动中发挥关键的作用。ncRNA基因的作用多种多样，包括基因调控（如miRNA）、RNA加工（如snoRNA）

和蛋白质合成（如tRNA和rRNA）。⑥假基因。假基因是一种“神秘的”基因组成分，通常位于基因内含子或基因间序列中。它们源自功能基因（通过反转录或复制），但失去了亲本基因的原始功能。越来越多的研究表明，部分假基因具有转录活性，具有调节其亲本基因表达活性的功能。

因此，随着分子遗传学的不断发展，以及基因组、转录组、蛋白质组计划的实施，人们对基因的本质将会有更进一步的认识和了解，必将揭示和深化基因结构与功能的内容，基因的概念也将会得到不断的发展。

主要参考文献

戴灼华，王亚馥，粟翼玟．2008．遗传学．2版．北京：高等教育出版社

李振刚．2014．分子遗传学．北京：科学出版社

吴乃虎，黄美娟．2015．分子遗传学原理（上册）．北京：化学工业出版社

Blencowe BJ. 2006. Alternative splicing: new insights from global analyses. Cell, 126 (1): 37-47

Consortium EP. 2004. The ENCODE (ENCyclopedia of DNA elements) project. Science, 306 (5696): 636-640

Crick F. 1970. Central dogma of molecular biology. Nature, 227 (5258): 561-563

Crick F, Watson J. 1953. A structure for deoxyribose nucleic acid. Nature, 171 (737-738): 3

Diehl AG, Boyle AP. 2016. Deciphering encode. Trends in Genetics, 32 (4): 238-249

Hirotsune S, Yoshida N, Chen A, et al. 2003. An expressed pseudogene regulates the messenger-RNA stability of its homologous coding gene. Nature, 423 (6935): 91-96

Ingram V. 1956. A specific chemical difference between the globins of normal human and sickle cell anemia hemoglobin. Nature, 178 (4537): 792-794

Kraikivski P. 2021. Case Studies in Systems Biology. Cham: Springer: 137-147

Lazarow K, Doll ML, Kunze R. 2013. Molecular biology of maize Ac/Ds elements: an overview. Plant transposable elements. Methods Mol Biol, 1057: 59-82

Modrek B, Lee C. 2002. A genomic view of alternative splicing. Nature Genetics, 30 (1): 13-19

Morgan TH. 1910. Sex limited inheritance in *Drosophila*. Science, 32 (812): 120-122

Sanger F, Air GM, Barrell BG, et al. 1977. Nucleotide sequence of bacteriophage ΦX174 DNA. Nature, 265 (5596): 687-695

第三章 基因与基因组学研究方法和技术

第一节 基因组学

一、基因组学的概念与发展历程

基因组是单倍体细胞核、细胞器或病毒粒子所含的全部DNA分子或RNA分子。每个生物体的基因组包含了基因和其他DNA元件，这些一起最终决定了个体的特征。基因组小到最小病毒的基因组，其只有少于10个基因，大到某些真核生物的基因组，其能包含数十亿碱基对、数万个基因。

20世纪70年代DNA测序技术的出现，包括Sanger的双脱氧法（链终止法），使得大规模的测序计划得以实施。自Fiers等在1976年报道了第一个噬菌体MS2的基因组开始，物种的基因组陆续被测序。1981年，Anderson等报道了第一个被测序的人类细胞器线粒体的全基因组，该基因组拥有16 595个碱基对，编码了13种蛋白质、2种rRNA和22种tRNA，还含有极少量的非编码DNA。1986年，Shinozaki等对烟草的叶绿体基因组进行了测序，自此叶绿体基因组数据库迅速增加并充实。1996年，在全世界科学家的通力合作下，第一个真核生物酿酒酵母的全基因组被测序完成。它的基因组大约有12.5Mb，有6275个基因，其中有5800个基因被认为是有功能的基因。此后，陆续对人类的21、22号染色体及植物中拟南芥的基因组进行了测序。2001年，由美国、英国、法国、德国、日本和我国科学家共同组成的国际人类基因组测序联盟及由Celera Genomics公司领导的组织公布了已完成的人类基因组草图。预测在人类基因组中包含了30 000～40 000个蛋白质编码基因，此后再次被估计在20 000～25 000个基因，目前Ensemble估计的结果为20 300个基因。“人类基因组计划”对生命科学研究与生物产业发展有巨大的导向性意义，由此人类正式开始进入基因组学时代。“人类基因组计划”在研究人类过程中建立起来的策略、思想与技术，构成了生命科学领域新的学科——基因组学，用于研究微生物、植物及其他动物。“人类基因组计划”与“曼哈顿计划”和“阿波罗登月计划”被并称为三大科学计划，是人类科学史上的又一个伟大工程，被誉为生命科学的“登月计划”。

二、基因组学的研究内容

基因组学的目的是对一个生物体所有基因进行集体表征和量化，并研究它们之间的相互关系及其对生物体的影响。基因组学还包括基因组测序和分析，通过使用高通量DNA测序和生物信息学来组装与分析整个基因组的功能和结构。基因组学同时也研究基因组内的一些现象，如上位性（一个基因对另一个基因的影响）、多效性（一个基因影响多个性状）、杂种优势（杂交活力），以及基因组内基因座和等位基因之间的相互作用等。基因组学与转录组学、蛋白质组学和代谢组学一起构成了系统生物学的组学（omics）基础。

基因组学主要包括功能基因组学、结构基因组学、表观基因组学、宏基因组学等。

1）功能基因组学是利用基因组项目（如基因组测序项目）产生的大量数据来描述基因（和蛋白质）的功能和相互作用，侧重于基因转录、翻译和蛋白质-蛋白质相互作用的动态变化。与基因组提供的DNA序列或结构等静态信息截然相反，其从基因、RNA转录本和蛋白质产物三个水平回答有关DNA功能的问题，涉及的最重要的工具是转录组测序技术和生物信息学方法。

2）结构基因组学描述由给定基因组编码的每个蛋白质的三维结构。这种基于基因组的方法允许通过实验和建模相结合的方法高通量地进行蛋白质结构鉴定。结构基因组学与传统结构预测的主要区别在于，结构基因组学试图确定基因组编码的每一种蛋白质的结构，而不是专注于一种特定的蛋白质。随着全基因组序列的公开，通过实验和建模相结合的方法可以更快地完成蛋白质结构预测，特别是由于大量测序基因组和以前解析的蛋白质结构的公开，科学家可以根据已有同源物的结构对蛋白质结构进行建模。结构基因组学涉及大量的结构鉴定方法，包括利用基因组序列的试验方法、基于已知同源蛋白质的序列或结构同源性的建模方法、基于没有任何已知结构同源蛋白质的化学和物理特性的建模方法，用结构基因组学确定的蛋白质结构常常先于对其功能的了解。

3）表观基因组学是研究表观基因组，即生物体中所有表观修饰的遗传物质。表观遗传修饰是对细胞DNA或组蛋白的可逆修饰，在不改变DNA序列的情况下影响基因表达。两个最具特征的表观遗传修饰是DNA甲基化和组蛋白修饰。表观遗传修饰在基因表达和调控中起着重要作用，并参与许多细胞过程，如分化、发育和肿瘤发生。直到最近，通过基因组高通量分析，才可能在全基因组范围研究表观遗传学。

4）宏基因组学是研究直接从环境样品中提取遗传物质的元基因组的学科，也称为环境基因组学、生态基因组学或群落基因组学。传统的微生物学和微生物基因组测序依赖于克隆培养物，而早期的环境基因测序克隆了特定的基因（通常是16S rRNA基因），从而获得自然群体的多样性。这些工作表明，绝大多数微生物的多样性被基于菌落培养的方法所遗漏。宏基因组使用“散弹枪”测序或大规模平行焦磷酸测序，可以无偏好地获得样本群体中所有微生物成员的基因信息。由于宏基因组学能够揭示此前被隐藏的微生物多样性，为观察微生物世界提供了一个强有力的工具，其结果有可能彻底改变人们对整个生命世界的认知。

三、基因组学的应用

基因组学在许多领域包括医学、农业、合成生物学和其他科学等中得到了应用。

（一）基因组医学

基因组医学以人类基因组为基础，将生命科学与临床医学整合在一起，使基因组的研究成果迅速高效地转化并应用于临床医学中。它是后基因组时代最重要的研究方向。新一代基因组技术使临床医生和生物医学研究人员能够大幅增加从大规模研究群体中收集的基因组数据量。当结合新的信息学方法将多种数据与基因组数据进行集成后，研究人员就能够更好地理解药物反应和疾病的遗传基础了。

（二）基因组农业

基因组学在农业科学技术进步中发挥着重要的引领作用。1996～2012年，基因组学技术产生的成果影响了全球25亿农民、产值达11 000亿美元的主要粮食作物。由我国科学家主导或通过国际合作，已完成水稻、番茄、马铃薯等世界上70%以上的重要农作物基因组测序。其中，七大农作物中，我国主导完成了水稻、小麦、马铃薯、棉花、油菜5种基因组测序工作；6种主要畜禽生物中，我国主导完成了猪、羊、鸡和鹅4种基因组测序工作；23种主要园艺作物中，我国主导（参与）完成了黄瓜、番茄、西瓜、白菜、桃、甜橙、苹果等11种基因组测序工作。同时，我国科学家还开发了基于高通量基因组测序的基因型鉴定方法，成功开展了水稻、玉米的重要农艺性状的基因组关联分析和功能研究，推动了农业基因组学发展，提高了我国利用农业基因组学数据开展品种选育工作的能力。

（三）合成生物学

合成生物学是21世纪出现的重要交叉学科，合成生物学研究主要利用“设计-编辑”的循环来重新编码DNA，以改进原有的细胞行为。通过构建与自然基因组不同的合成基因组和染色体，能够检验现有的对基因组生物学的认识是否正确，同时不断开发新方法、新工具，以期有朝一日可以设计并定制基因组。2010年，克雷格·文特尔研究所的研究人员宣布，将一种称为丝状支原体的微生物DNA进行重组，并将新的DNA片段“粘”在一起，植入另一种细菌中，新的生命由此诞生。2016年，他们重新设计了合成的支原体基因组，去除了那些认为对于支原体生长非必需的DNA，这些DNA约占基因组的一半，这揭示了关于“基因组设计规则”的重要信息，而这些信息也是未来从模块化元件来构建定制基因组需要考虑的部分。

（四）自然资源保护

可以利用基因组测序收集到的信息，更好地评估物种保护的关键遗传因素，如种群的遗传多样性，或个体是否为隐性遗传疾病的携带者。通过使用基因组数据来评估进化过程的影响，并检测特定种群的变异模式，可以制订计划，在不像标准遗传学方法那样留下许多未知变量的情况下，帮助保护特定物种。

第二节 测序技术

一、第一代测序技术

1975年由Frederick Sanger所提出的链终止法及1977年由Walter Gibert所发明的链降

解法被称为第一代测序技术。1977年，Sanger测定了第一个基因组序列——噬菌体ΦX174，其全长5375bp。自此，人类获得了窥探生命遗传差异本质的能力，并以此为开端步入了基因组学时代。

（一）技术原理

目前，基于第一代测序技术的测序仪几乎都是采用Sanger提出的链终止法。

链终止法测序的核心原理是双脱氧核糖核苷酸（ddNTP）的2′端和3′端都不含羟基，因此ddNTP在DNA合成过程中无法形成磷酸二酯键，从而导致DNA合成反应的中断。在测定反应过程中，向体系内加入一定比例带有放射性同位素标记的ddATP、ddTTP、ddCTP和ddGTP，利用DNA聚合酶来延伸结合在待测核酸模板上的引物，直到掺入一种链终止核苷酸为止，最终会得到一组长度各相差一个碱基的链终止产物，这些产物通过凝胶和放射自显影后，根据电泳条带的位置确定目的核酸片段各个位置的碱基。

完整的测序过程分为4步：①分离待测核酸模板。首先将提取得到的样品中的完整DNA打碎，形成DNA片段，如只是测定单个目的基因的序列，则无须进行DNA碎片化。在4支试管中分别加入适当的引物、模板、DNA聚合酶和4种脱氧核糖核苷酸（dNTP），再在上面4支试管中分别加入一定浓度的带有放射性同位素标记的ddATP、ddGTP、ddCTP和ddTTP。②进行DNA合成反应。加入的引物在DNA聚合酶作用下从5′端向3′端进行延伸反应。当加入ddNTP时，由于它在3′位置没有羟基，故不能与下一个dNTP结合，从而使链延伸终止。由于ddNTP在不同位置掺入，会产生一系列不同长度的新的DNA链。③用变性聚丙烯酰胺凝胶电泳同时分离4支反应管中的反应产物，由于每一反应管中只加一种ddNTP(如ddATP)，则该管中各种长度的DNA都终止于该种碱基（如A）处，因此凝胶电泳中该泳道不同带的DNA的3′端都为同一种双脱氧碱基。④放射自显影。根据四泳道的编号和每个泳道中DNA带的位置直接从自显影图谱上读出与模板链互补的新链序列。

（二）应用

①PCR产物测序：对目的基因的PCR产物进行测序，得到目的基因序列。②重测序：突变、单核苷酸多态性（single nucleotide polymorphism，SNP）、插入或缺失克隆产物的验证。③分型分析：微生物和真菌分类学鉴定、人类白细胞抗原（HLA）分型、病毒分型等。④临床应用：肿瘤突变基因的检测和肿瘤个体化治疗，致病基因位点的确定，单基因遗传病检测。⑤对新一代测序技术的结果进行验证。

二、第二代测序技术

高通量测序技术（high-throughput sequencing）又称下一代测序技术（next-generation sequencing technology），其核心思想是边合成边测序（sequencing by synthesis），即通过捕捉新合成的末端标记来确定DNA的序列，以能一次并行对几十万到几百万条DNA分子进行序列测定和一般读长较短等为标志。

（一）技术平台

在高通量测序技术的发展历程中，共出现了3种较为成熟的测序技术，分别为Roche公司的454技术、美国应用生物系统（ABI）公司的SOLiD技术和Illumina公司的Solexa技术，其中Illumina公司的高通量测序技术占据着绝对市场。

1. Roche/454 2005年，美国454生命技术公司（Life Science）推出了基于焦磷酸测序法的高通量测序仪GS 20 System，此举被认为是第二代测序技术进入商品化应用的开端。2007年，美国454生命技术公司被罗氏诊断（Roche Diagnostics）正式收购，并且推出了性能更加优秀的第二代基因组测序系统Genome Sequencer FLX System。2008年10月，美国454生命技术公司推出了全新的GS FLX Titanium系列试剂和软件，让GS FLX的通量一下子提高了5倍，准确性和读长也进一步提升。随后，其相继推出了GS Junior和GS FLX＋等测序仪和试剂版本，使数据读长、产能和质量不断上升。

2. ABI/SOLiD SOLiD技术是由连接酶测序法发展而来的，Lerroy Hood在20世纪80年代中期利用连接酶测序法设计了第一台自动荧光测序仪。SOLiD以四色荧光标记寡核苷酸的连续连接合成为基础，取代了传统的聚合酶连接反应，可对单拷贝DNA片段进行大规模扩增和高通量并行测序。SOLiD技术与454技术的原理比较类似，同样是采用油包水的方式进行液滴PCR。不同之处在于SOLiD形成的小水滴要比454系统小得多，只有1μm大小，并且在PCR扩增的同时对扩增产物的3′端进行修饰，为下一步的测序做准备。在PCR完成之后，利用SOLiD技术进行测序时，其反应底物不是dNTP也不是ddNTP，而是含有8个碱基的单链荧光探针混合物，在测序时，这些探针按照碱基互补规则与单链DNA模板链配对，不同探针的5′端分别标记不同颜色的荧光染料，每两个碱基确定一个荧光信号，相当于一次能决定两个碱基，因此这种测序方法也被称为两碱基测序法。

3. Illumina/Solexa Illumina公司成立之初，主要是以基因分型和微阵列为主要技术，但是在2016年收购Solexa公司后就开始高速发展。Illumina公司测序的原理主要是基于可逆终止的边合成边测序技术，该技术在测序的过程中，加入DNA聚合酶和带有4种荧光标记的dNTP，且这4种dNTP的3′羟基端带有可切割的终止基团，它只容许每个循环掺入单个碱基，此时，用激光扫描反应板表面，根据dNTP所带的荧光读取每条模板序列每一轮反应所聚合上去的核苷酸种类，经过“合成－清洗－拍照”的循环过程，最终得到目的片段的碱基排列顺序。目前，Illumina公司主打的产品有NovaSeq测序仪、MiSeq测序仪、HiSeq X Ten 测序仪、MiSeq FGX 测序仪、NextSeq 500/550 桌上型测序仪及MiniSeq 台式测序仪等。

（二）优缺点

第二代测序技术的优点：①一次能够同时得到大量的序列数据，相比于第一代测序技术，通量提高了成千上万倍；②单条序列成本非常低廉。

第二代测序技术的缺点：①序列读长较短，Illumina平台最长为250～300bp；②由于建库中利用了PCR富集序列，因此有一些含量较少的序列可能无法被大量扩增，造成一些信息的丢失，且PCR过程中有一定概率会引入错配碱基；③想要得到准确和长度较长的拼接结果，需要测序的覆盖率较高，导致结果错误较多和成本增加。

（三）应用

第二代测序技术是现阶段科研市场的主力平台，主要应用包括基因组测序、转录组测序、群体测序、扩增子测序、宏基因组测序、重测序等。由于成本较低，第二代测序技术在医学领域的应用也十分广泛，主要包括癌症基因组、遗传病基因组、肿瘤与代谢疾病等。

三、第三代测序技术

以PacBio公司的单分子实时（single molecule real time，SMRT）DNA测序技术和Oxford Nanopore Technologies公司的单分子纳米孔测序（single-molecule nanopore sequencing）技术为代表的新一代测序技术被称为第三代测序技术。与前两代测序技术相比，其最大的特点就是单分子测序，测序过程无须进行PCR扩增，并且理论上可以测定无限长度的核酸序列。

（一）PacBio技术平台

PacBio测序系统是基于SMRT技术的第三代测序平台，能带来行业最高的一致准确性和最长的读长，能快速、经济地完成基因组组装，揭示并了解表观基因组，以及鉴定基因组变异，是基因组从头测序的最佳选择。

PacBio技术的优势：①近乎完美的一致性和准确性。第三代测序技术的单碱基错误率虽然很高，但是这种单碱基的错误是随机发生的，对同一段序列测序覆盖多次就能够进行纠错，一般覆盖到10×以上的深度就能达到99.9%的正确率。②不存在测序的偏好性。因为SMRT技术在样本制备时无须PCR扩增，对于某些具有极端的碱基组成的核酸区域，第三代测序技术也是无偏好性的，同时也不受回文序列的影响。③序列准确比对。用第二代测序技术得到的序列由于长度不够，在进行比对时，会出现很多错误匹配，从而造成假阳性SNP位点；而PacBio测序平台得到的序列能够较均匀地覆盖参考基因组，每个序列能够明确地比对到相应的区域，在避免假阳性的同时，能得到更加准确的变异位点和类型。

PacBio技术的缺点：单条序列错误率较高，其主要错误类型为额外碱基的插入，同聚物区段尤其严重，平均核苷酸准确性在85%左右，且目前测序成本相对较高。

PacBio技术的应用：①基因组组装。利用PacBio测序平台，可以克服部分序列GC含量高或重复序列多等问题，更好地进行基因组详细描绘，从而进行精细的基因注释等研究。②全长转录组测序。利用PacBio测序平台读长较长的特点，进行转录组测序可以直接得到转录本的全长序列，省去了第二代测序技术的拼接过程，使得过程更为简便，结果更为准确。③甲基化分析。用PacBio测序技术可以直接检测到发生甲基化的核苷酸，因此可以在进行其他测序分析的同时完成DNA甲基化的分析。

（二）Nanopore技术平台

Oxford Nanopore Technologies公司的核心技术——单分子纳米孔测序技术是基于电信

号的测序技术。在纳米孔测序中，读长长度与制备样本中DNA或RNA的长度一致。用户可以根据想要的实验结果来选择恰当的样品制备方法，生成最适合的读长长度。

单分子纳米孔测序技术的优点：可以检测结构变异和可变剪切；能直接对RNA分子进行测序；能对修饰过的碱基进行测序；测序读长更长，可以达到150kb；测序数据可以做到实时监控；运行速度快。

单分子纳米孔测序技术的缺点：采用的是水解测序法，不能进行重复测序，因而无法达到一个满意的测序精确度。

单分子纳米孔测序技术的应用：①基因组组装。利用其测序长的特点，可以填补基因组中大片段的缺口（gap）。②临床应用。对于临床实践，实时获取和分析DNA/RNA序列是一件很重要的事情，对于传统的高通量测序，做到这一点非常困难，但对于单分子纳米孔测序技术平台，实现实时获取序列相对容易。单分子纳米孔测序技术平台体积小、易操作，其通过电流变化检测并识别碱基，这种设计允许用户在测序过程中根据实时结果做出一些判断，对于即时诊疗有重要意义。基于单分子纳米孔测序技术的测序平台获得序列的时间相比于其他平台要短得多，因此更加适合于临床环境，使得医生能够快速获得检测结果。利用单分子纳米孔测序技术平台从临床样品准备到发现致病菌只需要6h，而完成胎儿非整倍体检查只需4h，这些应用如果利用第二代测序技术可能需要数天甚至数周时间。③甲基化分析。单分子纳米孔测序技术可以检测4种胞嘧啶碱基修饰，分别为5-甲基胞嘧啶（5-methylcytosine）、5-羟甲基胞嘧啶（5-hydroxymethycytosine）、5-甲酰胞嘧啶（5-formylcytosine）和5-羧基胞嘧啶（5-carboxylcytosine），检测准确率为92%～98%。

第三节　测序技术的应用

一、基因组

基因组学是对生物体所有基因进行集体表征、定量研究及不同基因组比较研究的一门交叉学科。基因组学研究一般包括两方面的内容：以全基因组测序为目标的结构基因组学（structural genomics）和以基因功能鉴定为目标的功能基因组学（functional genomics），后者又被称为后基因组（post genome）研究。

（一）基因组测序的组装

随着测序技术的成熟，通过结合第二代测序技术和第三代测序技术，可以在短时间内获得目标物种基因组几十倍甚至几百倍覆盖的DNA序列数据。但是在基因组组装过程中需要考虑第二代测序技术的缺点，即其得到的读段（read）的长度较短，通常只有150～200bp，以及第三代测序技术的缺点，即其测序的错误率较高，目前在15%左右。针对以上问题，生物信息工作者提出了大量基因组拼接方法和策略。

1. 拼接方法　基因组从头拼接目前主要有两种方法：一种是基于读段之间的重叠序列进行拼接的方法，即OLC（overlap-layout-consensus）方法；另一种是基于图论的方法。

（1）OLC方法　OLC方法的原理是首先构建重叠图，然后将重叠图收束成重叠群（contig），然后每一个重叠群选择最有可能的核苷酸序列。OLC方法的整体步骤可以分为三步：①获得重叠区域（overlap），对所有读段进行两两比对，找到片段间的重叠信息，一般在比对之前会将读段做下索引，减少计算量。这里需要设定最小重叠长度，如果两个读段的最小重叠长度低于一定阈值，那么可以认为两段序列顺序性较差。②片段排布（layout），根据得到的重叠信息将存在的重叠片段建立一种组合关系，形成重叠群。重叠群进一步排列，生成多个较长的骨架（scaffold）。③根据构成重叠群的片段的原始质量数据，在重叠群中寻找一条质量最重的序列路径，并获得与路径对应的序列，即一致性序列（consensus）。通过一致性序列的多序列比对算法，就可以获得最终的基因组序列（图3-1）。

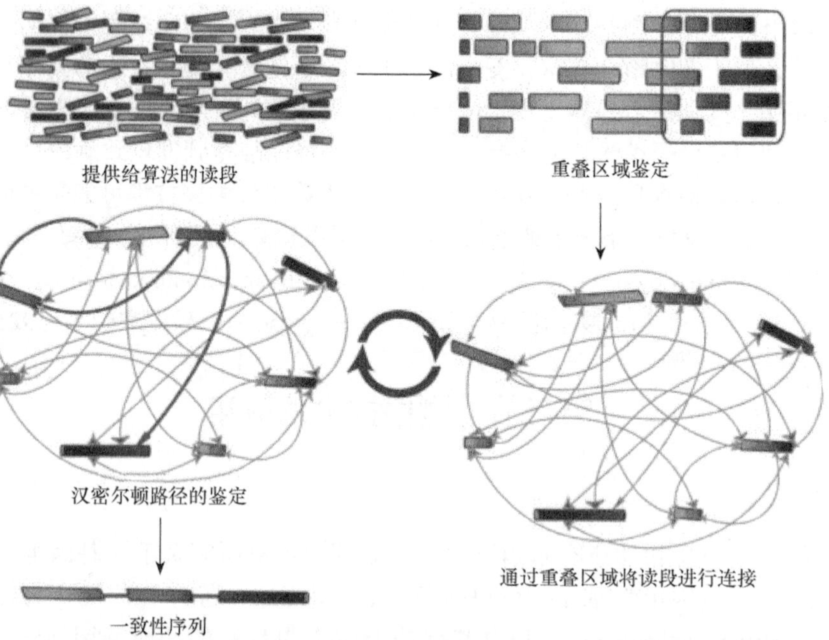

图3-1　基于OLC方法的基因组拼接（引自Commins et al.，2009）

（2）基于图论的方法　其是目前高通量测序读段拼接的主流方法（图3-2）。基于图论的数据结构，特别适合处理大量具有重叠关系的短序列。基于de Brujin图（de Brujin graph，DBG）的基因组拼接方法一般分为以下6个步骤：①序列*k*-mer化。对插入片段进行建库测序，下机读段经质控后，对clean reads进行*k*-mer化，即将读段逐个碱基开始切分为长度为*k*的子串。②构建de Brujin图。将上一步得到的所有长度为*k*的子串，即*k*-mer作为de Brujin图的节点，根据相邻两个*k*-mer重叠*k*－1个碱基的原则将该两个顶点（*k*-mer）有方向地连接起来，构建de Brujin图，如图3-2所示。③DBG简化。去掉无法继续连接和低覆盖深度的分支，通常有如下几种情况：直接删除由于测序错误形成的低频*k*-mer；通过短序列将一些很短的重复解开；如果*k*-mer1和*k*-mer2有很高的相似性，将形成的泡状结构合并。④解图获得一致性序列。在简化图的基础上，仍然会因有很多分叉位点而无法确定真正的连接关系，因此接下来的每个分叉位点将序列截断，得到重叠群。⑤构建骨架。将质控后的读段比对回上一步得到的重叠群，利用读段之间的连接关系和插入片段大小信息，将重叠群连接成骨架。⑥缺口补齐。通过PE reads来填补骨架内部的缺口，经过缺口填补后，如果还有含N的缺口，则将该条骨架在缺口处打断，并去掉N，形成最后的scaftig。

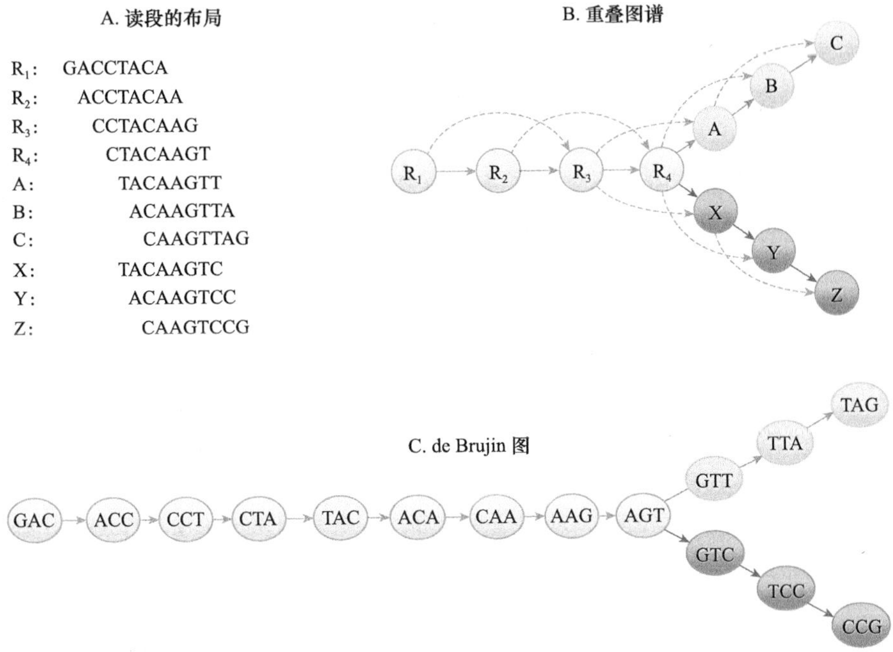

图3-2　基于图论结构的基因组拼接（引自Schatz et al.，2010）

2. 拼接策略　根据三代测序数据深度的不同，可以考虑不同的拼接策略，目前大致有以下4种。

1）完全利用三代测序数据从头拼接。这需要至少50×的测序覆盖深度，现在有些算法如层次基因组组装过程（HGAP）等至少在50×的测序覆盖深度才能得出最好的拼接结果，有时为了得到更好的拼接结果，可能会要求80×甚至100×的测序覆盖深度。三代测序数据在进行拼接之前，需要进行预处理，降低三代数据中的错误率。三代测序数据从头拼接目前最主要的软件工具包括HGAP和混合纠错拼接（PBcR）。HGAP能够拼接的基因组上限为130Mb，不适合拼接较大的基因组。HGAP整个拼接流程分为三个步骤，即预组装、组装和组装后修饰。

2）二代和三代数据混拼。根据目前拼接的经验，建议用5×～50×的三代测序覆盖深度的数据。目前主流的算法如PBcR和ECTools等，在20×左右的测序覆盖深度或以上可以获得不错的拼接结果。三种主要拼接策略中，二代和三代数据混拼相对比较复杂，涉及长短类型。利用三代PacBio数据与二代的读段数据或者重叠群数据进行混合拼接。二代和三代数据混合拼接可以用PacBioToCA和ECTools等工具，两者的共同点是利用二代数据对三代序列进行修正，最终的拼接都由软件CA（Celera Assemble）完成。不同的是PacBioToCA本身为CA的一个模块，利用二代读段对三代序列进行修正，而ECTools则是利用二代预拼接好的重叠群［CA软件推荐为unitig（高质量的重叠群）］进行修正。也可以利用ALLLPATH-LG和Spades工具，对三代序列不做修正，通过设定特定参数来与二代读段拼接。

3）三代数据仅用于二代数据拼接结果的补洞。这种策略建议在已有高质量的二代拼接结果（骨架水平）的情况下，产生5×左右的三代测序覆盖深度，利用PBJelly算法进行补洞以改善拼接。利用PacBio数据可以对基于二代数据拼接成的骨架中的“N”进行填补。目前将三代数据用于二代骨架补洞的主流软件有PBjelly等。

4）其他拼接技术。随着测序技术的发展，许多新技术不断被开发并应用于辅助基因组拼接。例如，光学图谱（BioNano）、高通量基因组捕获技术（Hi-C）、芝加哥（Chicago）技术、10×Genomics linked-reads等各种技术应运而生。

（二）基因组重测序及其应用

基因组重测序（genome re-sequencing）是对基因组序列已知物种的个体进行基因组测序，并进行差异信息分析的方法。基于基因组重测序，研究人员能够快速地进行资源普查筛选，寻找到大量遗传差异。随着测序成本的降低和拥有参考基因组序列物种的增多，基因组重测序也成为育种遗传研究中有效的方法之一。

根据对基因组的测序覆盖率，基因组重测序可以分为全基因组重测序和简化基因组测序。全基因组重测序是在全基因组水平进行调查，从而可以检测出与重要性状相关的变异位点，信息全面且准确性高。基于酶切位点的简化基因组测序，如基因分型测序（GBS）、酶切位点关联DNA测序（RAD-Seq）等，能够降低实验成本，尤其适合样本数量很大的研究项目，并且可以用于无参基因组的非模式物种研究。

1．人类疾病研究 2008年开始的“千人基因组计划”，是重测序最具代表意义的项目。通过对人类遗传变异图谱的精确定位，建立起一个帮助人类去理解基因对疾病贡献的资源库。这项计划通过对14个人群1092个健康人进行全基因组重测序和全外显子测序，发现了经过验证的3800万个SNP，140万个短InDel（插入与缺失）和大约14 000个较大缺失变异。“千人基因组计划”数据的公布，极大地推动了包括混合人群或者个体普通变异或稀有变异的研究，加速了疾病基因组学等相关学科的研究。随后，相关人种及疾病基因图谱相继公布。随着高通量测序费用的不断降低，绘制个人全基因组图谱的费用将越来越低廉，个体化医疗时代也将随之来临。拥有个人基因组图谱后，医生可根据患者不同的遗传背景为患者制订个体化的给药方案，从而在保证药效显著的同时将毒副作用降到最低。个人基因组图谱的意义不仅在于疾病治疗，更重要的是通过基因组图谱中变异信息的解读，实现在发病前对疾病风险的预测，从而尽早地采取有效预防措施。因此，利用全基因组重测序进行变异检测具有极大的应用价值和广阔的市场前景。

2．动植物驯化与基因组遗传多样性研究 2010年，中国农业大学赖锦盛教授在*Nature Genetics*上发表了玉米骨干自交系全基因组重测序的论文，对玉米分子育种具有重要意义。该研究利用二代高通量测序技术，对玉米6个骨干自交系进行全基因组重测序，平均每个品系产出5.4×的数据。通过全基因组变异检测，共发现1 273 124个SNP位点，并找到30 178个1～16bp的InDel。这些SNP和InDel提供了一个玉米高密度的全基因组标记信息。此外，通过结构变异检测分析鉴定出了数百个基因获得与丢失变异（PAV），发现其中296个B73自交系中的基因在6个品系中的至少1个品系中发生丢失，而6个玉米品系中也有数百个基因在玉米参考基因组*B73*中不存在。由此推测，这些骨干亲本基因组的组合可以弥补功能元件的缺失，并且这种PAV的多态变化和其他无义突变的互补作用可能与杂种优势有关。

二、表观遗传组

表观遗传学（epigenomics）是一门在基因组水平研究表观遗传修饰的学科。研究人员发现，可以在不影响DNA序列的情况下改变基因组的修饰，这种改变不仅可以影响个体的生长发育和逆境响应，还可以遗传给子代。表观遗传修饰作用于细胞内的DNA和组蛋白，用来调节基因的表达，表现为DNA甲基化和组蛋白的翻译后修饰，这些修饰影响了染色体的状态、完整性和装配，同时也影响了反式作用因子接近DNA的调控元件，以及染色质与功能型核复合物的相互作用能力（图3-3）。虽然一个多细胞个体只有一个基因组，但是它具有多种表观遗传组，反映为生命的不同时期，在健康或者受损的情况下，个体的细胞类型及其属性的多样性。在生物个体中，DNA序列之间的关系、后天状态的动态变化会对细胞或个体产生影响，这种影响可以看作表观遗传修饰在模式系统和模式生物研究中的功能。DNA序列之间的关系、后天状态的动态变化与全基因组研究手段

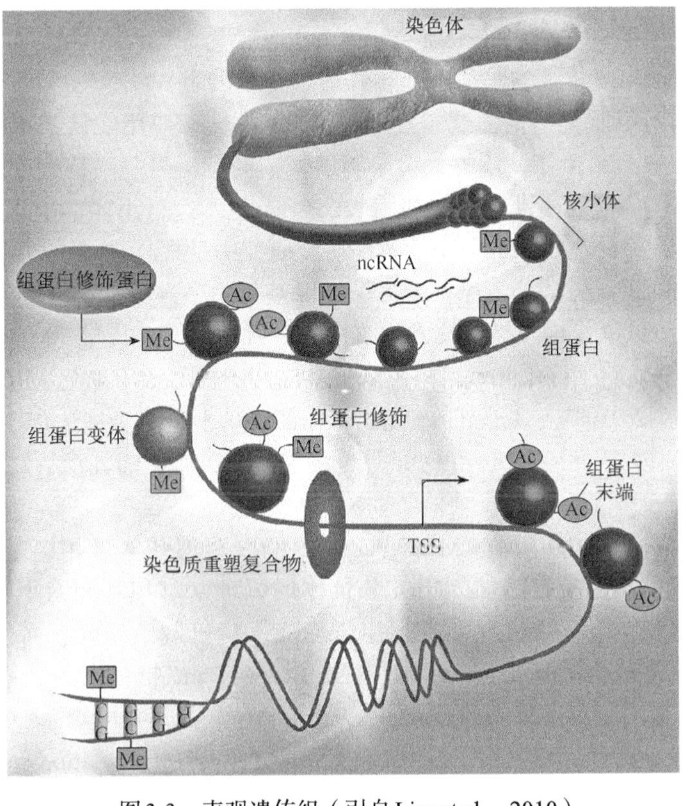

图3-3　表观遗传组（引自Lim et al.，2010）

是相辅相成的，旨在描述在不同时期、不同细胞类型中的表观遗传修饰的位置，找到它们的功能相关性。表观遗传学使人们对基因组的认识又增加了一个新视点：对基因组而言，不仅是序列包含遗传信息，其修饰也可以记载遗传信息。表观遗传的现象很多，已知的有DNA甲基化（DNA methylation）、基因组印记（genomic imprinting）、母体效应（maternal effect）、基因沉默（gene silencing）、核仁显性（nucleolar dominance）、休眠转座子激活（transposon activation）和RNA编辑（RNA editing）等。

目前，高通量测序被运用于表观遗传的研究，主要集中在DNA甲基化、组蛋白修饰及非编码RNA调控等方面。

（一）在DNA甲基化研究中的应用

研究DNA甲基化的高通量测序技术主要包括：全基因组重亚硫酸盐测序（whole genome bisulfite sequencing，WGB-Seq）和简化表达重亚硫酸盐测序（reduced representation bisulfite sequencing，RRBS）、甲基化DNA免疫共沉淀测序（methylated DNA co-immunoprecipitation sequencing，MeDIP-Seq）、甲基化DNA结合蛋白测序（methylated DNA binding domain sequencing，MBD-Seq）和甲基化敏感性限制酶测序（methylation-sensitive restriction enzyme sequencing，MRE-Seq），以及单分子实时测序（single-molecule real-time sequencing，SMRT）和单分子纳米孔测序（single-molecule nanopore sequencing）等技术。

1. WGB-Seq和RRBS技术的表观遗传学应用 目前，重亚硫酸盐修饰被公认为DNA甲基化检测的“金标准”。它的原理为全基因组DNA重亚硫酸盐转化，即经重亚硫酸盐处理后，基因组DNA未甲基化胞嘧啶（C）转换为尿嘧啶（U），而甲基化C保持不变。WGB-Seq和RRBS技术均是基于上述修饰。全基因组WGB-Seq技术可以得到单碱基分辨率的全基因组甲基化图谱。这一技术最初被Cokus等应用在植物拟南芥的全基因组甲基化图谱分析中。2010年，Li等成功绘制出了“炎黄一号”高精确度的全基因组甲基化图谱。随着测序成本的不断下降，利用WGB-Seq技术进行小样本量间的全基因组范围的精细差异分析，将会在疾病的甲基化致病机制研究中发挥越来越重要的作用。RRBS又称基于酶切消化的重亚硫酸盐测序，是另一类甲基化测序方法，它是将限制性长度选择、重亚硫酸盐转化、PCR扩增及克隆技术相结合的一项技术。2005年，Meissner等最初结合Sanger的链终止法发明了该项技术，并将其成功应用于鼠胚胎干细胞去甲基转移酶前后的甲基化谱的检测。2010年，Meissner在先前工作的基础上进一步优化RRBS技术并挖掘其在临床应用上的潜力。此后，Smallwood等也将该技术应用于哺乳动物成熟卵母细胞的甲基化作用检测研究中。

2. MeDIP-Seq、MBD-Seq和MRE-Seq技术的表观遗传学应用 MeDIP-Seq主要是利用特异性识别5-甲基胞嘧啶（5-mC）抗体的原理来富集基因组甲基化片段，并与高通量测序技术相结合。该方法已被运用于癌症发病机制的研究。而MBD-Seq技术的原理是通过特异性结合甲基化DNA的蛋白MBD2b或5-mC抗体富集高甲基化的DNA片段，并结合高通量测序对富集到的DNA片段进行测序，从而检测全基因组范围内的甲基化位点。MRE-Seq技术主要利用甲基化敏感性限制性酶（methylation-sensitive restriction enzyme，MRE）对基因组DNA进行切割，未甲基化位点可以被酶切而产生不同长度的片段，然后，结合高通量测序技术获得序列的甲基化信息。利用MeDIP-Seq和MRE-Seq技术对甲基化和非甲基化DNA进行检测，Maunakea等通过研究发现基因内部的甲基化作用对组织特异性启动子有着重要的调控作用。

3. SMRT和单分子纳米孔测序技术的表观遗传学应用　SMRT技术是由Flusberg等提出应用到表观遗传研究的一种直接检测DNA甲基化的方法，其原理是利用DNA聚合酶边合成边收集荧光信号的方法进行测序。它能直接测定DNA模板上的核苷酸修饰，包括5-mC、N^6-甲基腺嘌呤（N^6-mA）、5-羟甲基化胞嘧啶（5-hmC）。而单分子纳米孔测序技术由Bayley课题组提出，单分子纳米孔测序仪能直接分辨出未修饰的胞嘧啶和甲基化胞嘧啶，其原理是外切酶消化后的单链DNA以单个碱基的方式经过小孔，基于这一过程产生的不同的电流信号和碱基滞留时间进行测序。这两项技术的发展无疑大大加快了表观遗传学研究的步伐。

（二）在组蛋白修饰研究中的应用

组蛋白修饰包括甲基化、乙酰化、磷酸化、泛素化和类泛素化（SUMO）等。目前研究主要集中在组蛋白甲基化和乙酰化修饰上。最常用的研究方法为染色质免疫沉淀测序（chromatin immunoprecipitation sequencing，ChIP-Seq），它将染色质免疫沉淀（ChIP）技术和高通量测序技术（如454焦磷酸测序、Solexa测序、SOLiD测序和HeliScope单分子测序）相结合。目前454焦磷酸测序、Solexa测序、SOLiD测序及HeliScope单分子测序均能实现ChIP-Seq的分析测序。2007年，ChIP-Seq技术初次被报道运用于哺乳动物T细胞和胚胎干细胞的组蛋白修饰研究。此后，He等对核小体动力学与基因转录调控进行了研究，利用ChIP-Seq技术处理前列腺癌细胞，并对表观遗传标记的核小体的全基因进行定位。Hurtado等基于ChIP-Seq技术对乳腺癌细胞的研究，揭示乳腺癌细胞雌性激素受体活性和内分泌响应的决定因素来自FOXA1蛋白。不久前，Bonn等在ChIP技术基础上结合Solexa测序，发展了一种新方法“批分离特异染色质免疫沉淀测序技术”（batch isolate tissue-specific chromatin for immunoprecipitation sequencing，BiTS-ChIP-Seq），利用该技术研究果蝇的胚胎细胞，发现在胚胎发育中染色质修饰特异性组合能够决定增强子活性。

（三）在非编码RNA调控研究中的应用

除DNA甲基化和组蛋白修饰外，非编码RNA是表观遗传调控的另一个重要方面。研究表明，基因表达调控的多种表观遗传机制涉及非编码RNA。非编码RNA能够直接参与胞嘧啶甲基化和组蛋白修饰，且与染色质重塑等其他表观遗传修饰密切相关。另外，非编码RNA家族成员众多，除了rRNA、tRNA等持家非编码RNA，还有种类繁多的具有调节功能的调节非编码RNA，其中很多都参与了表观遗传修饰，而长非编码RNA（long non-coding RNA，lncRNA）和microRNA（miRNA）最为典型。转录组测序（RNA sequencing，RNA-Seq）是在这一领域的又一应用。

三、转录组

转录组学（transcriptomics）是一门在整体水平研究细胞中所有基因转录及转录调控

规律的学科。根据中心法则，遗传信息从DNA转录成mRNA再翻译成蛋白质，从而决定了细胞的结构与功能。不同的细胞之间再通过生物大分子之间的联系与协调，进一步构成组织、器官和生物体（图3-4）。基因表达数据反映的是直接或间接测量得到的基因转录产物mRNA在细胞中的丰度，这些数据可以用于分析哪些基因的表达发生了改变，基因之间有何相关性，在不同条件下基因的活动是如何受影响的。它们在医学临床诊断、药物疗效判断、揭示疾病发生机制等方面有重要的应用。目前，微阵列（microarray）和RNA-Seq是转录组分析中的两种主要技术。

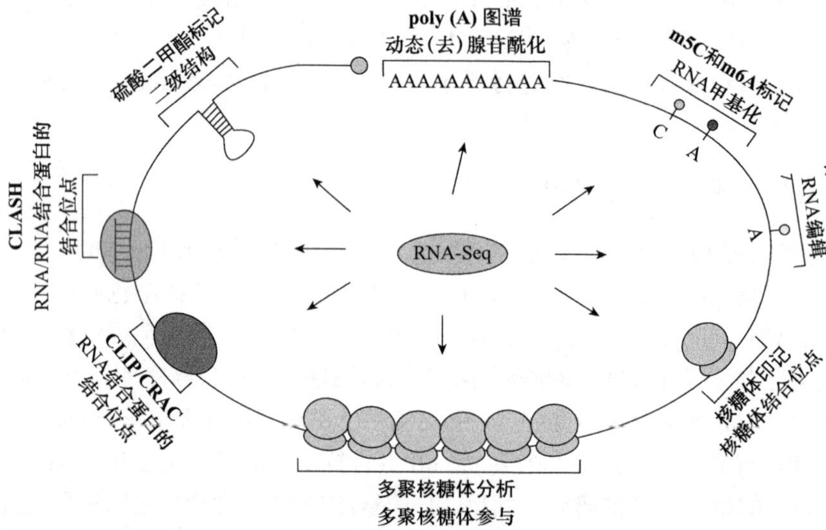

图3-4 转录组学研究内容（引自Dassi and Quattrone，2014）

CLASL．一种改良的鉴定mRNA结合位点的方法，该方法引入了RNA连接步骤，以定位蛋白质复合物中其他RNA反式作用相关的位点，从而能够通过实验鉴定mRNA结合位点

（一）微阵列

1．微阵列技术概述 cDNA微阵列是1995年由斯坦福大学率先研制成功并应用于基因表达分析的。其原理是利用4种核苷酸之间两两配对互补的特性，使两条在序列上互补的单核苷酸链形成双链，这个过程称为杂交。

制备的基本过程为：将细胞内的mRNA反转录成cDNA并分离，然后将分离得到的所有或部分cDNA（其长度通常大于200bp）作为探针，用机械手按照阵列的形式点到玻璃片上。玻璃片上的每一个点只包含一种cDNA分子，这样就制成了cDNA微阵列。固定在玻璃片上的cDNA探针可以通过测序得到序列。

cDNA微阵列实验得到的值反映了基因的相对表达水平，即测量样本与对照样本之间荧光信号强度的比率或者对数化的比率，这是一个无量纲的值，可用于比较一组实验中的基因相对表达水平。

2．基因表达数据芯片的网络资源 大量基于DNA微阵列实验的基因表达数据是公开发布在互联网上的，尤其是学术机构在发表论文时所用的实验数据都可以免费提供给全世界的研究人员下载使用。作为学术论文的补充资料，在网上发布的数据主要是文本文件或Excel格式的文件，这些数据往往都是经过归一化处理后的比值或log_2（比值），对于寡核苷酸芯片数据有的用出现/缺失/不明确（present/absent/unknown，P/A/M）表示，有的用荧光强度值。因为这些数据文件没有包含原始的实验方案、实验材料、原始扫描图像、图像处理方法和数据归一化方法等信息，要比较或整合分析来自不同研究小组的基因表达数据是非常困难的。其主要原因是DNA微阵列并不是在任何客观的个体上测量基因表达水平，大多数测量值仅仅是基因表达的相对变化，而且使用的并不是一个标准化的对照样本。同时，基因表达数据比基因组序列数据要复杂得多，这些数据仅仅在有具体的关于实验条件的描述时才是有意义的，对于不同的细胞类型，在不同的条件下都有一套转录本。因此，基于DNA微阵列的基因表达数据存储量是非常大的，对于具有20 000个探针的微阵列实验，以10μm的分辨率扫描，产生3000万个离散的数据点，如果以tiff文件贮存，将占用约60Mb的硬盘空间。

收集、存贮微阵列基因表达数据最有影响力的数据库是Gene Expression Omnibus（GEO）数据库、ArrayExpress数据库和SMD（Stanford Microarray Database）。

1）GEO数据库。GEO数据库（http://www.ncbi.nlm.nih.gov/geo）是由美国国家生物信息中心（NCBI）在2000年开发的一个基因表达和杂交微阵列数据库，同时作为获取来自不同生物体的基因表达数据的在线资源。到2004年3月，该数据库中包含了605个Platform、14 391个Sample和816个Serial。Platform是关于物理反应物的信息；Sample是关于待检测的样本信息和使用单个Platform产生的数据；Serial是关于样本集的信息，反映样本间的相关性及其对应的组织。

2）ArrayExpress数据库。ArrayExpress数据库（http://www.ebi.ac.uk/arrayexpress/）是基于基因表达数据的微阵列公共知识库，目的是存储被注释的数据，当前包含多个基因表达数据集和与实验相关的原始图像集。ArrayExpress数据库接受MAGE-ML格式递交或者通过MIAMExpress的基于Web界面注释和递交的数据。ArrayExpress数据库提供一个简单的基于Web的数据查询界面，并直接与Expession Profiler数据分析工具相连，可以进行表达数据聚类和其他类型的Web数据挖掘，并将进一步开发多个实验和数据库间的交叉查询。ArrayExpress数据库中的数据将与所有由欧洲生物信息研究所（EBI）维护的或在线的数据库相连接。

3）SMD。SMD是一个使用Oracle作为数据库管理软件的关系数据库。SMD存储微阵列实验的原始数据、归一化数据和对应的图像文件。自2002年1月1日起，到2004年4月，已包括85篇学术论文，超过3500个双色点样cDNA微阵列的实验数据，并且每年增加1000个微阵列实验的数据。另外，SMD提供数据获取、分析和可视化的界面，目前包括层次聚类和自组织映射等方法，还将加入*k*-平均聚类、单值分解和丢失值归纳等方法。该数据库已于2016年关闭。

除了以上三个综合性的基因表达数据库，还有一些专门的基因表达数据库，如YMD（Yale Microarray Database，http://info.med.yale.edu/microarray/）、BodyMap（http://bodymap.ims.u-tokyo.ac.jp/）、ExpressDB（https://arep.med.harvard.edu/ExpressDB）、HuGEIndex（HumanGeneExpressionIndex，http://www.hugeindex.org/welcome/index.html）等，这些数据库收集的数据往往具有物种特异性，使用比较方便。

（二）RNA-Seq

RNA-Seq利用下一代测序（NGS）技术对组织样本的RNA样品进行测序。RNA-Seq是一种快速且高通量的方法，一方面可以快速获得转录组序列和丰度信息，另一方面又可进行新转录本的分析预测。根据有无参考基因组信息，其可分为有参转录组测序和无参转录组测序。由于其不依赖于预先设计的探针或已知的序列碱基特征，因此具有较高的灵敏度和检测新基因及遗传变异的能力。

1. RNA-Seq的基本原理 从RNA-Seq数据的产出到得到转录组数据一般可分为以下三个步骤：文库的制备、NGS平台测序及后续相关的生物信息学分析。

制备文库时，首先要提取测序样品细胞的RNA，并用物理或者酶切的方法将RNA打断成小片段，然后将其反转录成双链的cDNA，并将双链的cDNA末端进行修饰，如磷酸化修饰，再加上合适的测序接头。因为cDNA的长度是未被选择的，所以要根据测序平台选择合适的cDNA长度，然后将其进行PCR扩增。最后，将扩增后的双链cDNA变性为单链cDNA，在已选择的测序平台上进行测序。经测序后，每个样本都会得到百万至千万级的25～450bp短序列信息，将其称为读段（read），这些读段经过一系列的生物信息学分析，即可获得直观易懂的转录组数据。

2. RNA-Seq的分析方法 基于RNA-Seq的转录组表达分析是目前生物信息学研究的重要方向。分析过程中先使用比对软件基于参考基因组或转录组进行序列比对，再统计基因或异构体上的读段数并归一化得到表达水平，最后基于统计学实现表达分析。对原始的RNA-Seq数据进行转录组表达分析包括三个步骤：预处理原始读段、计数产生和统计分析。

3. RNA-Seq的应用 科研工作者通常利用转录组数据来研究基因表达量所代表的生物学意义。例如，用来揭示在组织发育过程中哪些基因是一个特定时期或者特定组织的关键基因。RNA-Seq数据也可以用来鉴定长非编码RNA（lncRNA）。例如，Li等利用转录组数据、基因组数据和EST数据在玉米中共鉴定了20 163个lncRNA。此外，利用RNA-Seq数据也可以鉴定单核苷酸多态性（single nucleotide polymorphism，SNP）。

（三）微阵列和RNA-Seq的比较

目前，一般比较推荐使用RNA-Seq进行转录谱研究。RNA-Seq的优势如下。一是无偏好地检测新型转录本：与芯片不同，RNA-Seq技术不需要物种或转录本特异性探针。可检测新型转录本、基因融合、单核苷酸变异、插入缺失（小片段插入和缺失），以及之前采用芯片无法检测的其他未知变化。二是动态范围更宽：使用芯片杂交技术时，基因表达测定受到背景噪声（下限）和信号饱和（上限）的限制。RNA-Seq技术通过离散的定量及数字化的读段读数提供了更宽的动态范围。三是特异性和灵敏度更高：与芯片相比，RNA-Seq技术的特异性和灵敏度更高，从而全面提升对基因、转录本及其他差异表达的检测。四是轻松检测稀有和低丰度转录本：轻松提高测序覆盖深度以检测稀有转录本、每个细胞的单一转录本或弱表达基因。

四、蛋白质组

蛋白质组学（proteomics）是以蛋白质组为研究对象，研究细胞、组织或生物体蛋白质组成及其变化规律的科学。这个概念最早是在1994年，由Marc Wikins首先提出的。蛋白质组（proteome）一词，源于蛋白质（protein）与基因组（genome）两个词的组合，意指"一种基因组所表达的全套蛋白质"，即包括一种细胞乃至一种生物所表达的全部蛋白质。蛋白质组学本质上指的是在大规模水平研究蛋白质的特征，包括蛋白质的表达水平、翻译后的修饰、蛋白质与蛋白质相互作用等，由此获得蛋白质水平上关于疾病发生、细胞代谢等过程整体而全面的认识（图3-5）。

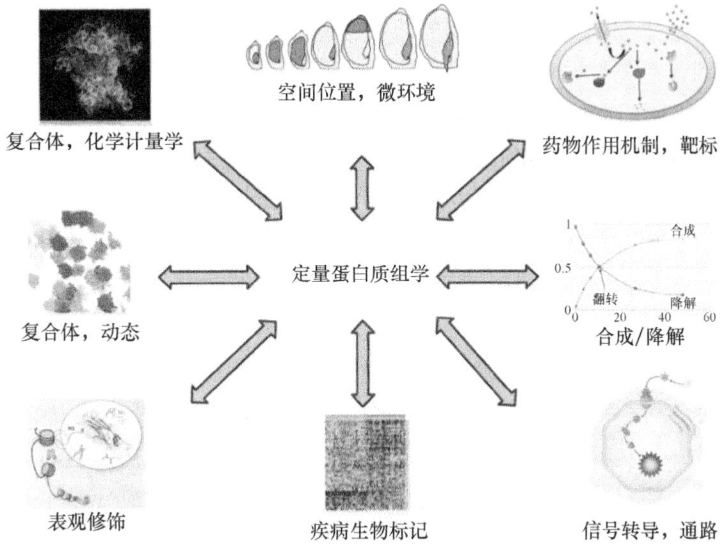

图3-5　蛋白质组学研究内容

目前，在蛋白质功能方面的研究是极其缺乏的。大部分通过基因组测序而新发现的基因编码的蛋白质，其功能都是未知的，而对那些已知功能的蛋白质而言，它们的功能也大多是通过同源基因功能类推等方法推测出来的。有人预测，人类基因组编码的蛋白质至少有一半是功能未知的。因此，未来人们研究的重点必将转到蛋白质功能方面，而蛋白质组的研究正可以完成这样的目标。在蛋白质组的具体应用方面，蛋白质在疾病中的重要作用使得蛋白质组学在人类疾病的研究中有着极为重要的价值。

（一）蛋白质组学的研究内容

1. 表达蛋白质组学　许多蛋白质组学实验的目的是鉴定在两个或者更多个相关样品中丰度有所变化的蛋白质。这些表达量存在显著差异的蛋白质往往与某种生物机制有关。例如，细胞类型、所处的发育阶段和细胞状态不同，细胞对环境变化的反应不同，都会导致蛋白质组的不同。蛋白质组的变化也和疾病发生有关，一旦这些蛋白质被鉴定，有可能成为疾病的标志性蛋白（biomarker）。准确的蛋白质定量是蛋白质组学的一个重要环节。

目前主要依赖质谱技术同时实现蛋白质的鉴定和定量。定量方法大致可以分为标记

（label）定量和无标记（label-free）定量。标记定量方法是指用不同的化学试剂或同位素作为标记物，对不同样品进行区别标记，然后混合、进行LC-MS/MS分析。目前常用的标记定量方法有细胞培养氨基酸稳定同位素标记（stable isotope labeling by amino acids in cell culture，SILAC）、同位素编码亲和标记（isotope coded affinity tag，ICAT）、同位素标记相对和绝对定量（isobaric tags for relative and absolute quantification，iTRAQ）等方法。

2. 修饰蛋白质组学　蛋白质翻译后修饰（post-translational modification，PTM）通过功能基团或蛋白质的共价添加、调节亚基的蛋白水解切割或整个蛋白质的降解来增加蛋白质组的功能多样性，几乎影响正常细胞生物学和发病机制的所有方面。因此，识别和理解PTM在疾病治疗和预防中的作用至关重要。常见的蛋白质翻译后修饰包括蛋白质磷酸化、乙酰化、泛素化、糖基化、甲基化、亚硝基化、琥珀酰化、丙酰化、脂质化和水解等。质谱是鉴定蛋白质翻译后修饰的重要方法，其原理是利用蛋白质发生修饰后的质量偏移来实现翻译后修饰位点的鉴定；同时，由于翻译后修饰的蛋白质在样本中含量低且动态范围广，检测前需要对发生修饰的蛋白质或肽段进行富集，然后再进行质谱鉴定。

3. 功能蛋白质组学　功能蛋白质组学主要是研究蛋白质的功能模式，包括蛋白质功能及蛋白质间的相互作用。其研究的核心内容是蛋白质群体研究，从生物大分子（基因、蛋白质）水平到细胞水平，包括基因组在内，它们之间有非常密切的关系。从“局部”入手，把研究定位在细胞内与某个功能有关或在某种条件下的一群蛋白质，通过功能蛋白质组学的途径去逐步揭示“蛋白质组”的方方面面。它的提出是基于蛋白质的种类和数量在同一生物个体不同细胞中各不相同，并且细胞内的蛋白质组是动态的，随时发生变化，即使是同一细胞，因不同时期、不同条件，其蛋白质组也是在不断改变之中。此外，在研究蛋白质功能时，还必须从蛋白质空间结构及其动态变化方面加以阐明。为了揭示上述各种规律，提出功能蛋白质组学，如分析酶活性和确定酶底物、细胞因子的生物分析、配基-受体结合分析。可以利用基因敲除和反义技术分析基因表达产物——蛋白质的功能。另外，对蛋白质表达出来后在细胞内的定位研究也在一定程度上有助于对蛋白质功能的了解。

（二）研究蛋白质组学的方法

蛋白质组学的发展既受技术所推动，也受技术所限制。蛋白质组学研究成功与否，很大程度上取决于其技术水平的高低。蛋白质研究技术远比基因研究技术复杂和困难。不仅氨基酸残基种类（20）远多于核苷酸残基（4），而且蛋白质有着复杂的翻译后修饰，给分离和分析蛋白质带来了很多困难。此外，通过表达载体进行蛋白质的体外扩增和纯化也并非易事，从而难以制备大量的蛋白质。蛋白质组的研究实质上是在细胞水平对蛋白质进行大规模的平行分离和分析，往往要同时处理成千上万种蛋白质，因此，发展高通量、高灵敏度、高准确性的研究技术平台是现在乃至相当一段时间内蛋白质组学研究的主要任务。蛋白质组学研究技术主要有蛋白质样品制备、分离和分析，双向凝胶电泳，等电聚焦，生物质谱技术，飞行时间质谱，电喷雾质谱等。

蛋白质组数据库是蛋白质组研究水平的标志和基础。瑞士的Swiss-Prot拥有目前世界上最大、种类最多的蛋白质组数据库。丹麦、英国、美国等也都建立了各具特色的蛋白质组数据库。生物信息学的发展已给蛋白质组研究提供了更方便、有效的计算机分析软件。特别是蛋白质质谱鉴定软件和算法发展迅速，如Swiss-Prot、洛克菲勒大学、加利福尼亚大学旧金山分校等都有自主的搜索软件和数据管理系统。最近发展的用质谱数据直接搜寻基因组数据库，使得质谱数据可直接进行基因注释、判断复杂的拼接方式。随着基因组学的迅速推进，蛋白质组学研究会有更多、更全的数据库。

关于蛋白质组的研究，也可以将蛋白质组的部分或全部种类的蛋白质制作成蛋白质芯片，可以用于蛋白质相互作用研究。例如，酵母蛋白质组芯片可将酵母的5800个可读框（ORF）表达成蛋白质并进行纯化点样制作芯片，用该芯片筛选钙调素和磷脂分子的相互作用分子。

（三）翻译后修饰组学

翻译后修饰是指对翻译后的蛋白质进行共价加工的过程。它通过在一个或多个氨基酸残基上加修饰基团，可以改变蛋白质的物理、化学性质，进而影响蛋白质的空间构象和活性状态、亚细胞定位、折叠及稳定性，以及蛋白质-蛋白质相互作用，在信号转导、细胞分化、细胞免疫、转录调控等多种细胞过程中发挥着重要作用。修饰蛋白质组学是在蛋白质修饰水平，对蛋白质修饰状态进行定性、定量分析，获得不同处理或不同生理、病理状态下的蛋白质修饰差异。

1. 磷酸化修饰蛋白质组学　在生物体内，磷酸化是蛋白质翻译后修饰中最为广泛的共价修饰形式，同时也是原核生物和真核生物中最重要的调控修饰形式。磷酸化对蛋白质功能的正常发挥起着重要的调节作用，该过程是由蛋白质激酶（kinase）催化的把ATP或GTP的γ位磷酸基转移到底物蛋白质的氨基酸残基，如丝氨酸、苏氨酸和酪氨酸等上的过程，而其逆向过程则是由蛋白质磷酸酶去除相应的磷酸基团。正是这两种酶的相反作用及其中所涉及的能量消耗与生成，使磷酸化成为体内很多生理活动调控的首选方式。在真核生物中，磷酸化主要发生于丝氨酸、苏氨酸和酪氨酸等残基上，而在细菌中，磷酸化主要发生于天冬氨酸、谷氨酸和组氨酸等残基上，有些蛋白质在原核生物和真核生物中均可被磷酸化，它们的磷酸化位点通常是精氨酸、赖氨酸和半胱氨酸残基。

蛋白质磷酸化和去磷酸化是调节与控制蛋白质活力和功能的最普遍，也是最重要的调控机制，具有重要的研究价值，被广泛应用于微生物、植物和动物的研究中。磷酸化参与各种生理和病理过程，调控细胞的增殖、分化和凋亡，被广泛运用在信号转导、信号通路、细胞凋亡、发育分化、癌症机制等研究领域。

2. 乙酰化修饰蛋白质组学　乙酰化是一种高度保守和可逆的翻译后修饰。从分类上说，乙酰化修饰主要分为两类：发生在蛋白质N端的乙酰化修饰，以及发生在蛋白质赖氨酸上的乙酰化修饰。前者发生在90%以上的真核生物新生蛋白质上，对于新生蛋白质的成熟和细胞定位非常重要，由*N*-乙酰转移酶（NAT）负责；而后者是一个可逆的过程，主要由赖氨酸乙酰化酶（KAT）和赖氨酸去乙酰化酶（KDAC）负责。赖氨酸的乙酰化修饰分布十分广泛，借助质谱的蛋白质组分析手段，目前已经鉴定出大量的非组蛋白上的赖氨酸修饰，其分布于各种亚细胞结构中。其中，在模式动物大鼠中，单个研究已经鉴定出4541个蛋白质的15 474个乙酰化位点；在原核模式生物大肠杆菌中已鉴定出

1000个蛋白质中的8284个乙酰化位点；在植物拟南芥中共鉴定到7456个乙酰化位点。

研究者发现蛋白质乙酰化修饰参与包括转录调控、信号通路调控、代谢调控、蛋白质稳定性调控及病原微生物感染调控等多个重要生理功能。蛋白质中的赖氨酸乙酰化修饰还调控蛋白质的多种性质，包括DNA-蛋白质相互作用、亚细胞定位、转录活性、蛋白质稳定性等，除了以上这些重要的生物学功能，赖氨酸乙酰化蛋白质及其调控酶与衰老和重大疾病（如癌症、神经变形紊乱、心血管疾病等）紧密相连。

3. 泛素化修饰蛋白质组学 泛素化是指泛素在一系列酶的催化作用下共价结合到靶蛋白上的过程。泛素化修饰最主要的生化功能是实现蛋白质的选择性降解。需要降解的蛋白质被专门的酶（泛素-蛋白质连接酶）识别并与泛素连接，然后带有泛素标记的蛋白质被蛋白酶体降解。在泛素化级联反应过程中包含相互协同的三种酶：泛素活化酶（ubiquitin-activating enzyme，E1）、泛素缀合酶（ubiquitin-conjugating enzyme，E2）和泛素-蛋白质连接酶（ubiquitin-protein ligase，E3）。泛素化是一个被严格调控的可逆过程，去泛素化酶（deubiquitinating enzyme，DUB）可以通过水解泛素分子之间或泛素与底物蛋白之间的肽键或异肽键，来逆转泛素化修饰。去泛素化酶对泛素化过程不仅起着抑制作用，而且可以通过分解泛素化抑制因子、再循环泛素分子、校对泛素化进程等方式促进泛素化过程，从而与泛素化系统共同组成一个复杂的调控网络。

泛素化修饰是一种重要的翻译后修饰方式，泛素蛋白酶体系统介导了真核生物80%～85%的蛋白质降解。除参与蛋白质降解外，泛素化修饰还参与了细胞周期、增殖、凋亡、分化、转录调控、基因表达、转录调节、信号转导、损伤修复、炎症免疫等几乎一切生命活动的调控。泛素化与肿瘤、心血管等疾病的发病密切相关，因此已成为研究、开发药物的新靶点。

4. 糖基化修饰蛋白质组学 在蛋白质的多种翻译后修饰中，糖基化（glycosylation）是非常重要的一种。糖基在酶的催化下，与蛋白质上的某些残基形成共价连接，通常是糖苷键。高度亲水的糖基，对蛋白质的理化性质和生物功能都可以产生重大影响，单糖和糖链结构的多样性又很适合作为标签，所以糖基化在生物体中非常普遍。在所有的已知蛋白质中，约有50%是被糖基化的，而人类基因组中至少1%的基因参与聚糖生物合成。在真核生物中，细胞中的绝大多数蛋白质糖基化都沿着分泌途径发生，从内质网开始，在高尔基体中完成。修饰的结果可以影响其定位。例如，高尔基体中对甘露糖的磷酸化将导致蛋白质从默认的分泌途径转移到溶酶体途径。

在20种基本氨基酸中，至少有9种氨基酸残基可以被糖基修饰。糖基可以通过多种方式与蛋白质相连，如与Asn侧链的酰胺键相连（*N*-糖基化），通过糖苷键与Ser、Thr、羟基赖氨酸（胶原）或Tyr（糖原蛋白）的羟基相连（*O*-糖基化），或通过C—C键连接到Trp的C2位置（C-甘露糖基化）。另外，还可以通过糖基磷脂酰肌醇（GPI）锚间接与蛋白质相连。糖基化修饰不仅影响着蛋白质的空间构象、生物活性、运输和定位，在分子识别、细胞通信、信号转导等特定生物过程中也发挥着至关重要的作用。

5. 甲基化修饰蛋白质组学 甲基化（methylation）是一种常见的蛋白质翻译后修饰方式，如组蛋白甲基化修饰。蛋白质的甲基化是指将甲基转移到蛋白质的某个残基上，通常是赖氨酸或精氨酸，也包括组氨酸、半胱氨酸和天冬酰胺等。在大鼠肝细胞核的总蛋白质提取物中，大约2%的精氨酸残基是二甲基化的。蛋白质的甲基化供体是*S*-腺苷甲硫氨酸（SAM），受体通常是赖氨酸的ε-氨基和精氨酸的胍基。另外，在组氨酸的咪唑基、谷氨酰胺和天冬酰胺的酰胺基、半胱氨酸的巯基、半胱氨酸的羧基、谷氨酸和天冬氨酸的侧链羧基上都可以发生甲基化反应。

组蛋白甲基化（histone methylation）主要在形成和维持异染色质的结构、基因组印记、DNA修复、调控X染色质的失活和转录等方面发挥作用，主要由组蛋白甲基转移酶（histone methyltransferase，HMT）催化。

蛋白质甲基化可能影响蛋白质-蛋白质相互作用、蛋白质-DNA或蛋白质-RNA相互作用、蛋白质稳定性、亚细胞定位或酶活性。许多转录因子的甲基化修饰可以影响基因表达。组蛋白的甲基化主要与基因的转录调控密切相关，甲基化后组蛋白赖氨酸残基可以激活或抑制基因转录。

五、宏基因组

宏基因组学（metagenomics）又叫微生物环境基因组学、元基因组学，最早是在1998年由威斯康星大学植物病理学部门的Handelsman等提出的。它通过直接从环境样品中提取全部微生物的DNA，构建宏基因组文库，利用基因组学的研究策略研究环境样品所包含的全部微生物的遗传组成及其群落功能，是在微生物基因组学的基础上发展起来的一种研究微生物多样性、开发新的生理活性物质（或获得新基因）的新理念和新方法。

宏基因组的研究对象是特定环境中的总DNA，不是某特定的微生物或其细胞中的总DNA，不需要对微生物进行分离培养和纯化，这为认识和利用95%以上的未培养微生物提供了一条新的途径。已有研究表明，利用宏基因组学对人体口腔微生物区系进行研究，发现了50多种新的细菌，这些未培养细菌很可能与口腔疾病有关。此外，在土壤、海洋和一些极端环境中也发现了许多新的微生物种群和新的基因或基因簇，通过克隆和筛选，获得了新的生理活性物质，包括抗生素、酶及新的药物等（图3-6）。

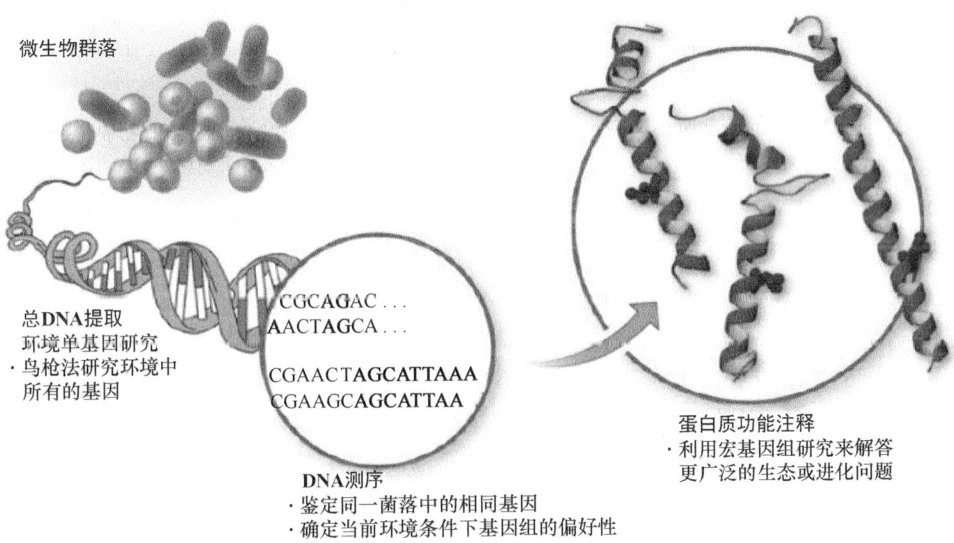

图3-6　宏基因组学研究内容（引自Gilbert and Dupont，2011）

宏基因组作为环境微生物学的前沿工具，被广泛应用于土壤、海洋、河湖水、肠道，以及极端生境如沙漠、苔原、深海底床、酸矿、生物反应器等一系列环境样品的微生物群落组成的分析研究中。其中，以对16S rRNA基因扩增进行检测的测序技术最为常用。通过对16S rRNA基因的测序和分析，可以获得环境中各个细菌种类的相对丰度和多样性水平，从而了解环境中微生物群落的组成和结构。除16S rRNA基因测序之外，也可以针对性地选择微生物群落功能基因进行扩增测序，比如固氮还原酶*nifH*基因和氨基氧化酶*amoA*基因等。这类研究揭示了各个功能菌群的构成和多样性，同时也能够在更高的分类尺度上（比如种的水平或者菌株的水平）对微生物群落展开更细致的研究。而更准确含义上的宏基因组学特指针对整个环境样本DNA进行所有基因组的分析，这方面的研究是当前环境生物学的热点。

（一）宏基因组研究方法

传统的微生物研究方法是测定微生物基因组上的16S rRNA基因，这些基因的长度通常在1500个碱基左右，广泛分布于原核生物中，既能提供足够的信息，也具有相对缓慢的进化过程；其保守性与特异性并存，通过保守区和特异区来区别微生物的种属。基于这些特性，科学家通过选择这些基因区域，方便地研究环境中物种的组成多样性，但是还不能全面分析环境中的基因功能。利用新一代高通量低成本测序技术，可以对环境中的全基因组进行测序，在获得海量的数据后，可以全面地分析微生物群落结构及基因功能等。

在环境样品和目的基因组富集、宏基因组DNA提取的基础上，进行宏基因组文库的构建。

（1）载体的选择　载体的选择在宏基因组技术中占有十分重要的地位。载体系统的选择主要依赖于DNA提取质量、插入片段、质粒拷贝数、宿主菌及筛选方法，根据克隆载体的不同，宏基因组文库可分为质粒文库、细菌/酵母人工染色体文库、噬菌体类载体文库。早期宏基因组文库主要是以质粒载体和大肠杆菌宿主细胞为材料构建而成的小片段（<15kb）文库，操作简便、拷贝数高、对DNA质量要求不高，适合纯度低或剪切较严重的DNA模板。但其插入片段小，筛选量大，活性比率低，对大基因簇无能为力，主要适用于分析新的基因序列信息及筛选编码代谢相关的单一基因或小操纵子。然而，很多微生物活性物质是其次生代谢物，代谢途径由多基因簇调控，因此尽量插入大片段DNA以获得完整的代谢途径多基因簇是很有必要的，目前已有报道能容纳15～40kb外源DNA的F黏粒（fosmid）文库和黏粒（cosmid）文库，同时已经成功构建了容量高达200～350kb外源DNA的细菌人工染色体文库和酵母人工染色体文库。人工染色体文库不仅拥有巨大的插入片段载量，而且稳定性好、筛选效率高、克隆表达能力强，可获得基因簇表达活性物质，主要用于分析某一生境中微生物群落多样性及筛选由基因簇或多个基因控制表达的活性物质。但其操作较复杂烦琐，对DNA纯度的要求较高，且拷贝数低，扩增较困难。

（2）宿主细胞的选择　不同的微生物种类所产生的活性物质类型有明显差异。宿主菌株的选择主要考虑转化效率、重组载体在宿主细胞中的稳定性、宏基因的表达、目标性状（如抗菌）缺陷型等因素。*E. coli*是最常用的宿主细胞，其优点是操作简单、繁殖迅速、培养代谢易于控制，但是由于环境样品的总DNA有很大一部分为真核基因组DNA，其在细菌宿主中往往不能表达，大大限制了这部分基因的筛选。最近已有报道利用链霉菌、假单胞菌等微生物作为受体来鉴定有关新抗生素生物合成的基因。但是最近的生物信息学研究表明，对于一个插入子（＜10kb）的文库，为寻找一个目的基因需要筛选10^5～10^6个克隆，这表明从复杂的宏基因组中筛选目的基因在技术上还存在着特殊的困难，因此，对宿主系统的进一步探索是更有效地开发宏基因组资源的关键因素之一。

（3）宏基因组文库的筛选　由于宏基因组文库容量较大，目标克隆子的筛选一直是宏基因组技术中的瓶颈。近年来，各种宏基因组文库筛选方法相继建立起来，根据筛选原理大体分为两大类：序列依赖性筛选法和非序列依赖性筛选法。

1）序列依赖性筛选法：根据文库中已知序列或保守序列来设计杂交探针或PCR引物，从宏基因组文库中筛选目标序列。该法克服了功能筛选法中必须依赖表达后的活性，产物检测效率较高，其中已知功能基因PCR扩增技术是常用的序列依赖性筛选法。此外，DNA微阵列技术和整合子系统技术也可以作为序列依赖性筛选法。该筛选方法存在两个主要的缺陷：一是引物的设计依赖于已知的序列信息，共进化的两个功能相似的基因难以用特异性引物区分开，因此很难发掘新功能基因；二是通过PCR扩增功能基因一般只能获得结构基因的一个片段，而不能获得完整的功能。

2）非序列依赖性筛选法：不依赖于任何已知序列信息，仅根据文库克隆子产生的活性物质进行筛选，其中以功能筛选法最为常用，原理是直接对目的克隆表达的性状在筛选培养基上进行筛选。已有报道成功筛选出产生木聚糖酶、纤维素酶、脂肪酶及抗菌活性的克隆子。该筛选方法能够发现全新的活性物质或全长基因，但工作量大、效率低。生物转化的产物仅在少数情况下具有可见性状，酶活性的检测受到研究方法的限制。

（二）微生物宏基因组大数据的处理过程

宏基因组的测序数据具有数据量大、复杂度高的特点，且随着大规模测序技术的发展及数据积累程度的增加，其难度和重要性也将逐渐增大。宏基因组学大数据分析的各个环节都需要运用信息学和生物信息学技术。首先是大数据的存储，包括环境样品的采集（采集地点、样本类型、地理环境、气候季节等）和处理信息（实验条件、处理时间等）、样品的地球物理化学参数、测序信息（测序反应条件、测序仪器、测序深度等）和大量的序列数据；经过分类和整理之后的数据，需要进入标准化的数据库进行保存，以备后续分析使用。其次是大数据的前处理，即海量序列的基础分析，包括序列质量控制、序列拼接、序列的物种分类学分析、序列功能的预测和相对定量分析。大数据的前处理是宏基因组学研究的基础，其速度和准确性都将对实验进度和最终结论产生很大影响。最后，经过基础分析的数据需要进一步进行信息分析、比对与提炼，进而分析微生物的群落组成与多样性、群落功能与遗传变异、群落结构与物种间的相互关联、群落与环境的相互作用，最终为环境变化的预测和治理提供理论依据。

从宏基因组技术诞生的那一刻起，信息分析一直是其研究的主要瓶颈。随着测序成本的下降和测序深度的增加，其分析难度将会越来越大，制约效应也将会越来越明显。

宏基因组全序列的分析难点如下。

1. 数据存储的容量 目前Illumina公司HiSeq 4000测序仪一次运行将产生2.5×10^9左右序列（150bp×2端），而一般的分析将产生10倍以上的数据量。因此，一次测序将增加（10～20）$\times10^{12}$的数据量。当样本数量十分庞大时，往往还需要结合多次的测序结果进行研究，如此巨大的数据量将会对数据存储设备提出严峻的挑战。

2. 序列的拼接 目前比较成熟的序列拼接算法都是基于一个或少数几个基因组的数据［如Genovo、Meta Velvet、MAP（Metagenomic Assembly Program）等］，而对HiSeq 4000测序仪所产生的宏基因组数据无能为力，其最主要的原因是所有的拼接算法都需要庞大的内存资源，而这一需求远大于市面上最大的单服务器所支持的内存数量（4Tb左右）。因此，大部分的宏基因组序列拼接工作必须以牺牲时间的单样本序列拼接串联方式进行。此外，每个计算核心和其匹配内存的效率也决定了整个拼接的效率。

3. 序列拼接、基因和基因功能预测的准确性同速度之间的矛盾 拼接和基因预测算法往往需要耗费大量的运算资源，而很多近似或高速算法往往以牺牲准确性作为代价。因此，如何在保证准确性的前提下提高速度是决定宏基因组分析质量的关键。

4. 微生物物种间关联的不确定性 生物群落的结构不仅包括多样性和物种数量上的分布，而且应该包含物种间的相互作用关系，而这些关系在物质、能量、信息循环中起至关重要的作用。然而，由于微生物群落所具有的庞杂、细小和难以培养的属性，微生物物种间的相互作用往往无法像宏观生态那样予以观察和定性，因此也给相关的研究工作提出了挑战。

（三）宏基因组测序应用

随着测序技术的不断发展，宏基因组的研究已经渗透到生物学的各个领域，成为目前研究的热点。

1. 在生态方面的应用 当今微生物生态学研究的主要目的之一是将微生物与其所在环境中的代谢过程相联系。在研究的早期，科学家利用宏基因组探索海洋中未培养的以浮游生物为食的原核微生物，发现了古菌的螺旋状RNA和谷氨酸半醛转氨酶，并首次揭示了基因组织形态，这些信息都显示了非培养系统的生物潜能，随着微生物治理的深入发展，研究者越来越趋向于应用菌群对废水进行生物治理。宏基因组在生态方面的研究方法主要有宏基因组快照测序法、随机鸟枪测序法和荧光原位杂交法等，宏基因组在生态学上的应用主要是土壤与水体，目前宏基因组学在土壤微生物研究中的应用主要包括两方面：一方面是进行土壤微生物及其资源的挖掘，目前的研究工作已经得到大批新基因，特别是通过对一些极端环境中微生物宏基因组的研究得到了一些具有特殊应用价值的功能酶基因；另一方面是揭示土壤微生物的多样性及其与环境之间的关系。海洋蕴含着非常丰富的微生物资源，目前已应用宏基因组技术研究了多种海洋次生代谢物合成途径，其中最为经典的是研究海洋聚酮类和非核糖体肽类的生物合成基因簇。

2. 在新型生物催化剂中的应用 宏基因组技术最引人注目的贡献主要集中在新型生物酶制剂的探索和开发领域，近年来研究者已成功构建了土壤、海底淤泥、温泉淤泥、油厂污泥、动物瘤胃内容物、动物粪便等宏基因组文库，并筛选到脂肪酶、蛋白酶、淀粉酶、乙醇氧化酶、木聚糖酶、纤维素酶及脱羧酶等酶制剂，并且在此基础上获得了新酶的许多特征信息。

通过宏基因文库筛选得到的生物分子，其大多数与已知的基因产物相似性差或者完全是新的分子，这些新的生物分子主要来源于环境未培养微生物的基因和其多样的代谢物。环境样品DNA的克隆和筛选只是所有环境遗传信息多样性的一小部分，环境微生物和宏基因组的多样性仍旧是发现新的天然活性产物的丰富资源，为研究者探索开发新的生物催化剂提供了巨大的资源空间。

3. 在医学中的应用　宏基因组技术的出现为新药物的探索和发现提供了可能的技术支持，并扩大了微生物代谢物及分子活性物质筛选平台。宏基因组技术突破了大量微生物无法通过纯培养方法进行研究的束缚，为新药的开发和利用提供了技术支持，相信随着宏基因组技术的成熟，该技术在发现新基因、研究人体微生物抗药性及与不可培养病原微生物的相互关系方面做出了重大贡献。

4. 在气候变化中的应用　由人类活动引起的全球气候变化问题一直备受关注，其中，温室气体特别是CO_2浓度的上升引起的全球变暖问题尤其受到关注。气候变暖将对地球碳氮等物质循环、陆地及海洋生态系统功能等产生重大影响，同时，地球化学物质（如碳、氮、磷、硫等）循环也是生态系统响应气候变化的关键过程，而微生物是该循环过程的主要驱动力。近年来，宏基因组学的运用为微生物对气候变化响应和反馈的研究提供了全新的视角，并取得了相当大的进展。例如，通过研究珊瑚礁微生物群落对升温的响应，发现处于生长状态的珊瑚礁上的微生物群落不受温度升高的影响，而坏死珊瑚礁上的微生物群落结构和组成发生了改变，说明微生物群落具有复杂性，不同的种群有不同的反应机制，因此微生物群落的结构与功能需要进一步深入探讨。功能基因芯片被用于研究CO_2浓度升高的效应。CO_2浓度升高刺激了调节重要物质循环过程基因的活性，其中碳固定基因、易降解碳基因及氮循环基因的数量明显增多。另外，基于系统发育芯片的实验表明，CO_2浓度升高导致微生物可操作分类单元（operational taxonomic unit，OTU）的丰度显著增加。

5. 在水处理工程系统中的应用　对水处理工程系统微生物群落组成和功能的研究，尤其是对活性污泥中微生物的研究，不仅有助于深入了解反应器处理污染物的作用机制，更可以指示反应器的性能，从而为系统运行提供预警和管理措施。

（四）宏基因组测序展望

宏基因组学是一个非常有活力的研究领域，克服了传统培养方法限制很多微生物资源开发和利用的难题，该技术已成为研究免培养微生物的重要手段。运用宏基因组学可分析微生物分类图谱，深入了解微生物的多样性，有可能挖掘和利用99%以上的不可培养微生物，这为功能微生物资源开发利用提供了丰富的研究资源。

目前，运用宏基因组技术获得功能基因，不仅可以用于新药的研发，而且在新的工业用酶、食品微生物研究、食品快速检测及生物活性物质的筛选等方面均具有广阔的前景，是基因工程研究的一个主要方向。采用宏基因组技术虽然可获得活性物质，但目前并不是很多，在快速发展的高通量测序技术的推动下，宏基因组学分析的新算法和软件工具也不断被开发和更新，细菌遗传学、分子生物学、基因组学、生物信息学等学科和领域的发展，必将使我们能从各类环境基因组文库中获得更多具有高价值的新酶、抗生素和其他活性产物，宏基因组技术也必将发挥越来越大的作用，造福人类。

主要参考文献

Aebersold R, Mann M. 2016. Mass-spectrometric exploration of proteome structure and function. Nature, 537: 347-355

Alonso C, Ramos-Cruz D, Becker C. 2019. The role of plant epigenetics in biotic interactions. New Phytologist, 221: 731-737

Berdasco M, Esteller M. 2019. Clinical epigenetics: Seizing opportunities for translation. Nat Rev Genet, 20: 109-127

Commins J, Toft C, Fares MA. 2009. Computational biology methods and their application to the comparative genomics of endocellular symbiotic bacteria of insects. Biol Proced (online): 52-78

Consortium IHGS. 2004. Finishing the euchromatic sequence of the human genome. Nature, 431: 931-945

Dassi E, Quattrone A. 2014. Fingerprints of a message: Integrating positional information on the transcriptome. Front Cell Der Biol, 2: 39

Douglas GM, Maffei VJ, Zaneveld JR, et al. 2020. PICRUSt2 for prediction of metagenome functions. Nature Biotechnology, 38: 685-688

Garagnani P, Marquis J, Delledonne M, et al. 2021. Whole-genome sequencing analysis of semi-supercentenarians. eLife, 10: e57849

Gilbert JA, Dupont CL. 2011. Microbial metagenomics: Beyond the genome. Ann Rev Mar Sci, 3: 347-371

Hardwick SA, Chen WY, Wong T, et al. 2018. Synthetic microbe communities provide internal reference standards for metagenome sequencing and analysis. Nature Communications, 9: 3096

Lappalainen T, Scott AJ, Brandt M, et al. 2019. Genomic analysis in the age of human genome sequencing. Cell, 177: 70-84

Lim PS, Shannon MF, Hardy K. 2010. Epigenetic control of inducible gene expression in the immune system. Epigenomics, 2: 775-795

Linderman GC, Rachh M, Hoskins JG, et al. 2019. Fast interpolation-based t-SNE for improved visualization of single-cell RNA-seq data. Nature Methods, 16: 243-245

Logsdon GA, Vollger MR, Eichler EE. 2020. Long-read human genome sequencing and its applications. Nat Rev Genet, 21: 597-614

Overbey EG, Saravia-Butler AM, Zhang Z, et al. 2021. NASA GeneLab RNA-seq consensus pipeline: Standardized processing of short-read RNA-seq data. Science, 24: 102361

Ramos-Cruz D, Troyee AN, Becker C. 2021. Epigenetics in plant organismic interactions. Current Opinion in Plant Biology, 61: 102060

Schatz MC, Delcher AL, Saizberg SL. 2010. Assembly of large genomes using second-generation sequencing. Genome Res, 20: 1165-1173

Sun Y, Shang L, Zhu QH, et al. 2021. Twenty years of plant genome sequencing: achievements and challenges. Trends in Plant Science, 21: 00281-00288

Thul PJ, Åkesson L, Wiking M, et al. 2017. A subcellular map of the human proteome. Science, 356: eaal3321

Uhlén M, Fagerberg L, Hallström Björn M, et al. 2015. Tissue-based map of the human proteome. Science, 347: 1260419

第四章 遗传标记与遗传性状的分析方法

遗传标记是指在遗传分析过程中能够明确反映遗传多态性的生物特征，与目标性状紧密连锁并同该性状共分离。在同一群体中，不同个体间具有遗传多态性。在经典遗传学中，遗传多态性是指等位基因的变异。在分子遗传学中，遗传多态性是指基因组中任何座位上的相对差异。根据标记与形状之间的遗传规律推测或跟踪目标性状，利用细胞生物学、遗传学、分子生物学等手段对性状关联基因或位点进行定位、鉴定和选择，提高基因功能研究和品种改良的效率，减少盲目性。同时也为研究者致力于揭开遗传变异的奥秘，改造自然提供有力的帮助。在植物研究领域，遗传标记主要应用于连锁分析、基因定位、遗传作图和基因转移等方面的研究。在植物育种领域中，人们利用遗传标记更为普遍，植物育种的主要任务是在预定目标的指引下，以一定的种质资源为基础，应用适当的育种程序和方法诱发、创造和重组遗传变异，进而选育适应自然条件、符合社会生产需求、在遗传上相对稳定的优良品种为生产服务。

第一节 遗传标记简介

遗传标记主要包括形态学标记、细胞学标记、生化标记和分子标记4种形式。形态学标记主要是指植物的一些肉眼可见的外部形态特征，如植株高矮、白化、变态叶、雄性不育等，可以用来标记某一染色体区段，并且通过这个标记对一些没有定位的基因（或突变性状）进行连锁分析。细胞学标记是将孟德尔提出的“遗传因子”的行为和细胞核内染色体的行为相联系进而产生的遗传标记。1941年，Beadle和Tetum提出“一个基因一个酶”的假说，创立了生化遗传学，这也标志着生化标记应用于遗传多样性研究的开始。接下来，随着Watson和Crick提出DNA双螺旋结构，遗传学研究也进入了分子遗传学时代。1974年，Grodzicker等首先提出了DNA限制性片段长度多态性可以作为遗传标记，开创了利用DNA多态性作为遗传标记的新阶段。随着聚合酶链式反应（polymerase chain reaction，PCR）的发明和发展，直接扩增DNA多态性成为可能，并且利用PCR技术又产生了多种新型的分子标记技术。目前随着遗传学和分子生物学的发展，遗传标记已从早期的形态学标记、细胞学标记、生化标记发展到普遍应用分子标记的阶段，随着生物学技术的不断进步和一些瓶颈被打破，新型的分子标记还将不断涌现，为分子遗传的发展提供新的动力。

一、形态学标记

从广义上讲，株高、叶色、穗形等，还有一些借助简单测试即可观察到的生理性状、虫害抗性等都属于形态学标记。一些自发突变、物理诱变和化学诱变可获得具有特定形态特征的遗传标记材料，这些材料在形态特征或生理特性上是具有特殊表型的个体，经过选择就可获得稳定遗传的形态标记材料。形态标记材料多数仅带有一个标记基因，但有的材料则带有多个标记基因。形态学标记材料在遗传研究和作物育种方面有着重要的应用价值。

形态学标记观测简单、性状直观、鉴定快速，但也有缺点。例如，许多重要的农艺性状为数量性状，受到多个基因调控，限制了形态学标记在农业生产中的应用。同时一些性状受环境变化的影响较大，因此性状的描述只有在系统的谱系和有环境记载时才有意义，同样也限制了标记的应用。由于形态学标记数量少，可鉴别标记的基因有限，因而难以建立饱和的遗传图谱，也妨碍了客观地度量遗传变异的大小。

二、细胞学标记

细胞学标记是指能明确显示遗传多态性的细胞学特征。染色体的变异必然会引起遗传变异发生，从而引起某些表型性状的变化。这些差异作为一种遗传标记，反映了染色体在结构和数量上的遗传多态性。染色体的变异主要包括染色体的核型（染色体数目、染色体结构、有无随体、着丝粒位置等）和带型（C带、N带、G带）等变化。

核型特征是指染色体的长度、着丝粒位置和随体有无等，可以反映染色体的缺失、重复、倒位和易位等遗传变异。染色体数目包括染色体的基数、多倍体、非整倍体、B-染色体和性染色体等。在植物中，染色体数目变异幅度很大，染色体基数为7的有小麦、黑麦、大麦、燕麦等，棉属的染色体基数为13，茄属的染色体基数为12等。还有一些属的染色体基数为多基数。例如，葱属染色体基数分别为7、8、9，贝母属染色体基数分别是9、11、12、13等。此外，染色体形态主要包括染色体的绝对大小和相对大小、着丝点、次缢痕及随体的数目、位置等特征。有些近缘种或整个属的二倍体种，具有相同的染色体数目，因此这些物种间核型的不同主要表现在染色体形态上。例如，葱属中的葱和蒜，其染色体基数均是16，染色体大小比较接近，主要区别在于随体的大小、数目和位置。同样，荞麦的核型鉴别特征也是随体在染色体上的数目和分布。细胞学标记受到环境等影响，在一定程度上限制了其应用。

三、生化标记

生化标记主要是利用电泳技术对蛋白质、酶等生物大分子进行鉴定。蛋白质分子分析简单快捷，是有用且可靠的遗传标记。蛋白质由基因编码，因此，不同种属所特有的蛋白质组成就能反映出该种属的基因型。作为遗传标记的蛋白质通常可分为酶蛋白质和非酶蛋白质。

在非酶蛋白质中，用得较多的是种子贮藏蛋白，可以通过一维或二维聚丙烯酰胺凝胶电泳技术来分析这些蛋白质，根据电泳显示的蛋白质谱带或点，确定其分子结构和组成的差异。对小麦、大麦、玉米、水稻等作物种子贮藏蛋白的研究比较深入，如小麦种子贮藏蛋白中醇溶蛋白和谷蛋白约占蛋白质总量的90%，对其遗传分析后发现，它们是极为重要的生化遗传指标，并已被广泛地应用于小麦的遗传学研究。酶蛋白质通常利用非变性淀粉凝胶或聚丙烯酰胺凝胶电泳及特异性染色来检测，根据电泳谱带的不同来显示酶蛋白在遗传上的多态性。蛋白质的多态性可能是由基因编码的氨基酸序列的差异引起的，也可能是由蛋白质翻译后加工的不同引起的。

酶作为遗传标记，主要利用的是同工酶。同工酶是具有相同催化功能而结构和物理性质不同的一类酶，其中结构和物理性质差异主要是由基因型之间的差异造成的，这种差异具有组织、发育和品种间的特异性，并且一类同工酶并不一定是同一基因的表达产物。每个酶的不同电泳酶谱很可能是由不同的基因座引起的，也可能是同一基因座上不同等位基因造成的。同工酶作为遗传标记，是利用不同的电泳技术把各种酶分离出来，然后染色，最后分析酶谱的差异。相同的遗传材料可以同时显示出几条酶带，不同的遗传材料可以具有不同的酶带。由于同工酶谱带与基因位点直接相关，而且接近25%的位点具有多态性，因此这种技术是十分有效的遗传标记方法，在一些重要的农作物中得以应用。例如，在水稻、大豆等中已定位了许多同工酶基因，如酸性磷酸酶、乙醇脱氢酶、氨基肽酶、α-淀粉酶、过氧化氢酶、内肽酶和酯酶等。蛋白质是基因表达的产物，与形态性状、细胞学特征相比，数量上更丰富，受环境的影响更小，使个体间遗传上的微小差异在酶带上显示出来，更好地反映遗传多态性，因此蛋白质标记是一种较好的遗传标记，已被广泛应用于物种起源和进化研究、种质鉴定、分类和抗病性筛选等领域。

以同工酶作为标记进行电泳分析时也有一定的缺点，由于可用来分析的酶种类有限，分析方法会出现偏差，进而使结果出现偏差。另外，由于酶翻译后存在修饰过程，酶和酶谱的特异性及相对较低的多态性等原因使得在酶谱上不一定能显示出来所选用酶的所有基因。因此，其在指纹图谱中的应用受到一定的限制。

四、分子标记

分子标记广义上是指可遗传的并可检测的DNA序列或蛋白质。理想的分子标记应满足以下几点要求：①具有高的多态性；②共显性遗传，即利用分子标记可鉴别二倍体中杂合和纯合基因型；③能明确辨别等位基因；④遍布整个基因组；⑤除特殊位点的标记外，要求分子标记均匀分布于整个基因组；⑥选择中性（即无基因多效性）；⑦检测手段简单、快速；⑧开发成本和使用成本尽量低廉；⑨在实验室内和实验室间重复性好。至今为止还没有完全符合这些要求的分子标记。而狭义的分子标记只是指DNA分子标记。目前人们对分子标记的概念一般限定在DNA分子标记范畴。

第二节　DNA分子标记

DNA分子标记反映的是DNA水平上遗传的多态性，具体表现为核苷酸序列的差异，包括单个核苷酸的变异。因此，DNA分子标记在数量和分布上几乎是无限的。随着分子生物学的发展，DNA分子标记已经有数十种，主要包括基于DNA杂交的分子标记、基于

PCR技术的分子标记、基于PCR技术和限制性酶切的分子标记、基于DNA芯片技术和测序技术开发的分子标记。

一、基于DNA杂交的分子标记

基于DNA杂交的分子标记主要包括限制性片段长度多态性（restriction fragment length polymorphism，RFLP）标记和可变数目串联重复（variable number of tandem repeat，VNTR）标记，原理是利用限制性内切核酸酶切割基因组DNA，再用同位素或其他标记的随机基因组克隆、cDNA克隆、微卫星或小卫星序列等作为探针进行DNA间杂交，通过显影技术来揭示DNA的多态性。

1. RFLP标记　RFLP标记是指用某种限制性内切核酸酶切割基因组DNA时，在同一种生物的不同个体间出现含同源序列的酶切片段长度差异。DNA序列上存在限制性内切核酸酶能识别的特定碱基的序列并在这些序列位点上被酶解成大小不一的片段。不同个体的DNA经限制性内切核酸酶处理后，酶切DNA片段经电泳分离后转移到支持膜上，再用被放射性同位素或地高辛等标记的特异性DNA片段作探针与之杂交，片段上有与探针互补的序列便可形成DNA杂交条带，以此来检测于限制性内切核酸酶酶切位点或位点间DNA区段发生突变引起的等位变异的多态性。RFLP技术起步早，筛选出的可用来检测遗传位点的探针较多且检测结果稳定。图4-1中显示了RFLP的原理，如果某一个限制性位点发生了突变，这个限制性内切核酸酶将不再识别这个位点，不再进行酶切反应，产生片段的大小将由最邻近的限制性酶切位点决定。由于植物基因组很大，某种限制性内切核酸酶的酶切位点很多，经酶解后会产生大量大小不一的限制性片段，这些片

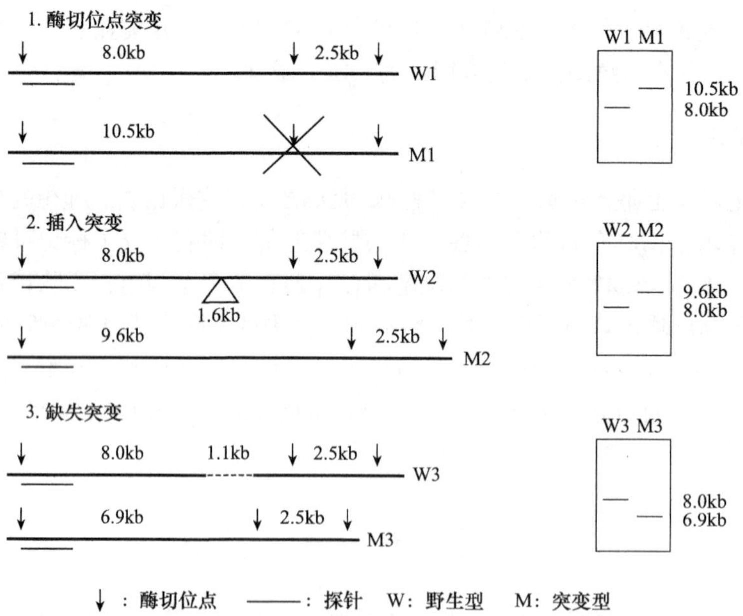

图4-1　RFLP标记多态性的分子基础（引自方宣钧等，2001）

段经电泳分离形成的电泳谱带是连续分布的，很难辨别出某一限制性片段大小的变化，必须利用单拷贝的基因组DNA克隆或cDNA克隆作为探针，通过DNA印迹法（Southern blotting）才能够检测到。

RFLP的优点为：①为DNA分子标记，不会受其他因素影响；②RFLP标记座位的等位基因间是共显性，根据杂交后的电泳带型可以直接区别出杂合子与显性纯合子；③RFLP标记源于基因组DNA自身变异，在数量上几乎不受限制。其缺点为：①DNA需要量大（5~10μg）；②需要的仪器、设备较多，技术较为复杂；③大多数RFLP表现为二态性，杂合率低于50%，所提供的信息量较低；④RFLP与内切酶的选用密切相关，只有选用合适的内切酶，某个位点方可能表现出多态性。

2. VNTR标记　VNTR标记是指生物体的DNA存在含有大量串联重复序列的高变异区。通常将以15～75个核苷酸为基本单元的串联重复序列称为小卫星（minisatellite），以2～6个核苷酸为基本单元的简单串联重复序列称为微卫星（microsatellite）或简单序列重复（SSR）。VNTR标记产生的多态性是由同一座位上串联单元数量的不同而产生的。图4-2为VNTR变异的原理示意图。PCR技术可用于较短微卫星序列的VNTR标记检测。但许多小卫星序列太长，无法通过PCR扩增获得满意的结果。因此，仍需利用DNA印迹法和放射性标记探针来检测。

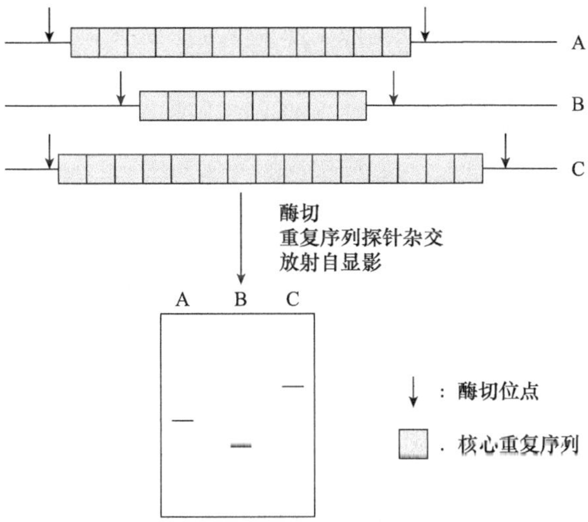

图4-2　VNTR变异的原理示意图（引自方宣钧等，2001）
A、B、C表示不同基因型

二、基于PCR技术的分子标记

PCR，即聚合酶链式反应，是一种以待检测样品DNA上某一区域为模板扩增DNA片段的过程。扩增哪段模板是由启动反应的一对引物DNA所决定的。PCR技术具有快捷、简易、灵敏等优点。DNA分子标记技术根据所用引物的类型不同，基于PCR的DNA标记可分为随机引物的PCR标记和特异引物的PCR标记。

（一）随机引物的PCR标记

随机引物的PCR标记是利用随机序列的引物，扩增未知的DNA片段。应用这种标记技术可在基因组中寻找未知的多态性座位作为新的DNA标记，随机引物PCR扩增的DNA区段产生多态性的分子基础是模板DNA扩增区段上引物结合位点的碱基序列发生了突变。因此，不同来源的基因组在该区段（座位）上将表现为扩增产物有无的差异或扩增片段大小的差异。其中第一种情况较为常见，因此随机引物的PCR标记通常是显性的，但有时也会表现为共显性。常用的随机引物PCR标记主要有随机扩增多态性DNA(random amplified polymorphic DNA，RAPD)、随机引物PCR（arbitrarily primed PCR，AP-PCR）、简单序列间重复（inter-simple sequence repeat，ISSR）标记等。

1. RAPD标记 RAPD标记即以基因组DNA为模板，以随机寡核苷酸序列作为引物，通过PCR反应产生不连续的DNA产物，以此检测DNA的多态性。RAPD标记的优点是对DNA需要量极少，对DNA质量要求不高，操作简单易行，一套引物可用于不同生物的基因组分析，可检测整个基因组。在RAPD标记分析中，每次PCR反应通常只使用一种引物。因此，只有两端同时具有某种PCR引物结合位点的DNA区段才能被扩增出来。如果将两种引物组合使用，则还可扩增出两端分别具有其中一种引物的结合位点的DNA区段，产生新的带型，找到更多的DNA分子标记。该方法的缺点主要有两个：一是多数位点的标记表现为显性特点，一般表现为显性遗传，不能区分显性纯合和杂合（图4-3）；二是该方法在一些作物上扩增产物的稳定性差。

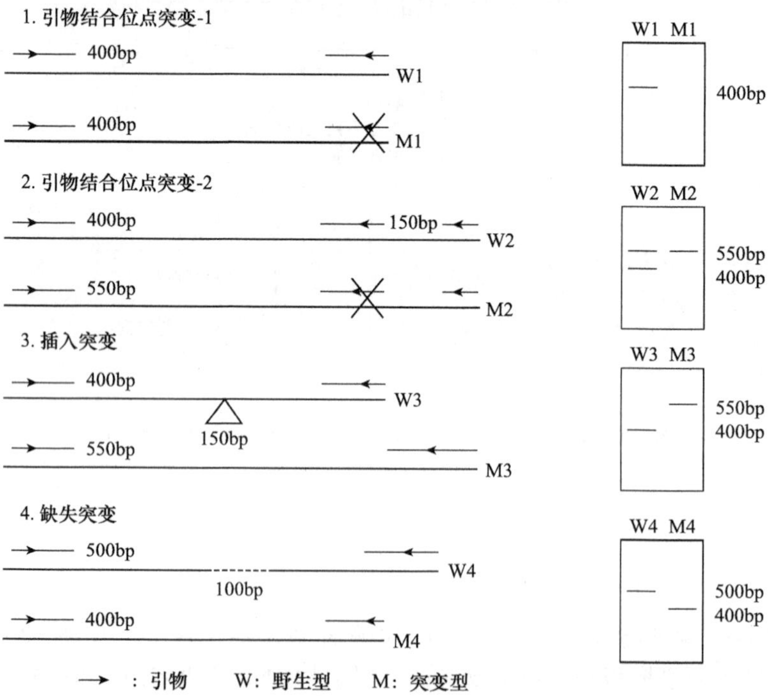

图4-3 随机引物PCR产物多态性的分子基础（引自方宣钧等，2001）

类型1为显性标记，是最常见的多态性，类型2～4为共显性标记，较为少见

2. AP-PCR标记　AP-PCR标记与RAPD标记的原理相似，不同点在于选用的引物较长，稳定性要比RAPD标记好，但揭示多态性的能力要比RAPD标记低。

3. ISSR标记　ISSR标记检测的是两个SSR之间的一段短DNA序列上的多态性。利用能与SSR序列结合的PCR引物，对两个相距较近、方向相反的SSR序列之间的DNA区段进行扩增。一般在引物的5′或3′端接上2～4个嘌呤或嘧啶碱基，以对具有相同重复形式的许多SSR座位进行筛选，使得最终扩增出的ISSR片段不至太多。ISSR技术的稳定性比RAPD好。在动植物基因组中存在大量的双核苷酸重复序列，因此，大多数ISSR标记所用PCR引物是基于双核苷酸重复序列的。近年来，ISSR标记已被应用于植物遗传分析的各个方面，如品种鉴定、遗传关系及遗传多样性分析等。

（二）特异引物的PCR标记

特异引物的PCR标记是针对已知序列的DNA区段设计特异引物，对基因组DNA的特定序列区域进行多态性分析。根据引物序列的不同，其主要可分为简单序列重复（simple sequence repeat，SSR）标记、特定序列扩增（sequence characterized amplified region，SCAR）标记、序列标签位点（sequence tagged site，STS）标记和抗性基因（resistance gene analog，RGA）标记等。

1. SSR标记　在动植物基因组中存在着许多由1～4个碱基对组成的简单重复序列，如*n*GA、*n*AC、*n*AT、*n*GAA等。该重复序列可以通过PCR扩增，同时SSR本身还可以作为探针使用。SSR标记是由几个核苷酸组成的基本重复单元构成的，基本重复单元的重复次数一般为10～50。SSR标记分布在基因组的不同位置上。由于基本重复单元的重复次数不同，从而形成了SSR位点的多态性（图4-4），每个SSR座位两侧一般是相对保守的单拷贝序列，因此可根据两侧序列设计一对特异引物来扩增SSR序列。经聚丙烯酰胺凝胶电泳，比较扩增带的迁移距离，就可知不同个体在某个SSR位点上的多态性。一旦发现某性状与某个SSR标记是连锁的，便可以通过标记追踪该性状基因的去向以指导选择。SSR操作便捷且其多态性频率很高，目前为分子标记辅助育种的首选方法。SSR标记的最大优点是具有大量的等位差异，多态性十分丰富。但是，SSR标记必须依赖测序设计引物，开发成本高。

2. SCAR标记　SCAR标记由RAPD标记演化而来。为了提高所找到的某一RAPD标记的稳定性，可将该RAPD标记片段从凝胶上回收并进行克隆和测序，根据其碱基序列设计一对特异引物（18～24bp）。也可只对该RAPD标记片段的末端进行测序，在原来RAPD所用的10bp引物上增加相邻的14bp左右，成为与原RAPD片段末端互补的特异引物。这种经过转化的特异DNA分子标记称为SCAR标记。SCAR标记一般表现为扩增片段的有无，为一种显性标记；但有的也表现为长度的多态性，为共显性标记。若待检DNA间的差异表现为扩增片段的有无，可直接在PCR反应管中加入溴化乙锭，通过在紫外灯下观察有无荧光来判断有无扩增产物，从而检测DNA间的差异，可以快速检测大量个体。相对于RAPD标记，SCAR标记所用引物与模板DNA完全互补，特异性强，因此结果稳定性好、可重复性强。

3. STS标记　STS标记是由一段200～500bp的序列所界定的位点，在基因组中

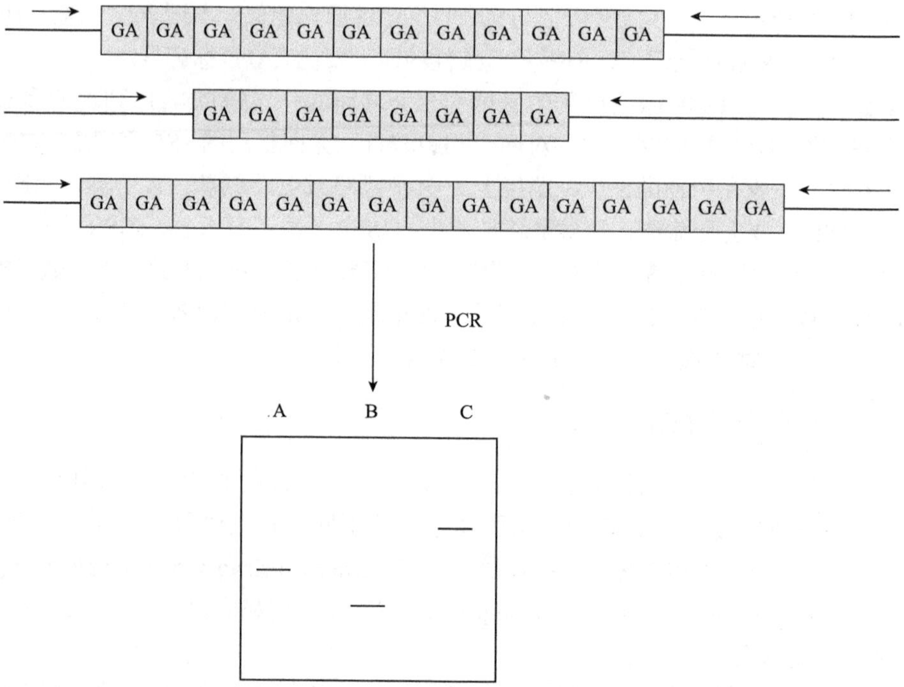

图4-4　SSR多态性分析示意图（引自方宣钧等，2001）
A、B、C分别为不同基因型

只出现一次。任何单拷贝的多态性标记都可以作为基因组的界标转变为STS标记。转变的前提是测定合适长度的单拷贝片段的两端序列，设计一对转移扩增的引物（20bp左右），PCR显示STS的特异片段。STS标记的PCR扩增产物是小片段单拷贝序列，长度为几百bp的特异序列，所鉴定的是某染色体上的已知座位。根据低拷贝的RFLP克隆、特异RAPD片段的序列、已知座位的序列设计引物，都能转换成STS标记。STS标记是共显性标记，可在不同组合的遗传图谱间转移，PCR分析结果稳定、可靠。其可作为基因组遗传图谱和物理图谱的中间桥梁、比较遗传图谱和物理图谱的共同位标，这在基因组作图上具有非常重要的作用。

4. RGA标记　目前从已经克隆的抗病基因中选出20多种基因，且这些来源不同的基因都具有一些共同的保守序列，如富含亮氨酸重复（leucine-rich repeat，LRR）、核苷酸结合位点（nucleotide-binding site，NBS）、丝氨酸/苏氨酸激酶（serine-threonine kinase，STK）等保守区域，即不同抗病基因具有一定的同源性。依据基因保守序列设计特异引物来扩增基因组DNA可获得抗病基因类似物片段。获得的片段既可以作为一种基于特异引物PCR的DNA标记，其本身又是潜在的抗病基因。许多研究结果显示，抗病基因在染色体上有成簇排列的倾向，这种RGA扩增技术是寻找抗病基因DNA标记的一种有效手段。目前，该类标记已经在拟南芥、烟草、马铃薯、大豆等多种植物中得到应用。

三、基于PCR技术和限制性酶切的分子标记

结合PCR技术和限制性酶切技术的DNA分子标记主要分为两种：一种是先将样品

DNA用限制性内切核酸酶进行酶切，再对其酶切片段有选择地进行扩增，然后检测其多态性，这种标记称为扩增片段长度多态性（amplified fragment length polymorphism，AFLP）标记；另一种是先对样品DNA进行专化性扩增，再用限制性内切核酸酶对扩增产物进行酶切检测其多态性，称为酶切扩增多态性序列（cleaved amplified polymorphic sequence，CAPS）标记。

1. AFLP标记　AFLP标记是一种基于PCR的DNA多态性检测方法。其原理是选择性地扩增基因组DNA的酶切片段，由于不同材料的DNA酶切片段存在差异，因而便产生了扩增产物的多态性。所以说，AFLP实际上是RFLP与PCR相结合的产物。该方法的优点是多态性强，稳定性和可重复性好，所以非常适用于绘制品种的指纹图谱及进行分类研究。图4-5中展示的是AFLP标记技术的原理图。其操作过程为：首先用两种能产生黏性末端的限制性内切核酸酶将基因组DNA切割成分子质量大小不等的限制性片段，然后将这些片段和与其末端互补的已知序列的接头（adaptor）连接，所形成的带接头特异片段用作随后的PCR反应的模板。所用的PCR引物5′端与接头和酶切位点序列互补，3′端在酶切位点后增加1～3个选择性碱基，使得只有一定比例的限制性片段被选择性地扩增，从而保证PCR反应产物可经变性聚丙烯酰胺凝胶电泳来分辨。AFLP揭示的DNA多态性是酶切位点和其后的选择性碱基的变异。AFLP扩增片段的谱带数取决于采用的内切酶及引物3′端选择碱基的种类、数目和所研究基因组的复杂性。由于AFLP是限制性酶切与PCR结合的一种技术，因此具有限制性酶切的可靠性和PCR技术的高效性，可以在一个反应内检测大量限制性片段，一般可获得50～100条谱带的信息。

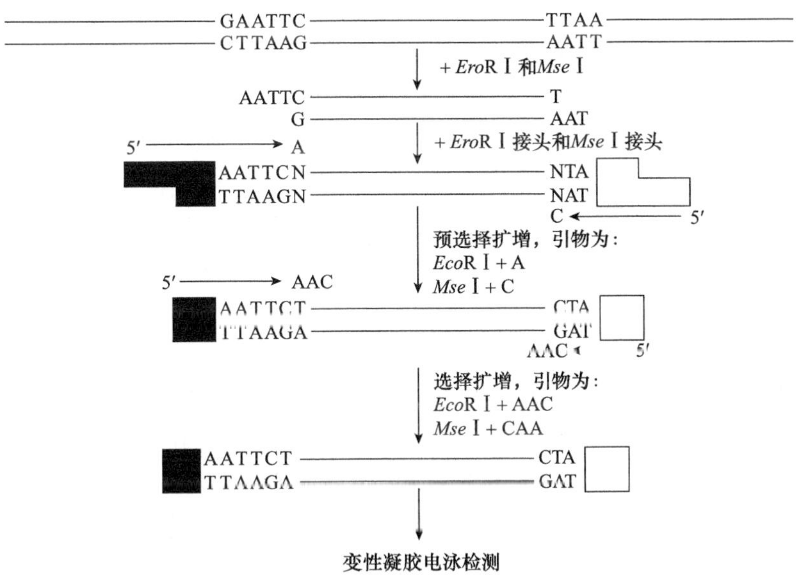

图4-5　AFLP标记技术的原理示意图（引自方宣钧等，2001）

2. CAPS标记　CAPS标记实际上是一些特异引物PCR标记（如SCAR和STS）的一种延伸。当SCAR或STS的特异扩增产物的电泳谱带不表现多态性时，一种补救办法是用限制性内切核酸酶对扩增产物进行酶切，然后再通过琼脂糖或聚丙烯酰胺凝胶电泳检测其多态性。用这种方法检测到的DNA多态性就称为CAPS标记。它揭示的是特异PCR产物DNA序列内限制性酶切位点变异的信息，也表现为限制性片段长度的多态性。CAPS标记在实际研究中已经被广泛应用。

四、基于 DNA 芯片技术和测序技术开发的分子标记

研究DNA多态性的方法很多，最精确的方法是直接测定某特定区域的核苷酸序列并将其与相关基因组中对应区域的核苷酸序列进行比较，同一位点的不同等位基因之间仅有个别核苷酸的差异或只有小的插入、缺失等，这种标记可区分两个个体遗传物质的差异，被称为第三代DNA分子标记技术。这种由单核苷酸差异引起的遗传多态性特征的DNA，被称为单核苷酸多态性（SNP）标记。SNP在大多数基因组中存在较高的频率，在人类基因组中平均每1.3kb就有一个SNP存在。这种类型的DNA多态性仅有两个等位基因的差异，所以SNP的最大杂合度为50%。尽管单一的SNP所提供的信息量远小于现在常用的遗传标记，但是SNP数量丰富，可以进行自动化检测，大规模的SNP鉴定则要借助于DNA芯片技术和测序技术。DNA芯片技术主要是分子生物学和微细加工技术相结合的产物。这项技术实现了DNA分析的高通量、微型化和自动化。一块很小的DNA芯片可固定几万，甚至几十万个不同的DNA探针，通过完全自动化的设备对其进行分析，可以快速、灵敏和平行地对大量（乃至全基因组）的基因进行同步检测。

第三节　遗传群体的构建

每一个分子标记都是染色体位点上遗传多态性的体现。人们通过构建分子标记的遗传连锁图谱，可以更好地了解不同分子标记在染色体上的相对位置或排列情况，其基本步骤包括：①选择作图所用的DNA标记；②选择用于建立作图群体的亲本组合；③创建具有大量DNA标记且处于分离状态的分离群体或衍生系；④测定作图群体中不同个体或株系的标记基因型；⑤对标记基因型数据进行连锁分析，构建标记连锁图谱。建立遗传群体需要考虑的重要因素包括亲本的选配、遗传群体类型的选择及群体大小的确定等。

一、亲本的选配

群体构建的难易程度及其适用范围受到其亲本选择的直接影响。选择亲本时应从以下5个方面考虑：①构建群体选择的亲本在目标性状方面应存在差异；进行抗病分析时，亲本一定要选抗病性有差异的两个亲本杂交；进行品质性状定位时，亲本最好选择品质上有差异的亲本。只有用性状差异大的亲本构建的群体才能有较大的遗传多样性，适用于相关性状的分析。②要考虑亲本间DNA多态性的差异。亲本之间DNA多态性与其亲缘关系之间有着密切关系，这种亲缘关系可用地理的、形态的或同工酶的多态性作为选择标准。一般而言，异交作物的多态性高，自交作物的多态性低。例如，玉米的多态性极好，一般自交系间配制的群体就可成为理想的RFLP作图群体；番茄的多态性较差，因而只能选用不同种间的后代构建作图群体。③尽量选用纯度高的材料作为亲本，并进一步

通过自交进行纯化。④要考虑杂交后代的可育性。⑤选配亲本时，还应对亲本及其F_1杂种进行细胞学鉴定。若双亲间存在相互易位，或多倍体材料（如小麦）存在单体或部分染色体缺失等问题，那么其后代就不宜用来构建连锁图谱。此外，由于各种原因仅用一对亲本的分离群体建立的遗传图谱往往不能完全满足基因组研究和各种育种目标的要求，应选用几个不同的亲本组合，分别进行连锁作图，才能达到相互弥补的目的。

二、遗传群体类型的选择

遗传群体是指由两个纯合的亲本杂交产生的F_1衍生而成、包含双亲全部基因型的家系群。这样的群体理论上含有全部纯合或杂合的位点，在亲本中有明确的等位基因。遗传群体培育过程中的基本原则是，不进行任何人为的选择和干预，但实际上根据自身、环境和人为等因素，往往不能得到全部基因型。根据群体遗传的稳定性，可将分离群体分为两大类：暂时性分离群体和永久性分离群体。暂时性分离群体包括F_2、F_3、F_4家系和回交（BC）群体；永久性分离群体包括加倍单倍体（DH）群体、重组自交系（RIL）群体、近等基因系（NIL）群体和基于连锁不平衡开展关联作图的关联群体等。各种类型的遗传群体都可以用来构建DNA连锁图谱，它们各有其优缺点，因此应结合具体情况选用。

（一）F_2群体及其衍生的家系

F_2群体即杂种二代群体，来自F_1杂种自交产生的株系群。F_2群体几乎包含了所有可能的基因型，能提供最丰富的遗传信息。F_2群体构建快且技术简单，是常用的作图群体，迄今大多数植物的DNA标记连锁图谱都是用F_2群体构建的。F_2群体不易长期保存，有性繁殖一代后，群体的遗传结构就会发生变化。通过对其进行无性繁殖，可以起到延长F_2群体的作用，但这种方法也存在局限性。此外，F_2群体存在杂合基因型，对于显性标记，将无法识别显性纯合基因型和杂合基因型，会降低作图的精度。而为了提高精度，减小误差，则必须使用较大的群体，从而会增加DNA标记分析的费用。

（二）BC_1群体

BC_1群体即回交一代群体，也是一种常用的作图群体，由F_1与亲本之一回交获得。BC_1群体中每一分离的基因座只有两种基因型，它直接反映了F_1代配子的分离比例，因而BC_1群体的作图效率最高。BC_1群体也存在不能长期保存的问题，只能使用一代，且信息量少。因此，将BC_1群体直接应用于QTL作图的情况较少。但在研究某些特殊问题（如杂交不亲和）时就需要利用回交群体。在这些研究中，也可以采用BC_1群体内各株系连续自交来产生“永久”的BC_1F_x群体。

（三）RIL群体

RIL群体是杂种后代经过多代自交而产生的一种作图群体，通常从F_2代开始，采用单粒传的方法来建立。RIL群体中每个株系都是纯合的，可以作为一种长期使用的永久性分离群体。理论上，群体大小决定了达到完全纯合需要的自交代数。然而，即使是建立一个通常使用的包含100～200个株系的RIL群体，要达到完全纯合，所需的自交代数也是相当多的。因此，在实际操作中，人们常使用自交6～7代的RIL群体。RIL群体的构建虽然称为“单粒传”法，但每代选单粒播种形成1个单株，往往会因种植条件不好丢失某些基因型，甚至使群体的株系数低于数量性状基因座（QTL）定位的需求。

（四）DH群体

高等植物的单倍体是含有配子染色体数的个体。单倍体经过染色体加倍形成的二倍体称为加倍单倍体或双单倍体（DH）。最常见的是获得F_1代植株的花药后进行离体培养，诱导产生单倍体植株，然后对染色体进行加倍产生DH植株。DH植株是纯合的，自交后即产生纯系，是一种永久性群体。DH群体的遗传结构直接反映了F_1代配子中基因的分离和重组，因此DH群体与BC_1群体一样，作图效率是最高的。另外，DH群体跟RIL群体一样，可以反复使用，重复试验，因此也特别适合于QTL定位的研究。但如果以构建分子标记连锁图为主要目的的话，DH群体则不是一种理想的作图群体。

（五）NIL群体

通过两亲本杂交后产生的F_1与轮回亲本多次回交获得的一组遗传背景相同或相近，只在个别染色体区段上存在差异的株系，称为近等基因系。近等基因系群体是一类特殊的群体，定位目标基因所需分子标记少于其他群体，实际上近等基因系是在相同的遗传背景下，将影响某一性状的多个QTL分解成单个孟德尔因子，将数量性状转化为质量性状，消除了遗传背景的干扰，并能消除主效QTL对微效QTL的掩盖作用，从而可以进行基因的精细定位和目标基因的图位克隆。该群体的构建是通过在BC_1的基础上连续用相同的亲本回交至少达F_5代，直至两个近等基因系除目标基因（性状）外，其他基因（性状）基本相同。在NIL群体的培育过程中，各代都要根据构建近等基因系的目标性状（如穗子大小、植株高矮、粒重高低、抗病强弱和品质优劣等）选株回交，对目标性状除田间观察外，结合生化标记和DNA标记进行性状的鉴定可加快群体的构建进程（图4-6）。为了节约构建NIL群体的成本，一般用同一群体分别定向培育3～4个性状的近等基因系。

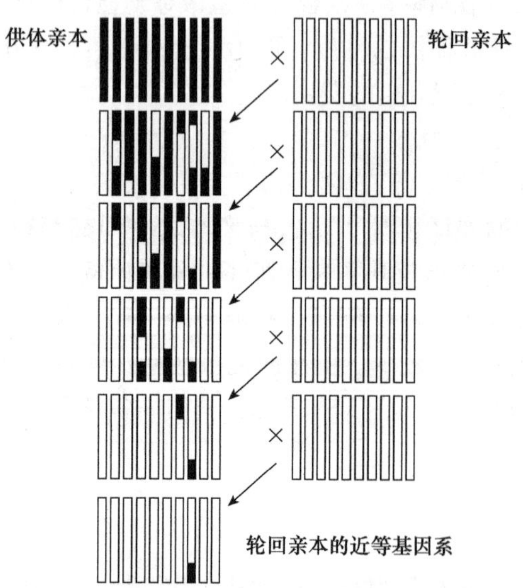

图4-6 近等基因系（NIL）构建示意图（引自方宣钧等，2001）

（六）CSIL群体

CSIL群体即DNA小片段渗入系群体，是由F_1杂种与其亲本之一不断回交，将一个品种的染色体小片段渗入另一个品种的背景中形成的群体。用于育种的DNA小片段渗入系一般回交2～3代，即供体亲本（donor）

的DNA占受体亲本（vector）1.25%～6.25%的群体易选育出品种。用于QTL分析研究的DNA小片段渗入系可多回交几代，以便获得不同大小的DNA小片段渗入系群体。

（七）精细定位作图群体

可以用于精细定位作图的群体包括近等基因系（NIL）、残留异质系（RHL）、QTL近等基因系（QIR）、DNA小片段渗入系（CSIL）、单片段代换系（SSSL）和染色体片段代换系（CSSL）。其中NIL群体和CSIL群体前面已有介绍，下面简要介绍其余4种作图群体。

1）残留异质系（RHL）：是在F_2连续自交过程中获得的某个或某几个性状保留一个亲本特征，而其他一些位点上保留了另一亲本的特征，并在所研究的性状位点上始终存在分离的一套特殊群体。残留异质系也具有较为一致的遗传背景，可以用于标记辅助选择，但不能估算上位效应。

2）QTL近等基因系（QIR）：首先利用小群体采用初级定位方法完成QTL定位，然后利用大群体进行精细定位。大群体中的每个个体在QTL位点均发生了一次重组，但在其他区域均一致。尽管QTL近等基因系容易构建，并可以获得低于1cM（centimorgan）的分子标记，但QTL近等基因系存在背景的干扰，而且不能检测上位效应。

3）单片段代换系（SSSL）：类似于近等基因系，也是通过多代回交获得的（图4-7）。一个理想的单片段代换系应该是，除了目标QTL所在的染色体片段完整地来自供体亲本，基因组的其他部分与受体亲本完全相同，因此，单片段代换系可用于单个QTL的精细定位。但在回交过程中，需要通过初级定位的QTL对目标性状进行跟踪辅助选择，工作量

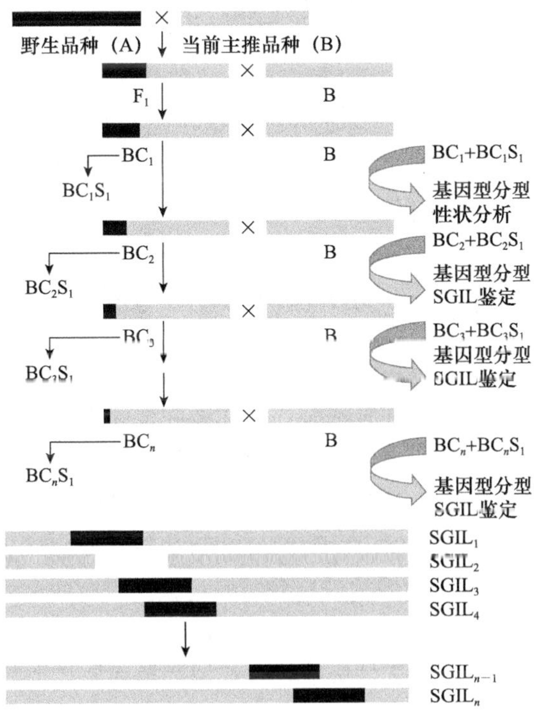

图4-7　单片段代换系构建示意图（引自方宣钧等，2001）

SGIL．单片段代换系群体

较大且较烦琐。

4）染色体片段代换系（CSSL）：与单片段代换系不同，染色体片段代换系是采用多个供体亲本对受体亲本进行连续回交，建立一套覆盖全基因组的、相互重叠的染色体片段代换系，有的也称之为代换系重叠群。片段的渗入主要是通过遗传重组来实现的。通过回交即可选育出几乎来自供体亲本任意基因组区域的近等基因渗入系。在回交过程中所采用的选择方式可以是多种多样的，选择的最终目标是出现供体亲本单一、纯合的染色体片段，而遗传背景完全是受体亲本的基因型。

三、群体大小的确定

遗传图谱的分辨率和精度与群体的大小呈正相关，但过大的群体费时费力，因此确定合适的群体大小是十分必要的。大量的作图实践表明，构建DNA标记连锁图谱所需的群体远比构建形态性状特别是数量性状的遗传图谱要小。从作图效率考虑，作图群体所需样本容量的大小取决于以下两个方面：一是从随机分离结果可以辨别的最大图距，二是两个标记间可以检测到重组的最小图距。作图群体越大，则可以分辨的最小图距就越小，而可以确定的最大图距也越大。如果建图的目的是用于基因组的序列分析或基因分离等工作，则需用较大的群体，以保证所建连锁图谱的精确性。在实际工作中，构建分子标记骨架连锁图可基于大群体中的一个随机小群体（如150个单株或家系），当需要精细地研究某个连锁区域时，再有针对性地在骨架连锁图的基础上扩大群体。这种大小群体相结合的方法，既可达到研究的目的，又可减轻工作量。

作图群体大小还取决于所用群体的类型。例如，常用的F_2和BC_1两种群体，F_2群体中存在更多种类的基因型，而为了保证每种基因型都有可能出现，就必须有较大的群体。一般而言，F_2群体的大小必须比BC_1群体大约大一倍，才能达到与BC_1相当的作图精度。在分子标记连锁图的构建中，DH群体的作图效率在统计上与BC_1相当，而RIL群体则稍差些。总的来说，在分子标记连锁图的构建方面，为了达到彼此相当的作图精度，所需群体的大小顺序为F_2＞RIL＞BC_1和DH。

第四节　质量性状遗传分析方法

质量性状在分离群体中表现为不连续性变异并且能够明确分组的性状。通常情况下，质量性状受一个或少数几个主效基因控制，受环境的影响小。作物中许多重要的农艺性状都表现为质量性状遗传，如抗病性、抗虫性等。然而，典型的质量性状其实并不是很多，不少质量性状除了受少数主基因控制，还受到微效基因的影响，表现出某些数量性状的特点，使得有时无法从表现型出发明确地推断其基因型。寻找与质量性状基因紧密连锁的DNA标记，或者说对质量性状进行分子标记，主要有两个目的：一个是在育种中对质量性状进行标记辅助选择，另一个是对质量性状基因进行图位克隆。利用近等基因系分析法和分离体分组混合分析法是快速、有效地寻找与质量性状基因紧密连锁的分子标记的主要途径。

一、近等基因系分析法

如果一对近等基因系在目标性状上表现出差异，那么凡是能在这对近等基因系间揭示多态性的分子标记，就可能位于目标基因的附近。因此，利用近等基因系材料，可以寻找与目标基因紧密连锁的分子标记。

（一）近等基因系的培育

近等基因系的培育要经历一系列回交过程。在育种中，当某一优良品种缺少一两个优良性状时，常用回交的方法将该优良性状从外源种质中转移到优良品种中。用于多次回交的亲本是目标性状的接受者，称为轮回亲本或受体亲本；只在第一次杂交时应用的亲本是目标性状的提供者，称为非轮回亲本或供体亲本。回交的结果是将不断提高回交后代中轮回亲本的基因血统，不断减少供体亲本的基因血统，使其后代向轮回亲本方向纯合。其回交过程一直持续到新培育的目标品系在理论上除了含有目标性状基因的染色体区段，与轮回亲本几乎等基因时为止。由此得到的回交后代再自交一次即得到回交自交品系（BIL）。通常可供利用的BIL都是育种家用不到10代（一般5～6代）回交育成的，其基因组中很可能在几个基因座位上还含有供体亲本的等位基因，故这样的BIL还不是严格的等基因系，只能称为NIL。另外，当供体亲本的目标性状基因与其附近的其他基因存在连锁时，则轮回亲本置换供体亲本基因的进程将要减缓，其减缓程度依连锁的紧密程度而异。为了加快回交后代基因组恢复成轮回亲本的速度，在每一代选择继续回交的植株时，除了要保证含有供体目标基因，应尽量选择形态上与轮回亲本接近的植株。由于基因连锁，在回交导入目标基因的同时，与目标基因连锁的染色体片段将随之进入回交后代中，这种现象称为连锁累赘。

当回交导入的目标性状为隐性时，供体的目标基因在每个回交当代中都无法识别，因此必须将回交后代自交，在分离的自交后代中选择表现目标性状的植株用于继续回交。或在回交后代中选用较多的植株做回交并同时自交，将回交与自交后代对应种植，凡是自交后代在目标性状上呈现分离者，说明其相应的回交后代中必有一些个体带有目标基因，就可在该后代中继续选株回交并自交；而自交后代不出现分离的，其相应回交后代即被淘汰。

（二）近等基因系分析法的基本原理

利用NIL寻找质量性状基因分子标记的基本策略是比较轮回亲本、NIL及供体亲本三者的标记基因型，当NIL与供体亲本具有相同的标记基因型，但与轮回亲本的标记基因型不同时，则该标记就可能与目标基因连锁（图4-8）。

在目标基因所在的染色体区域附近，检测到DNA分子标记的概率大小取决于被导入的染色体片段的长度及轮回亲本和供体亲本基因组之间DNA多态性的程度。检测概率随培育NIL中回交次数的增加而降低。当轮回亲本和供体亲本分别属于栽培种和野生种时，更有可能发现多态性的分子标记。相反，轮回亲本和供体亲本的亲缘关系越密切，其多态性的分子标记就越少。通过筛选大量DNA探针和PCR引物或采用多种限制性酶与探针

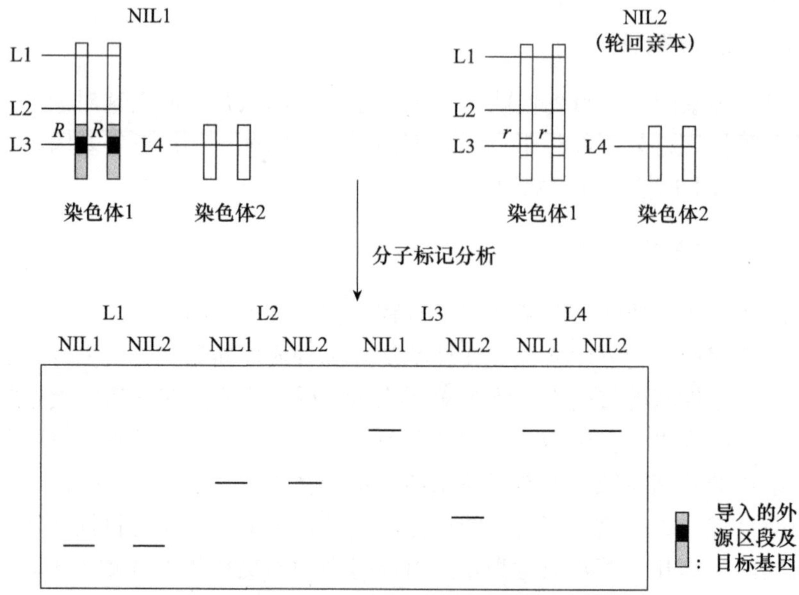

图4-8 近等基因系分析法原理示意图（引自方宣钧等，2001）

组合，可以增加获得与目标基因连锁的分子标记的机会。值得注意的是，在成对NIL间有差异的目标基因可能很宽，以致得到的标记座位可能与目标基因相距较远，甚至还有可能位于不同的连锁群上。因此，减小连锁累赘是十分重要的。通过增加回交次数或借助于标记辅助选择可缩小连锁累赘影响的程度。另外，利用包含同一染色体区域的多个NIL，可以减少在非目标区域检测到假阳性标记的机会，增加在目标区段中检测到多态性的概率。

二、分离体分组混合分析法

分离体分组混合分析法简称BSA法。BSA法是从近等基因系分析法演化而来的，它克服了许多作物没有或难以创建相应的NIL的限制，在自交和异交物种中均有广泛的应用前景。对于尚无连锁图或连锁图饱和程度较低的植物，利用BSA法也是快速获得与目标基因连锁的分子标记的有效方法。利用BSA法已标记和定位了许多重要的质量性状基因，如莴苣抗霜霉病基因、水稻抗稻瘿蚊基因及水稻抗稻瘟病基因。BSA法根据分组混合的方法不同，可分为基于性状表现型和基于标记基因型两种。

（一）基于性状表现型的BSA法

基于性状表现型的BSA法是根据目标性状的表现型对分离群体进行分组混合的。其基本思想是，在作图群体中，依据目标性状表型的相对差异（如抗病与感病），将个体或株系分成两组，然后分别将两组中的个体或株系的DNA混合，形成相对的DNA池。显然，可以推测，这两个DNA池之间除了在目标基因座所在染色体区域的DNA组成存在差异，来自基因组其他部分的DNA组成是完全相同的，都是该作图群体基因库的一个随机样本。换句话说，两DNA池间的差异相当于两近等基因系基因组之间的差异，仅在目标区域上不同，而整个遗传背景是相同的，即这是一对近等基因DNA池。因此，在这两个DNA池间表现出多态性的DNA标记，就有可能与目标基因连锁（图4-9）。在检测两DNA池之间的多态性时，通常应以双亲的DNA作对照，以利于对实验结果的正确分析和判断。为了可靠起见，在用BSA法获得连锁标记后，最好再回到群体上根据分离比例进行验证，同时也可估算出标记与目标基因间的图距。

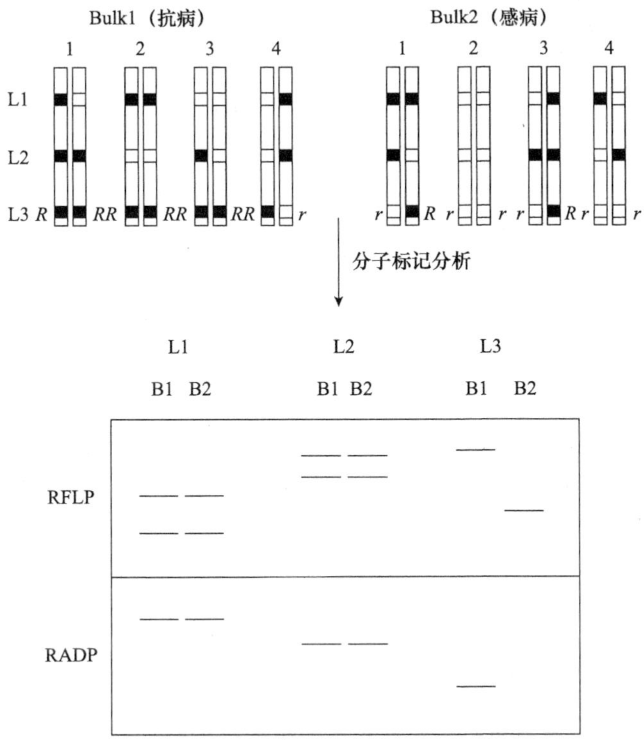

图4-9　BSA法分析原理示意图（引自方宣钧等，2001）

Bulk 1和Bulk 2指按目标性状差异的分组；1～4指组中不同个体；L1～L3指不同座位，L3为目标座位；*R*和*r*为座位3（L3）中不同的等位基因

（二）基于标记基因型的BSA法

基于标记基因型的BSA法是根据目标基因两侧分子标记的基因型对分离群体进行分组混合的。假设已知目标基因座位于两标记座位A和B之间，即来自亲本1的标记等位基因为A_1和B_1，来自亲本2的为A_2和B_2。那么，在某个分离群体（如F_2）中，标记基因型为A_1B_1/A_1B_1的个体中，目标区段（即标记座位A和B之间的染色体区段）将基本来自亲本1，而A_2B_2/A_2B_2个体中的则基本来自亲本2，除非在该区段上发生了双交换，而双交换发生的概率是很小的。因此，可以将群体中具有A_1B_1/A_1B_1和A_2B_2/A_2B_2基因型个体的DNA分别混合，构成一对近等基因DNA池，它们只在目标区段上存在差异，而在目标区段之外的整个遗传背景是相同的。这样就为在目标区段上检测多态性的分子标记提供了基础。用两个DNA池分别作为PCR扩增的模板，利用电泳分析比较扩增产物，寻找两

DNA池之间的多态性，就可能在目标区段上找到与目标基因紧密连锁的DNA标记。获得连锁标记后，还可以进一步分析它在群体中的分离情况，进行验证，并确定它在目标区段的位置。

近等基因系分析法和分离体分组混合分析法只能对目标基因进行分子标记（molecular marker），但还不能确定目标基因与分子标记间连锁的紧密程度及其在遗传连锁图上的位置，而这些信息对于评估该连锁标记在标记辅助选择和图位克隆中的应用价值是必需的。因此，在获得与目标基因连锁的分子标记后，还必须进一步利用作图群体将目标基因定位于分子连锁图上。定位方法与经典遗传学的方法完全一样。迄今为止，利用分子标记和各种不同的作图群体，在植物中已定位了大量的质量性状基因或主基因。

第五节 数量性状遗传分析方法

作物中许多重要的农艺性状和品质性状（如产量、抗性、花期、油分含量等）都是多基因控制的数量性状。传统的数量遗传学无法确定控制性状的QTL的数目，无法确定单个QTL的遗传效应及它们在染色体上的位置，只能将控制数量性状的多基因看成是一个整体，检测其整体遗传效应和环境效应。1923年，Sax首先提出了用遗传标记检测QTL的概念，但由于可供使用的遗传标记数目太少，QTL方面的研究几乎没有什么进展。直到20世纪90年代，由于分子生物学和计算机技术的飞速发展，数量性状遗传研究有了新的方法和统计分析工具，使得人们有能力阐明数量性状遗传的本质、确定其在染色体上的位置及与其他基因的关系，有能力分析单个QTL的增效、减效、多效和修饰作用，有能力解析多个QTL及QTL间的互作效应，包括加性效应和上位效应等。

一、数量性状基因座定位原理

数量性状基因座定位即QTL定位，就是利用数量性状标记基因型和观察表型值之间的连锁分析，通过一定的统计方法，将QTL逐一定位到连锁群的相应位置，同时进行遗传效应的估计。QTL的分析以标记和特定形状的连锁作为基础，以此来确定各个数量性状位点在染色体上的位置、效应，以及不同QTL间的相互关系。因此，QTL定位是基于特定假设的遗传模型，是统计学上的一个概念，与数量性状基因本身有本质区别。一般步骤为：①构建作图群体；②构建连锁图；③群体数量性状调查和标记基因型的检测；④分析标记基因型和数量性状值之间的关系，明确QTL在染色体上的相对位置及估计其效应值大小。其定位的必要条件为：①高密度的连锁图（标记间平均距离小于10cM）和相应的统计分析方法；②目标性状在群体中分离明显，呈现连续性变异，要求在选择亲本时尽可能地选择性状表现差异大和亲缘关系较远的材料。

二、数量性状基因座定位方法

分子标记的发展使数量性状的研究进入了QTL定位时代。依赖QTL作图的统计模型和方法，可进行QTL定位及其效应值的估计。截止到目前，QTL定位的方法主要有零区间作图、单区间作图、复合区间作图、基于混合线性模型的复合区间作图、完备区间作图、Bayesian分析法等。

（一）零区间作图

零区间作图（单标记）是基于加性显性模型，通过方差分析、回归分析或似然比检验法逐一检测各个分子标记与表型之间的关系，比较不同标记基因型数量性状均值的差异。如果存在显著性差异，说明控制某个数量性状的QTL与标记连锁。由于零区间作图不需要构建完整的分子标记连锁图，因此，早期的QTL定位多用这种方法。但该方法存在一些缺点：①不能明确标记与单个QTL还是多个QTL连锁；②QTL位点的可能位置没法估计；③降低了QTL位点的遗传效应值；④易出现假阳性；⑤所需群体较大，且检测效率较低。因此，需要新的统计模型和方法来满足QTL定位研究。

（二）单区间作图

针对零区间作图存在的问题，一些学者提出了基于两个相邻标记的区间作图法。

初期的Jensen模型适用于分析DH群体，可以估计异常分离，但该模型只考虑了一对标记的情况；于是，Knapp等于1990年提出了适用于不同群体类型的模型，但这些模型也仅考虑了一对标记位点。Lander和Botstein利用正态混合分布的最大似然函数和简单回归模型，借助于完整的分子标记连锁图，计算基因组的任一相邻标记之间任一位置上存在或不存在的QTL的似然函数比值的对数（LOD值），根据整个染色体上各点处的LOD值可以描绘出一个QTL在该染色体上存在与否的似然图谱。当LOD值超过某一给定的临界值时，QTL的可能位置可用LOD支持区间表示出来。该方法不仅可以从支持区间内判断QTL的可能位置，而且能使QTL检测所需群体个数减少。1992年，Haley和Knott及Martinez和Cumow提出了区间作图的简单回归分析方法。在相互独立且服从正态分布的情况下，回归分析法和最大似然比检验存在以下关系：似然比检验统计量＝pMSR/MSE＝pFregression。线性回归法可以获得与最大似然法近似的结果，而计算量却大大减少，因而简单回归法由于其简便易用而被广泛接受。

但该标记在实际运用时也存在一些缺点：定位的QTL区间太宽，QTL连锁时常影响检测结果甚至出现错误，使QTL的位置或效应值估计出现较大偏差，而且每次检测仅用两个标记，其他标记的信息未能充分利用，影响最终的定位结果。

（三）复合区间作图

为了使QTL定位更加准确以克服区间作图存在的缺陷，Zeng等提出将多元回归分析与区间作图结合起来，实现可利用多个分子标记信息对多个区间进行QTL定位检测，即复合区间作图。复合区间作图与单区间作图的主要不同就是在极大似然分析中应用了多元回归模型，使一个被检标记区间内任一点上的检测在统计上都不受该区间外QTL的影响。该方法的要点是利用类似区间作图法获得各个参数的最大似然比，绘制似然图谱，从而得到QTL的可能位置和标记区间，从而增加了QTL作图的精度。

复合区间作图的方法主要有以下几个优点：①采用QTL似然图来显示QTL的可能位置及显著程度，保留了区间作图法的优点；②一次只检验一个区间；③假如不存在上位性和QTL与环境互作，QTL的位置和效应的估计是渐近无偏的；④充分利用了整个基因组的标记信息；⑤以所选择的多个标记为条件，在较大程度上控制了背景遗传效应，提高了作图的精度和效率。

但该方法也存在一些缺陷：①不能分析上位性及QTL与环境互作等复杂的遗传学问题；②运算速度慢，尤其是用迭代法来选择阈值时更慢。吴为人等于1997年给出了基于最小二乘估计的复合区间作图法，该方法在计算上比基于最大似然估计的方法简单和快速。

（四）基于混合线性模型的复合区间作图

鉴于复合区间作图法存在的不足，朱军等将加性效应、显性效应、上位效应及其与环境互作的效应都考虑在模型中，提出了基于混合线性模型的复合区间作图。该方法的遗传假设是数量性状受多基因控制，它将群体平均值、QTL的各项遗传主效应（包括加性效应、显性效应和上位效应）作为固定效应，而把环境效应、QTL与环境互作效应、分子标记效应及其与环境的互作效应、残差作为随机效应，将效应估计和定位分析结合起来，进行多环境下的联合QTL定位分析，提高了作图的精度和效率。用混合线性模型的方法进行QTL定位，能无偏地分析QTL与环境的互作效应，具有很大的灵活性，模型扩展非常方便。基于混合线性模型的复合区间作图方法，可以扩展到分析具有加×加、加×显、显×显上位性的各项遗传主效应及其与环境互作效应的QTL。利用这些效应估计值可预测基于QTL主效应的普通杂种优势和基于QTL与环境互作效应的互作杂种优势，并可直接估算个体的育种值，依据育种值选择优良个体，提高遗传改良效率。因此，基于混合线性模型的复合区间作图方法的应用前景较好。目前，利用该方法已定位了许多有关产量和品质性状的主要QTL位点。

（五）完备区间作图

复合区间作图在算法上有一些缺陷，致使QTL效应可能会被侧链标记区间之外的标记变量吸收，同时不同的背景标记选择方法对作图结果的影响较大，并且难以推广到上位性互作QTL的定位。针对这些问题，王建康等提出了完备区间作图（inclusive composite interval mapping，ICIM）。

该方法包含三个步骤：首先，利用所有标记的信息，通过逐步回归选择重要的标记变量并估计其效应；其次，利用逐步回归得到的线性模型校正表型数据；最后，利用校正后的数据进行全基因组的一维和二维扫描。该作图策略简化了复合区间作图中控制背景遗传变异的过程。此法抽样误差较低，作图效率较高；当有QTL位点存在时，其LOD值较高，反之，则LOD值接近于0，而且可以分析上位性作图中加性效应QTL之间的互作。

完备区间作图的主要优点有：①抽样误差较低；②作图效率较高，有QTL的区域会有显著高的LOD值，没有QTL的区域的LOD值接近于0；③对作图参数有着很好的稳定性；④容易进行上位性作图，在上位性作图时，不仅可以检测到有加性效应QTL间的互作，还可以检测到没有明显加性效应QTL之间的互作。但其也存在定位出上位性位点过多、难以进行选择的缺点。

第六节　分子标记辅助选择及应用

分子标记辅助选择与常规育种的不同在于，常规育种以表型评价为核心，而分子标记辅助选择以分子标记基因型的鉴定与表型选择相结合，选择效果除了受分子标记与目标性状之间连锁程度的影响，还与目标性状的性质即质量性状和数量性状有关。质量性状和数量性状分子标记选择的原理是一致的，但是采取的策略有所不同。

一、分子标记辅助选择的种类

（一）质量性状选择

传统的表型选择方法对质量性状而言多数是有效的，因为质量性状通常受一个或几个主效基因控制，不易受环境的影响，一般具有显隐性。但对抗病性、抗虫性、条件育性等重要的农艺性状通过表型进行选择往往受到一定的限制。例如，在以下三种情况下，采用标记辅助选择可提高选择效率：①当表型的测量在技术上难度较大或费用太高时；②当表型只能在个体发育后期才能测量，但为了加快育种进程或减少后期工作量，希望在个体发育早期就进行选择时；③除目标基因外，还需要对基因组的其他部分（即遗传背景）进行选择时。另外，有些质量性状不仅受主基因控制，而且受一些微效基因的修饰作用，易受环境的影响，表现出类似数量性状的连续变异（如植物抗病性）。这类性状的遗传表现介于典型的质量性状和典型的数量性状之间，所以有时又称之为质量-数量性状。这类性状的表型往往不能很好地反映其基因型，如果仍按传统育种方法，依据表型对其进行选择，效率很低。因此需要使用分子标记辅助选择。

质量性状标记辅助选择的基本方法主要有前景选择和背景选择。对目标基因的选择称为前景选择，这是标记辅助选择的主要方面。前景选择的可靠性主要取决于标记与目标基因间连锁的紧密程度。若只用一个标记对目标基因进行选择，则要求标记与目标基因间的连锁必须非常紧密才能够达到较高的正确率。若要求选择正确率达到90%以上，则标记与目标基因间的重组率必须不大于5%。当重组率超过10%时，选择正确率已降到80%以下。如果不要求中选的所有单株都是正确的，而只要求在选中的植株中至少有一株是具有目标基因型的，那么，即使标记与目标基因只是松弛连锁的，也会对选择有较大帮助。即使重组率高达30%，也只需选择7株具有标记基因型的植株，就有99%的把握能保证其中有1株为目标基因型；而如果不用标记辅助选择（相当于标记与目标基因间无连锁，重组率为0.5），则至少需选择16株。

同时用两侧相邻的两个标记对目标基因进行跟踪选择，可大大提高选择的正确率。但在实际情况中，单交换间总是存在相互干扰，这使得双交换的概率更小，因而双标记选择的正确率要比理论期望值更高。对基因组中除了目标基因之外的其他部分（即遗传背景）的选择，称为背景选择。与前景选择不同的是，背景选择的对象几乎包括了整个基因组，因此，这就要求有一张完整的分子标记连锁图，使人们对每一个体的基因组成情况一目了然。

由于目标基因是选择的首要对象，因此一般应首先进行前景选择，以保证不丢失目标基因，然后再对中选的个体进一步进行背景选择，以加快育种进程。

（二）数量性状选择

作物育种的目标性状（如产量、品质等）多为数量性状，因此，对数量性状的遗传操纵能力决定了作物育种的效率。数量性状的表型不仅受生物体内部遗传背景的影响，还受外界环境的影响。理论上来说，运用分子标记辅助选择，可以在不同发育阶段、不同环境中直接根据个体基因型进行选择，既可以选择到单个主效QTL，也可以选择到所有与性状有关的微效基因位点，从而避开环境因素和基因间互作带来的影响。

数量性状的选择较为复杂，往往涉及多个QTL，每个QTL对目标性状的贡献率不一样，性质也会有差异。因此，首先要确定最佳的技术路线，将各个QTL分类排列，在充分考虑各个QTL之间互作的基础上，画出图示基因型，然后根据图示基因型选择试材。在比较复杂的情况下，先针对少数主效QTL实施选择更容易在短期内取得较为理想的效果。另外，上位效应也可能影响选择的效果，使选育结果不符合预期的目标。不同数量性状间还可能存在着遗传相关，对一个性状选择的同时还要考虑对其他性状的影响。

数量性状的选择通常采用表型值选择、标记值选择、指数选择和基因型选择几种方法。表型值选择是传统育种的选择方法，标记值选择和指数选择都是依据个体的基因型值中的加性效应分量，而非个体的基因型本身，所以表型值选择、标记值选择及指数选择都没有做到对基因型的直接选择。更有效的方法应该像质量性状的标记辅助选择一样，利用其两侧相邻的标记或单个紧密连锁标记的基因型进行选择（基因型选择）。

目前，在育种实践中，数量性状的分子标记辅助选择应以针对单个性状遗传改良的回交育种计划为重点，理论和操作上相对比较简单。在选育策略上，针对育种的目标性状，选择拥有多个有利基因的材料作为供体亲本，而以改良的优良品种作为受体亲本，在选育过程中，可以在回交一代对目标性状进行定位，然后以该定位指导各世代中的个体选择，这样QTL定位和分子标记辅助选择就能够有机结合起来。

数量性状的标记辅助选择技术还可以应用于同时改良多个品种的更为复杂的育种计划。这可以通过三个阶段来完成。第一阶段，针对育种目标，通过双列杂交或DNA指纹等方法，从优良的品种中选出彼此间在目标性状上表现为最大遗传互补的亲本系。第二阶段，将中选的亲本系与测交系杂交，建立一个作图群体和分子标记连锁图，并进行田间试验，定位目标性状的QTL，同时将中选的亲本互相杂交，建立一个较大的F_1代育种群体，然后根据QTL的定位结果，在F_2代育种群体中进行大规模的分子标记辅助选择，选出目标染色体上彼此互补的有利基因纯合的个体，目标个体自交建立F_3代株系。第三阶段，在标记辅助选择得到的F_2代株系的基础上，进一步应用常规育种方法培育出新的品系。

（三）基因转移

基因转移（gene transfer）或基因渗入（gene transgression）是指将供体亲本中的优良

基因渗入受体亲本遗传背景中，从而达到改良受体亲本个别性状的目的。育种过程中采用分子标记技术与回交育种相结合的方法，可以快速地将与分子标记连锁的基因转移到另一个品种中，在这一过程中可同时进行前景选择和背景选择。

通过与目标基因紧密连锁的标记做前景选择，跟踪供体基因是否转移到后代，同时利用染色体上均匀分布的分子标记做基因组背景选择，使目标等位基因在回交过程中处于杂合状态，而其他位点的基因型与轮回亲本相同。从回交一代中选择出一些染色体纯合而目标基因是杂合的个体，进行再次回交（可以回交多次）。对在以前世代中已检测是纯合的染色体可少用或不用标记进行检测。前景选择可以保证从每一个回交世代中选出来作为下一轮回交亲本的个体都包含目标基因，而背景选择则是为了加快遗传背景回复成轮回亲本基因组的速度，以缩短育种年限。Tanksley等的研究表明，在一个个体数目为100的群体中，以100个RFLP标记辅助选择，只要三代就可使后代的基因型回复到轮回亲本的99.2%，而随机选择则需要7代才能达到这个效果。背景选择还可以避免或减轻连锁累赘。传统回交育种难以消除连锁累赘的主要原因是无法鉴别目标基因附近所发生的遗传重组，因而只能靠碰巧来选择消除了连锁累赘的个体。利用高密度的分子标记连锁图就能够直接选择到在目标基因附近发生了重组的个体。理论上，若目标基因的片段在2cM的标记区间内，通过连续两个世代，每轮对300个个体进行分子标记分析，即可达到目的基因被转移，其他供体染色体片段被排除的目的。然后对这些回交个体进行自交，就可以得到目标株系。在整个分析过程中还可以用图示基因型方法监测基因组的变化，指导后代株系的自交或与轮回亲本的杂交。另外，由于可进行早期（如苗期）的分子标记分析，可以大量减少每个世代植株的种植数量。当然，应用分子标记消除连锁累赘的一个重要前提是必须对目标性状进行精细定位，找到与目标基因紧密连锁的分子标记。

需要指出的是，尽管利用分子标记对背景选择的效率很高，在育种实践中，应将育种家丰富的选择经验与标记辅助选择相结合，以更好地进行选择。此外，基因定位研究与育种应用脱节是限制分子标记辅助选择技术应用到育种中的一个主要原因。大部分研究的最初目的都只是定位目标基因，在实验材料选择上只考虑研究的方便，而没有考虑与育种材料的结合，致使大部分研究只停留在基因定位上，未能应用到育种实践中。

（四）基因聚合

作物有些农艺性状的表达呈基因累加作用，即集中的同效基因越多，则性状表达越充分。例如，把抗同一病害的不同基因聚集到同一品种中，可以增加该品种对这一病害的抗谱，获得持续抗性。基因聚合（gene pyramiding）是利用分子标记技术，通过杂交、回交、复合杂交等手段将分散在不同供体亲本中的有利基因聚合到同一个品种中。为了提高基因聚合育种效率，最好以一个优良品种为共同杂交亲本，以便在基因聚合的同时，也使优良品种在抗性上得到改良，既可直接应用于生产，又可作为多个抗病基因的供体亲本用于育种。在进行基因聚合时，一般只考虑目标基因，即只进行前景选择而不进行背景选择。

基因聚合在作物抗病育种上的应用最为成功，植物抗病性分为垂直抗性和水平抗性两种。其中垂直抗性受主基因控制，抗性强，效应明显，易于利用。但垂直抗性一般具有小种特异性，所以易因致病菌优势小种的变化而丧失抗性。将抵抗不同生理小种的抗病基因聚合到一个品种中，该品种就具有抵抗多种生理小种的能力，不容易丧失抗性。传统的表型鉴定和分小种接种鉴定对试验条件和技术的要求较高，难以准确、快速地选择具有两个以上抗性基因的个体。借助分子标记技术，可以首先寻找抗病基因的连锁标记，通过检测与不同基因型连锁的标记来判断个体是否含有某一基因，这样不但可以通过多次杂交或回交将不同抗性基因聚合在一个材料中，而且避免了对不同抗性基因分别做人工接种鉴定的困难，是培育广谱持久抗性的有效途径之一。

（五）全基因组选择

为了捕获构成表型的所有遗传变异，其中一个途径是在基因组水平上检测影响目标性状的所有QTL，并对其进行利用，这就是全基因组选择（genomic selection，GS）。

GS首先利用测试群体（training population）中具有基因型和表型的个体，基因型结合表型性状及系谱信息，建立数学模型，再把候选群体里的基因型数据代入数学模型中，产生基因组育种值估计值（genome estimated breeding value，GEBV）。这些GEBV是理想的选择标准。模拟研究表明，只依赖个体基因型的GEBV十分准确，并且已在奶牛、小鼠、玉米、大麦中得到证实。随着基因型检测成本的下降，GS使个体的选择远远早于育种周期，将会成为动植物育种的一次革命。

全基因组选择是利用覆盖整个基因组的标记（主要指SNP标记）将染色体分成若干个片段，即每相邻的两个标记就是一个染色体片段，然后通过标记基因型结合表型性状及系谱信息分别估计每个染色体片段的效应，最后利用个体所携带的标记信息对其未知的表型信息进行预测，即将个体携带的各染色体片段的效应累加起来，进而估计基因组育种值并进行选择。

全基因组选择主要利用的是连锁不平衡信息，即假设每个标记与其相邻的QTL处于连锁不平衡状态，因而利用标记估计的染色体片段效应在不同世代中是相同的。由此可见，标记的密度必须足够高，以确保控制目标性状的所有QTL与标记处于连锁不平衡状态。水稻、玉米、大豆等作物基因组测序及SNP图谱的完成，确保了有足够高的标记密度，而且由于大规模高通量的SNP检测技术也相继建立和应用（如SNP芯片技术等），SNP分型的成本明显降低，因此使全基因组选择方法的应用成为可能。

基因组研究产生了一系列新的工具，如功能分子标记、生物信息学，能为育种提供高效和正确的统计与遗传信息，所有重要农艺性状基因的等位性、遗传机制、调控网络的解析，为全基因组选择提供了巨大的潜力。在全基因组层次建立性状与标记的关联性，进一步通过全基因组选择，以实现功能基因组研究与育种实践的有效结合。分子标记辅助选择育种将逐步进入全基因组选择育种时代，以实现全基因组设计育种和选择。

（六）分子设计育种

在传统育种过程中，育种工作者潜意识地利用设计的方法组配亲本、估计后代的种植规模、选择优良后代。Peleman等首先提出了“设计育种”的概念，以作物分子标记技术及生物信息学分析技术为支撑，作物分子育种的发展可分为三步：①大量农艺性状的

QTL定位；②数量性状位点的等位性变异评价；③依据计算机模拟及分子标记辅助选择开展设计育种。以分子设计的理论作为指导，运用各种生物信息学技术等，从基因到整体层次对目标性状进行设计与操作，以培育出性状优良的新品种。通过分子设计育种策略，可以对育种过程进行优化，大大提高育种效率，实现从传统的"经验育种"到定向的"精确育种"的转变。

分子设计育种技术概括来说，首先是发掘控制育种性状的基因，明确不同基因的表型效应、基因与基因及基因与环境之间的相互作用；其次，在QTL定位和各种遗传研究的基础上，利用已经鉴定出的基因的位置、遗传效应、基因间的互作、基因与背景亲本及环境之间的互作等，模拟预测各种可能基因型的表型，从中选择符合特定育种目标的理想基因型；最后，分析达到目标基因型的途径，制订生产品种的育种方案，利用设计育种方案开展育种工作，培育优良品种。

二、分子标记辅助选择的应用

分子标记与目标基因紧密连锁，通过对分子标记基因型的检测，就能获知目标基因的基因型。这为实现通过基因型直接选择性状提供了可能。因此，借助分子标记对目标性状的基因型进行选择，称为标记辅助选择（MAS）。这是分子标记在育种中应用的最主要方面。

（一）分子标记辅助选择在玉米抗病育种中的应用

高粱霜霉病是一种造成经济作物严重减产的疾病，主要作用于玉米雄穗及高粱叶片。为了提高玉米对高粱霜霉病的抗性，Prasanna于2009年使用玉米抗高粱霜霉病QTL区域和两侧的分子标记培育出了抗性自交系CM139和数个QTL-NIL（近等基因系）群体，并且这些材料将进一步被用于抗病玉米新品种的开发。2009年，Singh等利用通过分子标记辅助选择技术衍生的玉米自交系进一步开发抗霜霉病的玉米杂交品种。2015年，Lohithaswa等利用分子标记技术定位出分别位于第6号染色体和第8号染色体上与抗病相关联的QTL位点，并通过分子标记辅助选择技术将定位到的QTL位点渗入8个易感病的玉米自交系中。

（二）分子标记辅助选择在玉米抗虫育种中的应用

虫害是影响玉米产量的主要原因之一，仅针对玉米的害虫就多达350余种，其中以玉米螟的危害最为严重。田间管理通常采用化学药品防治玉米螟及其他玉米虫害，该方法不仅会对环境产生不利影响，同时也会刺激害虫不断产生耐药变异，且抗虫效果正在逐年衰减。因此，提升玉米本身对害虫的抗性已成为抗虫研究的新趋势。Flint-Garcia等（2005）在玉米茎秆强度和对第2代欧洲玉米螟的抗性方面比较了表型选择和分子标记辅助育种两种育种方法，结果表明分子标记辅助育种是相对有效的育种工具。

（三）分子标记辅助选择在玉米抗旱育种中的应用

玉米在繁殖期对干旱非常敏感。耐旱玉米通常具有以下特点：单株穗多、开花吐丝期（ASI）短、叶片衰老延迟（留绿）、雄穗分枝数多且分枝较长、卷叶（选择展开的叶子）、根系发达。Ribaut和Ragot（2015）使用分子标记辅助育种将短开花吐丝期的耐旱供体Ac7643中几个QTL等位基因渗透入干旱敏感受体CML247，以获得开花吐丝期较短的耐旱玉米品系。在国际玉米小麦改良中心（CIMMYT）的耐旱玉米品系中已经定位到了6个QTL位点，分别位于1、2、5、6、8、10号染色体上，它们能够解释开花吐丝期变异的50%。Giuliani等在2005年发现了一个与根发育及在水分胁迫条件下叶片脱落酸水平和气孔导度相关的主效QTL，并将其命名为RootABA1。标记辅助循环选择（MARS）已用于将来自CZL或VL系列的CIMMYT玉米品系（耐旱供体品系）的耐旱性状通过杂交结合到商业CML系列的CIMMYT自交系（干旱敏感）中，并使用SNP反复选择以产生耐旱商品品系。Xiao等于2005年通过将抗旱品系X178和干旱敏感品系B73杂交得到$F_{2:3}$家系，并在干旱胁迫下检测到与开花吐丝期和单株穗数相关联的主效QTL位点，这一定位结果与世界范围内定位到的一些主要耐旱性QTL相一致。分子标记辅助选择将对耐旱玉米新种质的创制提供极大的便利条件。

（四）分子标记辅助选择在玉米抗涝育种中的应用

玉米是一种耐涝性较差的旱生作物，涝渍胁迫对玉米产量的影响非常严重，东南亚地区约有15%的玉米种植区受涝害影响极其严重。Mano等于2006年首次对玉米的耐涝性进行QTL定位，并通过绘制连锁图谱定位出位于1号染色体上的QTL位点。2007年，Qiu等定位了在第4号和第9号染色体上分别与枝干干重、根干重、总干重、株高和耐涝性系数紧密连锁的QTL位点。2015年，Zaidi等使用KASP（Kompetitive Allele Specific PCR）平台对331个多态性SNP标记进行了基因分型，并在1、3、5、7、10号染色体上定位到了5个QTL位点，它们共同解释了粮食产量表型方差的30%，还确定了13个与耐涝性相关的次级性状相连锁的QTL位点，能够解释每个性状3%～14%的表型变异。2016年，Mano等证明了大刍草衍生的QTL位点对涝害具有一定的抗性，并准备在几年内通过分子标记辅助育种的方法培育出耐涝玉米新品种。在水分胁迫下提高根系拉力，可有效地抑制玉米倒伏情况的发生，有助于增加玉米的产量，Landi等定位了与垂直根系拉力相关的QTL位点，可用于分子标记选择，培育高根系拉力的玉米新种质。

（五）分子标记辅助选择在玉米抗寒育种中的应用

耐低温玉米应具备低温萌发能力强、早期植株生长发育好、滞后期短和脱水速率高等优点。目前，已经定位出了许多影响玉米耐寒性相关性状的QTL。Engelen等在靠近标记bnlg 1740的bin 6.07位置上定位出一个光合作用耐冷性的主效QTL位点，这为光抑制的相关表型变异贡献了约37.4%。Revilla等在47个玉米自交系中定位到6个与玉米抗寒性相关联的QTL位点。Hu等通过B73×Mo17杂交获得了IBMSyn4群体，并分析其低温发芽的能力，定位到与低温发芽率紧密连锁的6个QTL位点，分别位于第4、5、6、7、9号染色体上，同时还定位到6个与低温条件下控制主根长性状的紧密连锁QTL位点，分别位于4、5、6、9号染色体上。

（六）分子标记辅助选择在玉米抗盐碱育种中的应用

目前，国内外对于玉米抗盐碱标记的开发及应用鲜有报道，管飞翔以RA/M5P为亲本构建了RIL分离群体，在正常环境和盐碱胁迫下分别观察相对根长和相对胚芽长，共定位到10个QTL。在正常条件下相关联的QTL有5个，分别位于1、2、6、8、10号染色体上。在盐胁迫环境下相关联的QTL有2个，分别位于1号和7号染色体上。在碱胁迫下相关联的QTL有3个，分别位于1号和3号染色体上。王士磊等以‘黄早四’/‘Mo17’为亲本构建F_7分离群体，在盐胁迫下观察幼苗存活时间、干重盐害指数、鲜重盐害指数和株高盐害指数4个性状，得到相关联的QTL有6个，分别位于1、5、6号染色体上。Luo等以PH6WC/PH4CV为亲本构建DH群体，在盐胁迫下观察成熟植株的株高和株高耐盐指数（生理盐水与对照田间植株高之比），得到2个位于1号染色体上的主效QTL，并在QTL的置信区间内鉴定出2个涉及离子稳态的候选基因，为进一步验证基因功能奠定了基础。

（七）分子标记辅助选择在玉米抗倒伏育种中的应用

玉米倒伏不仅严重影响玉米产量，还影响机械化收获。造成玉米倒伏的因素主要是气候、水肥条件、种植密度及茎秆性状，其中茎秆性状对倒伏的影响情况受到广泛的关注。贾生风利用倒伏材料20790与抗倒伏材料LH277构建F_2群体，通过测定穗下第1节间和第3节间穿刺强度与茎秆木质素含量，定位到25个与玉米抗倒伏相关的QTL，分别位于1、2、4、5、7、9号染色体上。Flint-Garacia等对4个$F_{2:3}$群体进行茎秆穿刺强度QTL的研究，分别在6种不同环境条件下检测到36个与茎秆穿刺强度相关的QTL，发现部分QTL区域中有与木质素的合成和类苯基丙烷途径相关的基因。王涛将IBM Syn10 DH群体在三种不同的环境中种植，通过调查基部茎粗、茎秆拉弯强度和茎秆刺穿强度，结合已有SNP测序结果，定位到32个相关联的QTL位点，分别位于1号和8号染色体上。

主要参考文献

方宣钧，吴为人，唐纪良．2001．作物DNA标记辅助育种．北京：科学出版社

管飞翔．2012．玉米RIL芽苗期耐盐碱QTL定位．扬州：扬州大学硕士学位论文

刘翠娜．2014．玉米自交系齐319对弯孢霉叶斑病抗性遗传研究及抗性QTL鉴定．郑州：河南农业大学硕士学位论文

刘三才，郑殿升，曹永生，等．2000．中国小麦选育品种与地方品种的遗传多样性．中国农业科学，33（4）：20-24

马晓军，金峰学，晁青，等．2014．玉米苗期耐碱性QTL定位分析．玉米科学，22（5）：13-19

邢永忠，徐才国．2001．作物数量性状基因研究进展．遗传，5：498-502

Dintinger JA, Salgon S, Reynaud B. 2014. QTL mapping of a partial resistance to the corn delphacid-transmitted viruses in Lepidopteran-resistant maize line Mp705. Plant Breeding, 133 (1): 19-27

Giuliani S, Corinna SM, Roberto T, et al. 2005. Root-ABA1, a major constitutive QTL, affects maize root architecture and leaf ABA concentration at different water regimes. Journal of Experimental Botany, 56 (422): 3061-3070

Hao ZF, Li XH, Xie CX, et al. 2008. Two consensus quantitative trait loci clusters controlling anthesis-silking interval, ear setting and grain yield might be related with drought tolerance in maize. Annals of Applied Biology, 153 (1): 73-83

Mano Y, Omori F, Tamaki H, et al. 2016. DNA marker-assisted selection approach for developing flooding-tolerant maize. Japan Agricultural Research Quarterly Jarq, 50 (3): 175-182

Meuwissen THE, Hayes BJ, Goddard ME. 2001. Prediction of total genetic value using genome-wide dense marker maps. Genetics, 157: 1819-1829

Muli JK, Budambula NL, Mweu C, et al. 2016. Genetic improvement of african maize towards drought tolerance: A review. Advances in Life Science and Technology, 48: 1-9

Samayoa L, Malvar R, Olukolu BA, et al. 2015. Genome-wide association study reveals a set of genes associated with resistance to the Mediterranean corn borer (*Sesamia nonagrioides* L.) in a maize diversity panel. BMC Plant Biology, 15 (1): 35

第五章

DNA复制与基因表达

第一节　中心法则

1957年，F. Crick提出在DNA与蛋白质之间，RNA可能是中间体。1958年，他又提出，在作为模板的RNA与把氨基酸携带到蛋白质肽链的合成之间可能存在着一个中间受体。综合分析了有关研究资料，他提出了描述DNA、RNA和蛋白质之间遗传信息传递的一般路线，称为遗传学的中心法则（central dogma of genetics），或称为分子生物学的中心法则（central dogma of molecular biology），通称为中心法则。它是现代分子遗传学和分子生物学的基石，它的整个过程是基因的复制、转录与表达，即对应DNA、RNA、蛋白质之间的表达关系，是以DNA的自我复制为中心。

一、DNA 的复制

中心法则是以DNA的自我复制为中心展开的，只有DNA分子才具有自我复制的能力，而RNA则不具备这样的能力。DNA的自我复制主要是通过半保留复制来实现的，是一个以亲代DNA单链为模板，碱基互补配对合成子代DNA链的过程，该过程严格遵循着J. Watson和F. Crick提出的碱基互补配对原则，DNA忠实地复制保证了子代细胞含有与亲代相同的遗传信息，保持了物种的稳定性。

二、RNA 的合成

RNA的合成也称DNA转录，该过程是根据上一步骤DNA的双链解旋，其中仅有一条链可作为模板链合成RNA，RNA的合成由RNA聚合酶（RNA polymerase）催化，RNA聚合酶沿着DNA模板链由3′→5′滑动，转录方向则为5′→3′，形成初始转录产物（primary transcript）。但初始转录产物通常并没有功能，必须经历转录后加工才会转变为有活性的成熟RNA分子。三种主要的RNA（mRNA、tRNA、rRNA）在原核和真核细胞中所经历的加工并不完全相同，但总体上初始RNA转录后加工主要包括剪切、修饰和拼接等。RNA除了可以通过DNA转录产生，某些RNA病毒还可以以RNA作为模板通过RNA转录或复制产生，该现象将在本章后面章节介绍。

三、蛋白质的合成

蛋白质的合成也称翻译，是指RNA合成及转录加工后，成熟的mRNA可以作为氨基酸顺序的模板指导多肽的合成，核糖体解读mRNA的遗传信息并按照信息指导合成蛋白质的过程。与复制和转录相比，翻译阶段涉及几百种不同的生物大分子协同发挥作用，共同组成了一个高效、精确、复杂的翻译机器。在此过程中，加工成熟的mRNA从细胞核中被转运到细胞质中，在核糖体中，50种多肽，20余种氨基酸活化酶，50余种不同的tRNA分子及大量参与肽链起始、延伸和终止的可溶性蛋白，20种氨基酸，众多蛋白因子等对mRNA的信息进行解读，指导蛋白质的合成，并经过盘旋、折叠和组装等加工后形成具有活性的复杂三维结构的蛋白质。

经典的中心法则认为遗传信息的传递是单向的。它一旦从DNA传递到蛋白质之后，就不能再从蛋白质反馈到蛋白质，也不能从蛋白质返回到RNA或是从RNA反向传回到DNA。但是1970年，H. M. Temin和D. Baltimore两位美国科学家发现了反转录现象，R. Pomerantz团队在2021年6月刊登于《科学进展》的论文首次证明RNA也可以被写回DNA，说明了遗传信息不仅可以从DNA传递到RNA，也可以从RNA传递回DNA；20世纪80年代，T. Cech和S. Altman发现了核酸酶，证实了RNA不但是遗传信息的载体，而且具有催化活性和自我复制能力；病原体朊病毒的发现说明蛋白质也是遗传信息的携带者，虽然它不能复制，也不是遗传信息的载体，但也对中心法则提出了挑战，根据这些全新的发现，科学家对F. Crick的中心法则也做出了重要的修正。在绝大多数生物体的细胞中，都普遍存在并遵循经典的中心法则，在特殊情况下，少数生物体中也会发生遗传信息从RNA到RNA的自我复制和从RNA到DNA的反向传递。尽管如此，但毫无疑问这个法则仍然是基本正确的。

第二节　DNA的复制

生命的遗传实际上是染色体DNA自我复制的结果。1953年，J. Watson和F. Crick在创立了DNA双螺旋结构模型之后，提出了DNA复制假说。DNA由两条互补的多核苷酸链相互缠绕而成，在DNA复制过程中，双螺旋DNA的两条链解旋彼此分裂，并分别以每条母链作为模板，遵循碱基互补配对的原则合成新的DNA分子。

一、半保留复制

J. Watson和F. Crick创立了DNA双螺旋结构模型之后，提出了DNA复制模型：DNA新生链的合成严格遵循A-T、G-C碱基互补配对原则。DNA在复制过程中，碱基间的氢键首先断裂，双螺旋解旋并被分开形成两条单链DNA，每条单链DNA作为模板，在DNA聚合酶和游离的脱氧核糖核苷三磷酸的参与下，产生互补的两条链。这样新生成的两个DNA分子与原来DNA分子的碱基顺序完全一样。因此，在每条子代DNA分子的双链DNA中都保留有一条亲代的DNA链，另一条则是新合成的，所以称这种复制方式为DNA半保留复制。然而这并非DNA复制的唯一可能方式，另一种可能的机制是全保留复制和随机散布式复制，全保留复制模型认为在DNA复制过程中，亲代DNA的双螺旋结构仍然保持完整，并不解旋分开，而产生的子代DNA中的两条链都是新合成的；随机散布式复制模型认为在DNA复制过程中，DNA分子断裂成长度只有100bp左右的短片段，而后再利用这些短片段合成同样长短的新DNA片段，而后再把这些“新旧”片段混合拼接成完整的全长DNA分子。

1958年，M. Meselson和F. Stahl利用氯化铯密度梯度离心技术，并利用重同位素^{15}N和轻同位素^{14}N差别标记培养基中氮源以培养大肠杆菌，证明了DNA的半保留复制特性。研究者将大肠杆菌培养在含^{14}N标记唯一氮源的普通培养基上作为对照；大肠杆菌培养在含^{15}N标记唯一氮源的培养基上使大肠杆菌DNA被^{15}N标记，^{15}N-DNA比普通^{14}N-DNA的密度大。最后取在^{15}N培养基上生长的大肠杆菌转接到用^{14}N标记的普通培养基上培养不同时间，通过氯化铯密度梯度超速离心来分析DNA的密度。转移培养后复制一次的细菌DNA密度出现在^{15}N-DNA和^{14}N-DNA之间，即形成了一半^{15}N和一半^{14}N的杂合分子，两代后出现等量的^{14}N分子和^{14}N-^{15}N杂合分子，它显然是由一条来自亲本的^{15}N-DNA和一条新合成的^{14}N-DNA组成的杂合DNA（^{14}N-^{15}N）。若继续培养复制两次，可以看到细菌^{14}N-DNA分子增多，说明DNA分子在复制时均可被分成两个亚单元，分别构成子代分子的一半，这些亚单元经过许多代复制仍然保持着完整性。实验结果排除了全保留复制模型和随机散布式复制模型的存在，证实了半保留复制模型的正确性。

无论是原核生物还是真核生物，都是将其DNA以半保留复制方式遗传给子代，半保留复制忠实地将DNA准确而稳定地遗传下去，经过多代复制，DNA的多核苷酸链仍可以完整地存在于后代而不被分解掉。这种稳定性与DNA遗传的功能相符。

二、DNA 复制的起始

一般把生物体内基因组中由一个复制起点启动的复制单位称为复制子（replicon）。在复制开始时，在DNA的特异序列区域——复制起点形成复制泡（replication bubble）使双链分离而产生两个移动方向相反的复制叉（replication fork），以便作为DNA合成的模板。

复制起点是正确起始DNA复制所必需的DNA位点。1963年，三位科学家提出大肠杆菌复制子中控制DNA复制起始的两种调节成分是复制起始区和起始基因。在复制起始区中存在着参与调节DNA复制起始的全部顺式元件，其中最重要的是复制起点，它是起始子蛋白质DnaA的结合部位。大肠杆菌*oriC*复制起始区始于一个复合体的形成，它最终需要6个蛋白质，即DnaA蛋白、DnaB蛋白、DnaC蛋白、HU蛋白、促旋酶和SSB蛋白。其中，DnaA蛋白是一种ATP结合蛋白，起始第一阶段是DnaA-ATP蛋白复合体结合到被完全甲基化的*oriC*位点，这发生在与内膜偶联的部位。DnaA蛋白只在结合ATP时才有活性，它具有内在的ATP酶活性，当起始阶段结束后，可将ATP水解为ADP，从而使自身失去活性。在*oriC*位点右侧的4个9bp共有序列为DnaA-ATP提供了起始结合位点，它们结合在一起形成中央核心，*oriC*起始位点的DNA则缠绕在这个核心上；在*oriC*位点左侧有三个13bp的富含A-T的串联重复序列，在ATP存在下，DnaA-ATP在这些位点溶解DNA链，形成一个开放型复制泡复合体。紧跟着缠绕在复制泡复合体上的解旋酶DnaB与DNA引发酶DnaG结合形成引发体，由于环绕在每条单链模板上的DnaB都能募集一个DnaG加入结合，因此引发体一旦形成，它从起点移动并使一个RNA引物引发第一条DNA链合成的开始。这样就迅速地导致其余的蛋白质形成第二个复制蛋白复合体，使两个复制叉自起点向两个相反的方向不断地扩展。

正常情况下，DNA双螺旋非常稳固，在试管中需要接近沸水的温度才能打开。复制时有两种蛋白分子负担起打开双链并维持复制叉上单链的作用，即DNA解旋酶（DNA helicase）与单链DNA结合蛋白（single strand DNA-binding protein，SSB）。DNA解旋酶解开双螺旋需要ATP提供能量。该酶一般由6个亚基组成，*E. coli*至少编码12种不同的解旋酶，如DnaB、Rep蛋白等。在启动蛋白与DNA解旋酶的联合作用下，复制起点产生复制泡，DNA解旋酶是一种变构“行走”蛋白质（allosteric “walking” protein）。所有的DNA解旋酶都具有位移酶活性，该活性与DNA解链紧密偶联。DNA解旋酶能够沿着被结合的单链DNA，借助ATP水解所产生的能量，驱动DNA解旋酶以特异的分子形状沿单链迅速移动，当碰到双链时打开双链，使复制叉不断地扩展。解旋酶可分为5′→3′解旋酶、3′→5′解旋酶及同时向两个方向运动的DNA解旋酶。

单链DNA结合蛋白也称螺旋去稳定蛋白，它由177个氨基酸残基组成，在*E. coli*中以四聚体形式存在，是一种专门与DNA单链区域结合的蛋白质。它本身并无任何酶的活性，但通过与DNA单链区域段的结合，在DNA复制中发挥作用。例如，在DNA解旋酶作用下形成的单链区存在重新形成双链的电子作用力，SSB蛋白同单链区的结合可维持DNA的单链状态，防止重新形成双链；同时SSB蛋白同单链区的结合可以防止单链区自发形成链内二级结构；SSB蛋白可防止核酸酶对单链区的水解；SSB蛋白还能够增强某些酶的活性。SSB蛋白与DNA单链的结合具有正协同效应，先结合的SSB蛋白可加快后期SSB蛋白与DNA单链结合的速度。

三、DNA 复制的延伸

DNA的两条链是反向平行的，如果两条新链都沿着复制叉解开的方向合成，两条新合成的链一条需要按5′→3′的方向合成前导链，而另一条要按3′→5′的方向合成后随链。也就是说，在一条模板链上，DNA合成和复制叉移动的方向是相同的，而在另一条模板链上则是相反的。这就需要两种不同的酶来催化。催化5′→3′的DNA聚合酶是普遍存在的，而催化3′→5′的DNA聚合酶则在生物体中从未发现过。这个问题由Okazaki等发现的DNA半不连续复制模型顺利解决。*E. coli* DNA复制系统研究得比较透彻，DNA聚合酶Ⅲ全酶是执行延伸功能的酶。在*E. coli*延伸开始阶段，后随链也是按照前导链合成方式，在RNA引物的引导下，DNA聚合酶Ⅲ全酶仍以5′→3′的方向掺入脱氧核苷三磷酸，合成长度为1000～2000个核苷酸的冈崎片段。随后在DNA聚合酶Ⅰ的作用下，冈崎片段之间的缺口被补上，再由DNA连接酶连接成连续的后随链，说明后随链是由不连续的冈崎片段拼接而成的。由上所述，在DNA复制过程中，两条新生链的合成方式不同，一条互补链按照5′→3′的方向合成，另一条互补链则先按照5′→3′的方向合成许多冈崎片段，而后拼接成完整的新链。

另外，由于DNA聚合酶必须在引物的引导下才具有5′→3′方向的聚合活性，因此在DNA复制开始的时候，需要依赖引发酶的活性合成一段RNA引物。与前导链合成只需要一条RNA引物的情况不同，在后随链的合成中，每条冈崎片段都得先有一条特定的RNA引物之后才能合成。但为了保证遗传的稳定性，细胞拥有一套精密的调控系统来确保DNA复制的完整性与准确性，即在DNA复制之后用一段响应的DNA序列取代RNA引物，从而把RNA引物从RNA-DNA杂合分子中清除掉，以获得纯正的DNA复制品。而RNase H和核糖核酸酶能够特异地降解RNA-DNA杂合分子中的RNA链。移除RNA引物之后留下的单链缺口既具有DNA引物又具有DNA模板，于是DNA聚合酶能够合成出一段相应的互补链，将其填上。最后由DNA连接酶在两个相邻的5′-P和3′-OH之间形成一个磷酸二酯键，把缺口封闭。这样新合成的DNA链便取代了原来的RNA引物。

当复制叉通过了复制的DNA分子之后，在后随链中便会合成许多冈崎片段。由于每个冈崎片段开头部分都有一段RNA引物，当这些引物被清除之后，便会在前后两个冈崎片段之间留下一个缺口。这是在双链DNA分子中某一条链上失去一个或连续数个核苷酸所形成的单链断裂结构。对此，单靠DNA连接酶显然无法将其连接起来。于是，在DNA半不连续复制过程中产生的许多冈崎片段经过三种不同核酸酶（核糖核酸酶RNase H、DNA聚合酶Ⅰ和DNA连接酶）的连接程序将其连接起来形成完整的后随链。

四、DNA 复制的终止

在*E. coli* DNA复制子中，与复制起始区*oriC*相对的位置上，还存在一个DNA复制终止区。其中有序地排列着6个终止位点，即*terC*、*terB*、*terF*和*terA*、*terD*、*terE*，每个*ter*位点都有一段23bp保守序列。依据功能的异同，其可以分成两个不同的终止亚区。位于左侧的亚区含有*terC*、*terB*、*terF*三个位点，只能够抑制顺时针方向移动的复制叉，使其停止前进。而位于右侧的亚区，含有*terA*、*terD*、*terE*三个终止位点，则只能抑制逆时针方向移动的复制叉，使其停止前进。在终止区的全部6个*ter*位点中，位于中心部位的*terC*和*terA*的利用率最高，功能也最重要。二者在抑制各自控制的复制叉的移动活性方面均起到关键性的作用。其余4个*ter*位点一般认为可能是各自关键性*ter*位点的备份或者冗余，以确保在DNA复制的过程中，每个复制叉都不会发生穿过各自关键酶*ter*位点的越界情况。

*E. coli*的复制子中与*terB*相邻的*tus*基因编码一种分子质量为36kDa的DNA复制终止蛋白质tus，当复制叉前移遇到ter-tus复合物时，一方面能使DnaB不再将DNA解链，另一方面能够将DNA复制叉引导到相应的终止位点*terC*和*terA*，并抑制其活性，从而终止DNA的复制。因此tus是DNA实现复制终止的必要蛋白质因子。目前除了tus终止蛋白质，DNA复制的终止并不需要其他蛋白质的参与。tus终止蛋白质同*ter*位点的结合效应，同样也具有方向相关性，它只能抑制一个来自特定方向的复制叉的移动活性。而且这种结合作用形成的ter-tus复合物，可以被来自相反方向的另一个复制叉DNA所取代。因此，顺时针方向移动的复制叉，可以顺畅地通过右侧终止亚区所有终止位点（*terA*、*terD*、*terE*），直到左侧终止亚区的*terC*位点才会被终止。同理，逆时针方向移动的复制叉，也可以无障碍地通过左侧终止亚区的全部终止位点（*terC*、*terB*、*terF*），直到右侧终止亚区的*terA*位点才会被终止。

从*E. coli* DNA复制终止区终止位点的排列特点可知，如果两个相反方向移动的复制叉都要到达自己专用的终止位点才能停止移动，那么在每次细胞周期中，位于终止位点*terC*和*terA*之间的一段基因组DNA，都必定会被重复复制两次。然而事实上并没发生这样的情况。因为无论是体内实验还是体外实验都表明，*E. coli*染色体DNA每次复制都只是用一个终止位点*terA*或*terC*，说明当一个移动速度较快的复制叉，首先到达其专用的关键性*ter*位点时，便会停下来，等待速度较慢的另一个复制叉的到来。由于先期到达其复制终点位置的复制叉，会成为后续到来的反向复制叉的障碍，于是两个复制叉便在相遇的同一个终点位置停止复制。这种独特的复制终止机制确保了每一个细胞周期中，整条染色体基因组DNA的各个区段都保证准确地复制一次。

第三节 细胞周期调控

一、概述

细胞周期的概念是由Howard和Pelc在1953年提出的，是从核活动的角度把细胞周期划分为G_1、S、G_2和M 4个连续的时期。细胞周期（cell cycle）是指细胞从上一次分裂结束开始，到下一次分裂结束所经历的时期和顺序变化，又称细胞增殖周期。细胞周期的基本功能就是复制细胞染色体中的DNA和其他成分，然后将其平均分配到两个子细胞中。真核生物的细胞周期分为有丝分裂期（M期）和细胞间期，细胞间期又可划分为DNA合成前期（G_1期）、DNA合成期（S期）和DNA合成后期（G_2期）三个阶段。有些细胞前一周期结束后不再进入下一周期，而暂时退出了细胞周期，细胞这时所处的这种滞留状态称为G_0期，又称为G_0态（G_0 state）。真核细胞具有由一系列调控蛋白构成的复杂调控网络，控制了细胞周期阶段的进程，称为细胞周期调控系统（cell-cycle control system）。细胞周期调控系统可对细胞内和细胞外各种信号产生反应，从而调控细胞周期的进行及个体组织中细胞的数量。当这一系统发生故障时可导致细胞过度分裂产生癌症（图5-1）。

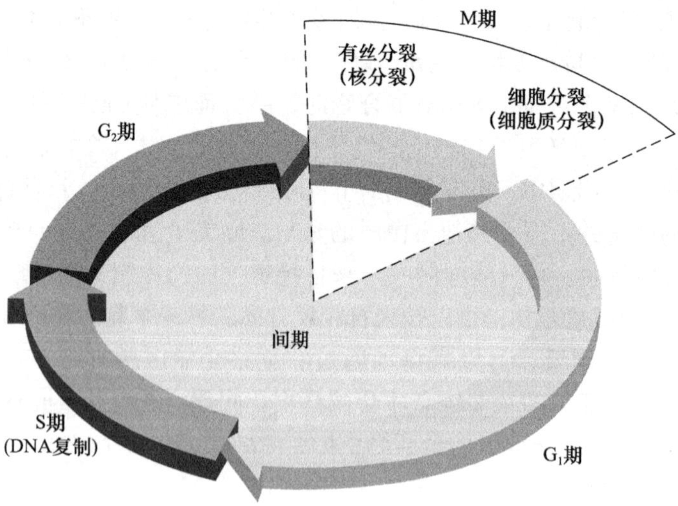

图5-1 细胞周期（引自Bruce et al.，2008）

在细胞周期早期，DNA复制和染色体加倍发生于S期（S phase），这一时期从特定的DNA复制起始位点起始，蛋白质打开DNA双螺旋结构使之与相关酶接触进行DNA的合成和染色体的加倍。M期（M phase）是细胞周期的主要阶段，由核分裂（有丝分裂）和细胞分裂（细胞质分裂）组成，是指加倍的染色体分离装配到两个子细胞中的过程。一个M期结束到下一个M期开始的中间阶段称为间期。从有丝分裂结束到DNA合成开始之间还有一间隔期，称为合成前期（G_1 phase）。DNA合成结束到有丝分裂开始也有一间隔期，称为合成后期（G_2 phase）。因此，间期可划分为G_1、S、G_2三个阶段。

二、细胞周期运行的调控

细胞周期贯穿一个细胞的整个生命过程，细胞周期与增殖、分化、凋亡之间有重要关系，也会导致多种疾病和发育障碍等。细胞周期是由许多细胞周期调节因子参与调控的生物化学过程（图5-2）。被人们广泛接受和认可的是由周期蛋白依赖激酶（cyclin-dependent kinase，CDK）、周期蛋白构成的M期促发生因子（MPF）、周期蛋白（cyclin）、细胞分裂周期基因（*CDC*）的产物等形成的调控网络。

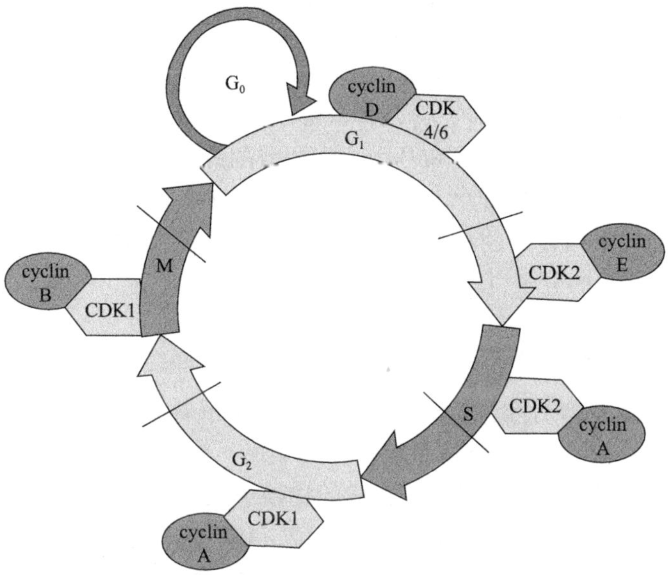

图5-2 细胞周期调控（引自Gomez and Hergovich，2016）

周期蛋白依赖激酶属于丝氨酸/苏氨酸蛋白激酶家族，只有在与周期蛋白结合之后才能表现出蛋白激酶的活性，通过调节不同底物的磷酸化从而启动或调控细胞周期的主要事件。CDK在细胞周期中的表达是恒定的，但在细胞周期不同时相中与特异的周期蛋白结合并被激活。CDK/cyclin复合物可进一步受到其他因子的正向或负向调控。比如，CDK1在G_2/M期被激活后使底物蛋白磷酸化，导致染色体凝缩、核膜解体等来调控细胞的有丝分裂。CDK2磷酸化视网膜母细胞瘤（retinoblastoma）蛋白，释放E2F，促进其下游基因的转录，调控G_1期至S期的转变等。

周期蛋白含量随着细胞周期时相的变迁而波动，它与CDK结合引起CDK空间构象的改变，从而激活CDK。调控G_1期周期进程的周期蛋白是cyclin D，cyclin D与CDK4/6结合激活CDK4/6是细胞从G_0期进入G_1期所必需的，为G_1/S时相转换做准备。调控G_1/S期的周期蛋白是cyclin A和cyclin E，cyclin A与CDK2结合，帮助形成复制前复合物（prereplication complex），触发DNA合成起始，并抑制新的复制前复合物形成，促进S期的进行；cyclin E与CDK2结合，促进细胞完成G_1/S期的转换。cyclin B与CDK1形成复合物，又称促成熟因子（maturation promoting factor，MPF），MPF的磷酸化（失活）和脱磷酸化（活化）是控制细胞周期自G_2期进入M期的关键。过去一直认为细胞周期受核的控制，细胞质的活动是被动跟随。例如，蛙卵在进入有丝分裂时会突然收缩，导致细胞分裂，这显然是核分裂所诱发的。有人发现，即使将核去掉，细胞也会周期性地收缩。这表明细胞质中存在调节细胞周期的因子，其活动不完全受控于细胞核的活动，这种因子称为M期促成熟因子。后又有人用实验证明，当细胞因蛋白质合成被抑制而停留在分裂间期时，注入含活性的MPF提取液，可促进细胞进入有丝分裂期（M期），这表明MPF是M期的正常诱导物。

第四节　基因的转录

转录（transcription）是指在RNA聚合酶的催化下，以DNA为模板将生物体遗传信息以4种rNTP（ATP、CTP、GTP和UTP）为原料，合成RNA的过程。转录不仅是基因表达至关重要的第一步，而且是发生在基因表达调节的关键阶段。科学工作者对原核生物的转录过程研究得较早也比较详尽，主要是以大肠杆菌实验体系为基础与真核生物的转录过程一并论述参与基因转录的RNA聚合酶、基因转录的基本过程、转录后的加工及其他与基因转录有关问题的分子机制。

一、基因转录的一般特点

与DNA复制强调保守性不同，转录的特点表现为不对称性和有选择性。不对称转录是指DNA为双链分子，在某一具体基因进行转录时，DNA双链中只有一条链起模板作用，与之对应的另一条链为编码链。新合成的RNA链和编码链均可与模板链互补，两者都与该基因表达的蛋白质中的氨基酸序列相对应。其区别仅在于RNA链上的碱基以U替代了T。RNA合成由RNA聚合酶催化。当RNA聚合酶结合到基因起始处，即启动子的特殊序列上时，转录开始进行。最先转录成RNA的第一个碱基对是转录起始位点，启动子序列包括它及围绕在其周围的序列。从起始位点开始，RNA聚合酶沿着模板链不断合成RNA，直到遇见终止子序列。基于这一过程，一个转录单位就被认为是从启动子到终止子的一段序列，一个转录单位可能包括一个以上的基因。位于转录起始位点前面的序列称为上游，起始位点之后的序列称为下游。序列的书写方向通常是固定的，按照转录进行的方向书写，即从上游向下游进行的方向书写，信使RNA按照5′→3′方向书写。

转录可分为起始、延伸和终止三个阶段。转录起始本身可以被分成多个步骤。模板识别起始于RNA聚合酶和双链DNA在启动子处的结合，此时酶形成闭合复合体，DNA仍旧维持双链状态。然后酶将启动子区的DNA双链解开，其中包括转录起始位点，形成开放复合体，双链DNA的分开使得模板链暴露出来，让它可以和即将来临的核苷酸配对并产生RNA中的第一个核苷酸键。有时，聚合酶会制造短的转录物，通常小于10个核苷酸，此时聚合酶仍然结合在启动子上。在释放这些短转录物后重新开始从头合成RNA，这个过程可能反复发生几次，这样的失败事件使得启动期的时间延长，只有当聚合酶成功地在链上延伸并且离开启动子后，启动期才结束。

延伸包括聚合酶的前移，它通过破坏双链DNA中的碱基配对，为核苷酸加入反应暴露出模板链，以及转录泡向下游的移位。当酶迁移时，解链区的模板链在生长点可与新生的RNA进行碱基配对。核苷酸共价结合到延伸的RNA链的3′端，在解链区形成一个RNA-DNA杂合链。在这个解链区之后，DNA模板链和原先的互补链结合并重新形成双螺旋结构，RNA则解离成为游离单链。

终止涉及序列识别，它发出信号指示酶不能再加任何碱基到延长链上的位点。当RNA-DNA杂合链被破坏，DNA重新聚合成双链体，磷酸二酯键的合成停止，转录复合体解离成一个个单一组分的RNA聚合酶、DNA链和RNA转录物时，转录泡就裂解。终止子就是转录终止所需要的DNA序列。

二、RNA聚合酶

RNA聚合酶全称为依赖DNA的RNA聚合酶（DNA-independent RNA polymerase）或DNA指导的RNA聚合酶或转录酶（transcriptase）。它是以DNA为模板合成RNA的聚合酶。遗传信息从DNA分子转移到RNA分子。

（一）原核生物RNA聚合酶

以大肠杆菌为例介绍一下原核生物的RNA聚合酶，大肠杆菌只有一种RNA聚合酶负责转录所有类型的RNA分子，包括mRNA、tRNA及rRNA等。在大肠杆菌细胞中，大约存在着7000个拷贝的RNA聚合酶分子，其中大多数的拷贝都参与RNA分子的合成。当然，具体的拷贝数字则依大肠杆菌生长状况的不同而有所差异。一般来说，在大肠杆菌细胞生长周期的任何时刻，都有2000～5000个拷贝的RNA聚合酶分子参与RNA的合成。在37℃的环境条件下，生长在营养充足培养基中的大肠杆菌细胞，其RNA聚合酶每秒钟大约可以使RNA链延长40个核苷酸，可见其聚合速度是相当高的。

1. RNA聚合酶的结构成分 大肠杆菌RNA聚合酶具有5种不同类型的亚基，是细菌中分子质量最大的多亚基复合酶之一。已知一个完全的RNA聚合酶由多个亚基组成，分子质量约为480kDa，其中包括两个相同的α亚基、两个大分子质量的β亚基和β′亚基、1个ω亚基、1个σ亚基。这种结构完整、功能齐全的RNA聚合酶（$\alpha_2\beta\beta'\omega\sigma$）习惯上称为全酶（complete enzyme或holoenzyme）。文献中通常所说的RNA聚合酶指的就是全酶。σ亚基与全酶结合疏松，很容易与全酶分离，而失去了σ亚基的RNA聚合酶（也叫$\alpha_2\beta\beta'\omega$）则称为核心酶（core enzyme）。由此可知，一个完全的RNA聚合酶，即全酶，实际上是由核心酶和σ因子两个部分组成的。由于σ因子的加入和解离，核心酶和全酶之间会发生可逆的变化。但只有全酶才具有启动转录的功能，而核心酶虽然具有延长RNA链的聚合作用能力，但却不具有转录起始的特异性。这说明σ因子在RNA聚合酶识别启动子的过程中起关键作用。

全酶与核心酶这种功能上的差异，与其亚基组成的不同密切相关。目前人们对大肠杆菌RNA聚合酶不同类型的亚基有一定的了解。β亚基和β′亚基一起构成RNA聚合酶的催化中心。β亚基能够同DNA模板及其转录的RNA分子交联，还可与底物核糖核苷酸结合，参与磷酸二酯键的形成；而β′亚基可与DNA模板链结合，参与转录的全过程。至于ω亚基的功能至今仍不清楚，仅知道在RNA分子的体外合成中需要ω亚基的参与，而在体内合成中并不需要它的参与。α亚基组装在全酶或核心酶中，具有识别启动子的功能，并能够同某些激活蛋白结合，参与基因转录活性的调节。

2. σ因子 σ因子通常被称为起始因子。大肠杆菌中RNA聚合酶在识别启动子时必须由σ因子来承担识别所有转录单位启动子的工作。以往人们认为大肠杆菌只有一种σ因子。实际上大肠杆菌至少存在着4种σ因子，20世纪80年代这些被克隆和分离的σ因子根据其蛋白质分子质量进行命名。例如，分子质量为32kDa时称为σ^{32}，在环境温度升高时，σ^{32}使热激蛋白基因表达；分子质量54kDa时称为σ^{54}，它识别固氮基因启动子的σ因子；分子质量为70kDa时称为σ^{70}，它是识别组成型基因启动子－10和－35元件的主要类型的σ因子（也叫标准σ因子）；分子质量28kDa时称为σ^{28}；等等。

已知σ因子是通过识别启动子区中特异性结合位点来控制RNA聚合酶与启动子结合的。每种σ因子都具有自己特有的识别序列，故此可以分别引导RNA聚合酶与相应的启动子区结合。另外，σ因子具有同特定DNA序列稳定结合的能力。因此，σ因子的加入便确保了RNA聚合酶全酶能够稳定地结合在启动子区的特定部位上。

（二）真核生物RNA聚合酶

1. 真核生物RNA聚合酶的类型 在高等真核生物的细胞核中，共有三类RNA聚合酶，即RNA聚合酶Ⅰ、Ⅱ和Ⅲ。这三种真核生物RNA聚合酶都定位在细胞核的核仁或核质中。所以在有的文献中，也称它们为核RNA聚合酶。此外，在真核细胞两种重要的细胞器线粒体和叶绿体中，也各自存在着自己的RNA聚合酶，但它们都属于原核类型的RNA聚合酶。

2. 真核生物共有的细胞核RNA聚合酶 三种类型的RNA聚合酶负责转录不同类型的基因，而且它们在含量、活性比例及对真菌毒素α-鹅膏蕈碱（α-amanitin）抑制作用的敏感性等方面也都存在着差异。其中RNA聚合酶Ⅰ的含量相当丰富，活性比例高达50%～70%，负责rRNA（5.8S、18S和28S）的转录。由于rRNA占总RNA比例最大，因此RNA聚合酶Ⅰ负责了大部分细胞RNA的转录，动物、植物和昆虫的RNA聚合酶Ⅰ对α-鹅膏蕈碱的抑制作用最不敏感。

RNA聚合酶Ⅱ位于核质，活性所占比例仅次于RNA聚合酶Ⅰ，RNA聚合酶Ⅱ分子活性占细胞RNA聚合酶总活性的20%～40%。其主要参与所有编码蛋白质的结构基因及编码核内小RNA（snRNA）的基因的转录。此种RNA聚合酶对α-鹅膏蕈碱的抑制作用相当敏感。由RNA聚合酶Ⅱ催化合成的蛋白质编码基因的RNA，早先称为核内不均一RNA（heterogeneous nuclear RNA，hnRNA），现在则往往称为前体mRNA（precursor mRNA，pre-mRNA）。

RNA聚合酶Ⅲ也位于核质，活性所占比例最小。其负责tRNA、5S rRNA、*Alu*序列及其他小RNA的转录。RNA聚合酶Ⅲ对α-鹅膏蕈碱抑制作用的反应呈中度敏感性。

3. 新型的植物细胞核RNA聚合酶 在2000年完成拟南芥（*Arabidopsis thaliana*）基因组全测序工作的基础上，分子遗传学家发现在此种显花植物中，还存在着另外两种新型的细胞核RNA聚合酶，即RNA聚合酶Ⅳ（Pol Ⅳ）和RNA聚合酶Ⅴ（Pol Ⅴ）。这两种RNA聚合酶同其他真核生物的RNA聚合酶Ⅱ（Pol Ⅱ）具有类似的转录功能。而且它们的大亚基与Pol Ⅱ的大亚基在进化上存在着亲缘关系。

Pol Ⅳ和Pol Ⅴ这两种植物细胞核RNA聚合酶能够催化产生非编码RNA（non-coding RNA，ncRNA），并通过这些ncRNA进一步发挥对基因表达活性的调控。其主要的功能有两个方面，即参与siRNA指导的DNA甲基化和基因沉默作用。

4. 真核生物RNA聚合酶的亚基组成　真核生物RNA聚合酶的分子质量都很大，大概为500kDa或更大。真核生物RNA聚合酶是由多亚基组成的复杂的多体蛋白质。但不同真核生物的同一种RNA聚合酶，其确切的亚基数目也不一样。但它们普遍拥有两个大亚基和7～12个小亚基，其中这两个大亚基与大肠杆菌RNA聚合酶的β亚基及β′亚基相似，说明原核生物和真核生物RNA聚合酶在进化上有可能是来自共同的祖先。

酿酒酵母的RNA聚合酶Ⅱ由12个亚基组成，是按其分子质量大小排序的。最大的三个亚基与细菌的RNA聚合酶有同源性。晶体结构显示，酵母RNA聚合酶Ⅱ由10个亚基结合成催化核心酶，以及由RPB4和RPB7两亚基结合成异源二聚体，即RPB4/7复合物。当存在RPB4/7复合物与普遍性转录因子的条件下，RNA聚合酶Ⅱ的催化核心酶便具有催化活性，能够从基因的启动子部位起始RNA链的合成。RPB4/7复合物的功能是参与mRNA的核输出及与转录偶联的DNA修复。

RNA聚合酶Ⅱ的另一个成分是RPB1的C端结构域（C-terminal domain，CTD），由52个以上的7肽序列（Tyr-Ser-Pro-Thr-Ser-Pro-Ser）重复而成。CTD 7肽重复序列中的Ser和Thr进行着动态的磷酸化作用。这种动态的磷酸化作用是由TFⅡH及其他激酶催化的，而去磷酸化作用则是由磷酸酶Fcp1催化的。CTD参与了转录的起始。

5. 真核细胞器RNA聚合酶　在真核细胞中还存在着线粒体RNA聚合酶和叶绿体RNA聚合酶，分别存在于线粒体和叶绿体细胞器中，并各自负责转录线粒体及叶绿体基因组编码的基因。但这两种RNA聚合酶的活性均不到细胞RNA聚合酶总活性的1%。

线粒体RNA聚合酶是一种由细胞核基因组编码的单体酶（monomeric enzyme），由细胞质输入线粒体颗粒内部之后，负责线粒体基因组编码基因的转录作用。该酶的氨基酸序列结构，从本质上讲同大肠杆菌T_3和T_7噬菌体RNA聚合酶的类似。这种类似性表明，这些不同来源的RNA聚合酶可能是由共同的祖先进化而来的。

叶绿体RNA聚合酶具有多重性，它既有由细胞核基因组基因编码的，也有由叶绿体基因组基因编码的。这些叶绿体RNA聚合酶在氨基酸序列结构上同蓝细菌（cyanobacteria）RNA聚合酶的类似。这就进一步证明了如同线粒体一样，叶绿体这种细胞器也是由侵染在始祖真核细胞中的内共生细菌进化而来的。

第五节　mRNA指导蛋白质合成

mRNA是蛋白质合成的模板。mRNA分子是由RNA聚合酶Ⅱ负责转录出来的，其长度在数百个核苷酸和数千个核苷酸之间。原核生物mRNA在刚生成时就是成熟的，即蛋白质编码基因的初级转录本（pre-mRNA），在转录形成之后一般不发生加工修饰，抑或是极少发生加工修饰，即成为有功能的mRNA分子。个别的原核生物如T_4噬菌体是先转录出来然后裂解为成熟的mRNA分子。故从结构上看，pre-mRNA和mRNA是极其相似的，或者是完全一样的。因此大部分原核生物的mRNA分子的半衰期很短，转录和翻译几乎同时进行。而真核生物DNA转录生成的原始转录产物前体mRNA是核不均一RNA，导致前体mRNA分子一般比成熟mRNA大4～10倍，必须经过修饰加工才能作为蛋白质翻译的模板。

一、真核生物前体 mRNA 的加工

真核生物mRNA的转录后加工事件主要包括三类：①5′端加“帽”结构；②3′端加上一段长度为数十个至数百个腺嘌呤核苷酸的poly（A）尾；③pre-mRNA转录本要经过内含子删除和外显子拼接的剪接加工。

（一）5′端的加“帽”反应

mRNA的加“帽”反应是在新生的mRNA启动转录长度为20～40个核苷酸时，加到mRNA上第一个核苷酸5′端的7-甲基鸟嘌呤核苷，使核苷链变为5′-M^7G-PPP-3′。经过磷酸水解酶、RNA鸟苷酸转移酶、RNA鸟嘌呤7-甲基转移酶作用，于是在新生的mRNA分子的5′端便出现了一个修饰的7-甲基鸟嘌呤帽。

真核生物mRNA 5′端加“帽”反应有多方面的生物学功能。第一，5′端的“帽”结构，可以保护mRNA分子5′端的稳定性，使其免受磷酸酶和核酸酶的降解作用。第二，5′端的“帽”结构是加工成熟的mRNA分子穿过核孔，从细胞核输送到细胞质的必要结构元件。第三，5′端的“帽”结构有助于维持pre-mRNA进行正确的剪接以提高翻译效率。

（二）切除内含子

内含子的发现导致了断裂基因的发现。断裂基因即不连续基因，成熟mRNA序列所对应的DNA序列在基因中被其他的序列隔开，这些序列称为内含子。被内含子隔开的出现在成熟mRNA中的序列称为外显子。一个基因的外显子和内含子共同转录在一条转录产物中，将内含子切除而把外显子连接起来形成成熟mRNA分子的过程称为RNA剪切。

断裂基因有三种不同的剪接方式，即细胞核pre-mRNA的剪接、Ⅰ型内含子的自我剪接和Ⅱ型内含子的自我剪接。

1. 细胞核pre-mRNA的剪接 细胞核pre-mRNA的剪接是在由pre-mRNA、高密度的核内小核糖核蛋白，以及各种剪接因子组成的一种高分子质量的特殊的核糖核蛋白复合体的剪接体颗粒中发生的。剪接体的生物学功能是催化断裂基因的pre-mRNA发生剪接作用。细胞核pre-mRNA分子的剪接作用按照两步进行：从pre-mRNA分子中删除下来的内含子序列形成一种状似套索的具尾的圆环状结构，即所谓的套索RNA；并在随后发生线性化进而被降解掉。

2. Ⅰ型内含子的自我剪接 自我剪接（self-splicing）或称自动剪接（auto-splicing），这是发生在Ⅰ型内含子和tRNA内含子中的一类不需要剪接体的独特的剪接机制。其基本特点是通过使具有核酶活性的内含子序列折叠形成二级结构，催化自身从前体mRNA分子中释放出来，并使位于内含子前后的两个外显子连接在一起。四膜虫基因组的rRNA基因、酵母线粒体的rRNA基因及少数的原核基因，它们的内含子都属于Ⅰ型内含子。其自我剪接过

程包括两个步骤。第一步，利用谷鸟嘌呤的鸟苷酸，通过与前体mRNA分子间的结合，为剪接反应提供自由的3′-OH，对内含子的5′-剪接位点做亲核攻击。使连接外显子1与内含子之间的磷酸二酯键断裂，同时在外显子1的3′端产生出一个自由的3′-OH，并通过转酯反应把游离的鸟苷酸与内含子的5′端连接起来。第二步，外显子1的3′端的自由羟基（3′-OH）对内含子的3′-剪接位点做亲核攻击，导致连接内含子和外显子2的磷酸二酯键断裂。同时通过转酯反应使外显子1和外显子2连接起来，于是5′端带有鸟嘌呤（G）碱基的内含子便以线性形式从前体mRNA分子中释放出来。这段游离的内含子序列在随后有可能通过再次转酯反应，使其5′端G碱基同3′端的自由羟基（3′-OH）连接起来，称为环形的RNA分子。

3. Ⅱ型内含子的自我剪接 最早发现于线粒体基因组编码的蛋白质基因及少数的原核基因中，还存在着Ⅱ型内含子。尽管与Ⅰ型内含子类似，Ⅱ型内含子自我剪接机制在具体的细节上与Ⅰ型内含子的自我剪切还是有一定的差别。Ⅱ型内含子不需要辅助因子鸟苷酸提供自由的3′-OH。它是由内含子内部的一个腺嘌呤核苷酸（A）提供的自由2′-OH对内含子的5′-剪接位点做亲核攻击，连接外显子1和内含子之间的磷酸二酯键因此断裂，之后内含子便以套索形式释放出来，并使位于内含子两侧的两个外显子连接在一起，只不过不是在剪接体分子中进行的。

（三）3′端的多聚腺苷酸化

真核生物mRNA的3′端通常都有一段由100～200个腺苷酸残基构成的poly（A）尾［poly（A）tail］。poly（A）尾不是由DNA所编码的，而是在转录后在RNA末端腺苷酸转移酶催化下以ATP为前体添加到mRNA 3′端的。

1. 3′端核苷酸序列的切除 在pre-mRNA分子中，在多聚腺苷酸化信号之后，还存在着数百个核苷酸。因此，在发生3′端多聚腺苷酸化作用之前，必须先把这段3′端核苷酸序列切除掉。这个任务是由两种特异性的蛋白质因子CPSF、CstF及限制性内切核酸酶等因子共同参与完成的。CPSF是切割及多聚腺苷酸化特异性因子（cleavage and polyadenylation specificity factor）。它在pre-mRNA加工为成熟mRNA的过程中，能够识别位于pre-mRNA分子中的多聚腺苷酸化信号序列AAUAAA，并激活限制性内切核酸酶的切割作用和多聚腺苷酸化反应。CstF是切割激活因子（cleavage stimulation factor），也是参与真核mRNA 3′端加工的特异性蛋白质因子。它能够识别pre-mRNA分子中与多聚腺苷酸化信号序列相邻的一段富含GU的核苷酸序列，并激活内切核酸酶的切割作用。

2. mRNA 3′端的多聚腺苷酸化作用 有实验表明，经过mRNA多聚腺苷酸化作用的抑制剂蛹虫草菌素、虫草苷-3′-脱氧腺苷处理过的细胞，虽然细胞核内仍能正常地合成mRNA分子，但由于缺少3′端poly（A）尾，这些mRNA分子便无法被运送到细胞质中去，说明3′端多聚腺苷酸化作用，对于mRNA的加工成熟，以及穿过核孔从细胞核进入细胞质的运输，都是必不可少的生化过程。体外翻译实验还表明，mRNA分子3′端的poly（A）尾不仅可以提高mRNA分子本身的稳定性，还可有效地提高蛋白质的翻译效率。

二、蛋白质的合成

蛋白质的合成是指生物按照从脱氧核糖核酸（DNA）转录得到的信使核糖核酸

（mRNA）上的遗传信息合成蛋白质的过程。蛋白质生物合成也称翻译（translation），即把mRNA分子中碱基排列顺序转变为蛋白质或多肽链中的氨基酸排列顺序的过程。参与蛋白质生物合成的成分至少有200种，其主要由mRNA、tRNA、rRNA，以及有关的酶和蛋白质因子共同组成。

原核生物与真核生物的蛋白质合成过程有很多区别，真核生物的此过程更复杂，下面着重介绍原核生物蛋白质合成的过程。要理解翻译过程的分子本质，主要是弄清楚两个问题：一个问题是遗传信息的编码问题，这部分在前边章节已经介绍，这里不做赘述；另一个问题是翻译过程的生物化学问题，即蛋白质生物合成的5个阶段，包括氨基酸的活化、多肽链合成的起始、肽链的延伸、肽链的终止和释放、蛋白质合成后的加工修饰。

（一）tRNA与碱基配对摆动假说

tRNA在翻译中起转运氨基酸的作用，将氨基酸经过密码子与反密码子间的相互识别定位在肽链中。它是遗传密码与其对应的氨基酸单元之间的翻译器。在通常情况下，同一种氨基酸往往可以同若干种不同的tRNA分子结合。将这类能够结合同一种氨基酸，但具有各自不同反密码子的tRNA分子称为同工tRNA（isoacceptor tRNA）。由于这类同工tRNA是由同一种氨酰tRNA合成酶识别的，因此也成了关联tRNA。显而易见，细胞中拥有近百种不同的tRNA分子，按照它们所结合的氨基酸类别，可以区分成20种不同的同工tRNA组，每个tRNA组的成员只能与一种特定的氨酰tRNA合成酶发生相互作用。

tRNA分子可以通过自身的碱基配对形成发夹结构，整个分子形成三叶草形结构。两条以稀有碱基命名的臂，其中一条称为二氢尿嘧啶臂，这是由于该臂末端连接的DHU环序列中存在着两个稀有碱基二氢尿嘧啶（UH_2）。另一条臂称为假尿嘧啶臂，同样也是根据其末端连接的TψC环序列中含有稀有碱基假尿嘧啶（ψ）命名的。DHU环是氨酰tRNA合成酶的识别位点，而TψC环则是核糖体的识别位点。这些修饰后的核苷酸影响tRNA的构型及反密码子的碱基配对，在mRNA模板识别中具有重要作用。

tRNA和mRNA分子是通过反密码子和密码子之间的碱基配对关系发生相互作用的。在蛋白质合成过程中，每一种氨基酸对应核酸中的一个三联密码子。tRNA种类要远少于编码氨基酸的密码子，识别这些密码子意味着一个tRNA可能与mRNA上一种以上的三联密码子碱基配对。一般来讲，密码子的前两位碱基在和反密码子配对时严格遵循Watson和Crick提出的摆动假说（wobble hypothesis），即某些tRNA的反密码子仅要求与mRNA上的三联密码子的前两位碱基严格遵守A与U配对、G与C配对原则，而对第三位碱基具有一定的灵活性，允许第三密码子有某种程度的摆动，亦即Crick所说的摆动。此反密码子的5′-碱基位置则称为摆动位置（wobble position）。由于摆动，反密码子和密码子第三个碱基之间可以按照G-C和U-T以外的方式配对。例如，U可以同A或G配对，G可以同U或C配对，I可以同U、A或C配对。

（二）氨酰tRNA合成酶

氨酰tRNA合成酶（aminoacyl tRNA synthetase）催化氨基酸与tRNA分子间的反应。该酶具有专一性，即每一种氨基酸都由一种特异的氨酰tRNA合成酶来催化，并且只同一种特定的tRNA分子结合。

生物体内共有20种不同的氨酰tRNA合成酶，分子质量相差很大，为40～100kDa，有单聚体、二聚体和四聚体。根据核苷酸序列及含有激活位点的结构域的相似性，这些合成酶可分成两种不同的类型。其中催化氨基酸-COOH基团同tRNA 2′-OH基团连接的，称为Ⅰ型氨酰tRNA合成酶。这类酶往往是由单亚基组成的单聚体，但也有个别的是由两个相同亚基组成的同型二聚体（homodimer）。而催化氨基酸-COOH基团同tRNA 3′-OH基团连接的，称为Ⅱ型氨酰tRNA合成酶。

合成酶具4种不同的结构域，即催化结构域、tRNA受体臂螺旋区结构域、tRNA反密码子结构域及寡聚化结构域（oligomerization domain）。其中催化结构域包括ATP和氨基酸结合位点，接受tRNA受体臂螺旋区结构域插入催化结构域中，导致tRNA受体臂的3′端靠近了催化位点。寡聚化结构域只是在多聚体的氨酰tRNA合成酶中才存在。

在Ⅰ型氨酰tRNA合成酶中，在N端催化结构域中，有两段短的、部分保守的氨基酸序列，有时称其为特征性序列（signature sequence）。催化结构域所呈的核酸结合折叠形式，由β折叠和α螺旋组成交替平行结构；ATP结合位点包含了部分特征序列。C端区域包含tRNA反密码子结构域和寡聚化结构域，不同的Ⅰ型氨酰tRNA合成酶之间区别很大。

Ⅱ型氨酰tRNA合成酶的催化结构域中，有三个同源性较高的序列：一是催化结构域的活性位点，其有一个分子质量大的反向平行结构β折叠结构，周围被α螺旋包围着。二是插入催化结构域中的tRNA受体臂螺旋区结构域，其结构在各个氨酰tRNA合成酶中互不相同。三是tRNA反密码子结构域，一般位于N端。寡聚化结构域变化很大，无确定的位置。

在蛋白质多肽链的合成过程中，氨酰tRNA合成酶首先必须同能量分子ATP结合，然后选择正确的氨基酸进行活化，随后活化的氨基酸会选择正确的tRNA并与之结合。同时，氨酰tRNA合成酶具有校正活性，对上述过程中选择不正确的氨基酸和tRNA可能出现的错误进行更正。

三、核糖体

核糖体为蛋白质翻译提供场所，是翻译系统中各种成分，如mRNA、tRNA等相互作用的中心，它沿着mRNA逐步前进而合成肽链。核糖体是一种能够进行自动转配的细胞成分，它是一个精密的翻译机器。1970年，E. Kaldschmidt和H. G. Wittman采用双向凝胶电泳技术，分析了大肠杆菌核糖体大小亚基的蛋白质组分。随后应用同样的方法，科学工作者又测定了来自不同物种的大量核糖体的组成成分。结果表明，所有的核糖体不论是在原核生物还是真核生物，其结构上都十分相似，都含有两个大小不同的亚基，但在亚基的组成成分上，原核生物与真核生物则有一定的差别。

原核生物中的核糖体大小为70S，其总分子质量约为2500kDa，由一个分子质量为900kDa的30S小亚基和一个分子质量为1600kDa的50S大亚基组成。小亚基由一条长度为1532nt的16S rRNA分子和21种蛋白质构成。50S大亚基则由长度分别为120nt和2904nt的5S rRNA、23S rRNA及34种蛋白质构成。

真核生物的核糖体大小为80S，其分子质量约为4200kDa，含40S小亚基和60S大亚基两个亚基。其中40S小亚基的分子质量为1400kDa，是原核生物30S小亚基的类似物，由一条长度约为1874nt的18S rRNA和大约33种不同的核糖体蛋白质组成。60S大亚基的分子质量为2800kDa，含有三条长度不同的核糖体RNA，即5S rRNA、28S rRNA和5.8S rRNA，以及49种不同的蛋白质分子。这条5.8S rRNA的核苷酸序列结构，与原核生物23S rRNA 5′端的序列类似。这种序列的类似性反映出，两者可能是由一个共同的始祖基因在进化过程中发生融合或剪接作用形成的。

四、肽链的合成

真核生物和原核生物mRNA的翻译都包括多肽链的起始、延伸和合成终止三个不同阶段。这种翻译周期在蛋白质编码基因的表达过程中，总是根据需要有序地周而复始地循环进行。在原核生物细胞中，蛋白质合成的起始阶段是30S复合体的形成过程，其中核糖体小亚基结合在mRNA上的特异起始部位，起始tRNA与起始密码子退火并结合于核糖体上。

（一）肽链合成的起始

1. 原核生物翻译起始步骤 在原核生物中，翻译的起始过程也是30S复合体形成的过程。首先，30S核糖体小亚基与mRNA结合。在大肠杆菌mRNA分子的5′端有一段特异性结合的序列，称为核糖体结合位点（ribosome-binding site，RBS）。它包括翻译起始密码子和一段SD序列。SD序列具有保守序列5′-AGGAGGU-3′。这段序列与30S小亚基中的16S rRNA 3′端碱基序列互补。紧接着，SD序列的一小段核苷酸又可以被核糖体小亚基蛋白辨认，然后fMet-tRNA识别mRNA分子中的起始密码子AUG并与之结合。最后，fMet-tRNA完成结合后，IF-3脱离小亚基，核糖体50S大亚基与30S小亚基结合形成70S的起始复合物，与此同时，GTP发生水解作用，结果导致IF-1和IF-2脱离起始复合物，最终组装成fMet-tRNAi^{Met}、30S小亚基和50S大亚基三种组分的翻译起始复合物。

将以大肠杆菌为代表的原核生物翻译起始全过程归纳如下。

（1）核糖体的解离与翻译前起始复合物的形成 在原核生物翻译起始阶段，首先70S核糖体颗粒在起始因子（initiation factor，IF）IF-1参与下激发完成解离，生成游离的30S小亚基和50S大亚基，起始因子IF-3迅速地与30S小亚基结合，防止它与50S大亚基重新结合，IF-3也会在30S mRNA复合物中负责检验第一个氨酰tRNA的识别准确性。随后起始因子IF-1和起始因子IF-2也相继加入，与30S小亚基的有关部位结合，形成由IF-1、IF-2和IF-3这三种起始因子同30S小亚基结合的翻译前起始复合物。

（2）30S翻译起始复合物的形成 在大肠杆菌mRNA分子的5′端有一段特异性结合的序列，称为核糖体结合位点（ribosome-binding site，RBS）。它包括翻译起始密码子和一段SD序列。SD序列具有保守序列5′-AGGAGGU-3′。这段序列与30S小亚基中的16S rRNA 3′端碱基序列互补。紧接着，SD序列的一小段核苷酸又可以被核糖体小亚基蛋白辨认，然后fMet-tRNAi^{Met}识别mRNA分子中的起始密码子AUG并与之结合。由此形成的包括翻译前起始复合物、mRNA分子和fMet-tRNAi^{Met}三大组分的新的复合物，称为30S翻译起始复合物。

（3）70S翻译起始复合物的形成 由于在mRNA的起始密码子与fMet-tRNAi^{Met}的反密码子之间出现了互补碱基的配对作用，引起30S小亚基的构象发生变化，从而使IF-1

和IF-3相继游离出来。上文提到IF-3可以防止30S小亚基与50S大亚基结合，现在30S小亚基又可以与50S大亚基结合，50S大亚基的结合激活了IF-2的GTP酶活性，水解GTP释放能量并解离下来。最终在mRNA分子的5′端起始位点组装成含有tMet-tRNAi^{Met}、30S小亚基和50S大亚基三种组分的70S翻译起始复合物。所有起始因子都解离了下来，说明它们仅在起始复合物形成过程中发挥辅助因子的作用，它们并不存在于70S核糖体中，在接下来的肽链延伸中也不起作用（图5-3）。

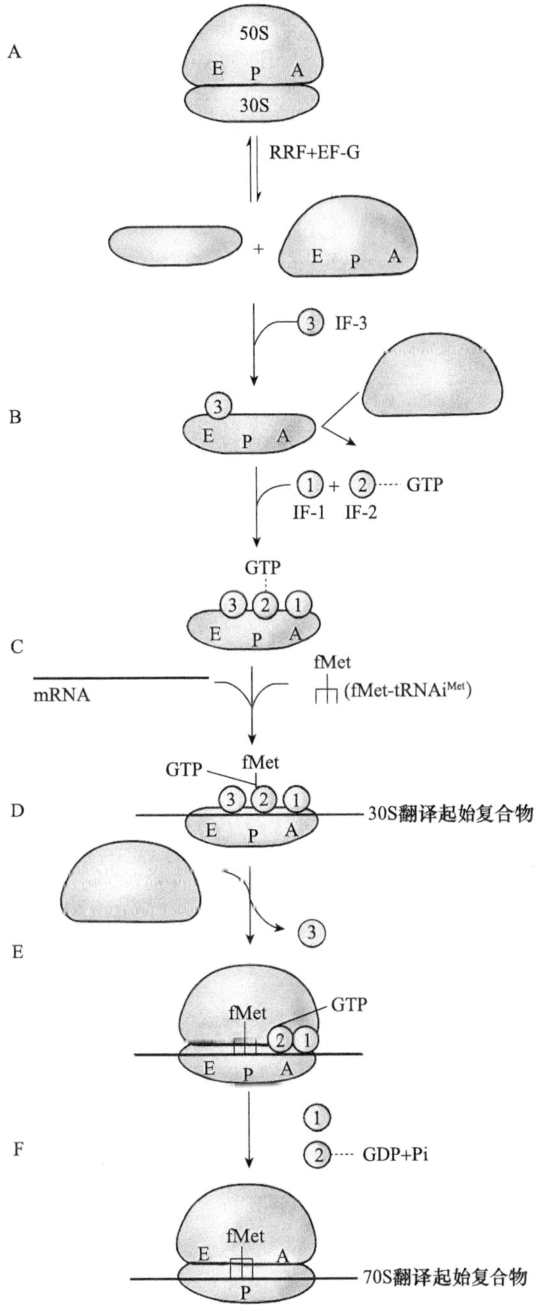

图5-3 原核生物翻译起始的过程（引自吴乃虎和黄美娟，2015）

RRF. ribosome recycling factor，核糖体回收因子；EF-G. 延伸因子G；IF-3. 起始因子3；fMet. 甲酰甲硫氨酸；fMet-tRNAi^{Met}. 甲酰甲硫氨酰tRNA；GTP. 鸟苷三磷酸；GDP. 鸟苷二磷酸。A. 在IF-1的作用下，70S核糖体解离生成30S小亚基和50S大亚基；B. IF-3与30S小亚基结合；C. 继IF-1之后，IF-2也与30S小亚基结合，形成翻译前起始复合物；D. 分别在IF-2和IF-3的激活下，fMet-tRNAi^{Met}和mRNA分子先后与30S小亚基结合，形成30S翻译起始复合物，随之释放IF-3；E. 50S大亚基加入30S翻译起始复合物，释放出IF-1和IF-2两个因子；F. IF-2从复合物中解离，GTP水解，形成70S翻译起始复合物

2. 真核生物翻译起始步骤 真核生物的翻译起始过程与原核生物相似。但真核生物中mRNA分子中并不存在SD序列，与原核生物有多个起始密码子不同，真核生物的mRNA分子都只有一个起始密码子。因此，肽链合成起点的分子机制与原核生物不完全一样。

（1）80S核糖体的解离 在起始因子eIF-1A和eIF-3的共同作用下，80S核糖体会被解离生成60S大亚基和40S小亚基。eIF-3与40S小亚基结合形成43S亚基，同时防止40S小亚基与60S大亚基再结合，eIF-1A的一个主要作用是维持43S亚基稳定。起始因子eIF-3和eIF-1A与游离的40S小亚基结合，然后三元复合物eIF-2-GTP-Met-tRNAi^{Met}与已经携带着起始因子eIF-1A和eIF-3的40S小亚基结合形成43S翻译前起始复合物。

（2）48S翻译起始复合物的形成 真核生物翻译起始的第二步是mRNA分子与40S小亚基结合生成48S翻译起始复合物。43S翻译前起始复合物在eIF-4F协助下识别mRNA分子5′端下游的AUG序列并与之结合。随后已经结合着eIF-4F和eIF-4B两种因子的展开的mRNA分子，通过其eIF-4F与43S翻译前起始复合物中的eIF-3之间的相互作用，而彼此结合在一起形成48S翻译起始复合物。

（3）80S翻译起始复合物的形成 当40S小亚基识别到mRNA分子第一个AUG密码子时，由于在48S翻译起始复合物中发生了正确碱基配对，促使与40S小亚基结合的eIF-2和eIF-3两种因子相继被卸载。在eIF-4C和eIF-5B参与的催化作用下，48S翻译起始复合物便与60S大亚基结合形成80S翻译起始复合物，80S翻译起始复合物形成后几乎所有的因子均被释放，至此完成了整个核糖体的装配（图5-4）。

（二）肽链的延伸

肽链的延伸阶段为不断连续、循环进行的过程，因此也称为核蛋白体循环。延伸循环可分为三个阶段：进位、形成肽键和移位，循环一次延长一个氨基酸，直到遇到合成终止信号。在此过程中必须依赖于延伸因子（elongation factor，EF）的协助。大量研究表明，在原核生物和真核生物之间，肽链的延伸过程机制是高度保守的，以大肠杆菌研究得最为深入。

在原核生物大肠杆菌70S核糖体颗粒中，至少存在着两个tRNA分子的结合位点，它们分别是肽酰位点（简称P位点）、氨酰位点（简称A位点）。在翻译起始复合物形成时，起始tRNA分子fMet-tRNAi^{Met}就已经占据了P位点。而位于P位点右方的A位点则是空闲的，能够接纳任何一种氨酰tRNA的加入。随后发生的肽链延伸过程包括如下三个步骤（图5-5）。

第一步，氨酰tRNA定位。其是指氨酰tRNA进入A位，氨酰tRNA需要与一种称为EF-Tu的蛋白质延伸因子结合进入A位点，同时需要GTP的水解。延伸因子是指一类在蛋白质合成过程中周期性地同核糖体分子结合-解离，催化氨基酸加入促使肽链延伸的特定蛋白质因子。大肠杆菌延伸因子EF-Tu是一种单体的GTP结合蛋白质，只有同GTP结合成二元复合物EF-Tu-GTP时，它才具有功能活性，能够将所结合的氨酰tRNA分子定位在核糖体的A位点。同时也只有在这种状态下，才能催化所结合的GTP分子的高能磷酸键发生水解作用，为所参与的生化反应提供能量。

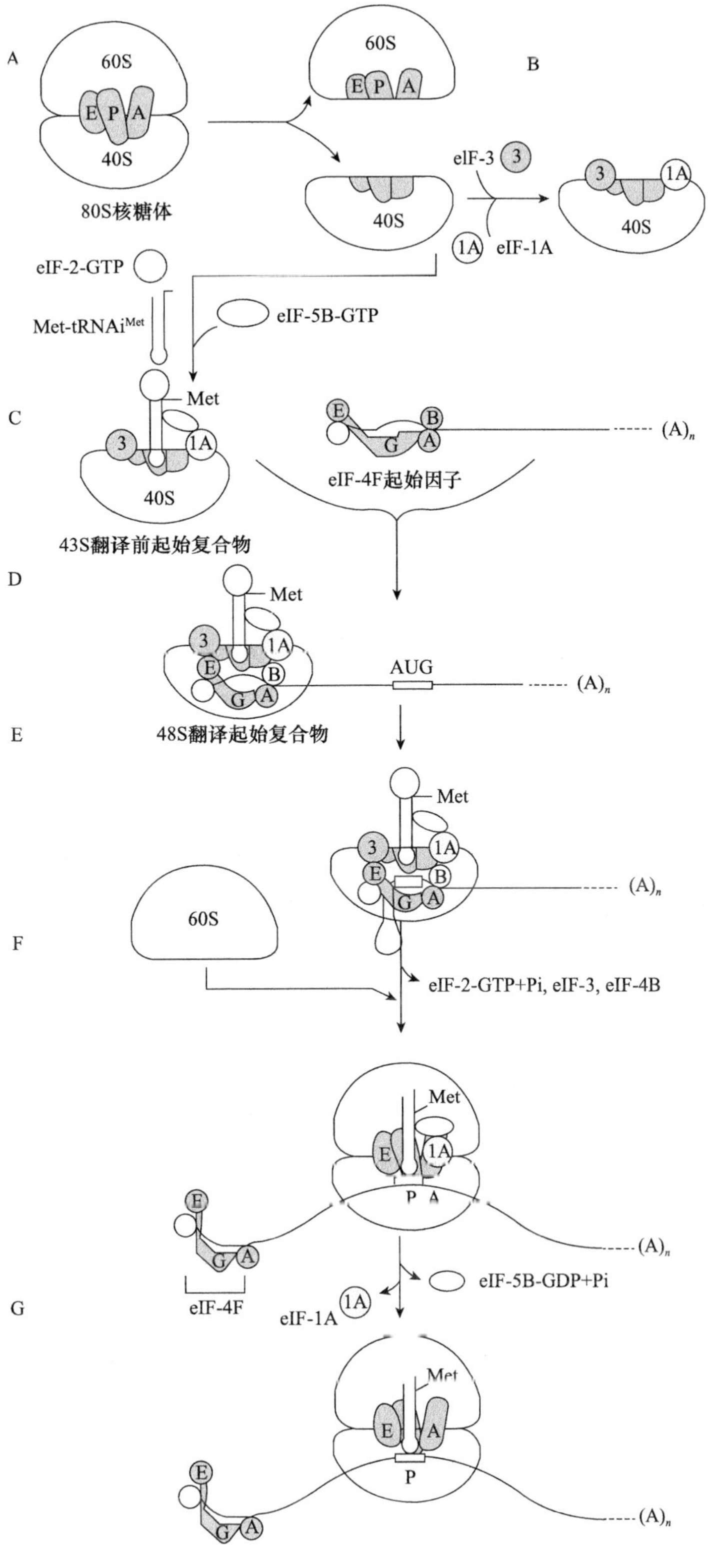

图5-4　真核生物翻译起始的过程（引自吴乃虎和黄美娟，2015）

A. 在eIF-1A起始因子的作用下，80S核糖体颗粒被解离成40S小亚基和60S大亚基；B. eIF-1A和eIF-3两种起始因子同游离的40S小亚基结合，使之转变为适于接纳起始tRNA加入的状态；C. 在eIF-5B-GTP的协助下，三元复合物与40S小亚基结合形成43S翻译前起始复合物；D. eIF-4F起始因子介导43S翻译前起始复合物经其40S小亚基结合到mRNA分子5′端帽结构上，形成48S翻译起始复合物；E. 40S小亚基按照5′→3′的方向，沿着mRNA分子扫描、寻找翻译起始密码子；F. 60S大亚基加入并与40S小亚基结合，形成80S翻译起始复合物，并伴随着释放eIF-2-GDP、eIF-3、eIF-4B及无机磷酸盐（Pi）等有关因子；G. 从复合物中进一步释放出其余的因子，诸如eIF-5B-GDP、eIF-1A及无机磷盐（Pi）等有关因子，最终形成适于蛋白质多肽链起始合成的核糖体翻译机器。E. eIF-4；A. eIF-4A；B. eIF-4B；G. eIF-4G

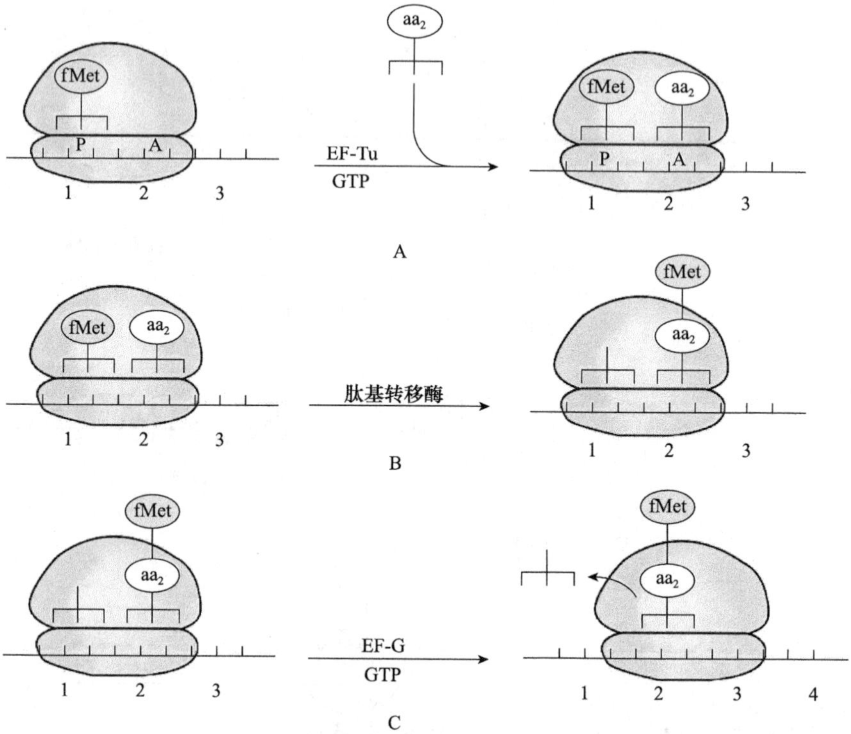

图5-5 肽链的延伸过程（引自吴乃虎和黄美娟，2015）
A．氨酰tRNA定位；B．肽键形成；C．移位作用

第二步，肽键形成。蛋白质多肽链分子中连接两个相邻氨基酸的一种化学键，是由前一个氨基酸的羧基（—COOH）和后一个氨基酸的氨基（$—NH_2$）共同脱去一个水分子（H_2O）缩合而成的。在大肠杆菌中，肽键的形成是在核糖体大亚基的肽基转移酶催化下完成的，能够将结合在P位点的肽酰tRNA的fMet转移到A位点新加入的氨酰tRNA上，与其α-氨基缩合形成肽键。

第三步，移位作用。在蛋白质肽链的合成过程中，核糖体沿着mRNA向3′方向移动一个密码子的距离，称为移位。移位作用不仅需要GTP，还需要延伸因子EF-G的参与。延伸因子EF-G有转位酶活性，含一个GTP结合位点。它与GTP结合时才具有功能活性，可以结合在核糖体的A位点上。延伸因子EF-G同另一个新的GTP再结合前必须将已结合的GDP释放出去。GTP水解后提供能量，使肽酰tRNA从A位点转移到P位点，mRNA向下移动一个密码子。肽酰tRNA占据P位点，A位点空缺，且A位点对应mRNA的下一个密码子，完成移位。

需要注意的是，延伸因子EF-Tu和EF-G均结合到核糖体的相同部位，但同一个核糖体颗粒不能够同时与EF-Tu和EF-G结合，所以在EF-G与核糖体结合之前，其中的EF-Tu-GDP必须释放出去；反之，当核糖体颗粒释放出EF-G-GDP之后，EF-Tu-GTP-氨酰tRNA三元复合物才能够结合到核糖体的A位点上。

（三）翻译的终止

翻译的终止是在终止因子的作用下，肽链停止延伸及核糖体与mRNA分离的过程。

无论原核生物还是真核生物，其终止密码子均是UAA、UAG和UGA三种密码子。蛋白质合成遇到这三种密码子中的任意一种，肽链的延伸便会终止，所以特称它们为终止密码子。释放因子（release factor，RF）是特指参与翻译终止作用的一类具有特殊功能的蛋白质分子。它能够识别终止密码子，并与核糖体形成复合物，可以引起肽链的释放，肽链的合成终止。

原核生物的释放因子简称RF，真核生物的释放因子简称eRF。原核细胞中有三种不同的释放因子，分别被命名为RF-1、RF-2和RF-3。其中RF-1识别UAA和UAG两种终止密码子；RF-2识别UAA和UGA两种终止密码子；而RF-3则是一种具GTPase活性的GTP结合蛋白质，可协助RF-1及RF-2同核糖体结合。真核细胞有两种释放因子：eRF-1和eRF-3。eRF-1可识别全部三种终止密码子，eRF-3是依赖于核糖体的GTPase，可帮助eRF-1识别终止密码子并释放翻译完成的肽链。根据功能作用的特异性，释放因子可以分成两种不同的类型。能够识别终止密码子的归于Ⅰ类，包括RF-1、RF-2和eRF-1三种释放因子。具有其他功能作用但不能够识别终止密码子的属于Ⅱ类，只有RF-3和eRF-3两种释放因子。在肽链释放之后，Ⅱ类释放因子会激发Ⅰ类释放因子从核糖体上解离下来。如在真核细胞中，eRF-1与eRF-3以结合成复合物的形式识别终止密码子，促使肽酰tRNA水解，而后在eRF-3作用下使eRF-1从所结合的核糖体上解离下来。原核细胞中，Ⅰ类释放因子RF-1或RF-2识别终止密码子，释放因子与GTP结合使其发生水解，接着RF-3可使组成核蛋白转肽酶的蛋白质构象改变，激活酯酶活性，释放多肽，同时使RF-1、RF-2与核糖体分开，之后再通过GTP的水解使RF-3从核糖体上释放出来。

第六节　翻译后的修饰

在大多数情况下，无论是原核细胞还是真核细胞表达的前体蛋白质，并不是一个完整的、有生物学功能的蛋白质分子，必须经过一系列的加工和修饰，才能转变为具有功能活性的成熟蛋白质。新生的多肽链合成后，会同细胞质中的其他分子发生共价或非共价的结合，形成各种不同类型的蛋白质复合物。例如，由脂质同蛋白质结合成的蛋白质复合物，称为脂蛋白；与糖类分子共价结合的蛋白质，称为糖蛋白；而含有金属离子的蛋白质，则称为金属蛋白等。蛋白质翻译后加工也称翻译后共价修饰，主要包括氨基酸残基的修饰、多肽链的剪接和正确折叠、N端甲酰基或整个甲硫氨酸残基的切除及二硫键的形成等多种不同的类型。它是造成蛋白质功能多样性的重要原因。

一、蛋白质翻译后共价修饰

有一些蛋白质的翻译后共价修饰，由于涉及功能蛋白质的组装和构建，因此属于不可逆的修饰。这类翻译后共价修饰包括蛋白酶解加工、二硫键的形成，以及诸如糖基和脂质基团等辅基的加入。另一种类型的翻译后共价修饰有磷酸化、乙酰化和甲基化。此外，泛素化也是一种翻译后共价修饰，它可促进蛋白质降解。同一种蛋白质在翻译后可以发生多种不同类型的共价修饰，从而极大地增加了蛋白质类型的多样性。

（一）乙酰化

在乙酰化酶（乙酰转移酶）的催化作用下，将乙酰基团（—$COCH_3$）从乙酰辅酶A转移到多肽链N端氨基酸残基、自由的α-氨基（—NH_2）或组蛋白赖氨酸侧链的ε-氨基上的生化过程，称为蛋白质的乙酰化。乙酰化可以被脱乙酰化酶逆转。

（二）甲基化

蛋白质多肽链的甲基化修饰是指在*N*-甲基转移酶的催化下，从活性的给体上将甲基（—CH_3）转移给受体蛋白质特定氨基酸侧链的生化过程。其中将甲基转移到精氨酸、组氨酸及谷氨酰胺侧链与氮原子结合的，称为*N*-甲基化作用；而转移给谷氨酸及天冬氨酸侧链与—OH中氧原子结合的，则称为*O*-甲基化作用。蛋白质甲基化也是一种可逆的生化反应。

（三）磷酸化

在蛋白质激酶的催化下，从ATP转移磷酸基团与受体蛋白质特定氨基酸侧链结合，称为蛋白质磷酸化。而在蛋白质磷酸酶的催化下，磷酸化的蛋白质又会发生脱磷酸作用，使磷酸基团从其结合的氨基酸侧链上解离下来。可见蛋白质的磷酸化和脱磷酸化是一种可逆的过程。

（四）糖基化

在糖基化酶的催化作用下，糖分子以共价结合形式加入蛋白质多肽链形成糖蛋白的过程，称为蛋白质的糖基化。它可以是*N*-糖基化，是指在酶的催化下，一个糖基以与特定的天冬酰胺侧链氮原子结合的方式，加入蛋白质多肽链的过程。也可以是*O*-糖基化，是指在酶的催化下，一个糖基通过与丝氨酸、苏氨酸或其他具羟基的氨基酸侧链—OH中氧原子结合的方式，加入蛋白质多肽链的过程。

二、蛋白质分子的自我剪接

有些前体蛋白质多肽链内部，存在一种临时性的肽段或称间插序列。在蛋白质翻译后加工过程中，这些内部肽段经过非酶催化的转肽反应被剪除掉，而其两侧的多肽段便会连接成为具功能活性的成熟的蛋白质多肽。这种新近发现的蛋白质翻译后加工的方式，称为蛋白质剪接。其中被剪除掉的内部肽段称为内含肽，而被保留在成熟蛋白质中的两侧肽段则称为外显肽。

存在这种蛋白质加工方式的生物体相当罕见。自从在古细菌（archaebacteria）DNA聚合酶基因中首先发现这种方式之后，迄今也只是在酵母、藻类及细菌等少数生物体中有所报道。内含肽具有如下三个主要方面的结构及功能特点。首先，内含肽是以与其两侧外显肽一致的阅读框插入基因的编码序列内部。其次，在内含肽的N端和C端，都有若干特定的供剪接反应需要的氨基酸残基。最后，大多数的内含肽都既具有用于蛋白质剪接的内切核酸酶活性，也具有归巢内切酶（homing endonuclease）的活性。

内含肽的剪除不需要辅助性酶分子参与，同时也不需要ATP提供能量。这是因为内含肽具有核酸酶活性，故可自我催化以游离多肽的形式释放出来。但发生此反应的先决条件是，必须在外显肽和内含肽的交界处，即剪接点存在若干个特定的氨基酸残基。

在与上游外显肽1交界处的内含肽的N端，有一个半胱氨酸或丝氨酸残基；而与下游外显肽2交界处的内含肽C端，则有一个组氨酸或天冬酰胺残基。在下游外显肽2的N端有一个半胱氨酸残基，当内含肽被剪除下来之后，其C端便同外显肽2的N端半胱氨酸的硫基（—SH）侧链或丝氨酸羟基（—OH）侧链结合成一种临时性的分支中间体。紧接着，若下一步是内含肽从分支中间体上剪除下来丢弃掉，而两个上下游的外显肽则连接在一起，则成为最后成熟的蛋白质。

第七节 反转录现象及其应用

1970年，两位美国科学家H. M. Temin和D. Baltimore发现，有一些RNA肿瘤病毒在寄主细胞中的复制过程是，先以病毒的RNA分子为模板在反转录酶的作用下合成DNA的互补链（cDNA），然后再以cDNA为模板合成新的病毒RNA。后来，科学家发现这种反转录现象，不只是少数病毒所特有，而是其他病毒甚至高级有机体均具有的一种本能。由于反转录现象的存在，人们对中心法则进行了修正：遗传物质可以是DNA，也可以是RNA；遗传信息并不一定是从DNA单向地流向RNA，RNA携带的遗传信息同样也可以流向DNA。但是DNA和RNA中包含的遗传信息只是单向地流向蛋白质。

所谓反转录酶（reverse transcriptase），是指从反转录病毒感染的细胞中纯化出来的一种能够以mRNA为模板合成cDNA的DNA聚合酶，通常也称为依赖RNA的DNA聚合酶（RNA-dependent DNA polymerase）。人类免疫缺陷病毒（HIV）就是一种典型的反转录病毒，含有反转录酶。在小鼠及人的正常细胞和胚胎细胞中也有反转录酶。例如，端粒酶就是一种反转录酶，推测可能与细胞分化和胚胎发育有关。大多数反转录酶都具有多种酶活性，主要包括以下几种活性。①DNA聚合酶活性：以RNA为模板，催化dNTP聚合成DNA的过程。此酶需要RNA为引物，多为赖氨酸的tRNA，在引物tRNA 3′端以5′→3′方向合成DNA。反转录酶中不具有3′→5′外切酶活性，因此没有校正功能，故由反转录酶催化合成的DNA出错率比较高。②RNase H活性：由反转录酶催化合成的cDNA与模板RNA形成的杂交分子，将由RNase H从RNA 5′端水解掉RNA分子。③DNA指导的DNA聚合酶活性：以反转录合成的第一条DNA单链为模板，以dNTP为底物，再合成第二条DNA分子。除此之外，有些反转录酶还有DNA内切酶活性，这可能与病毒基因整合到宿主细胞染色体DNA中有关。反转录酶的发现对于遗传工程技术起了很大的推动作用，它已成为一种重要的工具酶。用组织细胞提取mRNA并以它为模板，在反转录酶的作用下，合成出互补的cDNA，由此可构建出cDNA文库（cDNA library），从中筛选特异的目的基因，这是在基因工程技术中最常用的获得目的基因的方法。

主要参考文献

蔡京伦，潘雨堃，陈金中，等. 2018. 医学分子遗传学. 北京：科学出版社

李朝军，潘飞燕，戴谷，等．2010．细胞周期调控原理．北京：科学出版社

李振刚．2014．分子遗传学．北京：科学出版社

吴乃虎，黄美娟．2015．分子遗传学原理（上册）．北京：化学工业出版社

郑超星，马小凤，张永华，等．2018．真核生物mRNA翻译起始机制研究进展．遗传，40（8）：607-619

Beuning PJ, Musier-Forsyth K. 2015. Transfer RNA recognition by aminoacyl-tRNA synthetases. Biopolymers, 52 (1): 1-28

Bouz G, Zitko J. 2021. Inhibitors of aminoacyl-tRNA synthetases as antimycobacterial compounds: An up-to-date review. Bioorganic Chemistry, 110: 104806

Bruce A, Alexander J, Julian L, et al. 2008. Molecular Biology of the Cell. 5th ed. London: Garland Science, Taylor & Francis Group, LLC

Chandramouly G, Zhao J, Mcdevitt S, et al. 2021. Polθ reverse transcribes RNA and promotes RNA-templated DNA repair. Science Advances, 7 (24): eabf1771

Dallo S, Kannan TR, Blaylock MW, et al. 2010. Elongation factor Tu and E1 beta subunit of pyruvate dehydrogenase complex act as fibronectin binding proteins in mycoplasma pneumoniae. Molecular Microbiology, 46 (4): 1041-1051

Gao S, Liu F. 2019. Novel insights into cell cycle regulation of cell fate determination. Biomed & Biotechnol, 20 (6): 467-475

Gomez V, Hergovich A. 2016. Genome Stability in Mammals. London: Academic Press

Guo S, Lu H. 2018. Conjunction of G-quadruplex and stem-loop in the 5′ untranslated region of mouse hepatocyte nuclear factor 4-alpha1 mediates strong inhibition of protein expression. Mol Cell Biochem, 446 (1-2): 73-81

Liberman JA, Suddala KC, Aytenfisu A, et al. 2015. Structural analysis of a class Ⅲ preQ1 riboswitch reveals an aptamer distant from a ribosome-binding site regulated by fast dynamics. Proc Natl Acad Sci USA, 112 (27): 3485-3494

Spahn CM, Gomez-Lorenzo MG, Grassucci RA, et al. 2014. Domain movements of elongation factor eEF2 and the eukaryotic 80S ribosome facilitate tRNA translocation. EMBO J, 23 (5): 1008-1019

Yasuda M, Takesue F, Inutsuka S, et al. 2002. Overexpression of cyclin B_1 in gastric cancer and its clinicopathological significance: an immunohistological study. Journal of Cancer Research and Clinical Oncology, 128 (8): 412-416

第六章

基因表达调控

在大自然中，原核生物与单细胞真核生物直接暴露在变幻莫测的各种环境中，它们必须合成各种不同的蛋白质来适应不同的环境，通过代谢过程适应环境的变化，维持自身的生存与繁衍。高等真核生物代谢途径和食物来源都相对稳定，作为多细胞有机体，在个体发育过程中出现各类细胞分化，形成不同的组织器官。不同类型的细胞所需要合成的蛋白质在质和量上都是不同的。因此，不论是真核细胞还是原核细胞，其都具有自己准确调节基因表达和蛋白质合成的机制，这就是基因表达的调控。

第一节　基因表达调控的基本模型

无论原核生物还是真核生物，它们的遗传信息都是以基因的形式储藏在其细胞内的DNA（或RNA）分子中。随着个体的发育，DNA分子能将其所承载的遗传信息，有序地通过密码子-反密码子系统，转变成蛋白质分子，执行各种生理生化功能，完成生存繁衍的整个过程（图6-1）。科研工作者把这个从DNA到蛋白质的过程称为基因表达（gene expression），对该过程的调节就称为基因表达调控（gene regulation或gene control）。基因表达调控是现阶段分子生物学研究的中心课题。要了解生物生长发育的规律、形态结构特征和生物学功能，就必须弄清楚基因表达调控的基本模型。

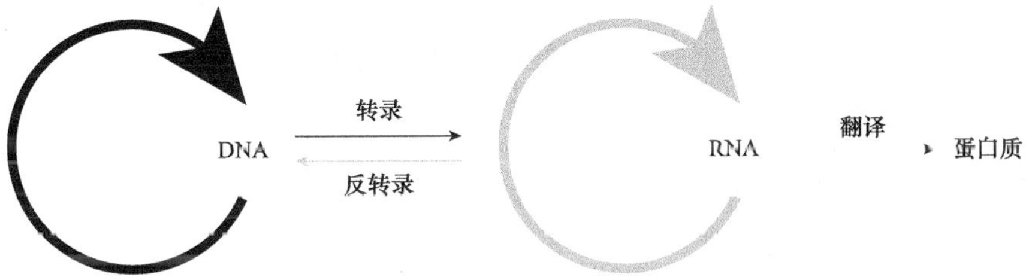

图6-1　基因表达调控的基本模型

图6-1中第一步是由RNA聚合酶以DNA双链中的模板链为模板，合成与模板链序列完全互补（除了T被置换成U之外）的RNA链，称为转录；第二步以RNA链为模板，在核糖体RNA的作用下翻译成为由氨基酸组成的多肽链，称为翻译。

一、基因表达调控的主要表现方面

基因表达调控的表现形式是多样的，不同的生物使用不同的信号来调控其基因表达。

在原核生物中，营养状况和环境因素对基因表达起着至关重要的作用。在真核生物尤其是高等真核生物中，动植物激素水平和发育阶段是调控基因表达最主要的因素，营养和环境因素为次要因素。

基因表达调控主要表现在以下两个方面：①转录水平调控（transcriptional regulation）。转录水平调控是指通过改变转录速率等方式从而改变基因表达的水平，对遗传信息传递的准确性和多样性具有重要的作用。转录调控包括多种形式，如DNA甲基化、组蛋白修饰、染色质重塑、转录因子与启动子元件相互作用等。②转录后水平调控（post-transcriptional regulation）。转录后水平调控是指在转录后水平（RNA）对基因表达的调控，以及转录产物进行的一系列修饰和加工。转录后水平调控主要体现在对mRNA前体hnRNA的剪接和加工、mRNA由细胞核转至细胞质的过程及定位、mRNA的稳定性及其降解过程等多个环节进行的调控，还有像RNA编辑、RNA干扰等现象也属于转录后水平调控的范畴。

转录后水平调控又包括两个方面：①mRNA加工成熟水平调控（regulation of mRNA processing）。mRNA的前体是编码基因在RNA聚合酶Ⅱ催化下转录形成的，转录形成的hnRNA需要经过加工成为成熟mRNA，才能进入细胞质进行蛋白质合成。加工过程主要包括戴帽、加尾和剪切。②翻译水平调控（translational regulation）。蛋白质合成阶段的基因调控有以下三个方面：蛋白质合成起始速率的调控；mRNA的识别；激素等外界因素的影响。蛋白质合成起始反应中要涉及核糖体、mRNA、蛋白质合成起始因子、可溶性蛋白及tRNA，这些组分和谐统一才能完成蛋白质的生物合成。

在研究转录及转录调控之前，让我们分析一下原核生物和真核生物转录与翻译的区别和特点。在原核细胞中由于没有细胞核，mRNA是一个边合成边结合核糖体的状态，因此原核细胞的转录与翻译过程可以说是同时发生的，称为转录与翻译相偶联（coupled transcription and translation）。而在真核生物中，转录产物（primary transcript）需要通过从细胞核内运转到细胞核外的途径，才能继续被核糖体翻译成蛋白质。

在转录水平上对基因表达的调控总体取决于其DNA结构、RNA聚合酶功能、蛋白质因子及其他小分子配基的相互作用。原核生物中仅存在一种RNA聚合酶参与转录，而真核生物中有三种RNA聚合酶参与转录（高等植物中如水稻存在RNA聚合酶Ⅳ和RNA聚合酶Ⅴ，它们是RNA聚合酶Ⅱ的同源基因）。

二、原核生物基因表达调控

（一）原核生物基因表达调控的分类

原核生物基因表达调控主要发生在其转录水平上，根据调控机制的区别可分为负转录调控（negative transcription regulation）与正转录调控（positive transcription regulation）。根据具体功能又分为以下4类：①正控诱导。非活性激活蛋白与诱导因子结合变成活性激活蛋白，从而开启基因表达。②负控诱导。阻遏蛋白与诱导因子结合变成非活性阻遏蛋白，从而开启基因表达。③正控阻遏。诱导因子（共阻遏蛋白）的存在使活性激活蛋白处于非活性状态，从而关闭基因表达。④负控阻遏。非活性阻遏蛋白与共阻遏蛋白结合变成活性阻遏蛋白，从而关闭基因表达（图6-2）。

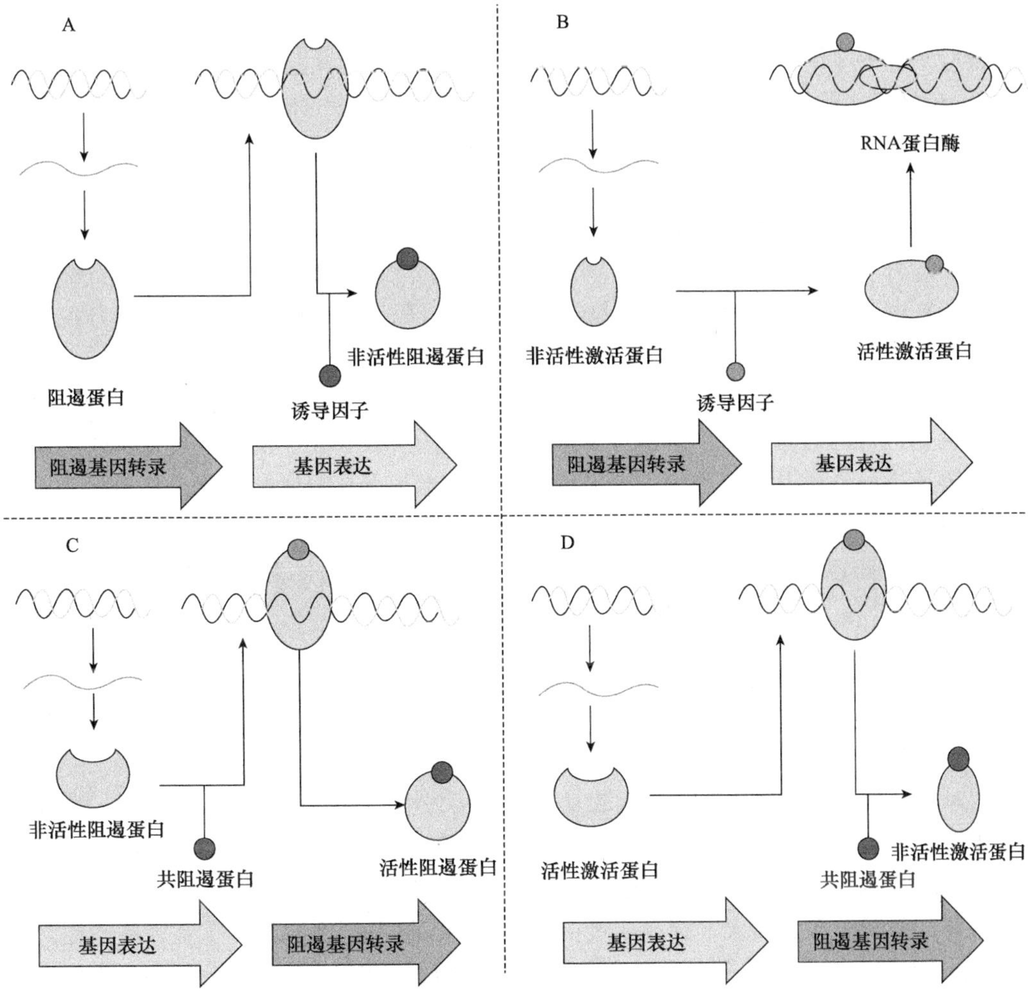

图6-2 原核生物中转录调控体系（引自朱玉贤等，2019）

A. 负控诱导；B. 正控诱导；C. 负控阻遏；D. 正控阻遏

（二）原核生物基因表达调控的主要特点

原核生物基因表达调控的主要特点如下。

1. 操纵子调控 操纵子（operon）是指一组功能上相关的基因，它是由启动子区（promoter region）、操纵区（operator）和结构基因（structural gene）三部分组成的。所谓的操纵子理论认为在DNA分子上分布有调节基因、启动子、操纵区和一群功能相关的结构基因区。原核生物基因表达调控的一个重要特点是大多数的基因调控是通过操纵子机制实现的，具有普遍性，包括乳糖操纵子、阿拉伯糖操纵子、色氨酸操纵子等。

2. 转录起始阶段调控 原核生物的RNA聚合酶由核心酶和σ因子组成，其中核心酶参与转录延伸，RNA聚合酶全酶控制转录起始。转录起始阶段，σ因子负责正义链的选择与转录起始，促使酶能够专一性识别模板上的启动子序列。不同种类的σ因子决定编码基因的转录激活特异性，同时决定不同RNA（包括mRNA、rRNA和tRNA）基因的转录，并参与启动子的识别、结合及转录起始复合物的异构化，在原核生物细胞的发育和应答环境反应中起导向作用。

3. 转录终止阶段调控　该类调控主要包括弱化作用和抗终止作用。当操纵子受到阻遏，RNA合成被终止时，起终止转录信号作用的那一段核苷酸序列称为弱化子。弱化子在原核生物中的作用相当普遍。例如，沙门氏菌的组氨酸操纵子和亮氨酸操纵子、嘧啶合成操纵子等，大肠杆菌中的色氨酸操纵子、苏氨酸操纵子、苯丙氨酸操纵子、缬氨酸操纵子与异亮氨酸操纵子等均含有弱化子。能够防止转录终止的蛋白质称为抗终止因子。一般来说，在终止子的上游具有抗终止子作用信号，部分RNA聚合酶能够与抗终止因子结合，从而跨越终止子序列，顺利跳过终止子，使转录继续向后进行。

4. 转录后水平调控　转录后水平调控是指在转录生成mRNA后，在翻译或者翻译后水平上进行的细微调控，也是对转录水平调控的有效补充。例如，噬菌体的后期基因是一个长达26kb的片段，作为一个基因会转录多顺反子mRNA。因此，其不同基因编码的蛋白质表达量会相差很大，这个过程需要通过翻译水平来进行调控。原核生物转录后水平调控主要包括mRNA自身结构对翻译的调控、反义RNA对翻译的调控及翻译阻遏等。

三、真核生物基因表达调控

（一）真核生物基因表达调控的分类

相对于原核生物，真核生物基因表达的调控可发生在基因表达的各个水平。真核生物主要由多细胞构成（除藻类、酵母和原生动物等单细胞类外），每个真核细胞所携带的基因数量及基因组中蕴藏的遗传信息大大高于原核生物。真核生物基因组DNA中有许多重复序列，基因内部常插入不翻译成蛋白质的序列，这些都影响了真核基因的表达。真核生物的DNA还常与蛋白质（包括组蛋白和非组蛋白）结合，形成十分复杂的染色质结构。染色质构象的变化、染色质中蛋白质的变化、染色质对DNA酶敏感程度的变化等都会对基因表达产生重要影响。此外，真核生物染色质分布在细胞核中，基因的转录（细胞核内）和翻译（细胞质内）被细胞核核膜所分隔开，核内RNA的合成和转运、细胞质中RNA的剪接加工等都扩大了真核生物基因调控的范围和方式，使真核生物基因表达调控达到了原核生物所不可能拥有的深度和广度。

外显子（exon）是真核生物基因中的一部分，它在剪接后会被保存下来，之后在蛋白质生物合成过程中被表达为对应蛋白质。外显子是最后出现在成熟mRNA中的基因序列，也称表达序列。它既存在于最初的转录产物中，也存在于成熟mRNA分子中的核苷酸序列中。通过在多种生物中出现的外显子片段来确定特定的编码区域，可以作为不同生物之间基因保守性鉴定的基础。

内含子（intron）是真核生物细胞DNA中的间插序列，也是真核生物基因中的一部分。这些序列被转录在前体mRNA中，经过剪接编辑被去除，最终不出现在成熟mRNA分子中。内含子和外显子的交替排列构成了割裂基因。在前体mRNA中的内含子也称为“间插序列”。在转录后水平加工中，它比外显子能产生更多形式的突变。因此，内含子是一段特殊的DNA序列（图6-3）。

（二）真核生物基因表达调控的主要特点

对大多数真核细胞来说，基因表达调控最明显的特征是能在特定时间和特定的细胞中激活特定的基因，从而实现设定好的、有序的、不可逆转分化的发育过程，并使生物的组织和器官保持正常功能。

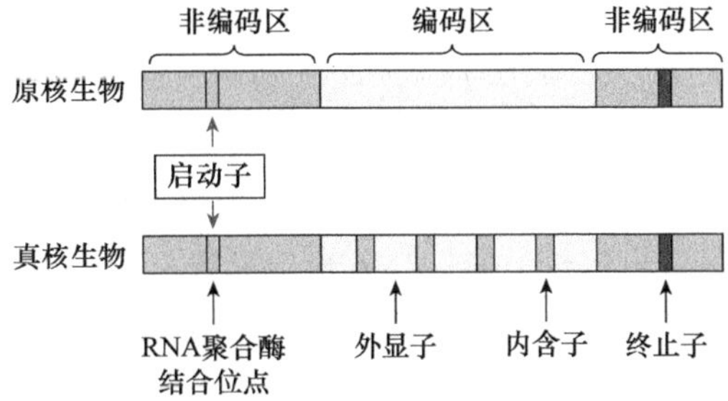

图6-3　原核生物与真核生物基因结构示意图（引自朱玉贤等，2019）

1. 真核生物基因表达的方式　根据对刺激的反应模式，真核生物基因表达的方式可分为组成性表达和选择性表达两大类。一些基因在真核生物个体的所有细胞中持续表达，这些基因通常称为管家基因（house keeping gene），这个表达模式称为组成性基因表达（constitutive gene expression）。管家基因通常具备以下两个特点：一是细胞结构和代谢过程中所必需的关键基因，如编码rRNA、微管蛋白、肌动蛋白等的基因；二是通常能够保持较高的表达量。根据这些特点，实验研究中常把rRNA、微管蛋白、肌动蛋白等作为定量检测的内参对照。

2. 基因表达的时空特异性　基因表达的时间特异性（temporal specificity）是指基因表达按照功能需要，某一特定基因的表达随着特定的时间顺序发生变化。真核生物基因表达的时间特异性也称作阶段特异性（stage specificity）。时间特异性基因表达普遍存在于各种真核生物生命进程中。例如，人体不同类型的珠蛋白基因表达，就是根据人体发育过程中不同阶段的需要在特定的时段特异表达。

而基因表达的空间特异性（spatial specificity），则是指在真核生物个体生长过程中，特定基因产物按照不同生物组织空间顺序出现。基因表达伴随时间顺序所表现出的这种表达差异，实际上是由不同类型细胞在不同器官中的分布所决定的。因此，空间特异性又称细胞或组织特异性（cell or tissue specificity）。基因表达的空间特异性普遍存在于动植物生长发育的各个阶段。例如，果蝇胚胎发育中，许多调节果蝇体节形成的基因表达呈现出显著的组织特异性。基因表达调控能够维持真核生物细胞的增殖、分化，以及维持个体的生长、发育，有助于生物体更好地适应外界环境的变化。

第二节　顺式作用元件与反式作用因子

顺式作用元件与反式作用因子在生物基因表达调控中起到关键作用。顺式作用元件是指基因上游序列中的片段，反式作用因子是指与顺式作用元件结合调控基因的蛋白质因子，二者是共同作用影响基因表达的。

一、顺式作用元件

顺式作用元件（*cis*-acting element）也称分子内作用元件，是指存在于DNA分子上的与基因转录调控相关的特殊序列。在原核生物中，大多数基因表达通过操纵子模型进行调控，原核生物的顺式作用元件主要由启动基因、操纵基因和调节基因组成。

（一）原核生物

1. 启动基因 启动基因也称启动序列、启动子，位于操纵基因的附近，它的作用是发出信号，使mRNA合成开始，但启动子也不能转录成mRNA。原核生物中，强启动序列平均2s启动一次转录，而弱启动序列则需要10min以上。有研究表明，对于不同的启动序列，转录速率的变化可能相差超过一万倍。

2. 操纵基因 操纵基因也称操纵元件，它的功能是被特异阻遏蛋白识别和结合。含有这样序列的操纵子在转录过程中具有对基因表达产生阻遏调控的功能，这是原核生物所独有的。操纵基因位于启动序列的下游，通常与启动序列有部分重叠。

3. 调节基因 调节基因也称调节序列，是编码调控物的结合部位，决定RNA聚合酶（RNA polymerase）是否与启动序列接触以调控转录。

（二）真核生物

在真核生物中，与基因表达调控有关的顺式作用元件主要有启动子（promoter）、增强子（enhancer）和沉默子（silencer）。

1. 启动子 启动子通常是指被转录的基因转录起始位点上游的序列，是特定调控元件结合的地方，能够帮助RNA转录。真核生物有三类结构不同的RNA聚合酶分别转录不同的基因。这三类RNA聚合酶对应识别不同的启动子。

（1）*Ⅰ类启动子* Ⅰ类启动子是可以被RNA聚合酶Ⅰ识别的基因。我们之所以将Ⅰ类启动子看成单一类型的启动子，是因为几乎所有生物中只有一类可被RNA聚合酶Ⅰ识别的基因，也就是rRNA前体基因。只有锥虫（trypanosome）中例外。除了转录rRNA前体基因，它的RNA聚合酶Ⅰ还能转录两类蛋白质编码基因。

Robert Tjian等用接头扫描突变分析鉴定出人类rRNA启动子的重要区域，该启动子有两个关键区域，如果这两个区域发生突变，则会极大地降低启动子转录的起始强度。人类rRNA启动子中的一个序列是核心元件（core element），位于转录起始位点附近，从－45bp延伸到＋20bp；另一个序列为上游启动子元件（upstream promoter element，UPE），从－156bp延伸到－107bp，两个启动子元件的存在表明两者间距的重要性（图6-4）。本例中，两个元件的间距非常重要，Tjian等在人类rRNA启动子的UPE与核心元件之间删除或插入不同长度的DNA序列，以检测改变两个元件空间距离对启动子起始转录活性的影响。当在启动子元件之间删除长度为16bp的片段后，启动子强度下降到对照的40%；当切除长度为4bp的片段后，启动子强度只有对照的10%。此外，在启动子元件间添加长度为28bp的片段后，不会影响启动子强度，但添加片段长度为49bp时，启动子强度降低约70%。由此可见，序列的删除相对于插入更容易影响启动子起始转录的效率。

Tjian等利用接头扫描突变对人类rRNA基因的N端侧翼区进行系统突变，然后利用体外转录体系检测各个区段突变后对启动子起始转录活性的影响。启动子有两个重要区域：UPE和核心元件。核心元件是任何转录必需的，UPE是提升转录效率及精确度所必需的，

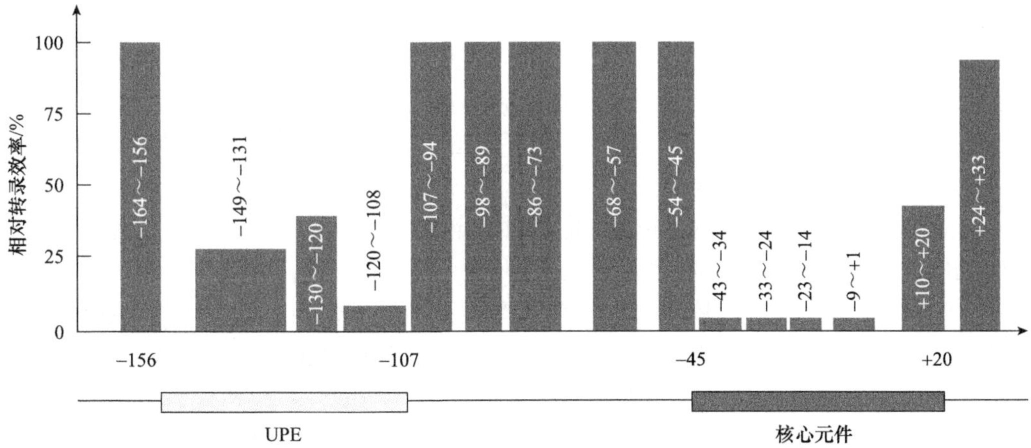

图6-4 人类rRNA启动子的两个关键元件（引自Robert，2013）

但不是必要因素。

（2）Ⅱ类启动子　Ⅱ类启动子的功能最为复杂，也是科研工作者研究得最为透彻的。Ⅱ类启动子主要由核心启动子区和上游调控区两部分组成。其中核心启动子区包括TATA框（TATA box）和转录起始位点附近的起始子（initiator，Inr）。TATA框上游调控区的保守序列通常称为上游启动子元件，上游启动子元件组成了启动子的上游调控区，这些序列和结构共同作用确保转录能够精确有效地进行。

1）Ⅱ类启动子的组成。核心启动子区是组合式的，一般包括下列元件的任意排列组合：TATA框，以−28bp（−33～−26bp）为中心，共有序列为TATA（A/T）AA（G/A）；TFⅡB识别元件（TFⅡB recognition element，BRE），位于TATA框上游（位置为−37～−32bp），共有序列为（G/C）（G/C）（G/A）CGC；起始子（initiator，Inr），以转录起始位点为中心（位置为−2～+4bp），在哺乳动物基因中的共有序列为PyPyAN（T/A）PyPy；下游启动子元件（down stream promoter element，DPE），以+30bp（+28～+32bp）为中心；下游核心元件（downstream core element，DCE），由分别位于+6～+12bp、+17～+23bp和+31～+33bp的三段序列组成，这三段序列的共有序列分别为CTTC、CTGT和AGC；十基序元件（motif ten element，MTE），位于+18～+27bp（图6-5）。

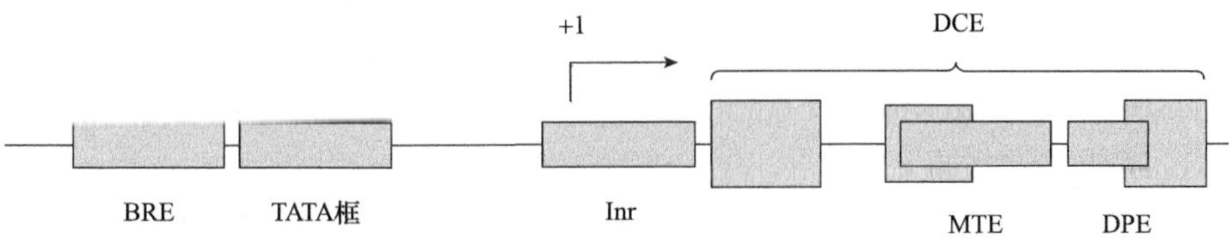

图6-5 一般性Ⅱ类核心启动子组合式示意图（引自Learned et al.，1986）

TATA框。TATA框也称为霍格内斯框（Hogness box），是一段位于转录起始位点上游、富含AT碱基对的序列，其核心及周边保守序列为TCACTATATATATAG。TATAA（T）

AA（T）为TATA框保守的核心区。大多数真核生物启动子中都含有TATA框，它直接与转录因子TFID的TATA结合蛋白（TBP）和TBP协同因子相结合，从而介导转录起始复合物的形成，同时识别转录起始位点，进而启动基因转录。但是有些真核生物启动子中不存在TATA框，它的功能被另一种核心元件起始子替代，起始子没有严格的同源序列，但一样可以与转录起始位点重合。

上游调控区。在真核生物启动子上游调控元件中，CAAT框与GC框是两种普遍存在的元件。CAAT框是一段位于TATA框上游约50bp处的序列，能够与转录因子CTF结合激活转录。CAAT框对真核生物基因转录有很强的激活作用，控制着转录起始频率。GC框位于转录起始位点上游80～90bp处，保守序列为GCCACACCC或者GGGCGGG，可有一个或多个拷贝，能以任何方向表达且不影响其功能，在起始位点上游40～70bp处也发现有GC框。GC框需与一种特异的转录因子（SPI）结合才能促进转录起始。

2）Ⅱ类启动子的分类。根据真核生物Ⅱ类启动子表达方式的不同，通常将启动子分为组成性启动子、组织特异性启动子和诱导性启动子三大类。

组织特异性启动子也称为器官特异性启动子，可以在某些特定的组织中调控基因表达，同时伴随表现出发育调节的特性。根据启动子调控的基因表达组织和器官不同，其可被分为根特异性启动子、花特异性启动子、胚特异性启动子等。Koehorst-van Putten等分析GBSS（granule-bound starch synthase）启动子时，发现该启动子可以特异驱动基因在木薯块状根中表达，但不能在其余组织器官中表达，这表明该启动子具有组织特异性表达的特性。吕山花等利用*GUS*稳定表达系统分析了pyk10启动子在转基因烟草中的表达情况，发现该启动子驱动的基因只在根中特异性表达。房孝良等研究了水稻*OsESP1*启动子，此启动子驱动的*GUS*基因只在水稻胚中表达，说明该启动子为胚特异性启动子。

诱导性启动子通常含有诱导特异性元件，能够在物理或化学信号诱导下被激活，从而促进基因的表达。此类启动子常以诱导信号命名，如光诱导启动子、干旱诱导启动子、温度诱导启动子、激素类诱导启动子和病原诱导启动子等。拟南芥*rd29A*基因受高盐、干旱、低温和脱落酸（ABA）诱导表达，科研人员经研究发现转录起始位点上游55～174bp启动子区域同时包含了干旱及ABA激素响应的关键调控元件DRE和ABRE。Kim等发现，拟南芥寒冷诱导基因*corl5a*启动子中含有多个拷贝的CRT/DRE元件，这些元件与冷胁迫和脱水胁迫诱导表达密切相关。

综上所述，Ⅱ类启动子在很大程度上决定了对应目的基因表达的时间、空间和强度，对特定基因表达的特异性起了重要作用。因此，分离与鉴别启动子、研究启动子的结构和功能、了解启动子表达特性及其作用机制等已成为基因功能分析的重要内容，为基因工程研究和应用提供了重要基础。

（3）Ⅲ类启动子　RNA聚合酶Ⅲ可转录多种编码microRNA（miRNA）的基因，包括：①“典型”Ⅲ类基因，包括5S rRNA基因、tRNA基因、腺病毒VA RNA基因等；②其他的一些Ⅲ类基因，包括7SL RNA基因、7SK RNA基因、U6 snRNA基因和EB病毒的*EBER2*基因等，科研工作者称之为“非典型”Ⅲ类基因。“非典型”Ⅲ类基因的启动子类似于上节所讲的Ⅱ类基因启动子，而不同于“典型”Ⅲ类基因的启动子完全位于基因内部。

含有内部启动子的Ⅲ基因。科研工作者对爪蟾的5S rRNA基因的Ⅲ类启动子进行了分析。研究结果表明，RNA聚合酶Ⅰ和RNA聚合酶Ⅱ与细菌RNA聚合酶所识别的启动子大部分都位于基因的N端侧翼区，而5S rRNA启动子却位于其所控制的基因内部。进一步实验，逐渐删除N端序列，随着删除的长度不断增加，由此得到5′端长度不等的一系列5S rRNA基因突变体，在生物体外观察这些突变体对基因转录的影响。通过后续凝胶电泳测定它们转录产物的大小，从而判断转录的正确与否。

因此，Ⅲ类启动子具有几种不同的类型。5S rRNA基因的启动子单独划分为一类，属于Ⅰ型启动子。第二类为Ⅱ型启动子，绝大多数的Ⅲ类启动子都属这类启动子，如tRNA启动子和VA RNA启动子。第三类为Ⅲ型启动子，包括基因的调控元件限定位于N端侧翼区的非典型启动子。此外，还有些启动子（如7SL RNA基因启动子）属于Ⅱ型与Ⅲ型之间的杂合类型，兼具有Ⅱ型启动子和Ⅲ型启动子的特点，是基因内部和外部均存在、对启动子转录活性过程起到重要作用的元件。

总的来说，启动子是位于结构基因5′端上游的DNA序列，能活化RNA聚合酶，使之与模板DNA准确地结合并具有转录起始特异性。

起始时间和表达的程度。启动子（promoter）就像一个个“开关”，决定基因时间和空间活动。启动子和生物基因一样，都是由核苷酸按照一定序列组成的，启动子本身不控制基因表达和活动，而是通过与转录因子（transcription factor）等蛋白质相结合从而控制目的基因的表达、转录。

2. 增强子　许多真核生物基因，特别是Ⅱ类基因都具有顺式作用DNA元件。严格意义上讲，这些顺式作用元件并不是启动子的组成部分，却对转录过程有显著的影响。其中增强子（enhancer）是促进基因转录的元件，而沉默子（silencer）是抑制基因转录的元件。

增强子是指能够使基因转录频率明显增加的DNA序列，主要存在于真核生物基因组中。增强子一般具有以下几个特点。

（1）增强子的远距离效应　增强子一般位于转录起始位点上游200bp处，有些能够增强远处启动子的转录，即使超过10kb也能发挥作用（图6-6）。

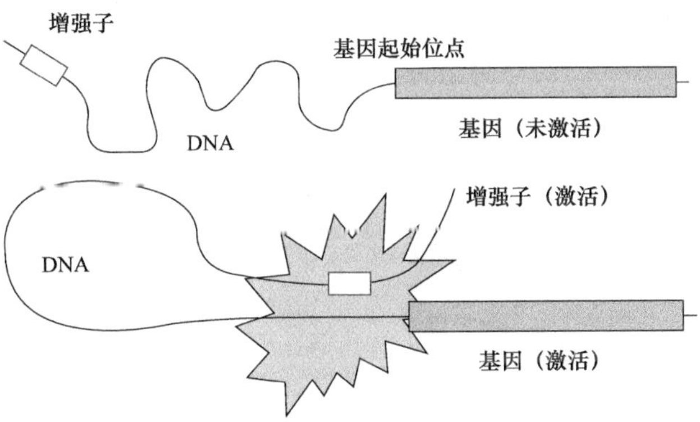

图6-6　增强子的远距离效应示意图（引自Xie et al.，2017）

（2）增强子具有无方向性　增强子无论位于靶基因的上游、下游或者内部都可以发挥增强转录的作用。

（3）增强子具有组织特异性　即在不同种属细胞中，其增强转录活性不同。*SV40*基因的增强子在3T3细胞（从Swiss系小鼠胎儿里得到的细胞株）中比多瘤病毒的增强子要弱，但在宫颈癌细胞中，*SV40*的增强子比多瘤病毒的要强5倍以上。

（4）增强子必须与特定的蛋白质因子结合后才能发挥增强转录的作用　增强子具有组织细胞特异性。许多增强子只在某些生物细胞或组织中表现其活性，这种现象是由细胞或组织中具有的特异性蛋白质因子所决定的。

（5）增强子没有物种和基因的特异性　增强子可以连接到异源生物基因上发挥作用。携带人类HARE5增强子的小鼠大脑发育出只有人类大脑才有的脑褶皱，与之相比，携带有黑猩猩HARE5增强子的小鼠胚胎形成的大脑褶皱比人类少12%。这也证明了人类作为万物之灵的绝对优势。

（6）增强子可以对外源信号产生应激反应　近些年的研究表明，一些特殊的增强子可以被固醇类激素所激活。金属硫蛋白基因在镉和锌的存在下才表达，而热休克蛋白只有在外界高温环境下才能够表达。

总的来说，在真核生物基因组中包含大约几万个基因，然而却存在着数十万个增强子。平均下来，每一个细胞类型中每一个基因约有4个增强子起作用。不同的增强子可能作用于一个或多个靶启动子。目前增强子的研究虽然取得了很大进展，实验证明增强子所引起的转录产物的稳定增加是转录起始效率增强所导致的。

3. 沉默子　增强子并不是唯一能够远程调控基因转录的DNA元件，沉默子也能够远程调控基因的转录，只不过与增强子功能相反，沉默子是抑制而不是促进基因的转录。酵母交配系统（mating system，MAT）为科研工作者研究沉默子作用机制提供了一个很好的模板。酵母细胞第Ⅲ条染色体上存在着三个序列十分相似的基因座（locus，loci）：*MAT*、*HML*和*HMR*，但其中只有*MAT*基因座表达，这是因为在距离*HML*基因座和*HMR*基因座1kb的远处位置，存在着抑制这两个基因座活性的沉默子。前期实验结果表明，除了无活性基因的自身因素，还有其他原因导致基因失活。因为酵母的活性基因可以被*HML*或*HMR*所取代，而原来的活性基因在被移植后就会失活。沉默子的作用机制如图6-7所示，其引起染色质缠绕折叠成为致密的、不可进入的、无活性的蛋白质形式，从而阻止邻近目的基因的转录。

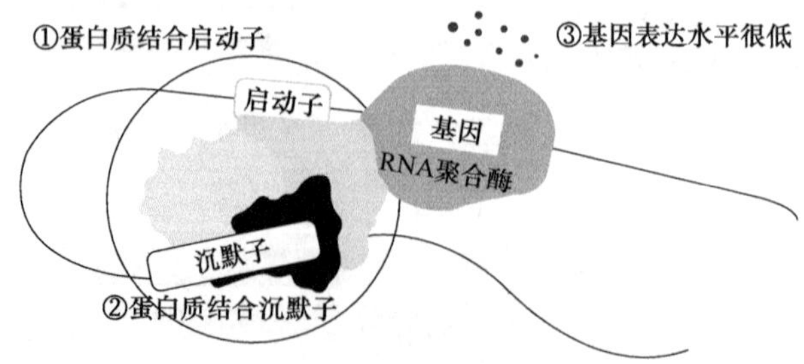

图6-7　沉默子的作用机制

综上所述，增强子和沉默子两个都是无位置和方向依赖性的DNA元件，能够分别促进或抑制相关基因的转录。增强子和沉默子均具有组织器官特异性，它们的活性有赖于组织特异性DNA结合蛋白的结合与表达。

二、反式作用因子

反式作用因子仅存在于真核生物中，是转录模板上游基因编码的一种蛋白质调节因子，其包括激活因子和阻遏因子等，它们与顺式作用元件中的上游激活序列能够特异性结合，对真核生物基因的转录过程分别起促进和阻遏作用。编码反式作用因子的基因与被反式作用因子调控的靶序列（基因）有可能不在同一条染色体上。

反式作用因子有两个重要的功能结构域，即DNA结合结构域及转录活化结构域，它们是其发挥转录调控功能的必需结构，此外还包含连接区。反式作用因子可被诱导合成，其活性也受多种因素的调节。

（一）DNA结合结构域

在反式作用因子中，常见的DNA结合结构域有以下几种类型。

1）螺旋转角螺旋（helix-turn-helix）：有2个螺旋，螺旋1和其他蛋白质结合，螺旋2识别并结合DNA，一般结合于大沟。两个螺旋由一个转角结构相连。

2）锌指结构：锌指（zinc finger）这个名称来源于它的结构，它由一小组保守的氨基酸和锌离子结合，在蛋白质中形成了相对独立的功能域，像手指一样伸向DNA的大沟区域。两种类型的DNA结合蛋白具有这种结构：一类是锌指蛋白，另一类是甾类受体。

3）亮氨酸拉链（leucine zipper）：由两个蛋白质相互作用建立一个转录复合体，每7个氨基酸中的第7个是亮氨酸。亮氨酸拉链是一种由富含亮氨酸的蛋白质链形成的二聚体模体。它本身形成二聚体的同时还可以识别特异的DNA序列。一个亲水的α螺旋在其表面的一侧有疏水基团（包括亮氨酸），另一侧表面带有电荷。

4）螺旋-环-螺旋（helix-loop-helix，HLH）：是一段近60个氨基酸的片段，因其上游富含碱性氨基酸而得名。一个HLH结构是由一个短的α螺旋通过一个环与另一个长的α螺旋组成的。它可与相应的基因片段结合，对基因的转录发挥调控作用。

5）同源异形结构域（homeodomain，HD）：又称同源异形盒（homeobox），是一种编码60个氨基酸的序列，长180bp，几乎存在于所有真核生物中。

（二）转录活化结构域

反式作用因子的转录活化结构域是具转录激活区，反式作用因子的转录功能激活取决于其DNA结合区域以外的由80～100个氨基酸组成的区域，这个区域称为转录活化结构域（transcriptional activation domain）。转录活化结构域模型有以下几种。

1）酸性α螺旋结构域（acidic α-helix domain）（含有带负电荷的α螺旋区）：酸性α螺旋结构域的结构特点是含有较多的负电荷，并能形成亲脂性α螺旋，如APL、Jun转录因子、糖皮质激素受体等。此区域可能是与那些起始复合物成分相互作用从而发挥其转录活化功能所必需的。

2）富含谷氨酰胺结构域（glutamine-rich domain）：存在于多种转录因子中。例如，转录因子SPL与转录活化相关的4个区域都位于DNA结合区之外，其中两个作用最强的含有约25个谷氨酰胺。

3）富含脯氨酸结构域（proline-rich domain）：常与DNA结合结构域相连，富含脯氨酸结构域是在CTF N端中发现的。CTF羧基端含脯氨酸的区域能够与包括SPL锌指结构在内的各种DNA结合结构域相连，促进转录进程。富含脯氨酸结构域表达的同时能够妨碍α螺旋的形成。

总的来说，反式作用因子的作用特点和规律如下。

一种反式作用因子能与一种以上的顺式作用元件结合，真核生物的转录因子不像原核生物的调控蛋白与顺式调控元件的结合有高度的专一性，有些反式作用因子可以和同源性很接近的顺式作用元件相结合。

同样，一种顺式作用元件能和一种以上的反式作用因子结合。例如，与CAT框结合的反式作用因子有好几种，像CTF类反式作用因子、CAAT结合蛋白（CP）类反式作用因子等。多种反式作用因子识别同一顺式作用元件，能增强这些反式作用因子单独或者协同调节基因表达的灵活性与精确性。

有些反式作用因子以二聚体或多聚体形式与顺式作用元件作用，二聚体是主要由具不同功能的反式作用因子形成的异二聚体。

有些反式作用因子的活性通过化学修饰来调节，有些反式作用因子激活基因转录的活性是在构象修饰（磷酸化、酰基化等）后才具备的。

有些反式作用因子之间的相互作用对其功能行使是必需的。在RNA聚合酶Ⅱ发挥转录作用时，需要几种转录因子的相互作用。RNA聚合酶Ⅱ和几种反式作用因子按特定的时间和空间顺序作用，形成具有活性的转录起始复合物（图6-8）。

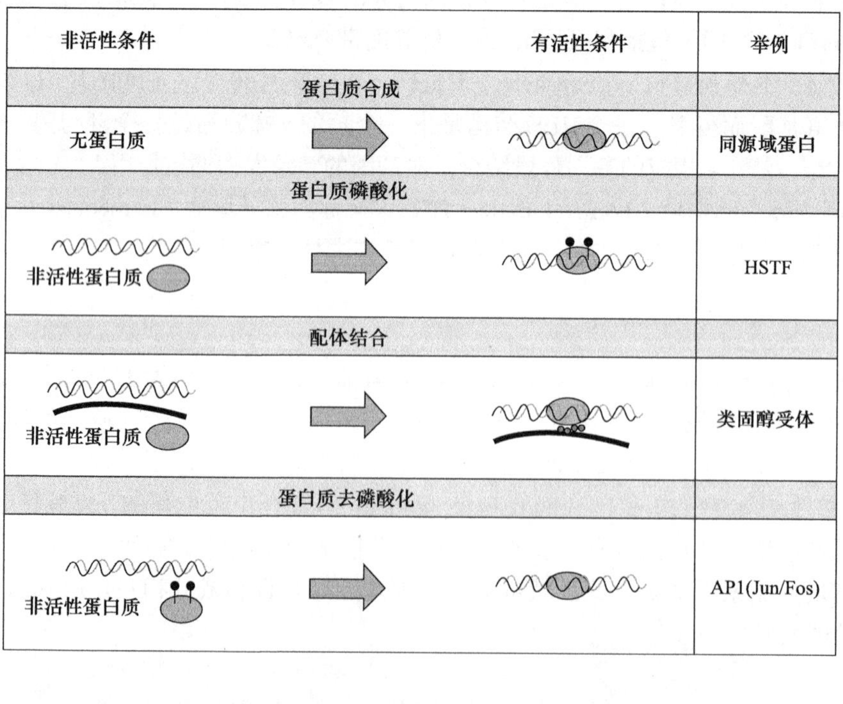

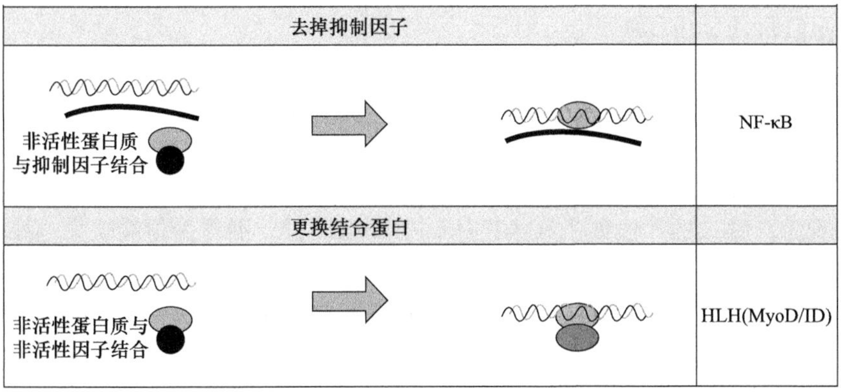

图6-8　反式作用因子作用功能示意图

HSTF. 热休克转录因子；AP1. 激活角朊细胞基因表达的转录因子；NF-κB. 核因子-κB转录因子；HLH. 螺旋-环-螺旋

第三节　基因表达的分子调控

原核生物的基因表达调控虽然比真核生物简单，但也存在着复杂的调控系统。原核生物中有如DNA结构、RNA聚合酶功能、蛋白因子及其他小分子配基的相互作用等，在转录调控中，科研工作者已经阐明了几个操纵子模型，我们将在后文详细介绍。本节仅对真核生物基因表达的分子调控方面进行详述。

真核生物基因表达的分子调控是现代分子生物学研究的中心课题之一。要想了解动植物生长发育规律、形态结构特征及生物学功能等，就必须搞清楚基因表达调控的时间和空间原理。我们掌握了基因分子调控机制，就等于打开了生物学奥秘的大门。基因表达的分子调控主要表现在以下几个方面：①基因水平上的调控；②转录水平上的调控；③转录后水平上的调控；④翻译水平上的调控（图6-9）。

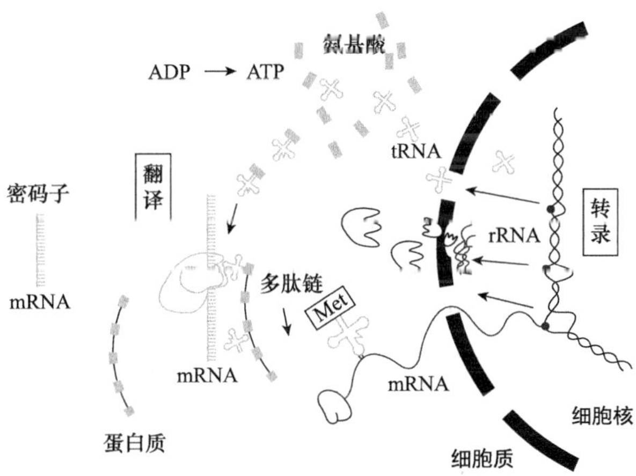

图6-9　真核生物基因表达的分子调控示意图

一、基因水平上的调控

真核生物基因水平上的调控主要涉及三个方面，分别是基因缺失、基因扩增及基因重排。

基因缺失是指染色体上某一区段缺失的同时，其带有的基因一起丢失，从而引起基因变异的现象。缺失的片段如果在染色体臂的外端区段，则称为顶端缺失；缺失的片段如果在染色体臂的中间区段，则称为中间缺失。重要基因缺失的纯合体可能引起致死或表型异常。在杂合体中，如果携有显性等位基因的染色体区段缺失，则通过隐性等位基因的表达得以实现其隐性表型效应，甚至为假显性。

基因扩增（gene amplification）是指某生物体一个特定基因的拷贝数有目的选择性地增加，而其他基因的拷贝数并未按比例增加的过程。产生基因扩增现象的可能原因有：由错误的DNA复制和修复导致的基因复制；自私遗传元件偶然捕获而导致的DNA重复；人工聚合酶链反应（PCR）扩增。天然基因扩增，也称为染色体复制或基因复制，是生物分子进化过程中产生新的遗传物质的主要机制。它包括任何含有基因的DNA片段的复制。

基因扩增在激活原癌基因引起癌症的进程中起着重要的起始作用。染色体区域易于扩增成为重复序列这一现象是在人类基因组中发现的。这些序列的不同因人而异。肿瘤细胞的特征就是基因扩增对于某些特殊片段的DNA的拷贝数增加。同源染色体区域就是扩增的染色体片段形成大的基因组区域。对于预防和治疗癌症的药物研究的一个重要方法就是通过限制基因扩增来阻止肿瘤的形成（图6-10）。

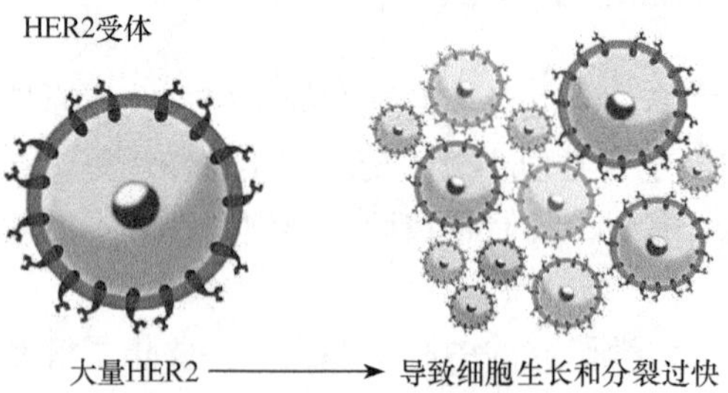

图6-10　癌症细胞DNA扩增示意图

HER2. 人类表皮生长因子受体2

简单地说，基因重排就是基因的重新排列。基因组重排技术主要是在传统诱变的基础上与原生质体融合相结合进行基因随机重组，通过多次重组将多个亲本的优良性状集中到同一株品种中，并不需要了解整个基因组的序列数据和信息。

二、转录水平上的调控

转录水平上的调控是真核生物基因表达调控的重要环节。根据真核生物基因表达情况是否受环境影响，又可将其分为发育调控和瞬时调控。其中，发育调控是指真核生物为确保自身生长、发育、分化等对基因表达按有序进程进行的调控，是一种不可逆过程；而瞬时调控是指真核生物在内、外环境的刺激下所做出的适应性转录调控，是一种可逆过程。

转录起始水平是此调控的最主要环节，由对基因转录活性的调控来完成，包括染色质的活化基因的空间结构、折叠状态、DNA上的调控序列、与调控因子的相互作用等。

染色质活化：在真核生物体内，RNA与启动子的结合受染色质结构的限制，需通过染色质重塑来活化转录。一般情况下，组蛋白可使DNA链形成核小体结构而抑制其转录，转录因子如果与转录区结合，则基因具有转录活性。

基因活化：真核生物编码蛋白的基因含启动子元件和增强子元件（如前文所讲，启动子是在DNA分子中，RNA聚合酶能够识别、结合并导致转录起始的序列。增强子是指能使与它连锁的基因转录频率明显增加的DNA序列），转录因子与启动子元件相互作用调节基因表达；转录激活因子与增强子元件相互作用，再通过与结合在启动子元件上的转录因子相互作用来激活转录。

真核生物RNA聚合酶与启动子自身的亲和力小，转录起始依赖于多种激活因子的作用，而若干个调节蛋白与特定DNA序列的结合大大提高了活化的精确度，这无疑是该作用机制的一大优势。在此作用中，增强子与相应的调节蛋白作用以增加邻近启动子的转录是没有方向性的，典型的增强子可以出现在转录起始位点上游或下游。RNA聚合酶的转录速率与剪切模式密切相关，RNA聚合酶的“慢”型突变或者染色质修饰影响了转录效率，从而发生外显子跳跃或者内含子可变剪切等事件（图6-11）。

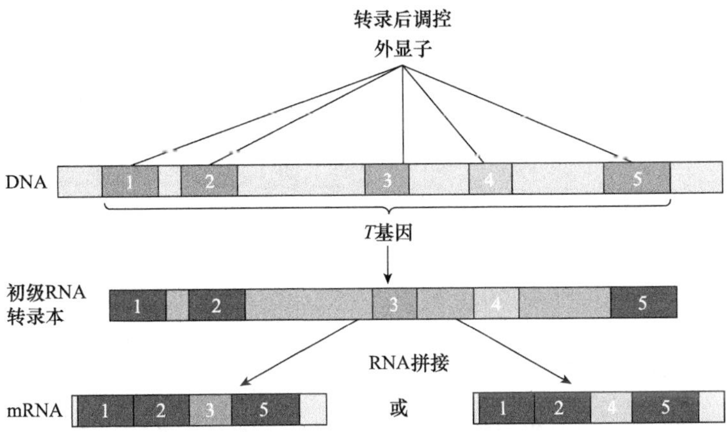

图6-11　RNA聚合酶与多种启动子的结合示意图

1～5代表DNA中不同的外显子

基础转录因子与RNA聚合酶结合成全酶复合物并结合到基因启动子上。转录激活因子以二聚体或多聚体的形式结合到对应DNA靶点上，近距离或远距离作用于启动子。在近距离作用时，结构转录因子可以改变DNA调控区的构象形状，使其他蛋白质相互作用、激活转录；在远距离作用时，往往还会有阻遏子参与，以阻断邻近的增强子对非目的基因的激活。辅助激活因子作为一种中介物，连接反式作用因子的转录调控结构域与基本转录复合物，影响转录起始复合物的组装和稳定性，以调节基因转录。

三、转录后水平上的调控

转录后水平上的调控（post-transcriptional control）是指在转录后水平上对基因表达的调控，包括对真核生物基因的转录产物进行的一系列修饰和加工，也就是从DNA到成熟mRNA的过程。转录后水平上的调控主要体现在对mRNA前体hnRNA的剪接和加工、mRNA由细胞核转至细胞质的过程及定位、mRNA的稳定性、降解过程等多个环节进行的调控，还有像RNA编辑、RNA干扰等现象也属于转录后水平调控的范畴。

mRNA在成熟前需要经历的过程一般有以下几点。

（一）5′端加帽

真核生物mRNA 5′端的一个核苷酸通常都有一个7-甲基鸟嘌呤-三磷酸核苷的起始结构，我们称之为帽子结构（cap）。帽子结构是在细胞核内产生的，当转录生成的hnRNA的长度达到25～50个核苷酸后，就会启动对hnRNA的加帽过程。帽子结构的作用有：首先，帽子结构能被核糖体亚基识别，促使mRNA与核糖体结合，确保翻译从起始密码子开始；其次，帽子结构能够有效地封闭mRNA 5′端，以避免mRNA遭受5′外切核酸酶的降解，以增强mRNA的稳定性；最后，帽子结构有助于mRNA穿越核膜，从细胞核进入细胞质。

（二）3′端加尾

真核生物mRNA 3′端还有一段长80～250个核苷酸的多聚腺苷酸［poly（A）］尾。它的产生并不依赖于DNA序列，而是与转录的终止同时进行。当RNA聚合酶在转录过程中识别终止信号序列后就会停止转录。这个信号序列通常包括AATAAA及其下游的富含GT的序列，这称为转录终止的修饰点序列。

（三）剪接

在真核生物的基因中，通常把基因中的编码序列称为外显子，而把非编码序列称为内含子，它们在基因组中交替排列。为了产生正确的遗传信息，就需要在转录后将内含子去除，并连接外显子，进而生成能够翻译出正确蛋白质的mRNA，这个过程就称为RNA剪接。

（四）稳定性的调控

mRNA的寿命比较短暂，容易被核酸酶降解。为了提高稳定性，除了进行加帽、加尾的加工，还需要在细胞内与一些蛋白质互作结合形成稳定复合物才能存在。这些能与mRNA结合的蛋白质包括：帽结合蛋白（CBP）、编码区结合蛋白、3′-UTR结合蛋白和poly（A）结合蛋白等，这些蛋白质与mRNA结合后均能防止降解。科研工作者通过调节这些蛋白质含量，就能调整mRNA的稳定性，从而控制翻译的过程，进而调控一些mRNA指导的蛋白质合成。

（五）RNA编辑

RNA编辑也是一种转录后水平的基因表达调控，是在mRNA上通过核苷酸的缺失、插入或替换而改变遗传信息的过程。经过编辑的mRNA，其核苷酸序列会发生改变，从而导致翻译产生的蛋白质和原基因序列并不完全匹配。规律间隔成簇短回文重复序列（clustered regularly interspaced short palindromic repeats，CRISPR）系统是细菌及古细菌中的一种基于RNA的后天免疫防御系统，其利用导向RNA引导Cas蛋白对目的基因组进行修饰，结构包括以下三部分：5′端的反式激活核糖核酸基因、中间部分的Cas蛋白结构基因与3′端的CRISPR基因座。CRISPR系统已成为新时代科学研究领域的有力工具。

四、翻译水平上的调控

翻译水平上的调控是基因表达调控的一部分，可调整由mRNA翻译成蛋白质的量。

细胞内的蛋白质水平决定细胞基因表型和对环境压力、生长因子、分化诱导的反应性，而蛋白质的种类与数量主要取决于翻译水平。核糖体结合不同种类信使RNA起始密码子的频率、核糖体沿用不同信使RNA移动的速度各不相同，针对同种信使RNA的结合频率与移动速度也可以进行改变，一条信使RNA链可同时结合多个核糖体。翻译水平上的调控主要针对翻译起点的核糖体募集，也包括肽伸长的调节、核糖体的生物发生、蛋白质合成的终止等。

许多蛋白质的合成完成后就直接具有生物功能，但真核生物中更多的蛋白质则必须经过适当的加工修饰才有活性，也称为翻译后水平上的调控。

第四节　原核生物操纵子

操纵子（operon）是指启动基因、操纵基因和一系列紧密连锁的结构基因的总称，是转录的功能单位。很多功能上相关的基因前后相连成串，由一个共同的控制区进行转录的控制，包括结构基因及调节基因的整个DNA序列。原核生物的转录调控操纵子主要包括乳糖操纵子、色氨酸操纵子、阿拉伯糖操纵子、半乳糖操纵子等。

一、乳糖操纵子

大肠杆菌中乳糖操纵子（lactose operon）包括3个结构基因*lacZ*、*lacY*、*lacA*和启动子、控制子、阻遏子等。转录时，RNA聚合酶首先与启动子区（promoter region，*P*）结合，通过操纵区（operator，*O*）向右转录。转录从操纵区中间开始，按*lacZ*→*lacY*→*lacA*基因方向进行，每次转录出来的一条mRNA上都会包含这三个基因。转录的调控同时在启动子区和操纵区进行（图6-12）。

DNA片段大小/bp	1040	82	3510	780	825
mRNA					
多肽	3.8×10^4		1.25×10^5	3.0×10^4	3.0×10^4
蛋白质	四聚体 5.0×10^5		四聚体 5.0×10^5	膜蛋白 3.0×10^4	二聚体 6.0×10^4
功能	阻遏子		β-半乳糖苷酶	乳糖渗透酶	乙酰转移酶

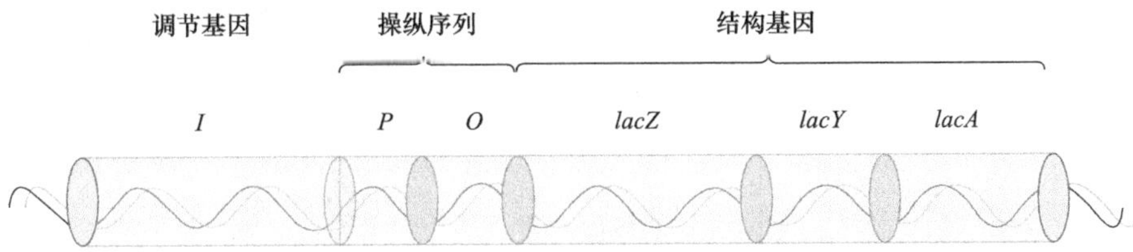

图6-12　大肠杆菌乳糖操纵子主要组分简介（仿绘自朱玉贤，2019）

（一）乳糖操纵子控制模型的特点

目前乳糖操纵子的控制模型已经被人们广泛接受，其主要特点如下：①*lacZ*、*lacY*、*lacA*基因的表达由同一条多顺反子的mRNA分子所编码。②其mRNA分子的启动子区（*P*）处于阻遏基因（*I*）与操纵区（*O*）之间，必须互相作用才能起始β-半乳糖苷酶基因与乳糖渗透酶基因的高效表达。③操纵区是DNA上的一小段序列（仅为26bp），是阻遏物的固定结合位点。④无诱导物存在时，阻遏物与操作基因结合使得结构基因不能正常转录，*lac* mRNA的转录起始开始受到抑制。⑤诱导物通过与阻遏物结合，会改变其三维构象，使之不能与操纵区结合，从而激发*lac* mRNA的合成。当乳糖或异丙基硫代-β-D-半乳糖苷（IPTG）存在时，其与阻遏物结合，阻遏物从操纵基因上下来，操纵子既能阻止转录，也能识别小分子诱导物。阻遏物有两个结合位点：一个是结合诱导物的，另一个是结合操纵基因的。当诱导物在相应位点结合时，它能够改变阻遏蛋白的构象，从而干扰另一位点的活性。此类型的调控叫作变构调控。这就是说在有诱导物存在时，操纵区没有被阻遏物占据，所以启动子能够顺利起始mRNA的转录。

（二）乳糖操纵子正常行使功能的影响因子

1. 大肠杆菌对乳糖出现的反应　将大肠杆菌培养在含正常碳源的培养基中，按照乳糖操纵子的本底水平表达。本底水平是指在非诱导状态下会有很少量的*lac* mRNA合成，也称为本底水平的组成型合成，每个细胞内可存在几分子的β-半乳糖苷酶和乳糖渗透酶。现在加入乳糖，在单个乳糖渗透酶分子的作用下，少量乳糖分子能够进入大肠杆菌细胞，随后在单个β-半乳糖苷酶分子的作用下转变成异构乳糖。某个异构乳糖与结合在操纵区上的阻遏物相结合并使后者失活而离开操纵区，开始了*lac* mRNA的生物合成。这些mRNA分子能够编码大量的β-半乳糖苷酶和乳糖渗透酶，其结果导致乳糖大量涌入细胞。多数乳糖被降解成为葡萄糖和半乳糖，但还有许多乳糖被转变成异构乳糖。阻遏物虽然合成速度低，但是会继续合成，因此必须有足够的异构乳糖才能使细胞维持去阻遏状态，然后与细胞内的阻遏物结合，阻遏物的失活促使mRNA高速合成，又进一步提高了这两种酶的浓度（图6-13）。

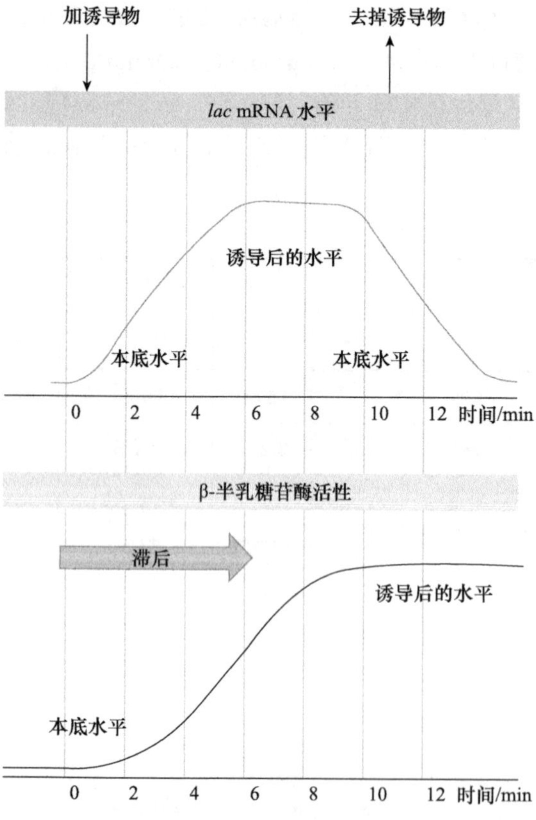

图6-13　*lac* mRNA和β-半乳糖苷酶活性在有无诱导物时表达情况示意图（引自朱玉贤等，2019）

2. cAMP与代谢物激活蛋白（CAP） cAMP全称为环磷酸腺苷，是细胞内的第二信使，是某些激素或其他分子信号刺激激活腺苷酸环化酶催化ATP环化形成的，在真核生物的激素调节过程中起到非常重要的作用。在大肠杆菌中，cAMP的浓度能够受到葡萄糖代谢的调节：首先，将细菌放在缺乏碳源的培养基中培养，细胞内cAMP浓度就高；其次，将细菌放在含葡萄糖的培养基中培养，cAMP的浓度就低；最后，培养基中只含有甘油或乳糖等不经由糖酵解途径的碳源时，cAMP的浓度也会很高，由此可以推测出糖酵解途径中位于葡萄糖-6-磷酸与甘油之间的一些代谢物是腺苷酸环化酶活性的抑制剂。

3. 葡萄糖对乳糖操纵子的影响 β-半乳糖苷酶在乳糖代谢中的作用是把乳糖分解成葡萄糖及半乳糖，半乳糖又将在半乳糖操纵子（galactose operon）的作用下再转换成葡萄糖，如此循环。如果葡萄糖和乳糖同时存在，在耗尽外源葡萄糖之前不会诱发乳糖操纵子。葡萄糖对乳糖操纵子表达的抑制是间接的，这种效应也被称为阻遏效应。

总的来说，当向含有乳糖的培养基中加入葡萄糖时，葡萄糖的降解产物能降低细胞内cAMP的含量，CAP便不能结合在启动子上。同时即使有乳糖存在，因为已解除了对操纵基因的阻遏，RNA聚合酶仍然不能与启动子结合，不能进行转录，仍不能利用乳糖（图6-14）。

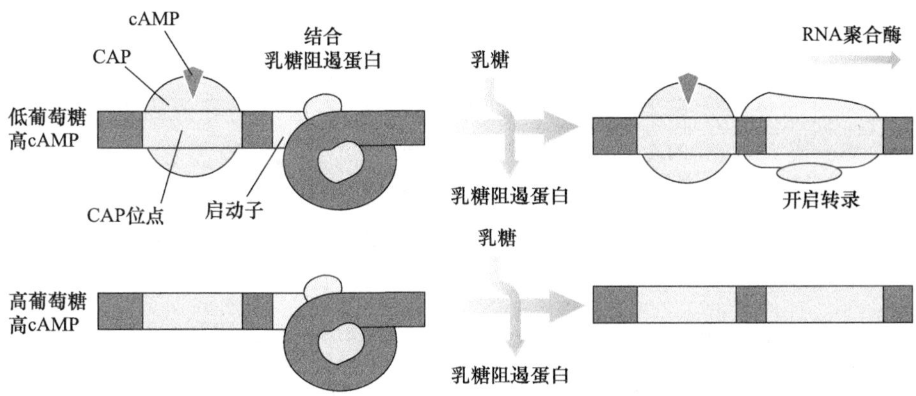

图6-14 葡萄糖对乳糖操纵子调控示意图（引自朱玉贤等，2019）
CAP. 代谢物激活蛋白

4. 乳糖操纵子*lacA*基因的生理作用 *lacA*基因存在于乳糖操纵子中，其编码半乳糖乙酰转移酶。生物体中存在着许多种能被β-半乳糖苷酶降解的半乳糖苷分子，它们的分解产物不能被进一步代谢，在体内很容易积累。由于不少半乳糖苷衍生物在高浓度时是细胞正常生长的抑制物，这对生物体是十分有害的。科研工作者经研究发现，*lacA*基因虽然不在乳糖降解中起作用，但它能够抑制β-半乳糖苷酶产物的有害性衍生物在细胞内积累，这在生物进化中是有重要意义的。

5. 大肠杆菌与基因工程 鉴于乳糖操纵子在原核生物基因表达过程中的关键性作用，大肠杆菌也成为基础生物学中所经常使用的基因工程菌。基因工程的核心技术是DNA的重组技术。重组即利用供体生物的遗传物质或人工合成的基因，经过体外限制性内切核酸酶切割后与适当目的载体连接起来形成重组DNA分子，然后再将重组DNA分子导入受体细胞或受体生物构建转基因生物，转化阳性材料就可以按科研工作者事先设计好的载体表现出预计中的某种性状。除DNA重组技术外，基因工程还包括基因的表达技术、基因的突变技术、基因的导入技术等。基因工程菌应具备以下条件：具有高转化率和高产率；菌株能利用常用的培养基；菌株不是致病株，也不会产生内毒素；代谢控制容易进行；能进行适当的DNA重组，操作简便且稳定。

二、色氨酸操纵子

色氨酸操纵子（Trp operon）是原核生物中一种重要的操纵子，是一组联合使用或转录的基因，同时也是用来编码生成色氨酸的元件之一。色氨酸操纵子存在于许多真核生物中，在大肠杆菌中首次得到表征。当环境中存在足量的色氨酸时，它将不被使用。

原核生物中的色氨酸合成分5步完成，需要7个基因参与合成步骤，编码这几种酶的基因紧密连锁在一起，被转录在一条多顺反子的mRNA上。科研工作者发现：*trpE*和*trpG*、*trpF*、*trpD*、*trpC*、*trpB*、*trpA*分别编码了邻氨基苯甲酸合成酶、邻氨基苯甲酸异构酶、邻氨基苯甲酸焦磷酸转移酶、吲哚甘油-3-磷酸合成酶、色氨酸合成酶的α亚基和β亚基。

（一）色氨酸操纵子的阻遏系统

原核生物色氨酸操纵子中的操纵基因与衰减子能起双重负调节作用。其衰减子比操纵基因更加灵敏。只要色氨酸含量增多，即使不足以诱导操纵基因结合阻遏蛋白，也能够造成大量mRNA的合成提前终止。反之，当色氨酸含量减少时，即便失去了阻遏蛋白所诱导的阻遏作用，但只要还可以维持前导肽的合成作用，仍然可以继续阻止转录。这样的机制可以保证细菌充分利用色氨酸，有效防止原核生物中色氨酸的积累。

（二）色氨酸操纵子的弱化作用

色氨酸操纵子的弱化作用需要弱化子trpA参与，这意味着前导序列的某些部分被翻译了。经分析其前导序列发现，它包括起始密码子AUG及终止密码子UGA；如果翻译正常起始于AUG，则会产生一个含有14个氨基酸的多肽。这个假设的多肽（还未实际观察到）被称为前导肽。

色氨酸mRNA的N端*trpE*基因的起始密码子前有一个长162bp的mRNA片段，称为前导区。无论是在阻遏细胞内还是在永久性突变的细胞内，如果其中的123～150bp位碱基序列发生缺失突变，*trp*基因表达量可提高6～10倍。当mRNA起始合成以后，除非培养基中完全没有色氨酸，否则转录总是在此区域终止，这个区域就被称为弱化子。弱化子能够产生一个仅有140bp核苷酸的RNA分子，终止*trp*基因转录，转录终止发生在这一区域，并且这种终止是可以被调节的，这就是123～150bp区序列缺失会提高*trp*基因表达的原因。

色氨酸操纵子具有的几个特点：一是自身某些区段富含GC，GC之间容易形成茎环的二级结构，接着在不依赖ρ因子的情况下，8个U构成一个终止信号；二是序列区域能够形成多个发卡结构进行竞争；三是在前导肽14个氨基酸中有5个与核糖体强结合位点，之后还有一个UGA密码子；四是前导序列中存在两个并列的色氨酸密码子。

三、阿拉伯糖操纵子

阿拉伯糖（arabinose）是一个可以为代谢提供能量的五碳糖，其是一个两侧为结构基因，中间为调控区的结构。在大肠杆菌中，阿拉伯糖的降解需要三个基因：*araB*、*araA*和*araD*，它们形成一个基因簇，简写为*araBAD*。它们分别编码三个酶：*araB*编码核酮糖激酶（ribulokinase），*araA*编码L-阿拉伯糖异构酶（L-arabinose isomerase），*araD*编码L-核酮糖-5-磷酸-4-差向异构酶（L-ribulose-5-phosphate-4-epimerase）。

araC蛋白的正、负调节作用。araC蛋白既是阿拉伯糖操纵子的正调节蛋白，又是其负调节蛋白。首先，当*araC*基因内发生缺失突变或点突变时，会产生不能合成*araBAD* mRNA的*araC*突变菌株。而遗传学上的其他一些证据如*araC*基因的琥珀突变，通过蛋白纯化进一步证实*araC*基因的产物是一种araC蛋白。所以说，*araBAD* mRNA的合成需要这个有功能的araC蛋白，araC蛋白与诱导物阿拉伯糖相结合后进一步能够诱导*araBAD*基因的表达。

araC蛋白正、负调节因子的双重功能是通过该蛋白质的两种不同异构体来实现的。科研工作者认为，Pr是起阻遏作用的异构体形式，可以与一些尚未鉴定的类操纵区位点互相结合；而Pi是起诱导作用的异构体形式，它通过与阿拉伯糖操纵子的启动子结合进行调节。可以认为Pr和Pi这两种结构处于一种动态平衡之中。在没有阿拉伯糖的情况下，Pr形式占优势；一旦有阿拉伯糖存在，就能够与araC蛋白结合，使平衡向Pi形式倾斜，从而行使其操纵子功能。

四、半乳糖操纵子

在原核生物中，半乳糖操纵子是一个由4个相邻基因组成的基因簇，它们同时表达编码调控半乳糖代谢的酶。如同所有的细菌操纵子一样，这4个*gal*基因（*galE*、*galT*、*galK*和*galM*）能够转录为多顺反子的mRNA序列。但有趣的是，虽然这4个*gal*基因都是译自同一个多顺反子，但它们编码的酶的合成却根据代谢条件而异。半乳糖不仅可以作为唯一碳源供原核生物细胞生长，而且与之相关的物质尿苷二磷酸半乳糖（UDP-gal）是大肠杆菌细胞壁合成的前体。在没有外源半乳糖的情况下，UDP-gal是通过相应的半乳糖差向异构酶作用由UDP-葡萄糖合成得到的，该酶是*galE*基因的产物。

半乳糖操纵子具有两个结构特点：一是含有两个启动子，即*P1*和*P2*，当有活性的CAP存在时，*P1*启动子启动，其−10区位于−12～−6bp，称为−10S1，转录起始位点为+1；当CAP缺乏时，*P2*启动子启动，从−5bp开始转录，其−10区位于−17～−11bp，称作−10S2。二是具有两个操纵基因*OE*和*OI*，*OE*位于CAP位点之内，而*OI*在基因*gal*内部，它们不直接毗邻，其间存在一定的距离（图6-15）。

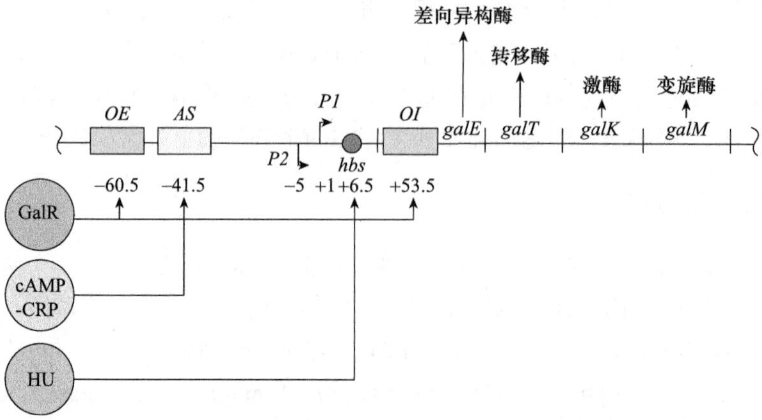

图6-15　半乳糖操纵子结构模式图（引自Lewis and Adhya，2015）
GalR．转录调控因子；cAMP-CRP．cAMP和其受体蛋白CRP复合体；
HU．一种类组蛋白；*hbs*．HU结合位点；*AS*．激活位点

第五节　σ多因子级联调控

一、σ 因子的起源及作用

σ因子是DNA依赖的RNA聚合酶的非专一性蛋白。它可以识别启动子保守序列且与RNA聚合酶结合转变为聚合酶全酶。

σ因子活性受蛋白水解酶的调控，也可以被同源的抗σ因子失活。抗σ因子可与特定的σ因子结合，阻止它们与RNA聚合酶组装。当以噬菌体DNA等没受损伤的双链DNA为模板时，缺少σ因子的核心酶几乎都没有RNA合成活性，若添加σ因子，就会显著促进RNA的合成。这种促进功能在RNA聚合酶与DNA的结合及在RNA合成开始阶段发挥作用，含σ因子的全酶与DNA上被限定的特定部位（启动子）牢固地结合，使RNA的合成能从正确的部位开始进行。反应开始的酶一旦游离出σ因子，核心酶就进行RNA链延长反应，游离的σ因子在下次开始反应时再被利用。

二、σ 因子的基本结构

大多数σ因子都具有一定的同源性，Stragier和Burgess等首次提出它们有共同的祖先这一观点，许多原核生物的初级σ因子有功能上的同源性，这些σ因子可以识别近似的启动子，如大肠杆菌（*Escherichia coil*）中的σ70因子可与枯草芽孢杆菌（*Bacillus subtilis*）的σ43因子相互替代，与各自的核心酶行使识别功能。各种σ因子就分子质量而言差异较大，初级σ因子较大，次级σ因子较小，它们之间有20%～30%的同源氨基酸序列，细菌中几乎所有的σ因子均为单链多肽，也有个别例外，噬菌体SPO1的σgp[33]/σgp[34]含有两个大小相近的肽段，科学家将σ因子中已知的同源序列划分为4个保守区域及更深入亚区域的划分。值得注意的是，肺炎克雷伯氏菌（*Klebsiella pneumoniae*）的σ54因子与细菌的具有同源性，特别是区域2和区域4具有极高的同源性。

（一）σ因子保守区域的相应结构

区域1。该区域位于细菌初级σ因子的氨基端，这些初级σ因子在该区域大约有30%的氨基酸是完全保守的。次级σ因子在该区域约有20个氨基酸残基是保守的，但是噬菌体的σ因子未发现与区域1相似的序列。

区域2。该区域有70个氨基酸残基，其中含有σ因子中最保守的序列，因此，科学家认为，区域2可能与σ因子对核心酶的识别有关。区域2又可以分为4个亚区域（2.1～2.4），将2.1亚区域删除会降低*E. coil*的σ70因子与核心酶的结合，2.2区域是σ因子最保守的区域，含有4个不变残基及数个保守残基，但功能至今不明。

区域3。该区域分为两个区域，亚区域3.1更保守，与DNA的螺旋-转角-螺旋（helix-turn-helix，HTH）构象相似，亚区域3.2保守残基呈酸性，可能与核心酶结合有关，但是并不是每种σ因子都有区域3。

区域4。该区域参与－35区域启动子的识别，含有两个亚区域，亚区域4.1为一个两性的α螺旋结构，其中疏水残基在所有σ因子中都比较保守，亚区域4.2也有与HTH-DNA结合型构象类似的序列，该区域在所有初级σ因子中都很保守，可能与DNA序列识别有关。

（二）σ因子家族及相关特征

细菌中存在多种σ因子，若将σ因子按功能划分可分为两大类：一类是与*E. coli*中的σ^{70}功能类似的，另一类是与*E. coli*中的σ^{54}功能相似的。其中原核生物中的σ因子大多数属于σ^{70}家族。

σ^{70}家族有众多成员，按功能差异可将其分为三种类型。

初级σ因子。它们高度同源，在各级生理代谢中都起作用，在细胞生长过程中参与大多数RNA合成，甚至决定细胞死亡。这些初级σ因子序列同源性可达51%以上，其中参与启动子识别的序列保守性极高，还包含有三段几乎完全保守的序列，这也是σ^{70}成员分类的重要标准。有两段序列包含在RpoD框中，分别识别DNA链上的－10区域和－35区域的结合决定子。第三段紧挨RpoD框下游。关于多成员间的进化关系，研究人员认为可由基因漂移的系统发育来解释。

其他替代σ因子。该类因子与前两类因子同属于σ^{70}家族，但与前两者还是有一定差异的，同源性不超过27%，且值得注意的是该类因子间的序列差异不能由系统间发育地位解释，只能由来源于不同组织的功能团亚基区分，表明调控类似代谢过程的σ因子有类似的功能团亚基。例如，弗氏柠檬酸杆菌（*Citrobacter freundii*）（Htp R）的Heat-shock σ因子与*E. coli*的RpoH有相似的功能，同源性达到94%，而*E. coli*中的初级σ因子与RpoH同源性仅为24%。

σ^{54}因子。该类因子又称σ^{N}因子，发现于鼠伤寒沙门氏菌（*Salmonella typhimurium*）中，1985年由Hirschman等研究，确定为*rpoN*基因产物。起初认为σ^{54}仅参与细菌的氮代谢，但后来在很多研究中发现它与很多基因表达有关，如二羧酸循环、甲苯及二甲苯代谢等。

（三）σ因子与转录起始

转录涉及多种蛋白因子参与，是一个复杂过程，RNA聚合酶是关键蛋白之一，它起着催化RNA合成及校对功能。大多数σ因子具有以下4种功能：与核心酶结合形成全酶，独立地行使完整功能；参与启动子的识别；进行DNA解链；抑制非特异性转录的进行。

σ因子可提高RNA聚合酶与特异启动子的亲和力，也能降低与非特异启动子的亲和力，当新的RNA链合成6～9个核苷酸，形成稳定的酶-DNA-RNA复合物时，σ因子被释放出来。

σ因子通过核心酶增加与特异启动子的亲和力和降低其与非特异序列的亲和力来帮助核心酶识别启动子。无σ因子的核心酶也能在DNA模板上合成RNA，但是不能起始转录。

（四）噬菌体SPO1的基因表达

噬菌体SPO1的宿主是枯草杆菌，为烈性噬菌体，生活史分为早、中、晚三个时期，分别对应早期基因转录、中期基因转录、晚期基因转录，且由三种RNA聚合酶执行。早期基因转录RNA聚合酶全酶为$2\alpha\beta\beta'\sigma^{55}$；中期基因转录RNA聚合酶全酶为$2\alpha\beta\beta'\ gp^{28}$；晚期基因转录RNA聚合酶全酶为$2\alpha\beta\beta'\ gp^{33}gp^{34}$。

三种RNA聚合酶的核心酶一样，识别因子不同，σ^{55}是宿主细菌RNA聚合酶的识别因子，可以识别早期基因启动子，gp^{28}是噬菌体SPO1早期基因转录产物，识别中期基因启动子。$gp^{33}gp^{34}$是噬菌体SPO1中期基因转录产物，主要识别晚期基因启动子。通过识别因子的更换实现不同时期基因的转录。

与T_4噬菌体转录模式相似，宿主RNA聚合酶全酶控制噬菌体SPO1基因早期转录。基因28是SPO1感染后的早期表达基因之一，其产物gp^{28}与宿主核心聚合酶结合，取代宿主的σ因子。与新的σ因子结合后，RNA聚合酶的特异性就发生了改变，不再转录早期基因及宿主基因，开始转录噬菌体中期基因。

中期向晚期转录也同样如此，只需要gp^{33}和gp^{34}两个多肽同时与聚合酶核心结合并改变其特异性即可，这两个多肽是噬菌体中期基因（基因33和基因34）的产物，它们组成的σ因子取代gp^{28}，并指导已改变的聚合酶转录噬菌体晚期基因而非中期基因。值得注意的是，在整个过程中，RNA核心聚合酶始终保持完整，只是通过σ因子的不断替换来改变聚合酶的特异性以指导不同阶段的转录进程。

（五）其他σ因子的转换

细胞受到高温或其他环境胁迫时，会产生应激反应从而将损害降到最低，我们将该现象称为热激反应，此时细胞内会产生一种蛋白质，称为分子伴侣。分子伴侣可以与受到热激后不能完全折叠的蛋白质结合，帮助其正确折叠。细胞还会产生一些蛋白酶降解一些不能在分子伴侣协助下正确折叠的蛋白质。我们将编码帮助细胞在热激条件下生存的蛋白质基因称为热激基因。

在氮饥饿时，处于生长稳定期的*E. coli*细胞RNA聚合酶的σ因子被σ^{S}（或σ^{38}）替代后，会促使逆境抗逆基因的表达开启，以适应逆境。因此，细菌通常是通过σ因子转换所介导的整体转录机制的改变来应对其生存变化。

（六）抗σ因子

细胞中存在利用抗σ因子控制转录的机制，这些因子不与σ因子竞争结合核心酶，它们可以与σ因子结合抑制其功能。

*E. coli rsd*基因产物具有抑制*ropD*基因产物σ^{70}活性的功能，σ^{70}是营养阶段主要的调控因子，*rsd*代表σ^{70}的调控因子。当细胞处于营养缺乏、渗透胁迫、高温等逆境胁迫时，其生长停止，进入静止期。当细胞处于静止期时，*rsd*基因大量表达，其产物与σ^{70}结合阻止它与核心酶结合。因此，抗σ因子成为除σ因子替换机制以外的另外一种调控基因表达的机制。

第六节　真核基因多因子调控

一、真核细胞中基因调控的特点

真核生物主要由多细胞生物组成，每个真核细胞所携带的基因数量及总基因组中蕴含的遗传信息量都大大高于原核生物。真核基因表达调控的特征是能在特定时间在特定细胞中激活特定的基因，从而实现有序的、不可逆转的分化发育过程，使生物的组织和器官在一定的环境条件范围内保持正常功能。

真核生物的RNA聚合酶不像细菌那样能独立地结合到启动子上发挥作用，需要依赖称为转录因子的蛋白质引导才能发挥作用。转录因子有两种，分别为通用转录因子和基因特异性转录因子（激活因子），通用转录因子的作用是吸引RNA聚合酶到相应的启动子上进行转录。

二、真核基因组构造特点

在真核细胞中，一条成熟的mRNA链可以翻译出一条多肽链，不存在原核生物中常见的多基因操纵子的形式。真核细胞的DNA是由组蛋白和大量非组蛋白包裹，只有一小部分DNA是裸露的。真核生物能够有序地根据生长发育阶段的需要进行DNA片段重排，还能在需要的时候增加细胞内某些基因的拷贝数。

在真核生物中，基因转录的调节区相隔较远，它们可能距离启动子达几百甚至上千碱基对，这些调节区可以通过改变整个所控制基因5′上游区DNA构型来影响它与RNA聚合酶的结合能力。在原核生物中，转录调节区很小，位于启动子上游距离启动子不远处，调节蛋白结合到调节位点上可直接促进或抑制RNA聚合酶与它的结合。

三、真核基因的启动子

典型的原核生物启动子有四大要素：转录起始位点、－10区、－35区，以及－10区与－35区之间的间隔。原核生物基因转录起始位点通常是嘌呤，序列为CAT，A为起始位点。－10区是一个6bp保守序列，序列为TATAAT，有助于DNA的解链。－35区是另一个6bp保守序列TTGACA。

研究表明，当－10区与－35区中心位置相距16～18bp时，启动子功能较强；相距相近或较远时，起始转录的功能都相应削弱。

真核生物有三类结构不同的RNA聚合酶，分别转录不同的基因，三类RNA聚合酶可以识别不同的启动子。

四、增强子对转录的影响

增强子是指能使与它连锁的基因转录效率明显增加的DNA序列。增强子通常具有以下性质：增强效应十分明显，可使基因转录频率增加10～200倍，经人巨大细胞病毒增强子增强后的珠蛋白基因表达频率比正常转录高600～1000倍；增强效应与其位置和方向无关；增强子的作用功能是可以累加的。SV40增强子序列可以被分为两半，每一半序列本身作为增强子功能很弱，但结合在一起，即使其中间插入一些别的序列，仍然是一个有效的增强子。

五、转录复合体对转录的影响

真核生物转录调控大多是通过顺式作用元件和反式作用因子相互作用实现的，以下内容是与顺式作用元件结合的一些转录因子。一般认为，若某个蛋白质是体外转录必需的，它就是转录复合体的一部分。根据各个蛋白质成分在转录中的作用，可将转录复合体分为三部分：①参与所有或某些转录阶段的RNA聚合酶亚基，不具有基因特异性。②与转录的起始或终止有关的辅助因子，不具有基因的特异性。③与特异调控序列结合的转录因子。它们中有些被认为是转录复合体的一部分，大部分基因的启动子含有这一特异序列，如TATA区和TFⅡD，更多的是基因或启动子特异性结合调控蛋白，它们是起始基因转录所必需的。

六、真核基因的调控蛋白

1. 激活蛋白与抑制蛋白 在基因转录过程中起正调控的蛋白质称为激活蛋白或基因活化蛋白。这种蛋白质至少有两个不同的功能区：一个是识别并激活DNA调控序列的结构域，另一个是与启动子上转录结构接触并加速转录启动的活化区域。许多激活蛋白可以结合在DNA不同的调控序列上起作用，这些调控蛋白必须结合在DNA上才能发挥作用。并非所有基因调控蛋白都是激活蛋白，有很多是基因阻遏蛋白，阻遏蛋白与原核细胞中的不同，其不直接与RNA聚合酶竞争DNA结合位点。

2. 调控蛋白复合体 调控蛋白多数是以复合体形式发挥作用。复合体结合在它的DNA序列上，单独的蛋白质是不能结合的。首先两个蛋白质以微弱亲和力结合，然后结合到DNA位点上，形成一个活化或者抑制的功能集团复合体或者叫调控舱（图6-16）。

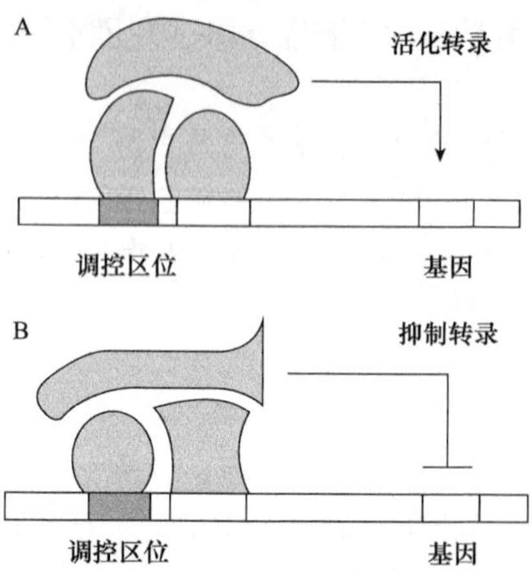

图6-16 调控蛋白复合体
（引自Britten and Davidson，1969）

3. 调控蛋白二聚体　调控蛋白二聚体对DNA有强的识别和结合力。例如，亮氨酸二聚体（LZD）两条α螺旋在中部疏水区氨基酸侧链相互作用形成拉链，该部分很短，其余部分的两条α螺旋彼此分离。这种二聚体结合于DNA大沟中。

4. 调控舱组合的立体调控机制　各种调控蛋白组成不同的复合体，它们必须与相应的调控序列结合才能活化或者抑制不同的基因。调控序列是调控蛋白赖以形成与作用的基础。在同一基因长的调控区（约50kb）中往往组成不同的"舱位"，特异地接纳在生物体不同时空下形成的调控蛋白复合体，而使基因有序地表达或抑制，这对于形态发育过程中形状的表达形式特别重要。

第七节　真核基因的染色质调控

一、染色质结构

染色质是由DNA和组蛋白组成的，人们最初以为DNA是携带遗传信息的载体，组蛋白仅仅是维持DNA折叠结构的物质。后来经研究发现，组蛋白能够影响染色质的构象，这在基因表达调控中起着十分重要的作用。

大多数真核细胞中含有5种不同类的组蛋白，即H1、H2A、H2B、H3、H4。组蛋白在真核细胞核中含量丰富、碱性极强，H1连接在核小体的连接子蛋白上，被称为连接子组蛋白。1997年，Timothy Richmond等发现了核小体结构，其中包含146bp DNA片段及由4种核心组蛋白（H2A、H2B、H3、H4）组成的八聚体。组蛋白H1比较容易去除，认为不是核小体的组成部分。

（一）染色质结构与基因活性

基因表达调控过程是一个动态平衡的变化过程，在基因表达的过程中，染色体的空间结构也在不断发生变化，主要表现为组蛋白、核小体等染色质结构的变化。转录活跃的染色质区称为DNase敏感区（比主体染色质区敏感约10倍），活跃及基因调控区称为DNase超敏感区（HS）（比主体染色质敏感约100倍）。活跃基因的超敏性是一种普遍现象。例如，ε-珠蛋白基因的5′-侧翼区是DNA超敏感区，该基因是指示基因活性很好的标志。

核基质结合区（matrix/scaffold attachment region，MAR/SAR）及边界元件（boundary element，BE）常存在于开放的活性染色质区域，MAR能通过与核基质或者MAR结合蛋白等的结合以促进染色质环的形成。人类β珠蛋白基因簇上游基因座控制区（locus control region，LCR）顺式元件与多个MAR元件结合后，会介导MAR边界元件之间的相互作用，引起局部染色质构象发生改变，进而影响珠蛋白基因的表达，某些边界元件可以作为易染色质屏障，阻碍处于抑制状态的染色质向活化染色质区域扩散，同时具有增强子阻断功能。例如，果蝇基因组87A7区域热激蛋白70基因（*Hsp70*）位点两侧存在两个边界元件scs（specialized chromatin structure）和scs′，它们具有增强子阻断和易染色质屏障的功能，通过阻断其附近的基因、调控元件和染色质屏障与功能，以及其附近的基因、调控元件和染色质微环境等对*Hsp70*基因转录进行调控。此外，MAR元件也能发挥边界元件的作用，MAR可以将调控元件如增强子和启动子等锚定到核基质，使局部染色质形成染色质环，环内的基因独立表达，确保增强子与启动子在染色质中维持长期的调控作用。

（二）核小体定位

核小体对于染色质DNA片段的选择特性称为核小体定位（nucleosome positioning）。在特定的基因组区域内，组蛋白核心颗粒优先结合一定的DNA序列，从而决定核小体定位。一般而言，活性基因组区域拥有的核小体数量较少，这对转录因子及其复合物在染色质DNA相应位点的结合十分有利，促进了启动基因的表达。处于抑制状态的基因组区含有较多数目的核小体，这会把大部分转录因子结合位点掩藏，使基因处于沉默状态。

有些转录因子与核小体DNA的结合在一定程度上会降低核小体的稳定性，保证了在不发生相互作用的情况下，转录因子之间可以通过相互配合完成与核小体上DNA位点的结合。如图6-17所示，只有转录因子B存在时，其无法自主结合到核小体上的DNA位点。当转录因子A和B同时存在时，由于转录因子A的结合会引起核小体结构的改变进而暴露出转录因子B的结合靶点，从而促进转录因子B与核小体DNA结合。经过对特异转录因子GATA-1的研究发现，GATA-1与含有其结合位点的核小体结合后，会扰乱该处DNA与组蛋白的相互作用，导致核小体结构解体，这有利于其他转录因子在此处的结合。还有一些转录因子能够与位于核小体内部的靶位点结合，如Fos/Jun形成的异二聚体。Fos/Jun与靶位点结合后会破坏核小体的结构，从而促使那些在没有Fos/Jun时不能发挥作用的转录因子（如SRY）与核小体结合。

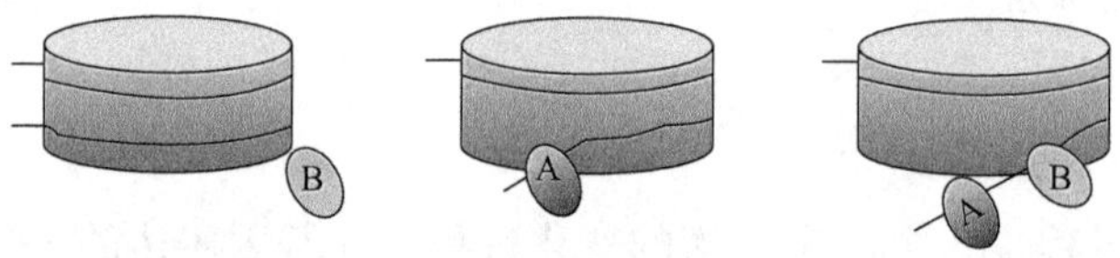

图6-17 转录因子合作共同改变核小体结构（引自朱玉贤等，2019）

（三）组蛋白修饰

组蛋白修饰是指组蛋白某些氨基酸残基侧链氮原子上的氨基端，如Lys（K）、Arg（R）等发生的一系列翻译后修饰，如乙酰化、甲基化、泛素化、磷酸化及SUMO等。

乙酰化主要发生于组蛋白启动子和编码区的5′端，是组蛋白乙酰转移酶（histone acetyltransferase，HAT）和去乙酰化酶（histone deacetylase，HDAC）平衡作用的结果。研究人员发现，乙酰转移酶及其激酶基因发生突变后，在应对外部信号时会发生错误的基因激活。

组蛋白甲基化十分复杂，有多种不同酶类参与该修饰。组蛋白H3第4位Lys的三甲基化（H3K4me3）主要是在活性基因的启动子区存在，是一种活化基因的组蛋白修饰标记，而沉默基因启动子区的H3K4me3可能起该基因转录激活的记忆标签作用，或激活沉默基因。

组蛋白修饰调控基因表达的机制主要有两种：一是直接影响整体或局部染色质的结构。组蛋白乙酰化和磷酸化修饰可有效减少组蛋白携带的正电荷，电荷的变化在一定程度上会影响组蛋白与DNA的静电互作，形成更加松散的染色质构象，有利于DNA与转录因子等蛋白质的结合或靠近。在人类红细胞β珠蛋白基因区域的组蛋白高度乙酰化，染色质结构松散，DNase Ⅰ敏感性较高，转录因子等易与DNA结合，该基因组区域具有较高的转录活性。二是正调控或负调控作用分子与DNA的结合或靠近。与染色质相关的作用因子主要通过其特殊的结构域识别特定的组蛋白修饰以调控基因表达。

（四）其他影响染色质构象变化的因素

除染色质本身结构组成导致其空间构象的变化以外，DNA甲基化、长非编码RNA（long non-coding RNA，lncRNA）、多梳家族（polycomb group，PcG）蛋白及先锋转录因子（pioneer factor）等也会影响染色质的结构和功能。DNA甲基化作为一个分子靶点，可以被某些特定的结合蛋白所识别，也可阻碍转录因子的结合。近来，研究人员发现，DNA甲基化与染色质结构的改变有着密切的联系。

利用荧光共振能量转移（fluorescence resonance energy transfer，FRET）实验发现，DNA甲基化可以改变单个核小体的结构及其动力学，导致染色质形成更加致密的结构。这表明CpG岛的甲基化可以通过诱导染色质形成更加紧凑的结构而抑制转录因子与靶基因的结合，从而抑制基因表达。lncRNA通常由基因间区、重复序列及反义链的DNA转录而成，对基因表达具有重要的调控作用。

二、染色质互作与基因表达调控

（一）染色体内部的相互作用

对β珠蛋白基因簇的研究表明：珠蛋白基因的表达受到远程调控元件与启动子的相互作用，以及染色质构象动态变化的影响。β珠蛋白基因上游的LCR是研究染色质结构调控基因表达的经典模型。目前较公认的LCR调控基因表达的模型是成环模型（looping），LCR内的DNase Ⅰ超敏感位点首先富集转录因子，然后与下游受调控基因形成环状的活性染色体中心结构（active chromosome hub，ACH），并将富集的转录因子运送到相应的启动子部位，促进靶基因的转录。研究表明，调节染色质柔韧性的组蛋白乙酰化及其他共价修饰是决定染色质环形成的主要因素。

（二）染色体之间的相互作用

Duan等利用染色体构象捕获芯片（chromosome conformation capture-on-chip，4C）等技术测定了有丝分裂间期酵母染色体内和染色体之间的相互作用，认为酵母染色体呈Rabl构型，即染色体臂从与纺锤体邻近的着丝粒一直延伸向核膜附近的端粒。染色体内部的互作常发生在染色体上大片段，如酵母Ⅲ号染色体上30～90kb与105～185kb区域之间。染色体间的互作则多出现在小染色体或小染色体与大染色体，如酵母染色体Ⅲ（261～313kb）和Ⅵ（222～265kb）的端粒处，以及染色体Ⅰ（约230kb）与较大的染色体ⅪⅤ 510～780kb的染色体区域等之间。这些发生互作的长度相似的区域可呈现出“拉链”结构，使不同的

DNA片段彼此靠近。这种结构可能利于调控元件与靶基因的结合和作用，也可能会促进调控元件的作用进而介导一定的染色质环结构，从而促进相应基因的转录。

（三）染色质构象调控基因表达模型

局部染色质形成环或桥等构象在基因表达调控中发挥着重要作用，从转录工厂到染色质区域的构象都是适应基因转录调控的结果。同时，在不同的发育阶段，染色质会折叠形成不同的构象，以调控相应基因的转录。

在组蛋白翻译后修饰、核小体定位、染色质开放及染色体领域等表观遗传学因素的综合作用之下，染色质的三维空间结构的动态变化与平衡在调控真核基因表达的过程中发挥了至关重要的作用。这一作用非常复杂，目前尚无法阐明其精细的分子机制，因此需要开展进一步的探索性研究。随着相关研究技术的不断发展，以及全基因组表观遗传学数据的逐渐丰富与深入挖掘，染色质结构变化与真核基因表达之间的内在联系及其确切机制必将会被全面揭示，同时也将会进一步促进真核基因转录调控基础理论与应用的研究。

第八节　hnRNA剪接加工对基因表达的调控和基因表达的转录后调控

转录后调控（post-transcriptional control）是指在转录后水平上对基因表达进行的调控，是真核生物基因表达的特点之一。转录后调控主要表现在对mRNA前体hnRNA的剪接和加工、mRNA由细胞核转至细胞质的过程及定位、mRNA的稳定性、降解过程等多种机制，RNA编辑、RNA干扰等现象也属于转录后调控的范围。

一、hnRNA剪接加工对基因表达的调控

真核生物内通过DNA直接转录的产物称为核内不均一RNA（hnRNA），hnRNA在细胞核内经过一系列的加工处理后才能形成具功能的成熟mRNA，并被运出细胞核作为蛋白质翻译的模板。hnRNA的剪接加工通常经历以下过程。

（一）核mRNA的5′-帽子形成对基因表达的调控

真核生物mRNA 5′端的一个核苷酸通常都有一个7-甲基鸟嘌呤-三磷酸核苷（m7G-5′ppp5′-N-3′）的起始结构，称为帽子结构（cap）。帽子结构是在细胞核内产生的，当转录产生的hnRNA长度达25～50个核苷酸后，hnRNA的加帽过程就会启动。

（二）mRNA的3′-poly（A）尾形成对基因表达的调控

真核生物mRNA 3′端还有一段长80～250个核苷酸的多聚腺苷酸poly（A）尾，它的形成同转录的终止同时进行，不依赖DNA序列。当RNA聚合酶在转录过程中遇到终止信号序列（AATAAA及其下游的富含GT的序列）后会停止转录，这个信号序列称为转录终止的修饰点序列。限制性内切核酸酶会识别hnRNA上对应序列（AAUAAA），并在其下游10～30个核苷酸处剪切后释放出游离的hnRNA。随后，多聚腺苷酸聚合酶会在hnRNA

的3′端逐个加入腺苷酸形成多聚腺苷酸，这个催化反应过程不需要DNA模板。

（三）前体mRNA的选择性剪接与基因表达调控

真核生物的基因绝大部分是断裂基因，原始转录产物中外显子和内含子必须经剪接才能成为成熟mRNA。mRNA的选择性剪接是基因表达的一个极具显著效应的调节机制，直接参与剪接作用的各种snRNA主要与剪接点的识别、精确定位及剪接反应有关，蛋白质因子的主要作用是协助snRNA完成剪接反应。

（四）mRNA的5′端及3′端非翻译区对基因表达的调控

mRNA的5′端及3′端非翻译区虽不编码蛋白质，但在基因表达的调控中是不可或缺的，它们可通过多种调节方式对基因表达进行调控。

二、基因表达的转录后调控

（一）mRNA稳定性

在真核生物和原核生物转录机制中，因为细胞不需要消耗能量来转录一个无用蛋白质的mRNA，所以通过阻断基因表达的第一步转录来控制基因表达是最合理且最经济的方法。

即使转录水平的调控是控制基因表达最普遍的形式之一，但绝不是唯一的方式。比如，poly（A）可以稳定mRNA且保证mRNA正常翻译，mRNA的3′-UTR具有一个特殊序列的胞质多腺苷酸化元件（cytoplasmic polyadenylation element，CPE），它在卵母细胞成熟过程中控制着母体信息的多腺苷酸化效率。可见，这些CPE发挥的是基因表达控制者的功能。

（二）RNA干扰

多年前，分子生物学家开始利用反义RNA抑制活细胞内特定基因的翻译表达。最初制定的思路是与mRNA互补的反义RNA可与mRNA碱基配对，进而抑制其翻译。这种策略通常可以发挥作用，但这种推理不完善。

此外，从1990年开始，分子生物学家就注意到在不同的转基因生物体内，有时会出现与期望相反的效果，生物体不但没有开启反而关闭了转入的基因，甚至连细胞内此基因正常拷贝的表达也受到抑制。其中早期的一个例子是研究人员尝试通过增加色素形成基因在细胞中的拷贝数来增强矮牵牛花的紫色。但是有25%转基因植物的花呈白色或紫色和白色相间，这与预期的效果刚好相反。这种现象在植物中称为共抑制（co-suppression）和转录后基因沉默（post-transcriptional gene silencing，PTGS），在动物如线虫（秀丽隐杆线虫）和果蝇中称为RNA干扰（RNA interference，RNAi），在真菌中则称为猝灭（quenching）。为了避免概念的混淆，从现在起不论研究什么物种，都将这种现象称为RNAi。

据此，由于siRNA扩增机制的确存在，即可以解释RNAi的巨大效力。该机制的起始取决于反义siRNA对模板mRNA的引发。此模型可以解释Fire及其团队的一个实验结果：他们将触发dsRNA的无义链突变，保持有义链不变，结果使RNAi受到抑制。

综上，在一些生物中包括线虫在内，RNAi过程发生了siRNA扩增。在这一扩增过程中，反义siRNA与目标mRNA杂交，在依赖RNA的RNA聚合酶（RdRP）作用下扩增得到全长反义RNA，这些dsRNA被内切核酸酶Dicer消化剪切成新的siRNA片段。

第九节　真核基因协同调控的Davidson-Britten模型

真核生物细胞中一般有数千至一万多个基因表达，不同细胞类型由不同组合的基因表达，且产生特定的表现型。那么，每种细胞类型如何保证“正确”的基因组合表达呢？可以通过以下两种基本方式。

途径一是基因重复。在基因组中有些基因有几个相同的或相似的重复拷贝，不同细胞类型表达不同的拷贝。目前已经了解到许多基因家族，如珠蛋白基因家族等，其不同拷贝的表达一定处于不同的调控系统控制下。

途径二是对于单一拷贝的基因，可以由复合控制系统调控它的转录活性。在结构基因5′端存在着可被控制因子识别的位点，与控制因子结合后，可通过某种方式促进转录。Davidson-Britten模型虽然是20世纪70年代被提出的，但是与近代分子遗传学所分析的分子机制相当吻合。该模型认为在个体发育期，许多基因被协同调控，而重复序列在调控中具有重要的作用。设想不连锁基因发生协同诱导是通过结构基因以外的三个遗传因子参与作用的。

Davidson和Britten 1969年提出的模型结构如下：①结构基因＝生产基因（produce gene，P），它的前端有一受体位点（recepter site，R），可被激活因子（activator）激活；②整合基因（integrator gene，I），是产生激活物的基因；③感受位点（sensor site，S），负责接受生物体对基因表达的调控信号。该模型的主要特点是强调整合基因和接受位点都是重复序列，整合基因系统的变化有可能导致新的功能产生，甚至会产生新的组织和器官。因此，人们经常把该模型称为重复序列作用假说。而近代分子遗传学也更加认识到重复序列在基因调控中的重要性。因此，在数十年后的今天，Davidson-Britten模型仍不失为一个对真核基因调控高度综合的模型。

1979年，Davidson和Britten对模型又做了大幅度的修改，其特点如下：①该模型已由先前的基因调控（DNA水平）变为转录水平的调控模型，是一个以转录和转录后所发生的加工过程为基础的调控系统。②提出核内RNA包括两部分，一部分是结构基因的转录物，称为结构性转录本（constitutive transcript，CT）；另一部分是整合基因的转录物，称为整合调控转录本（integrating-regulatory transcript，IRT）。CT实际上相当于pre-mRNA，即前体mRNA，它涵盖一个结构基因编码区、少量的插入序列、前导序列及短而分散的控制序列。IRT由重复序列和单拷贝序列相间组成，或者由成群的重复序列所组成。该模型认为CT的重复序列与相应的IRT的重复序列是互补的，在核内复性而形成RNA-RNA二联体。二联体的重复序列中存在着对特异的核酸酶敏感的序列，且具有可作为特异内切核酸酶的加工位点。二联体以上这些功能确保了在一定细胞内一些mRNA特异性的加工，使其能够成功地在5′加帽和3′加poly（A）尾，才保证不被降解并顺利进入细胞质中表达。那些不能形成RNA-RNA二联体的mRNA前体在核内最终将被降解，不能输送到细胞质中（图6-18）。

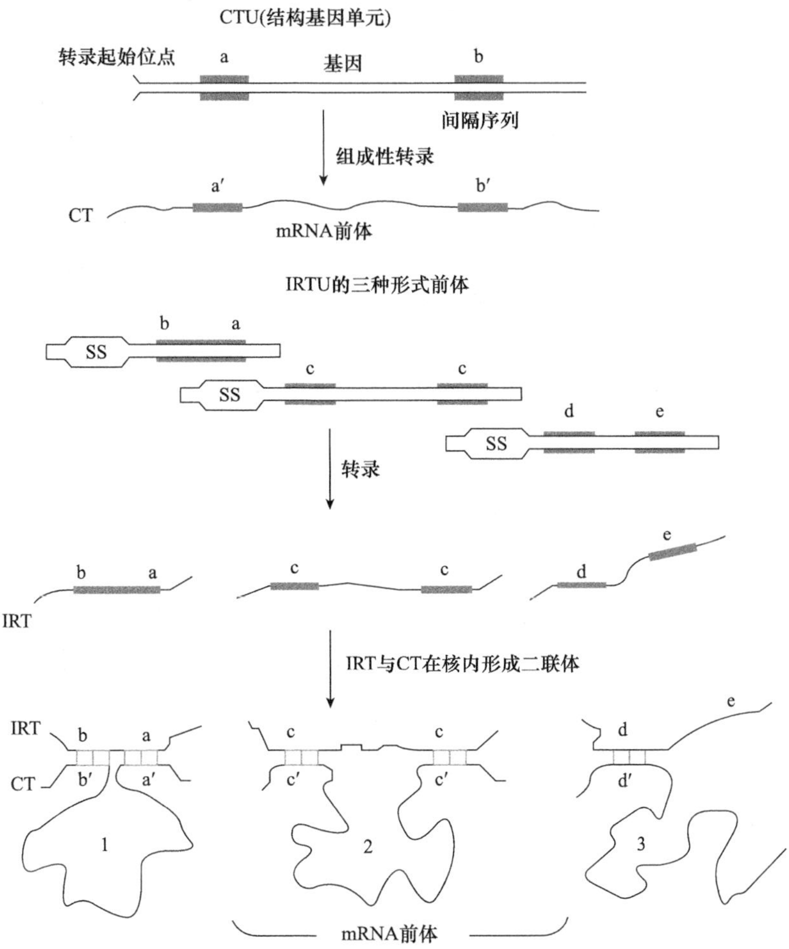

图6-18　Davidson-Britten的RNA-RNA二联体模型基因（引自Britten and Davidson，1979）
SS．感应位点；IRTU．整合调控转录单位；1～3．代表三种不同的mRNA

第十节　真核生物基因转录激活的多位点协同调控

转录激活具有协同性的特征，主要表现在多个转录调控位点的共同作用效果大于每个位点单独作用之和。多个位点调控的基因转录呈S形曲线，很大程度上提高了转录激活的效率，表现在多个激活蛋白之间的相互作用、激活蛋白与各DNA位点的协同结合，以及激活蛋白与转录机器的协同作用，这三种途径都对协同性转录激活行为产生影响。协同性转录激活的本质是多个结合在调控位点上的激活蛋白之间直接或间接的相互作用。多位点的协同性转录调控机制有助于理解生物的多种调控过程和建立基因调控网络。

一、多个调控位点的协同激活

因上游的调控蛋白凭借募集DA复合物（DA complex，由一般转录因子TFⅡA、TFⅡD组成的复合物）及全酶（holoenzyme）等多种蛋白质因子在TATA盒上形成基本转录机机构（general transcriptional machinary）从而激活基因的转录。真核转录体系的组成较为复杂，所以有必要建立简化的生物化学实验体系以助于对转录机制的揭示。

协同真核基因激活模型（a model for synergistic eukaryotic gene activation）认为，多个激活因子和多重靶位的相互作用有不同动力学的限速步骤，导致协同激活。Wang等通过系统地研究不同数量及不同结合能力的斑马叶突变基因*ZEBRA*结合位点对转录的激活作用，提出了多位点协同作用的理论模型。这一模型表明，基因转录的激活水平是激活蛋白浓度、调控位点个数、激活蛋白结合DNA位点的亲和力及转录机器中的特定因子结合启动子的亲和力等多个变量的函数。该模型认为不同激活蛋白之间也存在着协同性。Kakidani等发现酵母的GAL4和小鼠的糖皮质激素受体能够协同地激活具有这两种调控位点的小鼠基因转录。这样的协同性使有限种类的激活蛋白可以对大量的真核基因在时间和空间上进行精密的调控。

该模型提出，激活因子形成了一个增强体，增强体中各种激活结构域和基本转录机构共同表面的不同部位发生相互作用，从而引起前起始复合体的协同性集结和装配，最终协同性地被激活。

该模型的要点是：①细胞中具有一套适合的激活因子时，才使激活因子组合与DNA结合。如果只存在其中的一种激活因子，因缺乏与其他激活因子间协同性相互作用，将阻止它与DNA的结合（图6-19）。②协同性导致的激活因子浓度（或活性）的微小变化就能引起基因的活化和抑制。多个激活因子要保证有效转录，就需要采用激活因子有效组合来开启基因。在组合模型中，单个因子可与特定组合的因子联合，定位于不同的调控性前后序列上激活基因转录。

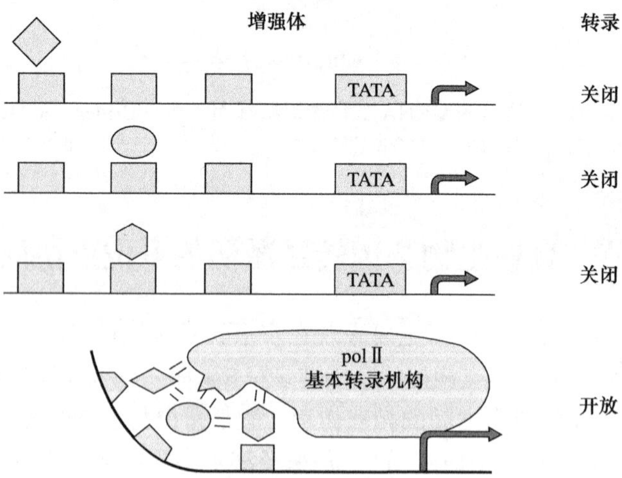

图6-19 增强体模型（引自朱玉贤等，2019）
pol Ⅱ. RNA聚合酶Ⅱ

二、转录激活协同性的三种产生机制

（一）激活蛋白之间的相互作用

Ouchi等发现*IFN-γ*基因转录时，BRCA1和STAT1激活蛋白协同性地结合各自调控位点的过程，涉及了BRCA1的502～802位氨基酸与STAT1的C端转录激活域之间的相互作用。另外的实验中，STAT5蛋白与糖皮质激素受体之间的相互作用，则是它们协同性地激活*β-casein*基因转录的原因。

（二）激活蛋白与多个DNA位点的协同性结合

原核体系中阻遏蛋白协同性地结合OR1、OR2、OR3三个位点，从而调控*cro*基因的转录，这一过程人们已熟知。在真核体系中，这种机制同样存在。Vashee等证明激活蛋白之间没有特异性的相互作用时，也可以协同地结合DNA，这可能是因为DNA与激活蛋白的结合促进了核小体结构解体，从而使DNA的构象发生了有利于其他激活蛋白结合的变化。

（三）激活蛋白与转录机构的协同性结合

Carey等发现ZEBRA与多个DNA位点的结合没有协同性，但转录结果仍然表现出协同现象，这表明协同性还有其他的产生机制。激活蛋白与转录复合物的协同作用可能与氧分子协同结合血红蛋白类似，即第一个激活蛋白与转录机构结合后使后者的构象发生变化，有利于第二个激活蛋白的结合。

实际情况是这三种机制可能同时起作用并且彼此关联。例如，已经结合在DNA位点上的第一个激活蛋白可通过与第二个激活蛋白发生蛋白质相互作用来稳定后者与DNA或转录机构的结合，从而表现为多个激活蛋白协同性地结合DNA或转录机构。总的协同效应应为所有协同机制的叠加。

第十一节　基因表达调控的研究方法

一、免疫沉淀法

染色质免疫沉淀（chromatin immunoprecipitation，ChIP）技术是一种在体内研究DNA和蛋白质相互作用的方法。它的发明可以追溯到20世纪60年代，早期曾多用于研究核小体上的DNA和组蛋白的相互作用及组蛋白的修饰。近年来，该技术经过不断发展和完善，特别是DNA芯片和分子克隆技术相结合，可用于高通量地筛选已知蛋白因子的未知DNA靶点，以及研究反式作用因子在整个基因组上的分布情况。

ChIP能捕捉到发生在染色质水平上的基因表达调控的瞬时事件，如实、完整地反映DNA与蛋白质的动态结合。但该方法尚存在不足，如难以同时得到多个因子对同一序列结合的信息，或目标蛋白不是直接地与染色质结合等。该技术能够快速在目标基因组的染色体中确定特异DNA结合蛋白的准确结合位点，ChIP芯片也可以在一个基因组的任何感兴趣的区域内寻找染色体的结构改变。

染色质免疫沉淀及微阵列（chromatin immunoprecipitation-chip，ChIP-chip）被应用于：①在基因组范围内确定基因转录因子的DNA结合位点和其他DNA结合蛋白或蛋白复合体的DNA结合位点。②染色体活性状态的定量分析。③组蛋白修饰的功能研究。通过用酰基化或甲基化的组蛋白的特异抗体和没有进行修饰的组蛋白的特异抗体，可以确定与组蛋白修饰有关的结合模式。④聚合酶活性的定量分析。⑤精炼生物信息方法，用功能数据来确定启动子的位置。

二、RNA 结合蛋白免疫沉淀技术

RNA是一种不稳定的生物大分子，绝大多数的RNA都需要与特定的RNA结合蛋白结合形成RNA-蛋白复合物才能稳定存在于细胞中，不仅如此，RNA与RNA结合蛋白之间的动态关联贯穿和伴随了RNA的转录合成、加工和修饰、胞内运输和定位、功能发挥及降解的整个生命循环。

RNA结合蛋白免疫沉淀（RNA binding protein immunoprecipitation，RIP）技术是研究细胞内RNA与蛋白质结合情况的技术。运用针对目标蛋白的抗体把相应的RNA-蛋白复合物沉淀下来，然后经过分离纯化就可以对结合在复合物上的RNA进行分析，即用抗体或表位标记物捕获细胞核内或细胞质中内源性的RNA结合蛋白，防止非特异性RNA的结合。免疫沉淀把RNA结合蛋白及其结合的RNA一起分离出来，结合的RNA序列通过芯片（RIP-chip）、定量RT-PCR或高通量测序（RIP-Seq）方法来鉴定，是了解转录后调控网络动态过程的有力工具，能帮助我们发现miRNA的调节靶点。

三、RNA-蛋白质 pull-down 技术

蛋白质与RNA的相互作用是许多细胞功能的核心，如蛋白质合成、mRNA组装、病毒复制、细胞发育调控等，了解它们之间相互作用的分子机制对理解这些生物学过程非常重要。然而，之前的分析方法往往受限于使用放射性标记，或实验步骤过多，不仅耗时费力，也增加了实验结果的不稳定性。

RNA-蛋白质pull-down技术基本原理：使用体外转录法标记生物素RNA探针，然后与胞质蛋白提取液孵育，形成RNA-蛋白复合物。该复合物可与链霉亲和素标记的磁珠结合，从而与孵育液中的其他成分分离。复合物洗脱后，通过蛋白质印迹（Western blot）实验检测特定的RNA结合蛋白是否与RNA相互作用，或将复合物洗脱后用所得未知混合蛋白质谱检测（图6-20）。

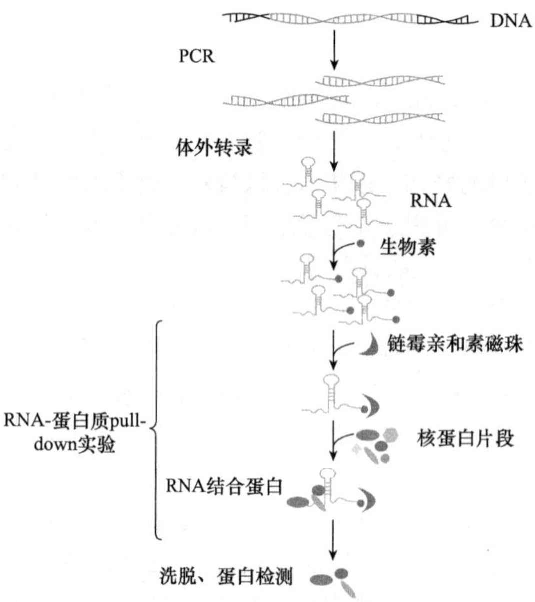

图6-20 RNA-蛋白质pull-down技术原理图（引自Marasca et al.，2016）

四、电泳迁移率实验

电泳迁移率实验（electrophoretic mobility shift assay，EMSA）是一种简单、快速和极为灵敏的体外检测DNA与蛋白质相互作用的技术，它可实现对目的蛋白的定性和定量分析，此外，也可以用于构象变化的分析。

EMSA需要的结合蛋白，可来源

于纯化或部分纯化的蛋白，或粗的核和胞质抽提液，还必须制备同位素标记的DNA或RNA。结合反应所需的组分有：含盐的溶液（氯化镁、氯化钠或氯化钾）、缓冲体系［Tris-HCl或羟乙基哌嗪乙硫磺酸（HEPES）］、还原剂［如二硫苏糖醇（DTT）］、甘油、非特异的竞争DNA（poly-deoxy-inosinic-deoxy-cytidylic acid），也可能含非离子去污剂。

EMSA一般都要设置如下结合反应：①阴性对照反应（标记探针）；②常规反应（含激活的目的转录因子的核蛋白＋标记探针）；③探针冷竞争反应（含激活的目的转录因子的核蛋白＋标记探针＋标记探针100倍量的未标记探针）；④突变探针的冷竞争反应（含激活的目的转录因子的核蛋白＋标记探针＋标记探针100倍量的未标记突变探针）；⑤迁移速率下降（super-shift）反应（含激活的目的转录因子的核蛋白＋标记探针＋目的转录因子的特异抗体）。

传统的EMSA分析通常采用放射性同位素（如^{32}P ^{3}H）标记的寡核苷酸探针，该方法虽灵敏性高、特异性强，但因同位素的半衰期短，且易于污染环境、危害身体等，在一般的实验室无法进行，其应用的广泛性受到了极大的限制。目前，人们已采用了地高辛和生物素标记的寡核苷酸来代替传统的放射性同位素标记的寡核苷酸，并在EMSA中获得成功。

五、萤光素酶实验

萤光素酶（luciferase）报告基因系统是以萤光素（luciferin）为底物来检测萤火虫萤光素酶（firefly luciferase）活性的一种报告系统。萤光素酶可以催化萤光素氧化成氧化萤光素，在萤光素氧化的过程中，会发出生物萤光（bioluminescence）。然后可以通过萤光测定仪［也称化学发光仪（luminometer）］或液闪测定仪测定萤光素氧化过程中释放的生物萤光。萤光素和萤光素酶这一生物发光体系，可以极其灵敏、高效地检测基因的表达，是检测转录因子与目的基因启动子区DNA相互作用的一种检测方法。

六、生物信息学方法及生物芯片技术

生物信息学是在生命科学的研究中，以计算机为工具对生物信息进行储存、检索和分析的科学。它包含着生物信息的获取、处理、存储、分配、分析和解释的所有方面。具体来说，生物信息学是用数理和信息科学的观点、理论和方法去研究生命现象，组织和分析呈现指数增长的生物学数据的一门学科。

生物芯片技术简介：每个细胞和组织中都有各种生物大分子，如蛋白质、DNA、RNA，为了了解生物大分子与生命现象的关系，需要研究生物中所有不同种类蛋白质和核酸的功能，而传统的检测方法一次只能检测一个生物大分子，生物芯片技术提供了高通量检测生物大分子的方法。

生物芯片：把生物活性大分子（如蛋白质和核酸）或细胞等，密集排列在固定的固相载体上，形成微型的检测器件，固相载体通常是硅片、玻片、聚丙烯或尼龙膜等。微阵列芯片主要包括cDNA微阵列、寡核苷酸微阵列、蛋白质微阵列和小分子化合物微阵列等。

微阵列：是一种平面的机制载体，上面规则地、特异性地吸附着基因或基因产物。

微阵列分析：利用微阵列芯片通过一些实验步骤来研究生物、化学及物理方面的问题。

在微阵列分析中，从细胞中抽提得到mRNA，把mRNA进行荧光标记，然后和含有基因序列的玻璃芯片进行杂交。芯片上每个点能和杂交液中的荧光标记的特异性cDNA杂交，使得每个点的荧光信号和基因表达的丰度呈正相关。

主要参考文献

亓合媛，张昭军，李雅娟，等. 2011. 染色质构象调控真核基因的表达. 遗传，33（12）：1291-1299

徐江涛，刘晓青，田健，等. 2017. 原核生物RNA聚合酶辅助因子σ因子的研究进展. 中国农业科技导报，19（1）：66-73

张景海. 2016. 药学分子生物学. 5版. 北京：人民卫生出版社

朱玉贤，李毅，郑晓峰. 2019. 现代分子生物学. 5版. 北京：高等教育出版社

Aravin AA, Hannon GJ, Brennecke J. 2007. The Piwi-piRNA pathway provides an adaptive defense in the transposon arms race. Science, 318: 761-764

Britten RJ, Davidson EH. 1969. Gene regulation for higher cells: a theory. Science, 165 (3891): 349-357

Carrington JC, Ambros V. 2003. Role of microRNAs in plant and animal development. Science, 301: 336-338

Dai X, Zhu M, Warren M, et al. 2016. To maintain elongation rates during slow growth. Nature Microbiology, 2: 16231

Learned RM, Learned TK, Haltmer MM, et al. 1986. Human rRNA transcription is modulated by the coordinate binding of two factors to an up stream control element. Cell, 45 (6): 847-857

Lewis D, Adhya S. 2015. Molecular mechanisms of transcription initiation at gal promoters and their multi-level regulation by GalR, CRP and DNA loop. Biomolecules, 5 (4): 2782-2807

Marasca F, Marullo F, Lanzuolo C. 2016. Determination of polycomb group of protein compart mentalization through chromatin fractionation procedure. Methods Mol Biol, 1480: 167-180

Robert FW. 2013. 分子生物学. 5版. 郑用琏，等译. 北京：科学出版社

Sporer AJ, Kahl LJ, Price-Whelan A, et al. 2017. Redox-based regulation of bacterial development and behavior. Annual Review of Biochemistry, 86 (1): 777-797

Theler D, Allain HT. 2015. Molecular biology: RNA modification does a regulatory two-step. Nature, 518 (7540): 492-493

Wu R, Jiang D, Wang Y, et al. 2016. N^6-methyladenosine (m6A) methylation in mRNA with a dynamic and reversible epigenetic modification. Molecular Biotechnology, 58 (7): 450-459

Xie S, Duan J, Li B, et al. 2017. Multiplexed engineering and analysis of combinatorial enhancer activity in single cells. Molecular Cell, 66 (2): 285

Yang Y, Darbari VC, Zhang N, et al. 2015. Structures of the RNA polymerase-σ54 reveal new and conserved regulatory strategies. Science, 349 (6250): 882-885

第七章
基因突变、重组与修复

基因突变（gene mutation）在生物界中普遍存在，是一个等位基因变为它的另一种等位形式。相比较于在染色体中出现大片段的结构变异，基因突变是染色体某一个位置遗传物质的改变。而且突变后所出现的性状与环境条件之间看不出对应关系。例如，大肠杆菌中出现不能合成某些氨基酸的菌株，短嘴鸟中出现长嘴鸟品种，可育的作物中出现不育植株，以及禾类作物中出现矮秆植株等，这些突变产生的表型都看不出突变性状与环境之间的对应关系。

第一节　基 因 突 变

突变在自然情况下产生，称为自然突变或自发突变（spontaneous mutation），由人们有意识地应用一些物理、化学因素诱发的，则称为诱发突变（induced mutation）。

从分子水平上看，基因突变是指基因在结构上发生碱基对组成或排列顺序的改变。基因序列虽然十分稳定，能在细胞分裂时精确地复制自己，但这种稳定性是相对的。在一定的条件下，基因也可以突然改变成另一种新的基因，在后代的表现中出现祖先从未有的新性状。

一、基因突变类型

基因发生突变后会产生多种多样的表型，根据突变对表型的效应，可将突变类型区分为以下5种。

（1）形态突变（morphological mutation）　是指肉眼可见的突变表型，即有关形状、大小、育性、颜色等表型变化的突变型，在高等动植物中是屡见不鲜的。例如，安康羊的四肢很短，背部较长，在外形上可以直观看到，也称可见突变。

（2）生化突变（biochemical mutation）　是指没有形态效应，但导致某种特定生化功能改变，如参与代谢系的酶的活性降低或缺失，这类突变称为生化突变。其突变性状可用生化的方法鉴别，如与氨基酸、维生素、核酸碱基等合成代谢有关的酶失活的营养突变型，以及呼吸突变型、抗药突变型等。

（3）致死突变（lethal mutation）　是指在高等动植物中导致个体死亡的突变型。对于致死的个体来说是不利的，但有利于维持自然群体的杂合状态。致死突变分为显性致死和隐性致死。一般隐性致死较为常见，如镰状细胞贫血的致病基因就是这种类型的隐性致死突变；植物中常见的白化基因也是隐性致死的，由于叶绿素合成受阻，植株死亡。

致死突变按表现程度可分为全致死（全部死亡或至少90%死亡）、半致死（死亡率达50%～90%）和亚活力（死亡率为10%～50%）等几种类型。致死作用也可发生在不同的发育阶段，在配子期（花粉死亡）和合子期（受精后合子不能发育）、胚胎期、幼龄期和成年期都可以发生。例如，蝇子草的细叶基因*b*是配子致死的，而小鼠的黄鼠基因*AY*在纯合时是合子致死的。

（4）条件致死突变（conditional lethal mutation） 是指某些菌株或病毒在某种条件下可正常地生长、繁殖并呈现其固有的表型，而在另一种条件下却无法生长、繁殖。例如，T_4噬菌体的温度敏感突变型在25℃时能在大肠杆菌宿主中正常生长，形成噬菌斑，但在42℃时不能存活。

这样的区分并不涉及突变的本质，而且也不严格。因为形态突变和致死突变必然有它们的生物化学基础，所以严格地讲一切突变型都是生物化学突变型。突变可在个体发育的任何时期发生。例如，某一动物的性腺中某一个配子发生了基因突变，则与这个配子结合而产生的子代个体就是该突变基因的杂合子。发生在配子中的突变称为种系突变（germline mutation），这类突变发生得越早，可能影响越多的后代，甚至会影响亲代自身的育性。又如，某一动物的受精卵在进行第一次核分裂时，一对子染色体中的一条发生突变，那么长成的个体中，有一半体细胞有该突变基因，便出现了嵌合体。这类突变则称为体细胞突变（somatic mutation）。一般来说，在个体发育过程中，突变发生的时期越晚，则生物体表现突变的部分越少。

在植物中，一个幼芽在发育的极早时期发生突变，该芽长成枝条后，上面着生的叶、花和果实跟其他枝条不同，这称为枝变或芽变（bud sport）。芽变往往自发产生，没有明显的外因。芽变在农业生产上占有重要地位，因为果树和花卉的许多新品种就是由芽变得来的。例如，温州早橘有许多品系来自温州蜜橘（*Citrus reticulata*）的芽变。一般芽变仅限于某一性状，而其他性状仍跟原来的品种一样，所以应用嫁接、压条等无性繁殖方法把这些优良性状保存下来，再经过适当选择，可以繁育成为新品种。

二、突变的性质

突变所占的比率往往很低，即在正常的生长条件和环境中，突变率（mutation rate）是很低的。果蝇的连锁隐性致死基因的突变率约为0.1%，每1000个测验过的配子中，有1个X染色体有隐性致死突变；果蝇总的致死突变率约为1%，即每100个配子中有1个配子带有新产生的致死突变。如果把产生半致死或亚活力效应的突变也包括在内，那么果蝇中产生有害效应的基因的总突变率约为5%，即20个配子中有1个。生物的基因突变率随基因的不同也表现各异。例如，在玉米中，蜡质基因*wx*的突变率几乎检测不到，而无色糊粉层基因r^r的突变率可高达每10万个配子中有49个突变。人类突变率的估计方法之一是根据家系中显性性状患儿出现的概率来估计。在这些家系中，祖先各代没有这些性状，患者是由新产生的突变造成的（表7-1）。

表 7-1　各种生物相关基因座的自发突变率统计（引自刘祖洞等，2012）

生物	性状	突变基因	频率	单位
噬菌体 T_2	溶菌抑制	$r \to r^+$	1×10^{-8}	每次复制的突变基因频率
	宿主域	$h^+ \to h$	8×10^{-9}	
大肠杆菌 *Escherichia coli*	乳糖发酵	$lac^- \to lac^+$	2×10^{-7}	每次分裂的突变细胞频率
	噬菌体 T_1 敏感性	$T_1^s \to T_1^r$	2×10^{-8}	
	组氨酸需要型	$his^+ \to his^-$	2×10^{-6}	
		$his^- \to his^+$	4×10^{-8}	
绿藻 *Chlamydomonas reinhardtii*	链霉素敏感型	$str^s \to str^r$	1×10^{-6}	每次分裂的突变细胞频率
粗糙脉孢菌 *Neurospora crassa*	肌醇需要型	$inos^- \to inos^+$	8×10^{-8}	每个无性孢子的突变频率
	腺嘌呤需要型	$ade^- \to ade^+$	4×10^{-8}	
玉米 *Zea mays*	皱缩种子	$Sh \to sh$	1×10^{-6}	每个配子的突变频率
	非紫色糊粉层	$Pr \to pr$	1×10^{-5}	
	无色糊粉层	$R^r \to r^r$	5×10^{-4}	
黑腹果绳 *Drosophila melanogaster*	黄体	$Y \to y$（雄蝇）	1×10^{-4}	每个配子的突变频率
		$Y \to y$（雌蝇）	1×10^{-6}	
	白眼	$W \to w$	4×10^{-5}	
	褐眼	$Bw \to bw$	3×10^{-5}	
	黑檀体	$E \to e$	2×10^{-5}	
小家鼠 *Mus musculus*	非鼠色	$a^+ \to a$	3×10^{-5}	每个配子的突变频率
	白化	$c^+ \to c$	1×10^{-5}	
人 *Homo sapiens*	血友病	$h^+ \to h$	3×10^{-5}	每个配子的突变频率
	白化	$a^+ \to a$	3×10^{-5}	
	指甲-髌骨综合征	—	2×10^{-6}	
	亨廷顿病	—	5×10^{-6}	
	软骨发育不全	—	4×10^{-5}	
	大肠多息肉	—	2×10^{-5}	

注：—表示无唯一突变的基因

不论是真核生物还是原核生物的突变，都具有普遍性、随机性、稀有性、可逆性和多方向性等共同的特性。①基因突变具有普遍性，在自然界各物种中普遍存在。②基因突变具有随机性，摩尔根在饲养的许多红色复眼果蝇中偶然发现了一只白色复眼的果蝇。这一事实说明基因突变发生的时间、个体及基因都是随机的。③基因突变具有稀有性，在发现第一个突变基因时，不是发现若干白色复眼果蝇而是只发现一只，说明突变是极为稀有的，也就是说野生型基因以极低的突变率发生突变。虽然基因突变的频率很低，但是当一个种群内有许多个体时，就有可能产生各种各样的随机突变，足

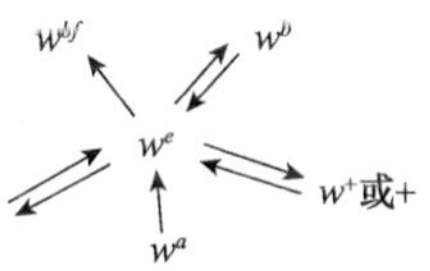

图 7-1　突变的多方向性（引自刘祖洞等，2012）

黑腹果蝇中，w^e 可以突变为 w 基因座上的其他等位基因，这些等位基因一般又可以回复突变为 w^e。w. 白眼基因；w^+. 红眼基因；w^e. 曙红眼基因；w^a. 杏色眼基因；w^{bf}. 浅黄眼基因；w^b. 颜色不明

以提供丰富的可遗传的变异。④基因突变具有可逆性和多方向性（图7-1），野生型基因经过突变成为突变型基因的过程称为正向突变（forward mutation）。正向突变的稀有性说明野生型基因是一个比较稳定的结构。

由于自然界中诱变剂的作用或DNA复制、转录、修复时偶然出现的碱基配对错误所产生的突变称为自发突变（spontaneous mutation）。一些微生物存在增变基因，则具有高自发突变频率。微生物发生自发突变可能是一些不明的低剂量诱变剂长期综合作用的结果。这些诱变剂可能是自然环境中普遍存在的诱变物质，或微生物自身代谢过程中产生的诱变物质（如过氧化氢等），或宇宙空间的各种射线等。同时，DNA复制过程中碱基的互变异构效应也是自发突变产生的原因。

第二节 自发突变

一、自发突变的特征

自发突变具有不定向且随机发生的特征。也就是说，突变的效应并不对应于环境因素的性质：例如，低温并不能引起耐寒性突变；细菌的抗性突变与所接触的抗生素药物或噬菌体无关，药物或噬菌体只是以一种自发突变体的选择因子在起作用。自发突变具有很低的突变率，但其研究是必要的，当研究者发现它时，其突变过程已经完成了，也就很难找到有效的方法来确定其发生的时间、空间，以及其影响因素。

在自然界中，经过自然选择和人工选择长久的积累，可形成自发突变体。从理论上讲，一个生物种群的自发突变率是受到自然选择作用的，这种作用必定反映在种群的基因组结构上，也就是说自发突变率是由整个基因组来调节和控制的。在自发突变体中存在着大量的突变，且突变体的遗传背景是异常复杂的，这势必给研究者的工作带来很大的困难，并且自发突变的频率很低，难以满足高通量、大规模的功能基因组学研究。在对自发突变的研究中，可以把各种自发突变体和同一亲本进行多次回交，建立近等基因系。近等基因系的遗传背景相近，在遗传学研究上和品种改良上有着重大的作用。

人类单基因病大都是自发突变的结果。自发突变产生的频率（突变率）一般很低，平均每一核苷酸每一世代为10^{-10}～10^{-9}，即每世代、每10亿至100亿个核苷酸有一次突变发生。

二、自发突变的引发原因

以微生物为例，引起微生物自发突变的因素很多，主要有以下三个方面。

1. DNA复制　遗传物质DNA在复制过程中，某些内在或外在的原因引起核苷酸对掺入的错误，使子代DNA分子核苷酸次序产生变化，从而引起突变。与DNA复制有关的因子及与复制正确性有关的因子，如果性质发生改变，就会引起自发突变，在特定环境中则表现出表型的改变。例如，在大肠杆菌和枯草杆菌中发现了由DNA聚合酶Ⅲ基因结构的微小变化而造成的在高温（43℃）下该酶失活的突变株，而这些突变株在常温（30～37℃）下可使自发突变的频率大大增加。

2. 微生物自身产生诱变物质　通过对环境诱变原的研究发现，通常存在于细胞内的天然物质中也有表现出诱变原活性的物质。例如，微生物细胞内的咖啡碱、硫氧化合物、二硫化二丙烯、重氮丝氨酸等，它们既是微生物自身的代谢物，又可以引起微生物的自发诱变。

3. 环境对微生物的诱变作用 在自然界中存在着能引起突变的物质，当微生物偶然与之接触时便会发生自发突变，如自然界的短波辐射、加热等。研究者估计T_4噬菌体在37℃每天每一GC碱基对以4×10^{-8}的频率发生变化。另外，通常使用的培养基及通气等，也有微弱的诱变作用。

三、自发突变的应用

在自发突变选育菌种过程中，自发突变会导致三种不同的结果。一是产生不利突变，即突变后菌种活性受到影响、衰退或产量降低等，这在实际生产中是不希望看到的；二是突变位点在一些非关键部位发生，对菌种特性和产量无明显影响；三是有利突变，即突变结果表现为菌株特性和产量等方面比出发菌株更优良。但一般而言，有利突变在所有突变中只占很少一部分。所以，在菌种保藏工作中，为了保证菌种生产水平不下降，一般每年均要求对生产菌种进行分离复壮，从中筛选优良的，淘汰退化的。

自发突变选育的方法可以达到纯化菌种、防止菌种退化和实现稳产高产的目的。但该法效率低、进展慢、周期长，很难使菌种生产水平在短时间内大幅度提高。但自发突变有时可以直接利用。例如，20世纪60年代上海酒精厂使用的糖化菌宁左美曲霉孢子颜色为黑色，但操作人员发现有变异菌株产生了白色孢子，后被用作生产菌种。也可以采用驯化的手段选育耐热、耐酸和耐自身代谢物的菌株。

发现自发突变的最大意义是能够增加遗传学和生物学上的多样性，因此，突变已成为现代进化论的重要基础。随着分子生物学的发展和微生物的应用，研究的热点集中在真核生物的体细胞突变上，这在哺乳类动物中尤其重要，特别是发现体细胞突变在癌和其他许多类疾病（包括老化）的发生过程中起决定性的作用之后。化学和物理因素诱导突变的发现，是生物学上的又一基石，它具有明显的实际意义。

第三节 诱发突变

进行大规模筛选获得所需表型的突变体在生物界中是普遍存在的。无论是低等生物，还是高等动植物，都可能发生基因突变。诱发突变是指采用人为措施诱导生物体的表型或者基因信息产生变异，常用于功能基因的发掘、作物种质资源的改良及优良新品种的培育。

早在20世纪90年代初，科学家就开始利用各种方法诱导生物体的基因发生突变，如化学诱变（甲基磺酸乙酯、NaN_3等）、物理诱变（X射线、γ射线等）等，但这些方法是随机地将突变引入基因组，然后进行大规模筛选获得所需表型的突变体，这类方法都属于正向遗传学方法，即先获得突变植株，再通过表型关联到相关功能基因。

一、物理诱变

利用物理诱变剂对生物体进行辐照，从而使诱变对象发生表型或遗传变异。常用的辐射手段包括电磁辐射和粒子辐射。

无线电波、微波、光波、紫外线、X射线及γ射线都属于电磁辐射。在早期的植物突变研究中，X射线被广泛用作辐射源，并成功培育出一大批有利用价值的新材料。目前，γ射线是最为普遍的物理诱变辐射手段。粒子辐射源包括α粒子、β粒子、中子、质子、电子及离子束等。其中，高能离子束由于具有高的传能线密度（LET）和尖锐的布拉格峰（Bragg peak），能够诱导产生较高的突变频率及更广的突变谱，因此在诱变育种研究方面具有广阔的应用前景。

二、化学诱变

早在20世纪初，人们就开始了对化学诱变技术的研究。研究者发现一些化学物质能提高果蝇的突变率。50年代时，人们就开始逐渐利用化学诱变的方法进行作物品种的筛选和培育。随着时代的发展，化学诱变育种技术已成为一种快捷的作物育种途径，并且操作方便，后代能够较稳定遗传。诱变处理后通过对诱变后代的多世代筛选和鉴定，已经培育出许多具有生产利用价值的农作物新品种，给社会农业生产带来了巨大的经济和社会效益。

相比之下，化学诱变育种在技术和理论上没有物理诱变研究得深入和清楚，因此有待育种者今后进一步对化学诱变的理论和技术开展深入探讨。化学诱变主要以点突变为主，通过一些化学药剂使生物遗传物质发生损伤和错误修复，产生变异。因具有成本低廉、操作方便、较易控制诱交剂用量、造成较小的基因组损伤、具有较稳定的变异谱及较高的突变频率等特点，化学诱变已逐渐在作物育种上成为运用广泛的诱变育种手段。化学诱变剂可以分为很多种类，大致可分为碱基修饰物、碱基类似物和一些嵌入染料。经过多年对有效化学诱变剂的筛选，目前认为应用最广泛和诱变效果最佳的是烷化剂类和叠氮化物类。

碱基修饰物是指能和DNA起化学反应并能改变碱基氢键特性的物质，如亚硝酸（nitrous acid，NA）、烷化剂甲基磺酸乙酯（ethyl methane sulfonate，EMS）及羟胺等。亚硝酸有氧化脱氨作用，可使G第2个碳原子上的氨脱去，产生黄嘌呤（xanthine，X），次黄嘌呤（H）仍和C配对，故不产生转换突变。但C和A脱氨后分别产生U和次黄嘌呤（H），产生了转换，使G-C转换成A-T，A-T转换成G-C（图7-2）。烷化剂可使碱基烷基化，EMS使G的第6位碳烷化，使T的第4位碳烷化，结果产生的O^6-E-G和O^4-E-T分别和T、G配对，导致G-C转换成A-T，T-A转换成C-G（图7-2）。EMS是当前公认的使用最广且效果最明显的化学诱交剂。羟胺只特异地和胞嘧啶起反应，在第4个碳原子上加—OH，产生4-OH-C，此产物可以和A配对，使C-G转换成T-A（图7-3）。

三、空间诱变

空间诱变通常的形式表现为航天诱变，是利用空间环境特有的宇宙射线、微重力、弱地磁等因素对生物进行诱变的一种手段。利用航天飞机、空间站、卫星等一系列空间飞行器来搭载各种植物材料，经过太空电离层辐射后，植物材料发生突变。之后根据植物发生突变的类型来进行种质资源的搭配与选育，从而得到具有新性状并且可以稳定遗

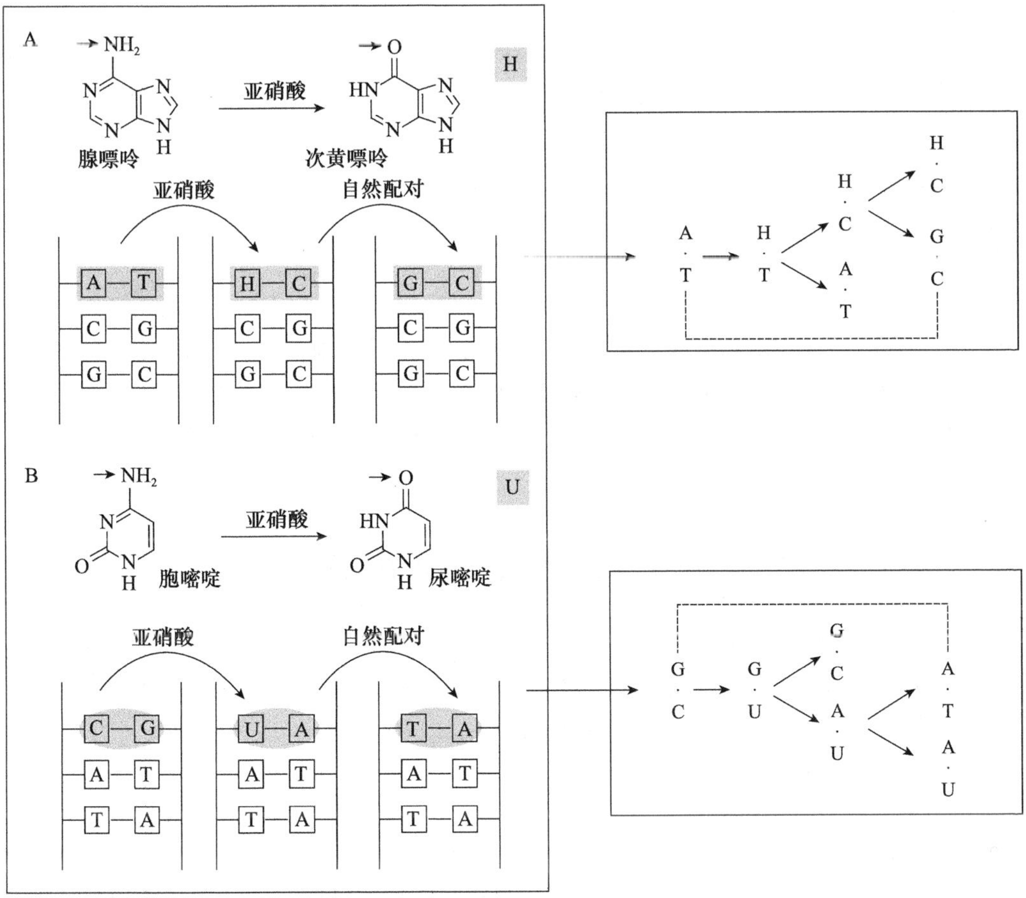

图7-2　亚硝酸对腺嘌呤和胞嘧啶的脱氨基作用（引自朱军，2011）

A．亚硝酸使腺嘌呤（A）脱去氨基，成为次黄嘌呤（H），脱氨后生成的次黄嘌呤与胞嘧啶配对，最后使A-T转换为G-C；
B．亚硝酸使胞嘧啶（C）脱去氨基，成为尿嘧啶（U），脱氨后形成的尿嘧啶与腺嘌呤配对，最后使G-C转换为A-T

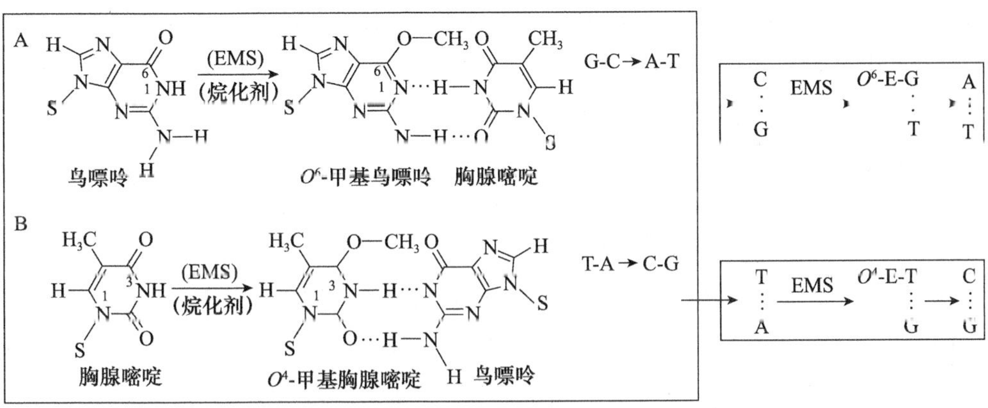

图7-3　甲基磺酸乙酯（EMS）对鸟嘌呤的烷基化作用（引自朱军，2011）

EMS使G的第6位碳烷化，使T的第4位碳烷化，结果产生的O^6-甲基鸟嘌呤和O^4-甲基胸腺嘧啶分别和T、G配对，导致原来的C-G转换成T-A；T-A转换成C-G

传的新品种。

空间环境导致作物发生遗传突变的原因尚不完全清晰，目前存在两种主要原因：微重力影响和空间辐射。植物正常发育过程中具有向重性的重要机制，对植物的生长、初生代谢与次生代谢的影响非常大。宇宙空间中，重力为地球的1/10～1/8。此种环境影响可能会阻断DNA的合成，抑制DNA的自我修复。

四、生物诱变

生物诱变是利用生物工程手段对生物的遗传信息进行编辑、改造，从而诱发变异的一种研究手段。利用此技术，成功选育了‘宜优673’‘华航31号’‘龙辐麦18’‘航麦901’‘鲁原502’等优良的水稻及小麦新品种。该突变存在的主要问题是有益变异的频率还比较低，需要较大的变异后代群体进行选择。因此，提高突变效率、建立高效的突变筛选体系是当前研究的重点。

第四节 DNA突变损伤的修复

DNA突变是指个别dNMP（脱氧单磷酸核苷）残基变异以至片段DNA在结构、复制或表型功能的异常变化，也称为DNA损伤。DNA存储着生物体赖以生存和繁衍的遗传信息，因此维护DNA分子的完整性对细胞至关重要。

一、DNA 突变损伤的因素

外界环境和生物体内部的因素都经常会导致DNA分子损伤或改变，而且与RNA及蛋白质可以在细胞内大量合成不同，一般在一个原核细胞中只有一份DNA，在真核二倍体细胞中相同的DNA也只有一对，如果DNA的损伤或遗传信息的改变不能更正，对体细胞就可能影响其功能或生存，对生殖细胞则可能影响到后代。所以在进化过程中，生物细胞所获得的修复DNA损伤的能力就显得十分重要，也是生物能保持遗传稳定性之所在。在细胞中能进行修复的生物大分子也就只有DNA，反映了DNA对生命的重要性。另外，在生物进化中，突变又是与遗传相对立统一而普遍存在的现象，DNA分子的变化并不是全部都能被修复成原样的，正因为如此，生物才会有变异、有进化。

二、DNA 突变损伤的主要形式

（一）物理因素引起的DNA突变损伤

DNA分子损伤最早就是从研究紫外线的效应开始的。当DNA受到最易被其吸收波长（约260nm）的紫外线照射时，主要是使同一条DNA链上相邻的嘧啶以共价键连成二聚体（图7-4），相邻的两个T、两个C或C与T间都可以环丁基环（cyclobutane ring）连成二聚体，其中最容易形成的是TT二聚体。人皮肤因受紫外线照射而形成二聚体的频率可达5×10^4个细胞/h，但只局限在皮肤中，因为紫外线不能穿透皮肤。但微生物受紫外线照射后，就会影响其生存。紫外线照射还能引起DNA链断裂等损伤。

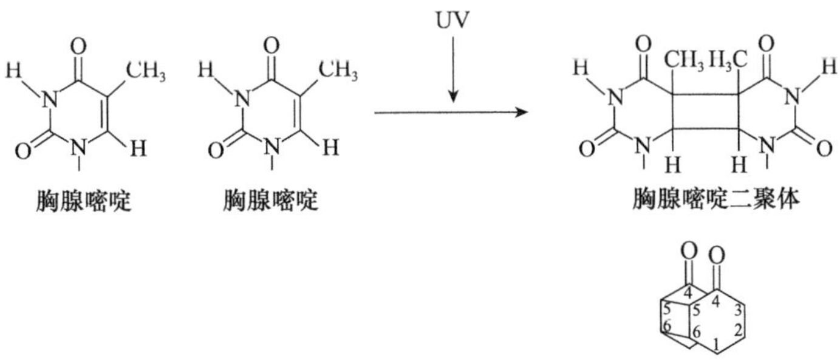

图7-4 紫外线（UV）照射产生胸腺嘧啶二聚体（引自晏利琴等，2003）

电离辐射也可以损伤DNA，具有直接和间接的效应，直接效应是DNA直接吸收射线能量而遭损伤，间接效应是指DNA周围其他分子（主要是水分子）吸收射线能量产生具有很高反应活性的自由基进而损伤DNA。电离辐射可导致DNA分子的多种变化：碱基变化、脱氧核糖变化、DNA链断裂。射线的直接和间接作用都可能使脱氧核糖被破坏或磷酸二酯键断开而致DNA链断裂。

（二）化学因素引起的DNA突变损伤

化学因素对DNA损伤的认识最早来自对化学武器杀伤力的研究，以后对癌症化疗、化学致癌作用的研究使人们更重视突变剂或致癌剂对DNA的作用。烷化剂可以严重损伤DNA，烷化剂是一类亲电子的化合物，很容易与生物体中大分子的亲核位点起反应，可使DNA发生各种类型的损伤。碱基类似物、修饰剂对DNA的损伤，可以通过人工合成一些碱基类似物用作促突变剂或抗癌药物，如5-溴尿嘧啶（5-BU）、5-氟尿嘧啶（5-FU）、2-氨基腺嘌呤（2-AP）等。还有一些人工合成或环境中存在的化学物质能专一修饰DNA链上的碱基或通过影响DNA复制而改变碱基序列。例如，亚硝酸盐、黄曲霉素B均能专一攻击DNA上的碱基而导致序列发生变化。

三、DNA 损伤修复机制

DNA损伤修复（repair of DNA damage）是在多种酶的作用下，生物细胞内的DNA分子受到损伤以后恢复结构的现象。对DNA损伤修复的研究有助于人们了解基因突变的机制，以及衰老和癌变的原因，其成果还可应用于环境致癌因子的检测。

（一）光复活修复机制

紫外线可造成彼此相邻的嘧啶碱基形成二聚体（嘧啶二聚体会减弱双链之间的氢键作用，引起DNA变形，如果生物体内修复系统失灵，则细胞走向死亡），该二聚体可被一种光裂解酶打开，恢复到正常碱基状态。

（二）切除修复

切除修复是在DNA内切酶、DNA外切酶、DNA连接酶等共同作用下，将DNA分子受损伤部分切除，并以完整的一条链为模板，合成切除的部分使DNA恢复到正常结构的过程。

（三）错配修复

错配修复（mismatch repair，MMR）在DNA重组过程中对于杂种DNA错配碱基的修复和由此产生的基因转换发挥一定作用。参与错配修复的蛋白质主要有两种功能：区分两条链和参与修复过程。发生错配后，若新合成的链被修复，基因编码信息可得到恢复；若模板链被修复，突变则被固定。

（四）重组修复

重组修复（recombination repair）为一种复制后修复，此过程必须依赖重组后的过程，原DNA损伤可能永远存在于子代细胞并遗传下去，也可能被其他机制修复。在某些情况下没有互补链可以利用，如DNA复制过程时两条链已经分开后发生的DNA损伤，可采用重组修复。

（五）SOS修复

SOS修复是细胞的DNA受到大规模损伤，严重影响其生存，在其他修复难以见效的情况下，被诱发出的一种高效修复系统，已损失一定的保真性，可以修复其他修复系统难以完成的DNA损伤，但保真性较差，是一种差错倾向性修复，又称紧急修复或差错倾向性修复。

第五节　基因的重组

基因是一个包含必要的信息，用可控制的方式生产具功能的RNA产物的核酸段。重组起源于染色体物质的物理交换。而基因重组是造成基因型变化的核酸的变换过程，是生物体内细胞中DNA序列的改变，主要发生在减数第一次分裂前期的交叉互换和后期的非同源染色体自由组合时期。

一、基因重组的定义

基因重组（recombination）是指在生物体进行有性生殖的过程中，控制不同性状的基因重新组合。每条染色体的两份拷贝在有些位置可能具有不同的等位基因，通过互换染色体间相应的部分，可产生与亲本不同的重组染色体。现代基因工程技术是在试管内按人为的设计实施基因重组的技术，也称为重组DNA。目的是将个体细胞内的遗传基因转移到另一个不同性状的个体细胞内，使之发生遗传变异。来自供体的目的基因被转入受体细菌后，可进行基因产物的表达，从而获得用一般方法难以获得的产品，如胰岛素、干扰素、乙型肝炎疫苗等。

二、基因重组的类型

基因重组是遗传的基本现象，病毒、原核生物和真核生物都存在基因重组。在真核生物中，重组发生在减数分裂期同源染色体的非姐妹染色单体间，细菌可发生在转化或转导过程中，通常这类重组称为同源重组（homologous recombination），即只要两条DNA序列相同或接近，重组可在此序列的任何一点发生。而在原核生物中，有时基因重组依赖于小范围的同源序列的联会，重组只限于该小范围内，只涉及特定位点的同源区，把这类重组称为位点专一性重组（site-specific recombination）。此外还有一种重组方式，完全不依赖于序列间的同源性，使一段DNA序列插入另一段中，在形成重组分子时依赖于DNA复制完成重组，此类重组称为异常重组（illegitimate recombination），也称复制性重组（replicative recombination）。基因重组在临床上一般可分为自然重组和噬菌体两种类型。

（一）自然重组

自然界不同物种或个体之间的基因转移和重组是经常发生的，它是基因变异和物种进化的基础。自然界基因转移的方式有：①接合作用（conjugation）。当细胞与细胞或细菌通过菌毛相互接触时，质粒DNA就可从一个细胞（细菌）转移至另一个细胞（细菌），这种类型的DNA转移称为接合作用。②转化作用（transformation）。通过自动获取或人为地供给外源DNA，使细胞或培养的受体细胞获得新的遗传表型。③转导作用（transduction）。当病毒从被感染的（供体）细胞中释放出来、再次感染另一（受体）细胞时，发生在供体细胞与受体细胞之间的DNA转移及基因重组即转导作用。④转座（transposition）。大多数基因在基因组内的位置是固定的，但有些基因可以从一个位置移动到另一个位置。这些可移动的DNA序列包括插入序列和转座子。由插入序列和转座子介导的基因移位或重排称为转座。

（二）噬菌体

噬菌体的基因重组和细菌不同，而和真核生物的重组十分相似。杂交是在标记不同的噬菌体之间进行的，根据重组噬菌体占总的子代噬菌体的比例来确定重组值。一般可以选用2～4个基因差异的噬菌体来混合感染细菌。获得的单个的噬菌体只能在电镜下才可观察其形态，突变引起其形态变化没有电镜是无法鉴别的，但突变影响到生活周期，会产生不同的噬菌斑，因此通过观察噬菌斑，我们很容易观察到基因型的变化与重组。

Hershey等用T_2噬菌体的两个不同表型特征——噬菌斑的形态和宿主范围来进行杂交。一个噬菌体的基因型是h^+r，另一个噬菌体的基因型是hr^+。h^+是野生型，表示宿主范围（hostrange），能在*E. coli* B菌株上生长，r表示快速溶菌（rapid lysis），产生的噬菌斑大，边缘清楚。h噬菌体能在*E. coli* B和B/2品系上生长，且能产生透明的噬菌斑，r^+产生小而边缘模糊的噬菌斑，而h^+因只能裂解*E. coli* B，所以在B和B/2的混合菌上产生的噬菌斑是半透明的。

杂交时，hr^+和h^+r混合感染*E. coli* B和B/2，在B和B/2混合菌苔上出现了4种噬菌斑，表明hr^+和h^+r之间有一部分染色体在B菌株的细胞中进行了重组，释放出的子噬菌体有一部分基因型为h^+r^+和hr。我们利用下面的公式就可以计算出两个位点的重组值：

$$重组值=[(h^+r^++hr)/总噬菌斑数]\times 100\%$$

第六节 基因编辑及其应用

早期研究者利用正向遗传学的方法，获得突变植株，通过表型获得相关功能基因，但由于是随机地引入突变，后期必须进行大规模筛选并努力确定突变与表型的关联，工作量极大且相当困难。随着科学技术的不断发展和进步，科研人员成功开发了一系列人工核酸酶，利用这些酶可以实现定向编辑生物体内基因组的特定序列，从而改良有机体的遗传特性，开启了基因编辑技术的新时代。

一、基因编辑技术的原理

基因编辑是一种基因工程技术，可通过一些人工内切酶，对基因组DNA的特定位点进行剪切，形成DNA双链断裂（double strand break，DSB），使特定位点被插入、删除、修饰或替换等，造成靶标基因发生突变。

基因编辑依赖于细胞内自身的DSB修复机制。修复DSB的途径主要有两种：①非同源末端连接（NHEJ），主要用多种酶直接连接DNA末端，过程比较简单，但容易出现错误，常常导致碱基的插入、缺失和替换等，且可在高等动植物细胞的任何时期发生。②同源定向修复（HDR），需使用同源序列作为模板，在断裂点处再生出缺失的DNA序列，可以做到精确修复，但仅在高等动植物细胞周期的S及G_2期启动，发生频率相对较低，且过程简单。NHEJ修复途径成为细胞中首选的修复机制。利用该修复机制，诱导目标基因的特定位点产生插入与缺失（insertion and deletion，InDel），从而实现目标基因的突变。

二、基因编辑技术的发展

近几十年来，随着人工合成的序列特异性核酸酶（sequence-specific nuclease，SSN）的出现和快速发展，由SSN介导的基因编辑技术发展迅速并形成研究热潮。迄今为止，已有4个工程核酸酶家族被用于基因编辑：大范围核酸酶（meganuclease）、锌指核酸酶（zinc finger nuclease，ZFN）、转录激活因子样效应物核酸酶（transcription activator-like effector nuclease，TALEN）和CRISPR/Cas基因编辑系统。其中，CRISPR/Cas基因编辑技术操作简便，经济适用，被广泛应用于各种生物的研究中。

（一）大范围核酸酶

大范围核酸酶是内切核酸酶家族的一种，也被称为归巢核酸酶（homing endonuclease），是20世纪80年代后期被发现的，能够识别和切割大的DNA序列（14～40bp）。根据序列及结构特征可分为5个家族，其中应用最广泛且最广为人知的是Laglidadg家族中的蛋白质。大范围核酸酶一方面可作为RNA成熟酶，参与自身内含子的剪切；另一方面作为高度特异的核酸酶，识别并切割连接外显子-外显子的内含子序列，导致靶标基因改变。只有少数文献报道大范围核酸酶被成功应用到一些植物中。由于已知或人为改造的大范围核酸酶较少，且识别方式受限，该技术并未得到广泛应用。

（二）锌指核酸酶

锌指核酸酶（ZFN）是一类人为定向合成的限制性内切核酸酶，该技术不同于大范围核酸酶，其DNA识别位点和切割位点彼此分开，即非特异性DNA切割催化结构域（FokI内切核酸酶结构域），与可识别DNA序列的特定肽段（DNA结合结构域）相连，组成ZFN。ZFN依赖于Cys2-His2锌指蛋白串联的DNA结合结构域，识别并特异性结合DNA序列。每个锌指蛋白的C端部分负责DNA序列的特异性识别，识别序列约由三个相连的碱基对组成。ZFN被设计、构建并成功地应用于多种生物和细胞类型的单个基因。在植物中，主要通过农杆菌转化，将病毒启动子编码的ZFN序列在植物体内表达，实现基因的定点突变。

（三）转录激活因子样效应物核酸酶

转录激活因子样效应物核酸酶同ZFN类似，将具有特异识别DNA的TALE结构域和切割DNA的FokI内切核酸酶结构域人为融合表达。TALE是植物病原菌黄单胞菌通过Ⅲ型分泌系统分泌到植物中的毒效应蛋白。TALE结构域主要由15.5～19.5个串联重复的TALE单体组成，每个单体具有33～35个氨基酸。TALEN经过后期的不断优化，被成功用于靶向修饰人类诱导多能干细胞（IPSC）、斑马鱼及大鼠合子中的基因，突变效率与ZFN相似。

尽管TALEN对DNA的单碱基识别比ZFN具有更大的设计灵活性，但由于广泛的相同重复序列，TALE重复序列的克隆是一个技术挑战。DNA甲基化阻碍TALEN的结合，限制了它们在异染色质区域的应用。ZFN和TALEN都需要为每个新的目标位点设计和合成新的蛋白，不仅需要一定的理论和技术支持，且耗费劳力、成本高昂。

（四）CRISPR/Cas基因编辑系统

CRISPR/Cas基因编辑系统是近十年内快速发展起来的新型基因编辑技术，是一种存在于原核生物中的RNA介导的适应性免疫系统。1987年首次在大肠杆菌中报道，该序列由CRISPR基因座和Cas蛋白组成。其中CRISPR基因座由一系列重复序列和多样化的间隔序列交替排列组成，这些间隔序列是细菌受到外源入侵物攻击后，储存的入侵生物基因信息，原核生物可以通过识别来自外源的间隔序列，裂解入侵者的核酸基因组，从而赋予细菌适应性免疫抗性系统。

为了应对来自病毒入侵者不断变化的选择压力，CRISPR/Cas基因编辑系统已经多样化为具有各种功能的Cas效应蛋白，并将其分为两大类：第一类系统由多个（4～6个）Cas蛋白的效应复合物组成，而第二类系统仅由一个Cas蛋白（含多个结构域）组成。根据*Cas*基因序列及其蛋白结构又分为6种亚型（Ⅰ～Ⅵ），Ⅰ、Ⅲ和Ⅳ型为第一类；Ⅱ、Ⅴ和Ⅵ型为第二类。Ⅰ、Ⅱ和Ⅴ型靶向DNA，Ⅵ型（Cas13）靶向RNA，Ⅲ型（Csm）可识别并切割DNA和RNA。这些代表了CRISPR/Cas系统和免疫机制的巨大多样性。除此之外，科研人员仍在寻找和开发新的CRISPR/Cas系统，这意味着未来将会有更多、更有效的基因编辑工具被用于各类研究中。

由于效应复合物的结构设计简单，两类CRISPR/Cas系统已成为发展基因编辑技术的一个极具吸引力的选择。其中，Ⅱ型CRISPR/Cas9及Ⅴ型CRISPR/Cas12a（CRISPR/Cpf1）是目前应用最为广泛的基因编辑工具。CRISPR/Cas9系统最早被发现于化脓链球菌（*Streptococcus pyogenes*），它由一个Cas9蛋白的编码基因和两个非编码RNA分子元件组成。CRISPR/Cas9系统识别和抵御噬菌体等外源遗传物质入侵的免疫过程大致包括以下三个阶段（图7-5），即间隔序列的获得、crRNA的加工与成熟和靶向干扰。

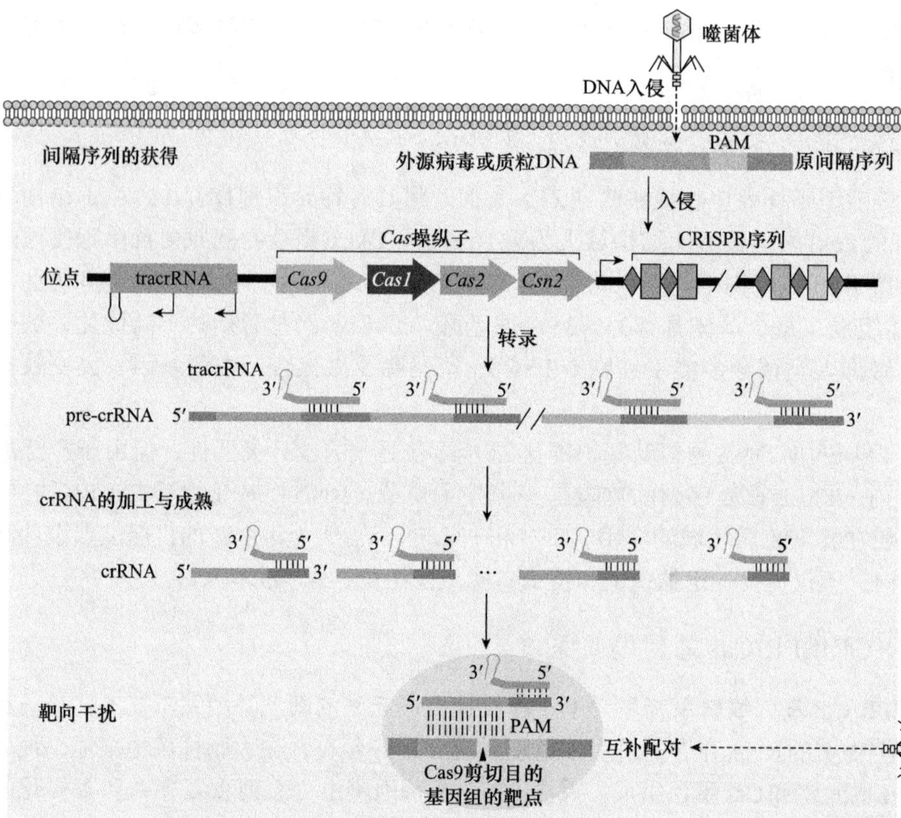

图7-5 CRISPR/Cas9基因编辑系统的免疫应答机制（引自Jiang and Doudan，2017）

1. 间隔序列的获得 当噬菌体首次入侵宿主细菌时，CRISPR/Cas9系统会从入侵病毒的基因组DNA中截取一段特殊序列，整合到CRISPR阵列中，这段序列称为病毒或质粒DNA的原间隔序列（protospacer），此序列的旁侧序列一般十分保守，被称为原间隔序列邻近基序（protospacer adjacent motif，PAM）。

2. crRNA的加工与成熟 当噬菌体再次入侵宿主细菌时，整合到CRISPR阵列的原间隔序列会与其他间隔序列，以及*Cas9*基因和tracrRNA一起转录与表达，分别被转录为大型的前体pre-crRNA分子、Cas9蛋白和tracrRNA分子。随后，反式激活的tracrRNA与pre-crRNA同源区域互补配对，协助RNase Ⅲ加工pre-crRNA，最后得到多个成熟的crRNA: tracrRNA复合物。

3. 靶向干扰　crRNA: tracrRNA复合物与Cas9蛋白结合，形成crRNA引导的核糖核蛋白复合物，该复合物通过识别PAM序列及crRNA与DNA的碱基互补配对，可特异靶向入侵者基因组DNA的靶标位点。在核糖核蛋白复合物与目标位点特异结合后，Cas9蛋白构象发生变化，Cas9蛋白的HNH核酸酶结构域和RuvC核酸酶结构域分别切割基因组DNA的靶标链与非靶标链，最终在靶标位点上产生双链断链缺口（double strand break, DSB），阻止入侵者基因组DNA的整合。

为了简化CRISPR/Cas9基因编辑系统，科学家将tracrRNA分子和crRNA分子改造为一个单一的sgRNA（single guide RNA）分子，并先后在体外和哺乳动物细胞系内验证了CRISPR/Cas9系统特异性切割靶标DNA的功能，开启了基因编辑的新浪潮（图7-6）。

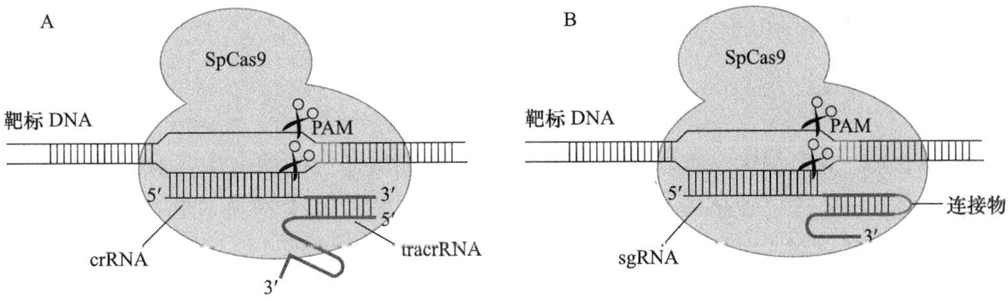

图7-6　crRNA-tracrRNA改造为sgRNA示意图（引自陈一欧等，2018）

A. crRNA: tracrRNA复合物结构图；B. sgRNA结构示意图

三、CRISPR/Cas基因编辑系统在作物中的应用

CRISPR/Cas基因编辑系统的一个关键特征是在DNA的靶标位点形成DSB或裂口，通过非同源末端连接（NHEJ）或同源定向修复（HDR）途径引入各种基因组修饰。2013年，CRISPR/Cas9基因编辑技术首次被应用到哺乳动物细胞中，并诱导靶标基因发生定点编辑。同年，CRISPR/Cas9系统成功诱导水稻（*Oryza sativa*）、小麦（*Triticum aestivum*）、烟草（*Nicotiana tabacum*）和拟南芥（*Arabidopsis thaliana*）的靶基因发生突变。迄今为止，CRISPR/Cas基因编辑技术已经成为作物改良农艺性状（产量、品质等）、提高抗病性和抗逆性、改善杂交育种技术及作物生产力等的主要手段之一。

（一）改良作物的农艺性状

产量和质量是基因编辑改良作物的主要目标之一。产量是一个由多因素调控的复杂性状，研究人员通过CRISPR/Cas基因编辑系统敲除与产量相关的负调控因子，功能缺失突变体的产量增加，CRISPR/Cas基因编辑技术是提高产量性状的有效工具。CRISPR/Cas9定点编辑细胞分裂素活化酶*OsLOGL5*基因CDS的C端，在各种环境条件下提高了水稻籽粒产量。此外，CRISPR-Cas介导其他基因的编辑，包括粒重（*TaGW2*、*OsGW5*、*OsGLW2*、*TaGASR7*）、穗粒大小（*OsDEP1*、*TaDEP1*）、粒数（*OsGn1a*）、粒径（*OsGS3*）等相关基因，也导致作物产量增加。该技术为确定作物与特定性状相关的基因提供了一个有效的手段，对改良作物的分子育种奠定了基础。

（二）改善作物的品质

除了提高产量，基因编辑技术还被用于改善作物的品质，如香味、淀粉含量、营养成分、储藏品质等。水稻香味是决定水稻可接受性和适销性的重要品质性状。经过对水稻的香味进行研究发现，甜菜碱醛脱氢酶（OsBADH2）与大米产生香气（2-乙酰基-1-吡咯啉）密切相关。利用CRISPR/Cas9基因编辑系统创造新的*OsBADH2*等位基因，将香气引入非芳香水稻品种‘ASD16’中。直链淀粉含量低的粮食具有较好的食用品质和蒸煮品质，在纺织、胶黏剂等行业有着广泛的应用。通过CRISPR/Cas9基因编辑系统编辑12个优良自交系的糯性相关的等位基因，创造了糯玉米杂交种，该过程比常规的回交和标记辅助选择方法快一年多。CRISPR/Cas基因编辑系统还被用于改良作物的营养成分，提高番茄的类胡萝卜素和γ-氨基丁酸含量，减少油菜和大豆的高油酸含量。

（三）提高作物的抗性

CRISPR/Cas基因编辑系统还被用于作物抗病性和抗逆性的研究中。利用CRISPR/Cas基因编辑系统干扰寄主敏感因子，可以增强植物对生物及非生物胁迫的抗性，包括对真菌、细菌、病毒性疾病和昆虫的抗性。通过突变小麦*EDR1*（编码MAPK激酶激酶的基因）的三个同源基因，*Taedr1*突变株对白粉病的抗性增强。利用CRISPR/Cas9基因编辑系统敲除靶标突变体，不仅提高了植物对多种病毒的抗性（如水稻东格鲁病毒、棉花曲叶病病毒和花椰菜花叶病毒等），还可以防止有毒重金属（放射性铯、砷和镉等）在作物中的累积。

（四）提高作物的生产力及育性

CRISPR/Cas基因编辑系统还可以介导作物的生产力及育性。对天冬氨酸受体基因家族的研究表明，与野生型相比，*PYL1/4/6*三重突变体水稻生长得最好，籽粒生产力提高。通过同时编辑杂交水稻的减数分裂基因（*REC8*、*PAIR1*、*OSD1*）和参与受精的*MTL*基因，结合单倍体诱导等，获得了可以通过种子进行无性繁殖的植株。利用CRISPR/Cas技术也可以靶向敲除马铃薯的自交不亲和相关基因（*S*基因座），获得自交亲和性的突变植株。该技术还可用于玉米和水稻单倍体的诱导，更有利于基因功能的研究和育种，甚至改变生长期等。这些都为科研人员改良作物育种提供了基础。

基因编辑技术可以在不改变其他性状的前提下，精确而可预测地修改所需的靶基因序列，可以加速对植物的研究。尤其是CRISPR/Cas基因编辑系统的飞速发展，为各作物的各项研究提供了有效的工具，节省了时间，降低了成本。伴随着测序技术的日益成熟，越来越多的植物物种的基因组信息被获得，而基因编辑技术的不断进步，也为精确、高效地编辑靶标基因和改良及创造作物提供了机会。

第七节　人工诱变技术及其应用

人工诱变技术是人为地利用物理因素或化学因素诱发植物遗传变异，在较短时间内获得有利用价值的突变体，根据目的要求，选择出生产上需要的各种优良品种。该技术可以使突变率大大提高，这样变异的来源就大为增多。其利用秋水仙碱、辐射线、化学诱变剂等方式诱导生物体遗传性状发生变异，再通过表型筛选出新的优良品种。

在微生物选种中，现在已经广泛应用诱变因素来培育优良菌种。例如，青霉菌的产量最初是很低的，生产成本也很高。后来交替地用X射线和紫外线照射，以及用芥子气和乙烯亚胺处理再配合选择，结果得到的菌种不仅产量大大地提高了，混在青霉素制品中的一种黄色素也不再分泌。人工诱变已经被广泛地应用在各种抗生素菌种和其他工业微生物的育种上，使产品质量继续提高，生产成本不断下降。

在植物育种方面，利用人工诱变也已培育出许多优良品种。这个方法特别有利于改进高产品种的个别不良性状。例如，用γ射线处理籼稻干种子，选出早熟的新品种，丰产性状仍旧保存下来。又如，一般米粒的蛋白质含量不高，而且所含的蛋白质较多地分布在米粒的外层，在碾成白米时，多已丧失。现在用诱变方法，得到新的水稻品种，不仅提高了米粒中蛋白质的含量，而且蛋白质分布在整个米粒中。

我国利用诱变育种的方法已先后育出了100种以上的水稻、小麦、高粱、玉米、大豆等新品种，而且有些品种已大面积推广种植，在粮食增产上起了很大的作用。由于EMS诱变效果好，诱变范围广，在农作物和林木育种中得到了大面积的使用。例如，有研究者利用化学诱变剂EMS处理小麦，获得了比原品种蛋白质含量高4%的小麦突变体；也有研究者用EMS处理玉米自交系的成熟花粉，获得了浅黄色甜味玉米突变体。此外，EMS在大豆、花生、大麦、水稻和葡萄等植物的育种中也有广泛应用。

主要参考文献

陈一欧，宝颖，马华峥，等. 2018. 基因编辑技术及其在中国的研究发展. 遗传，40（10）：900-915

刘祖洞，乔守怡，吴燕华，等. 2012. 遗传学. 3版. 北京：高等教育出版社

晏利琴，宋钦华，黑晓明，等. 2003. 色氨酸及其肽对cis-syn型1,3-二甲基胸腺嘧啶二聚体的光敏化裂解作用. 化学学报，61（9）：5

朱军. 2011. 遗传学. 3版. 北京：中国农业出版社

Bastow R, Mylne JS, Lister C, et al. 2004. Vernalization requires epigenetic silencing of FLC by histone methylation. Nature, 427 (6970): 164-167

Bourc'his D, Bestor TH. 2004. Meiotic catastrophe and retrotransposon reactivation in male germ cells lacking Dnmt3L. Nature, 431 (7004): 96-99

Hall IM, Shankaranarayana GD, Noma K, et al. 2002. Establishment and maintenance of a heterochromatin domain. Science, 297 (5590): 2232-2237

Jackson JP, Lindroth AM, Cao X, et al. 2002. Control of CpNpG DNA methylation by the KRYPTONITE histone H3 methyltransferase. Nature, 416 (6880): 556-560

Jenuwein T, Allis CD. 2001. Translating the histone code. Science, 293 (5532): 1074-1080

Jiang F, Doudna JA. 2017. CRISPR-Cas9 structures and mechanisms. Annu Rev Biophys, 46: 505-529

Rea S, Eisenhaber F, O'Carroll D, et al. 2000. Regulation of chromatin structure by site-specific histone H3 methyltransferases. Nature, 406 (6796): 593-599

Shorter J, Lindquist S. 2005. Prions as adaptive conduits of memory and inheritance. Nat Rev Genet, 6 (6): 435-450

Strahl BD, Allis CD. 2000. The language of covalent histone modifications. Nature, 403 (6765): 41-45

Sung S, Amasino RM. 2004. Vernalization in *Arabidopsis thaliana* is mediated by the PHD finger protein VIN3. Nature, 427 (6970): 159-164

Tamaru H, Selker EU. 2001. A histone H3 methyltransferase controls DNA methylation in *Neurospora crassa*. Nature, 414 (6861): 277-283

Volpe TA, Kidner C, Hall IM, et al. 2002. Regulation of heterochromatic silencing and histone H3 lysine-9 methylation by RNAi. Science, 297 (5588): 1833-1837

第八章
表观遗传

第一节　表观遗传概述

一、遗传学与表观遗传

DNA是储存遗传信息的主要大分子，生物体通过生殖细胞将储存的遗传信息传递给下一代。由于这些和其他的一些发现，现代生物学的"中心法则"出现了。这个法则涵盖了生命必需的遗传信息模板的维持和翻译过程，主要包括：①DNA以半保留复制的方式进行自我传代；②以遗传密码（DNA）为模板进行5′端到3′端的单向转录，产生中间体信使RNA（mRNA）；③将mRNA翻译成从氨基端到羧基端的线性多肽，这是和DNA 5′端到3′端的顺序相吻合的。简化一下就是，DNA⇌RN⟶蛋白质。按照中心法则，RNA可以通过反转录整合到已经存在的DNA中（如通过反转录病毒和逆转座子）完成与DNA的反馈过程。然而，中心法则否认从蛋白质到DNA的反馈过程。但有些稀有的蛋白质，如众所周知的朊粒，可以在没有DNA或RNA模板的情况下被继承，这看起来似乎有悖于中心法则。显然，这些特殊的自我聚集的蛋白质具有一些和DNA类似的性质，包括复制和信息储存的机制。另外，越来越多的证据表明我们基因组相当大一部分是被转录成了"非编码"RNA。这些非编码RNA（即除tRNA、rRNA、snoRNA以外的不编码蛋白质的RNA）的功能正成为研究的热点，且仅在数量有限的研究中开始变得清晰起来。

表观遗传是在研究与经典孟德尔定律不相符的许多遗传现象过程中逐步发展起来的。经典的孟德尔定律认为表型特征遗传（如豌豆颜色、手指数或者血红蛋白不足）是DNA序列突变引起的等位基因差别而造成的。总体而言，突变是定义表型特点的基础，而表型特点又有助于界定物种之间的界线。按照达尔文进化理论，自然选择压力造就了这些界线。这些理论将突变放在了经典遗传学的核心位置。相反，举例而言，非孟德尔定律的继承性（如胚胎生长的异质性、皮肤的嵌合颜色、X染色体的随机失活、植物的副突变）可以表现为在同样的细胞核环境中，两个等位基因中只有一个得到表达。重要的是，DNA序列在这些情况下并没有发生改变。这与我们通常提到的另一种非孟德尔遗传模式是不同的，后者是母体线粒体遗传所致。

同卵双生的双胞胎有着一样的DNA序列，他们表型的相同性也常常被用来强调遗传学的决定力量。然而，双胞胎的外部表型仍然存在差异。这很有可能是由个体生活中累积的表观遗传修饰所造成的。因此，我们对表观遗传学在决定细胞命运、个体特征和表型中重要性的理解还远远不够。就组织再生和衰老而言，这些过程到底是由细胞遗传程序决定的还是由表观遗传修饰决定的并不清楚。全球性的表观遗传学研究热潮充分表明这是后基因组时代一个关键的新前沿。

现代研究表明，基因组含有两类遗传信息：一类是传统意义上的遗传信息，即DNA序列所提供的遗传信息；另一类是表观遗传学信息，它提供了何时、何地，以何种方式去应用遗传信息的指令。表观遗传学信息通过表观遗传修饰来体现，主要有两类：一是DNA分子特定碱基的结构修饰，如胞嘧啶的甲基化；二是染色质构型重塑，如组蛋白的修饰及构型变化，这种修饰可通过细胞分裂和增殖周期进行传递。表观遗传学主要是对染色质重塑、DNA甲基化及组蛋白修饰、X染色体失活、非编码RNA调控等多方面进行研究。表观遗传学涵盖的现象很广，如植物叶子颜色的多样性、蜂王与工蜂的差异、受精卵分化、同卵双胞胎的环境影响、X染色质失活、基因组印记等。

二、表观遗传的界定

以上讨论引出了这样一个问题：是什么共同的线索将多样的真核生物从表观遗传调控的角度联系到一起的呢？事实上，不同的表观遗传现象大部分是通过真核生物中的DNA不是"裸露的"这一事实联系在一起的。DNA与特异的蛋白质一起构成了染色质。染色质的最简单形式——组蛋白与缠绕的DNA组成的核小体单位，起初被认为是一种包装和组织DNA的被动包装分子。后来发现了染色质的不同形式，这是通过共价和非共价机制相结合而产生的，这些机制很快被揭示了。这包括许多翻译后的组蛋白修饰、移动或改变核小体结构的能量依赖的染色质重塑步骤、新的组蛋白变体动态进出核小体，以及小的非编码RNA的靶向作用。在许多高等的真核生物中，DNA自身也可以被共价修饰，一般通过胞嘧啶的甲基化来实现，一般为CpG，但并不总是如此。总的来说，这些机制提供了一套相互作用的途径，它们都引起了染色质多聚体的变化（图8-1）。

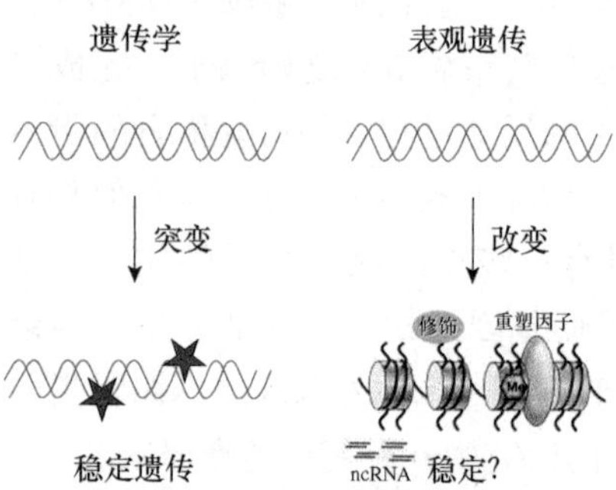

图8-1 遗传学与表观遗传
（引自Allis et al., 2007）

第二节 染色质结构

细胞分裂时，核内染色质凝缩而成的线状结构，被碱性染料染色很深，故名染色质。染色质是由DNA与蛋白质组合成的复合物，也是构成染色体的结构，存在于真核生物的细胞核内。原核生物也有染色质，存在于拟核内。

一、染色质纤维

人细胞平均含有60亿碱基对的DNA，分布在46条染色体上，每个碱基对的长度是0.34nm，60亿碱基对的DNA加起来有2m长，每个碱基对结合6分子水，直径只有10μm的细胞核如何能容下2m长的水溶性DNA染色质呢？研究人员发现，遗传物质以核小体作为基本结构逐步进行包装压缩，经30nm染色质纤维、超螺线管，最后压缩包装成染色体，总共经过4级包装。由DNA和组蛋白组成的染色质纤维细丝是许多核小体连成的念珠状结构。

1．从DNA到核小体 核小体的装配是染色体装配的第一步，一个核小体的直径是11nm，147bp的DNA绕在组蛋白八聚体周围，每个碱基对长度为0.34nm，一个核小体伸展开的长度是70nm，由此推算，DNA包装成核小体，大约压缩到7分之一。

2．核小体到螺线管 核小体通过自身形成螺旋的方式形成致密的、外径为30nm的管状结构，称为螺线管，又称30nm染色质纤维。从完整的细胞中常可分离到11nm的核小体纤维和30nm纤维，只要改变提取液的盐浓度即可将二者分开。

11nm纤维是由核小体串联成的染色质细丝，主要在低离子强度及无H1组蛋白情况下产生，当离子强度较高及有H1存在时，以30nm纤维为主。

30nm染色质纤维是由11nm纤维压缩形成的粗丝。有人认为，30nm染色质纤维是由细丝螺旋盘绕而成的螺线管，这种螺线管是分裂间期染色质和分裂中期染色体的基本组分。螺线管进一步压缩形成超螺线管；有人认为粗丝是Z形锯齿结构模型，人们认为30nm纤维从中心轴开始形成圆环，最后环状的链至少经过一种包装而形成有丝分裂染色体。

3．从螺线管到超螺线管 30nm染色质纤维进一步螺旋化，形成一系列的螺旋域或环，这些环附着在支架蛋白上。螺旋域的直径是300nm。然后，螺旋环进一步形成超螺旋环或超螺旋域，此时的直径为700nm，每个环估计含有50～10kb DNA，推测染色质环仍然是基因协同结合在一起，其中包括Ⅱ型拓扑异构酶，推测该酶调节DNA的超螺旋程度。DNA从螺线管到超螺线管估计又压缩了40倍。

4．从超螺线管到染色体 超螺线管进一步螺旋化，形成直径为1～2μm、长度为2～10μm的中期染色体，从超螺线管到染色体大约压缩到5分之一。由此推算，DNA经核小体到染色体，总共压缩到8400分之一（图8-2）。

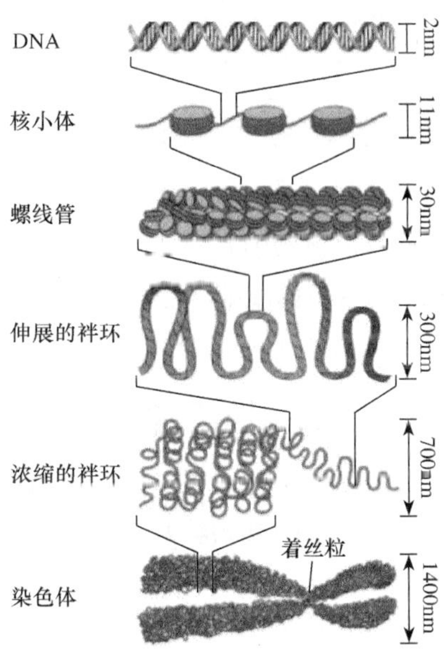

图8-2 染色体的组装（引自Jansen and Verstrepen，2011）

二、常染色质和异染色质

细胞学家在用DNA染料进行染色时，观察到两种不同的染色模式，据此将染色质分为常染色质和异染色质两种类型。在细胞中，常染色质DNA只占全部DNA的一小部分，其他大多数区域是异染色质。染色质是一种包含多种结构的动态分子。

（一）常染色质

常染色质是基因密度较高的染色质，多在细

胞周期的S期进行复制，且通常具有转录活性，能够生产蛋白质。常染色质染色较浅且松散，在真核生物与原核生物的细胞中均存在。与原核生物不同，真核生物基因组DNA的遗传信息首先在细胞核内由基因转录为mRNA前体，经剪接加工后，mRNA在细胞质的核糖体中翻译成多肽，经过折叠、修饰等成为具有生物功能的蛋白质，也就是说，细胞内特定蛋白质的选择性表达首先取决于基因组中特定蛋白质编码基因的活化。

（二）异染色质

异染色质是间期细胞核中，染色质丝折叠程度高，处于凝缩状态，碱性染料着色深的那一部分染色质。它具有早凝集、晚复制的特点，通常无法转录成mRNA。异染色质以凝缩状态存在。在细胞周期的S期中，异染色质比常染色质更晚进行复制，且只在真核生物中存在，着丝粒及端粒均属于异染色质，雌性体内去活化的X染色体（也就是巴氏小体）也是异染色质。

异染色质可分为组成性异染色质和兼性异染色质。组成性异染色质较稳定，通常位于着丝粒、端粒及核仁组织区，DNA常不转录，是永久性的异染色质结构，不含或含很少的结构基因。兼性异染色质含正常编码的DNA，可自由伸展，使附近基因失活，表现为斑点位置效应，可和常染色质相互转化，其基因呈抑制状态。人们认为不同组织的细胞，或不同发育期的细胞，正是由于染色质的不同部位形成不同程度的高级有序的异染色质，使基因开启或关闭，细胞从而表现出不同的生理功能、代谢类型和结构状态。

异染色质最突出的功能是对基因的调控，包括两个相反的过程：一个是通过一种与“异染色质化”有关的过程，使许多碱基的染色质结构关闭；另一个是通过稳定更多的已开放的染色质结构来避免这种关闭的结构状态的存在。此外，异染色质的形成对印记、剂量补偿、重组和染色质浓缩是必要的。

三、常染色质和异染色质可以相互转化

有资料表明，组蛋白尾富含的碱性氨基酸（如Lys和Arg）使其带的正电荷，对异染色质的形成和解聚至关重要，而各种修饰可以改变组蛋白尾的静电荷，从而使染色质处于不同水平的凝缩状态。例如，H3上Lys9甲基化促进异染色质的形成，它是异染色质蛋白（HPI、SWi6）的特异结合位点，而H3上Lys4甲基化抑制异染色质的形成。

四、常染色质与异染色质的区别

常染色质和异染色质各自都有许多存在形式。常染色质（或称“活性”染色质）主要由只占了哺乳动物基因组的一小部分（少于4%）的编码序列构成。大量的文献表明，常染色质以一种开放的（非凝缩的）、对核酸酶更为敏感的构象存在，这样即便有时它仍处于非转录状态，也能随时开启基因表达。有些基因的表达是无所不在的（管家基因）；另外一些基因则是受发育的调控或是受胁迫诱导以便对环境信号进行应答。顺式作用元件（启动子、增强子和基因座控制区）和反式作用因子相互协作，与RNA聚合酶和各种

相关因子一起促进基因的转录。这些作用因子都在进化过程中经历了严格的选择，以保障那些繁多复杂的生物化学反应发生在正确的空间和时间。

在DNA水平上，富含AT的启动子区通常缺少核小体，可能并非严格地以经典的B型DNA的形式存在，以利于转录因子的结合。然而，转录因子与DNA的结合并不足以启动转录。目前已知的研究表明，通过诱导产生与转录活性相关的组蛋白修饰（如乙酰化和H3K4甲基化），进而招募核小体重塑因子，能够促进转录机构的参与。当转录机构解旋并转录通过染色质纤维后，组蛋白会被置换为组蛋白变体，以保证染色质模板的完整性。然而要想得到成熟的mRNA，还需要经过转录后修饰，包括剪接、加多聚腺苷酸和出核转运。因此，常染色质的综合定义或许是指一个复杂的染色质状态，包括了各种动态的和精细的机构，它们既相互作用，也与染色质纤维紧密作用，共同转录出有功能的RNA产物。研究转录活化机构（activating machinery）与转录设备及染色质模板间相互作用的一般规律是当前一个令人振奋的研究领域。尽管基于动态性特征，严格来讲它不能被归类于表观遗传学，而更多的是关于转录和染色质动态学的研究。

虽然历史上对异染色质的研究明显少于常染色质，但是最新的研究表明，从酵母到人类（虽然酿酒酵母有不同的异染色质形态），异染色质在基因组的组织和机能中起着至关重要的作用。96%的哺乳动物基因组是由非编码序列和重复序列组成的，这一现象凸显了异染色质的重要性。关于异染色质形成机制的新研究揭示了意想不到的发现。例如，能够产生双链RNA的非序列特异性转录（non-sequence-specific transcription）会被一个类似于RNA干扰的机制所沉默。这些双链RNA的产生提供了一个报警信号，表明这些潜在的DNA序列不能产生有功能的产物，或者已经被RNA转座子或病毒侵袭。这些双链RNA被Dicer剪切后会被特定的复合体定位至染色质，继而通过一系列事件最终导致异染色质的形成。通过运用多种模式系统，科学家在研究异染色质“禁锢”（locked-down）状态的形成通路方面取得了显著的进展，而这一通路在各种模式生物中是高度保守的。这条通路主要包括组蛋白尾巴的去乙酰化、某些赖氨酸残基的甲基化（如H3K9）、异染色质结合蛋白的招募（如HP1）和DNA甲基化的建立，具体的顺序和细节可能会有所变化。似乎将某些基因组序列置于核内特定的沉默区域内可能有助于异染色质的形成。有趣的是，越来越多的证据表明，至少是在高等生物中，异染色质可能是一种默认状态。而强启动子或是增强子的存在能突破异染色质的束缚而产生转录产物。即使在低等生物中，异染色质形成的一般概念似乎也适用。它的特点包括组蛋白尾的低乙酰化，以及对乙酰化敏感的异染色质蛋白的结合（如SIR蛋白）。不同种类的真菌中（如芽殖和裂殖酵母），存在不同程度的组蛋白甲基化和类似于HP1的蛋白。这些物种的基因组大部分处于默认的可转录状态，但仍有一些类似于异染色质的基因组区域（交配区、端粒、中心粒等）存在，插入这些区域的外源测试基因的转录和遗传重组会受到抑制。

着丝粒是一个组成性异染色质的区域，它与可遗传的染色质状态紧密相关，在进化上被认为是由染色体上重复序列最大的聚集过程所演变而来的，这种划分保证了大的相对稳定的异染色质区域被有阻遏功能的表观遗传信号所标记，这有助于在有丝分裂和减数分裂中进行染色体分离。这里值得注意的是，一些生物体，如在裂殖酵母中，这些着丝粒重复序列和相应的表观遗传标记发生倍增并转移到别的染色体臂上，从而产生了沉默区域。端粒处的组成性异染色质以染色质"帽"的形式保证了基因组的稳定性。此外，异染色质形成还是一种针对入侵DNA的防卫机制。总之，这些发现强调了一个重要的观点，即异染色质对基因组的维持有着重要的功能，其重要性是可以和常染色质相提并论的。

总体而言，常染色质和异染色质之间广泛的功能差异可以归结于染色质的三个已知特征。第一，DNA序列本身。例如，是否含有启动子周围的AT富集的"刚性"DNA、重复序列和（或）阻遏因子结合序列。第二，转录生成的RNA的质量。这决定了它是被加工成成熟的mRNA用于翻译，或者是被降解，还是被用于引导RNAi实现其靶序列的异染色质化。第三，核内的空间组织。这起着重要的隔离作用，用来维持该处的染色质构象。

第三节 核 小 体

一、核小体结构

核小体是构成真核生物染色质的基本结构单元，其直径约为11nm，高约为5.5nm，类似于一个圆柱体。每个核小体包含一段核小体DNA、一个组蛋白八聚体，以及一个拷贝的组蛋白H1（图8-3）。核小体核心DNA长约147bp，带负电荷，其以左旋的方式缠绕于带正电荷的组蛋白八聚体上，约1.65圈。组蛋白八聚体又称为核心组蛋白，由进化上高度保守的H2A、H2B、H3和H4四种组蛋白各两个拷贝组成。组蛋白的氨基端可以从组蛋白八聚体表面突出并越过DNA，为组蛋白的乙酰化及甲基化等修饰提供位点。组蛋白H1又称为连接组蛋白，位于核心DNA"进入"和"离开"核小体的位置，起稳固核小体结构和减少核小体移动的作用。核小体之间通过24～54bp的连接DNA相连形成念珠状结构，并进一步折叠形成染色质纤维。

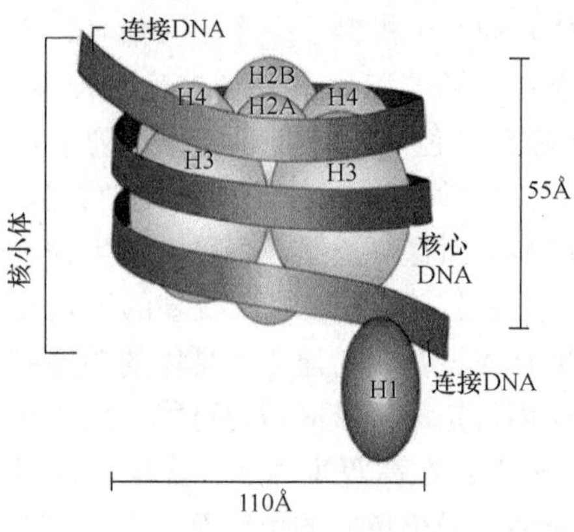

图8-3 核小体结构
（引自Georgopoulos，2002）

二、核小体定位

核小体定位（nucleosome positioning）是指核小体在基因组DNA序列上的精确位置。在活体细胞内，核小体定位是动态变化的，目前基于生化实验或者高通量测序的方法都只能检测到特定时空状态下细胞内的核小体定位状态。在描述核小体定位状态时，还有一个常用的概念是"核小体水平"（nucleosome occupancy level），其与"核小体定位"密切相关。核小体水平可用来衡量细胞群中某一特定DNA位置上存在核小体的细胞数目。

三、核小体定位图谱绘制

核小体定位的研究离不开核小体定位图谱的绘制。核小体定位图谱绘制方法的进步会极大地推动核小体定位的研究。得益于下一代测序技术的快速发展及测序成本的降低，核小体定位图谱的绘制也经历了从基于实验的低通量研究向基于测序的高通量研究的过渡。下面主要介绍核小体定位图谱绘制的发展进程，以及目前应用最多的一种基于下一代测序技术的核小体定位图谱的方法。

（一）核小体定位图谱绘制的简明历史

对核小体定位图谱的研究开始于对酵母的研究。在过去很长一段时间里，由于技术的限制，科学家都只能对基因组上一些特定位点的核小体定位进行研究。一直到2004年，总共也只获得了几百个核小体在基因组上的确切位置信息。最先在全基因组范围内对核小体定位进行研究所使用的技术是微阵列（microarray）。在微阵列技术发展的早期阶段，主要采用的是长度为200～2000bp的DNA探针，因此虽然可以对全基因组的核小体定位进行分析，但由于分辨率的限制，极大地阻碍了对于200bp区间内核小体定位的分析。尽管如此，基于早期的微阵列技术，研究者还是发现基因启动子区存在核小体缺失的现象。但最初并不清楚启动子区核小体的缺失与基因转录之间的关系，因为与其他基因组区相比，转录活跃基因和转录沉默基因的启动子区都存在核小体缺失的现象。随着微阵列技术的发展，在2005年出现了更短的DNA探针，而且探针与探针之间的距离也进一步缩短了，这就为获得更高分辨率的核小体定位图谱提供了可能。然而受制于印刷技术（printing technology），当时只能分析一些小的基因组内部分DNA区域上的核小体定位状态。利用改进的微阵列技术，Yuan等通过对酵母基因组中482kb区域的核小体定位进行分析，进一步确定了大部分基因转录起始位点（transcription start site，TSS）附近的核小体分布模式。在基因靠近TSS的启动子区存在核小体缺失，并且核小体缺失区域两侧各存在一个良好定位的核小体（well-positioned nucleosome）。另外，随着与TSS距离的增加，位于TSS下游的核小体水平会逐渐降低。这一基本的核小体分布模式在后来的研究中被证明同样也适用于后生动物。

真核生物第一张完整的高分辨率的基因组核小体定位图谱产生于2007年，是由Lee等构建的酵母基因组核小体定位图谱。这主要得益于微阵列上探针密度的进一步提高，使得利用染色质免疫沉淀及微阵列（chromatin immunoprecipitation-chip，ChIP-chip）技术在单次实验中同时考察数百万个基因组位点成为可能。例如，在酵母和果蝇中，探针之间的距离就分别缩短至5bp和36bp。另外，还有一个引人振奋的技术进步也极大地促进了对基因组核小体定位的研究。随着高通量测序技术的发展，并行的鸟枪法测序使得人们能获得大量单个核小体的数据。并且这一技术发展十分迅速，到目前已经可以同时产生数百万个核小体的序列信息。因此，在酵母全基因组范围内的核小体定位图谱完成后，真核生物的核小体定位研究进入了一个快速发展阶段。近年来，研究者已经相继完成了线虫、果蝇、小鼠、人类、拟南芥和水稻全基因组范围的核小体定位图谱的绘制。这些研究极大地丰富了核小体定位数据，既表明不同生物之间的核小体定位存在一些共同的特点，如基因启动子区存在核小体缺失和TSS下游存在一个良好定位的核小体，同时也揭示了不同生物之间核小体定位特征的区别。目前，人们已经可以以基因组DNA和纯化的组蛋白为原料，通过盐透析的方法在体外组装核小体，以研究DNA序列对体内核小体定位的影响。与体外核小体组装实验相结合，研究者还获得了酵母和果蝇基因组在体外核小体重构状态下的核小体定位数据。通过与体内的核小体定位相比较，促进了人们对核小体定位机制的认识和理解。核小体定位方面的研究目前已经扩展到了分析核小体定位与组蛋白修饰、组蛋白变体（histone variant）及DNA甲基化之间的关系，以及在环境条件刺激下核小体定位的动态变化。

（二）基于高通量测序的全基因组核小体定位图谱绘制策略

全基因组范围内的核小体定位图谱绘制主要由三部分工作构成：全基因组核小体的产生、核小体DNA序列信息的获得和核小体定位图谱的绘制。目前应用最广泛的方法是利用微球菌核酸酶（micrococcal nuclease，MNase）切割染色质产生单核小体，并通过纯化得到单核小体的DNA片段。然后利用下一代测序技术对获得的单核小体DNA片段进行测序以产生核小体序列信息。最后利用生物信息学的方法对大量的核小体序列信息进行分析，构建全基因组范围的核小体定位图谱。因为这个方法典型的特点是利用了MNase产生单核小体DNA，所以被称为微球菌核酸酶测序（micrococcal nuclease sequencing，MNase-Seq）。除了MNase-Seq，也有研究者成功地使用NOMe-Seq（nucleosome occupancy and methylome sequencing）技术和ATAC-Seq（assay for transposase-accessible chromatin using sequencing）技术获得了全基因组范围的核小体定位信息。我们主要介绍基于MNase-Seq的全基因组核小体定位图谱绘制策略。MNase-Seq的方法主要包括以下几个主要流程：材料的准备和交联、染色质的提取和片段化、染色质免疫沉淀、单核小体DNA的纯化、测序文库的构建和测序（图8-4），以及数据分析。

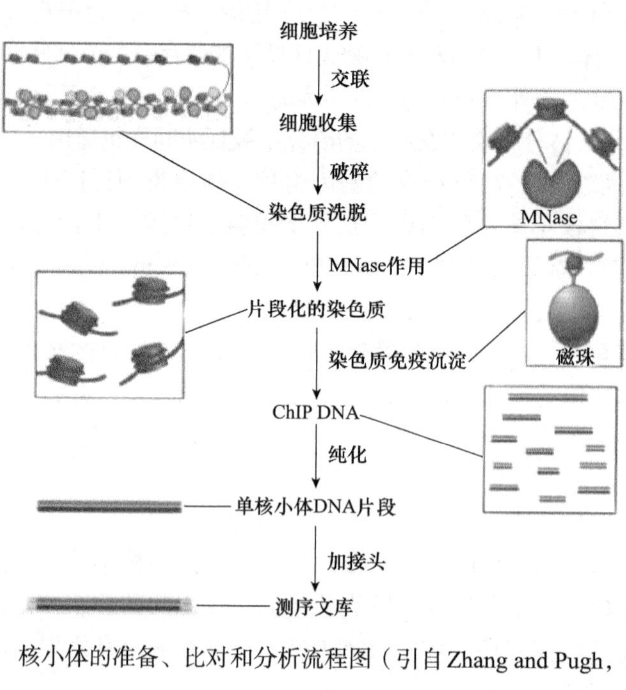

图8-4 核小体的准备、比对和分析流程图（引自Zhang and Pugh，2011）

四、核小体定位与基因转录调控

全基因组范围内高分辨率的核小体定位图谱的绘制极大地推动了人们对于染色质结构的理解，也使得人们能更深入地了解核小体定位的生物学功能。可以确定的是核小体除了作为DNA包装机制的一环在染色质形成中起着重要作用，还可以作为表观遗传调控因子参与调控体内的许多生物学过程。大量的来自不同物种的核小体定位数据及实验证据都表明核小体并不是均匀分布在基因组上的，不同区域的相邻核小体之间的距离存在着变化，而且在一些特殊的功能位点附近，核小体的分布往往表现出特定的分布模式。例如，在基因的TSS和转录终止位点（transcription termination site，TTS）附近的核小体分布、转录因子结合位点上的核小体分布、内含子与外显子连接点附近的核小体分布，以及DNA复制起始位点附近的核小体分布等。其中基因的TSS和TTS附近的核小体分布，由于分布特征最为典型，而且和基因转录调控相关，尤其受到研究者的关注。以下主要介绍基因的TSS和TTS附近的核小体分布特点及其与基因转录调控的关系。

（一）转录起始位点核小体定位与转录调控

基因内部及其基因周围序列上核小体的密度、核小体的缺失程度、核小体位置的移动，以及核小体的解离与重新组装都会影响基因转录过程。核小体即使只改变几个碱基的位置也可能足够影响DNA调控元件与调控蛋白的结合。如果DNA调控元件位于相邻核小体之间的连接DNA上，那么它可能可以与调控蛋白结合。但如果落在核小体核心DNA上，它则可能变得不可接近，特别是当DNA调控元件在空间结构上面向组蛋白八聚体时。

虽然不同的生物在基因TSS附近的核小体分布模式存在着一些区别，但同时也具有一些共同的分布特征。以酵母基因组为例，可以观察到基因的TSS上游启动子区明显存在核小体的缺失（图8-5）。这一核小体缺失区域的上游和下游各存在一个良好定位的核小体，即－1核小体和＋1核小体。另外，在＋1核小体的下游还依次存在着一些良好定位的核小体，但随着与TSS距离的增加，其核小体水平会逐渐降低（图8-5）。酵母中，－1核小体位于TSS上游150～300bp的位置，它可以调节其所在DNA序列对于启动子区调控元件的可接近性，并且主要是影响序列特异性转录因子与顺式作用元件的结合。当基因在转录状态与不转录状态循环时，－1核小体上会发生很多可以影响其稳定性的变化过程，包括组蛋白的乙酰化和甲基化、组蛋白变体的替换、核小体位置的滑动和重新定位，以及在转录起始复合物（pre-initiation complex，PIC）形成之后，－1核小体最终从DNA上

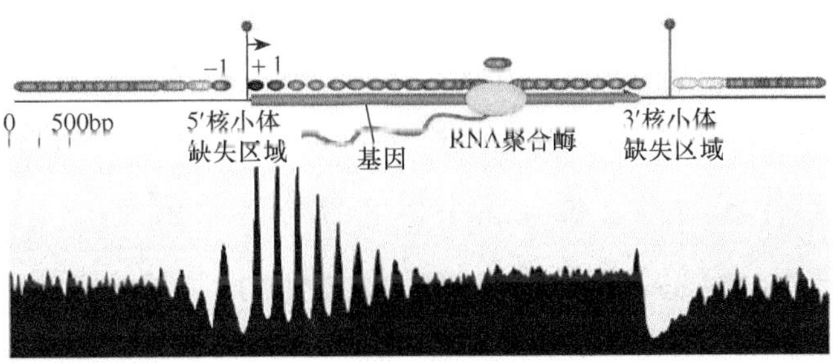

图8-5　酵母基因上的核小体分布（引自Jiang and Pugh，2009）

解离。然而，目前还不清楚－1核小体在多次转录循环过程中是一直保持解离的状态，还是在每一次循环之间都会重新复原形成核小体。回答这个问题可以有助于我们理解转录的再起始（reinitiation of transcription）机制与转录最初的激活（initial activation）机制是否相同。值得注意的是，目前只在酵母、果蝇和人类中观察到了－1核小体，拟南芥和水稻中基因的TSS上游并不存在－1核小体，这表明动物与植物中基因的转录起始机制可能存在区别。

在基因及其周围区域的核小体分布模式中，＋1核小体的定位信号是最强的。与－1核小体一样，＋1核小体在转录调控中也起着重要的作用。虽然没有直接的证据，但一些关联性的证据还是显示＋1核小体可以调控TSS对于RNA聚合酶Ⅱ的可接近性，以及RNA聚合酶Ⅱ从起始状态进入延伸状态的能力。＋1核小体中常含有组蛋白变体H2A.Z和H3.3，并且其组蛋白尾端也经常发生乙酰化和甲基化的修饰。这些特征可能有利于＋1核小体的解离及转录起始复合体的组装。虽然在转录的过程中，一般认为＋1核小体也会发生解离，但不同于－1核小体，其在转录过程中可以完全消失，研究者只在转录水平较高的基因上发现＋1核小体的水平存在有限的降低。这也许是因为＋1核小体虽然发生了解离，但在RNA聚合酶Ⅱ经过后，＋1核小体又能很快地重新形成。位于＋1核小体下游的第一个核小体，即＋2核小体，具有与＋1核小体相似的一些特点。但是＋2核小体上组蛋白的甲基化和乙酰化水平，以及＋2核小体水平都低于＋1核小体。

另外，位于TSS下游更远的核小体上的组蛋白甲基化和乙酰化水平及核小体水平会进一步降低。这或许反映了随着核小体与TSS距离的增加，与基因5′端序列结合的染色质重塑因子和组蛋白修饰酶对其影响会逐渐降低。基因启动子区核小体的缺失是基因附近核小体分布的一个非常典型的特征，它的发现改变了我们对于转录起始复合物在启动子区组装方式的理解。以前人们认为在基因未转录时，其启动子区将完全被核小体占据。虽然对于部分基因来说这个观点是正确的，但是全基因组的核小体定位图谱显示，启动子区核小体的缺失对基因来说是稳定的、普遍存在的。即使是对于转录水平极低的基因的启动子区也同样存在核小体的缺失。这说明即使启动子区在空间上允许转录复合体自由结合，也不足以激活基因转录过程。值得注意的是，启动子区核小体的缺失可能会导致基因存在低水平的背景转录。这种背景转录有可能是转录噪声，特别是当转录本能被快速降解时。另外，也可能是一些低表达的组成型基因的转录，并起着相应基因的功能。位于基因5′端的核小体缺失区域被认为是转录起始因子的结合位点，可以影响基因表达水平。Lee等通过分析酵母全基因组的核小体定位图谱发现，基因启动子区的核小体分布特征与基因转录速率及转录水平密切相关。Teif等通过分析小鼠全基因组的核小体定位图谱，进一步确认基因启动子区核小体的缺失程度与基因表达水平呈正相关，这说明启动子区核小体缺失程度的增强可以促进基因的转录。

（二）转录延伸区和终止位点核小体定位与转录调控

如图8-5所示，在离TSS下游约1kb以外，一直到TTS之前的区域上，虽然可以发现一些良好定位的核小体，但是随机分布的核小体定位信号明显增强。这可能是因为位于基因5′端的可以限制核小体定位的因素对转录延伸区核小体定位的影响十分有限。

最近的研究结果表明，核小体定位在基因的转录延伸过程中起着重要的作用。Segal等认为这可能是因为外显子区的核小体定位参与了基因转录水平的调控。Belch等发现，酵母基因外显子区域的核小体水平较低，这可能有利于外显子区核小体快速地解离与重构，从而有利于RNA聚合酶Ⅱ的顺利通过。事实上，转录水平较高的基因上的核小体水平明显要低于转录水平较低的基因。

另外，Chodavarapu等通过对拟南芥基因组核小体定位谱图的分析，发现基因内含子区的核小体定位水平显著低于外显子区，大约只有外显子区的63%。外显子区核小体水平高于内含子区并不单单是因为外显子区序列的GC含量比内含子高，以及剪切位点具有特定的序列，这反映了核小体定位对基因转录具有较为复杂的影响。另外，与基因5′端的核小体缺失区域相似，在基因的3′端同样存在一个包含TTS位点的核小体缺失区域。基因3′端核小体缺失区域是转录终止的位置，也是转录本离开DNA的位置。Shivaswamy等在研究酵母体内核小体定位与转录扰动之间的关系时发现，基因3′端存在核小体缺失，同时还发现转录水平较高的基因及长度较长的基因的3′端核小体缺失程度更强。Mavrich等在研究果蝇中含有H2A.Z组蛋白变体的核小体分布时发现，含有H2A.Z的核小体的水平在靠近可读框末端处达到极高水平，然后沿3′方向又表现出急剧降低。但是考察无H2A.Z的核小体时则没有发现可读框末端存在类似于含有H2A.Z的核小体的分布模式。Mavrich等认为这一结果说明与基因5′端相似，H2A.Z在基因3′端的出现可能与3′端核小体的缺失有关。虽然目前基因3′端核小体缺失的功能还不清楚，但一般认为其可能与基因的转录终止相关。

（三）核小体定位的动态性与基因转录

真核生物细胞内的核小体定位状态是动态变化的，而且核小体的动态变化与基因表达的变化密切相关。研究表明，在酵母和果蝇中含有TATA盒的基因（TATA基因）与不含有TATA盒的基因（非TATA基因）的染色质包装形式不同。TATA基因的启动子区通常具有较多的核小体。在酵母中，相对于非TATA基因，TATA基因对染色质调控因子的突变更为敏感。非TATA基因一般是组成型基因，TATA基因通常是应激反应基因。TATA基因的转录水平具有更强的可塑性，而且在进化过程中，TATA基因表达模式的改变速率更快。TATA基因还具有比非TATA基因更多的转录因子结合位点。

Tirosh等认为TATA基因和非TATA基因表达可塑性之间的差异与核小体定位模式相关，并由此总结了两种启动子调控基因表达的策略。非TATA基因靠近TSS的启动子区具有明显的核小体缺失，而且在核小体缺失区域上游存在着良好定位的核小体，所以转录因子结合位点在这一核小体缺失区域的分布较为集中，转录水平较为连续稳定。TATA基因的启动子区核小体的缺失相对不明显，核小体分布较为均匀，转录因子结合位点分散分布在启动子区域内，所以这类基因转录水平比较容易发生较大的变化，表达模式的可塑性较强。因此，启动子区核小体定位的加强可以提高基因表达模式的可塑性，从而有利于增强生物对环境的适应性。需要注意的是，TATA盒本身并不是引起启动子区核小体定位水平增加的原因。Schones等通过在全基因组范围内比较休眠和活跃状态下的人类$CD4^+$ T细胞的核小体定位图谱发现，休眠状态下＋1核小体的中心位点位于TSS下游10bp

处，而活跃状态下＋1核小体的中心位点位于TSS下游40bp处，表明核小体定位的动态变化与细胞状态相关。他们还发现利用T细胞受体（T cell receptor，TCR）信号可以诱导启动子区与增强子区的核小体重新定位，从而导致相关基因的转录激活或者抑制。

Hu等通过比较处于不同复制年龄下酵母的全基因组核小体定位图谱发现，随着复制年龄的增加，酵母全基因组范围内的核小体水平降低了约50%。并且，随着复制年龄的增加，核小体的定位也变得更随机，或者说核小体会移动向序列特征有利于与组蛋白八聚体结合的区域。他们发现酵母所有基因的表达在复制年龄增大后都有所增强。对于那些在复制年龄较低时转录状态被启动子区核小体抑制的基因，其在高复制年龄下转录水平的增加最为明显，并且伴随着启动子区核小体的缺失。这些结果说明在酵母复制年龄增大时，核小体会发生缺失并引起基因转录水平总体的增加，以及基因组稳定性的降低。

此外，Bochkis等发现21个月的小鼠与3个月的小鼠相比，其体内的核小体定位状态也会发生变化，并且与不同年龄代谢状态的变化相关。出乎意料的是，不同细胞状态下核小体定位状态的改变并不是在全基因组范围内普遍发生的。Shivaswamy等发现在酵母细胞发生转录扰动后，典型的核小体变化是启动子区伴随着以一或两个核小体为单位的核小体解离、出现与重排，而不是大段区域内的核小体同时发生变化。与Shivaswamy等的研究结果相一致的是，West等通过分析小鼠和人的胚胎干细胞、诱导产生的干细胞，以及一些分化后的细胞内的核小体定位图谱发现，分化后的细胞与干细胞相比，大部分的染色质状态都没有发生变化，并且大多数核小体的重新编排都是以单核小体为单位发生的。West等还建立了一种生物信息学方法用以鉴定不同类型细胞间核小体差异区，发现这些核小体差异区富集于基因和基因的调控元件上，包括与细胞功能和分化相关的增强子。上述的研究表明，核小体定位的动态性与基因的表达变化密切相关，并且也与细胞或组织身份紧密关联。虽然核小体定位的改变不一定能直接导致基因的表达水平发生变化，但现有的研究结果表明，核小体定位的改变可以通过隐藏或者暴露启动子区的转录因子结合位点及增强子元件，或者通过调整局部区域的核小体分布，从而引起基因的转录水平发生改变。

第四节　DNA甲基化

DNA甲基化是指在DNA甲基转移酶的作用下，DNA序列中胞嘧啶的第五位碳原子上发生了甲基化修饰，从而形成5-甲基胞嘧啶（5-methylcytosine，5-mC）。DNA甲基化是目前研究最多的表观遗传修饰之一。DNA甲基化涉及很多生物学过程，包括转基因沉默、转座子及重复序列沉默、基因印记及X染色体失活等。动物中DNA甲基化缺陷将会导致胚胎不能正常发育；植物中DNA甲基化缺陷则会导致很多发育上的表型。动物中的DNA甲基化主要发生在对称的CG背景中，非CG甲基化小部分存在于胚胎干细胞中，其余大部分则存在于CG岛上。植物中的DNA甲基化可以发生在CG、CHG、CHH（H是除G以外的任意一个核苷酸）三种序列背景中。拟南芥中全基因组的CG、CHG和CHH甲基化水平大致分别为24%、6.7%、1.7%；并且植物中的DNA甲基化主要发生在转座子和重复序列上。

一、DNA甲基化的建立

（一）动物中DNA甲基化的建立

动物中DNA甲基化的建立是在胚胎发育早期由DNA甲基转移酶DNMT3（DNA methyltransferase 3）完成的。上一代建立的DNA甲基化模式将通过DNA去甲基化去除，而新的DNA甲基化模式则在受精完成后通过DNMT3A和DNMT3L（DNMT3-like）重新建立。

在印记基因位点DNA甲基化建立过程中，DNMT3L通过其ATRX-DNMT3-DNMT3L（ADD）结构域与非甲基化的H3K4相互作用从而被招募到印记基因位点。DNMT3L又通过与DNMT3A发生直接的相互作用进而将DNMT3A招募到相应位点对DNA进行甲基化。此外，DNMT3A和DNMT3L C端复合体的晶体结构显示，它们是由两个DNMT3A和两个DNMT3L组成的一个四聚体，其中两个DNMT3A蛋白的催化活性位点相互紧邻；而两个DNMT3L则分布在DNMT3A二聚体的两侧，可能是用来维持DNMT3A的活性区域的稳定。并且DNMT3L可以增强1.5～3倍的DNMT3A酶活性。两个DNMT3A的活性区域被DNA的一个螺旋分隔开，并且DNMT3A能形成多聚体，进而在DNA上聚合成丝状核蛋白复合体，从而使DNMT3A的活性位点在DNA上周期性地出现。与此一致的是，体内很多差异甲基化区域（differential methylated region，DMR）中发生甲基化的CG位点也存在一个8～10bp的周期（图8-6）。

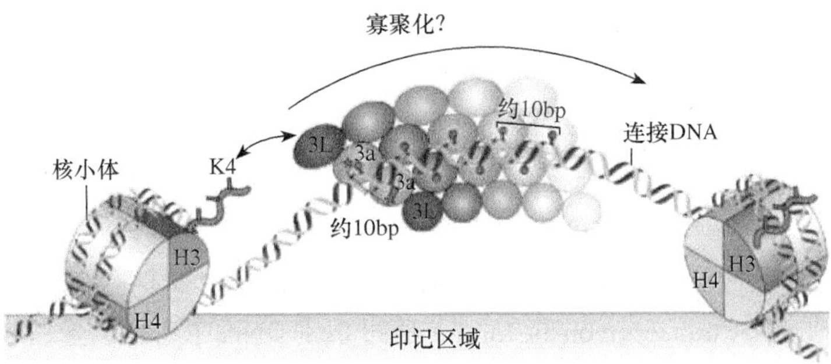

图8-6　H3K4招募DNA甲基化从头建立DNA甲基化的模型（引自Law and Jacobsen，2010）

KDM1B（lysine demethylase 1B）是一个在卵母细胞中特异表达的H3K4去甲基化酶，它参与卵母细胞发育过程中印记基因差异甲基化的建立，KDM1B缺陷的卵母细胞中H3K4甲基化升高，并且印记基因处的差异DNA甲基化不能正常建立。

此外，DNMT3A和DNMT3B还可以通过与组蛋白甲基转移酶G9a相互作用从而被招募到染色质上。最近的研究还表明，精氨酸甲基转移酶PRMT5介导的组蛋白H4R3me2也可以将DNMT3A招募到基因组上，从而参与DNA甲基化的建立和基因沉默。

（二）植物中DNA甲基化的建立

植物中DNA甲基化的建立由RNA介导的DNA甲基化作用（RNA-directed DNA methylation，RdDM）完成，其中发挥作用的DNA甲基转移酶DRM2（domains rearranged methyltransferase 2）是动物中DNMT3的同源蛋白。植物中存在CG、CHG和CHH三种序列上的DNA甲基化。以拟南芥为例，DNA甲基化主要发生在着丝粒附近的转座子和基因组的重复序列上，其中CG、CHG和CHH甲基化都有分布；在表达基因的转录区和很少部分的启动子上也有DNA甲基化修饰，主要为CG甲基化。植物中DNA甲基化主要由24nt siRNA（small interfering RNA）介导的RdDM通路完成，可引起转座子和重复序列转录水平的基因沉默。通过筛选释放基因沉默突变体的方法，找到一些RdDM通路的成员，这些成员对RdDM通路的贡献可以分为三个方面：siRNA的生物合成、支架RNA的产生和RdDM效应复合体对DNA甲基转移酶的招募（图8-7）。

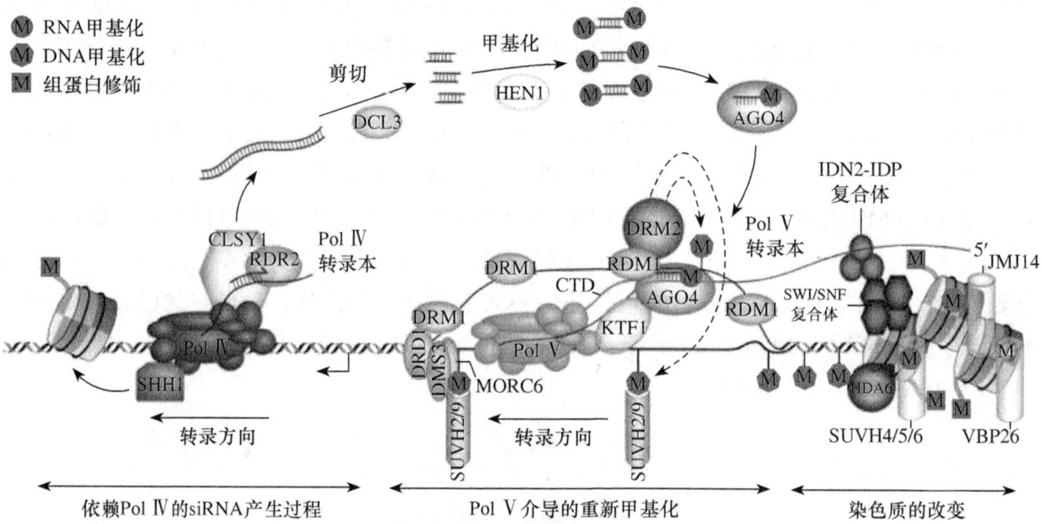

图8-7　拟南芥中RdDM通路从头合成DNA甲基化模式图（引自Matzke and Mosher，2014）

RdDM通路有两个植物特有的RNA聚合酶——Pol Ⅳ和Pol Ⅴ，RdDM通过特定的转录因子、组蛋白修饰或核苷酸结构招募Pol Ⅳ和Pol Ⅴ，起始DNA甲基化的建立。最近研究表明，DTF1（DNA transcription factor 1）通过识别DNA序列和组蛋白修饰，将Pol Ⅳ招募到RdDM的作用位点上。Pol Ⅳ以作用位点的DNA序列为模板合成单链RNA，单链RNA经由RDR2（RNA-dependent RNA polymerase 2）转变成双链RNA，双链RNA继续被DCL3（Dicer-like 3）切制成24nt的双链siRNA。在此过程中，一个含有SNF2结构域的染色质重塑蛋白CLSY1促进Pol Ⅳ的转录和DNA甲基化的扩散。siRNA还需HEN1（hua enhancer 1）在其3′端加上甲基化修饰，以形成成熟的siRNA。

RdDM通路从基因间非编码区域产生单链支架RNA依赖于Pol Ⅴ及Pol Ⅱ。Pol Ⅴ的转录需要由DRD1（defective in RNA-directed DNA methylation 1）、DMS3（defective in meristem silencing 3）和RDM1（RNA-directed DNA methylation 1）组成的DDR蛋白复合体及RDM4/DMS4的帮助。DRD1含有SWI2/SNF2结构域，通过RdDM通路调节基因组上特定位点的非CG甲基化；DMS3通过结合并稳定siRNA-DNA或是siRNA-RNA复合体，促进DNA甲基化的扩散；RDM1能结合甲基化的单链DNA序列，帮助招募Pol Ⅱ和Pol Ⅴ到RdDM的作用位点；RDM4/DMS4与Pol Ⅴ和Pol Ⅱ存在相互作用，通过RdDM途径调

控非编码区的基因组位点，也通过Pol Ⅱ调控编码区的基因位点。另外，组蛋白甲基转移酶SUVH2（suppressor of variegation homolog 2）和SUVH9通过帮助Pol Ⅴ和DMS3结合RdDM的作用位点，促进依赖于Pol Ⅴ的支架RNA的合成。MORC6（microrchidia 6）在RdDM下游通过与DMS3的相互作用，促进RdDM作用位点抑制性染色质的形成，间接参与RdDM通路。

RdDM效应复合体对DNA甲基转移酶招募的过程还有很多待解决的问题，目前认为RdDM效应复合体是以AGO4（argonaute 4）为作用平台，由siRNA和单链支架RNA通过碱基互补配对进行组装。首先成熟的siRNA装载到AGO4上，AGO4能分别与Pol Ⅴ和KTF1（Kow domain-containing transcription factor 1）相互作用，在KTF1的帮助下携带siRNA到Pol Ⅴ转录的支架RNA上；另外，Pol Ⅱ也能促进RdDM作用位点对AGO4的招募。IDN2（involved in de novo 2）/RDM12通过它的XS结构域结合双链RNA，在RdDM通路中通过识别siRNA，促进下游DRM2等蛋白质结合 RdDM的作用位点。DNA甲基化的建立最终由DNA甲基转移酶DRM2（domains rearranged methyltransferase 2）对作用位点进行DNA甲基化。

最近研究表明，转录中参与剪接过程的作用因子也影响RdDM介导的转录水平基因沉默，如一些pre-mRNA剪接因子。ZOP1（zinc-finger OCRE domain-containing protein 1）在RdDM上游帮助siRNA合成和积累，RDM16通过影响Pol Ⅴ的转录参与RdDM通路，STA1（stabilized 1）则作用在siRNA合成的下游，促进支架RNA的产生。RdDM通路的作用机制还有很多问题没有清晰的定论，如DNA甲基化的建立是如何起始的，以及RdDM效应复合体是如何招募DRM2到待甲基化位点上的。

（三）DNA甲基化的维持

1. CG甲基化的维持 动物中的CG甲基化主要通过DNMT1甲基转移酶维持。动物DNA复制过程中，全甲基化状态的DNA双链解开，形成两个半甲基化状态的DNA，UHRF1（ubiquitin-like PHD and RING finger domain 1）和PCNA（proliferating cellular nuclear antigen）将DNMTI招募到复制叉半甲基化的DNA序列上进行甲基化，最终形成全甲基化的DNA双链（图8-8）。复制中的辅助因子PCNA通过与DNMT1的相互作用，将DNMT1招募到半甲基化的DNA序列上。UHRF1蛋白在DNA复制的S期与DNMT1共定位，通过与DNMT1的相互作用将DNMT1招募到染色质上，UHRF1的SRA（SET and RING associated）结构域能特异结合半甲基化的DNA序列，而半甲基化DNA是DNMT1

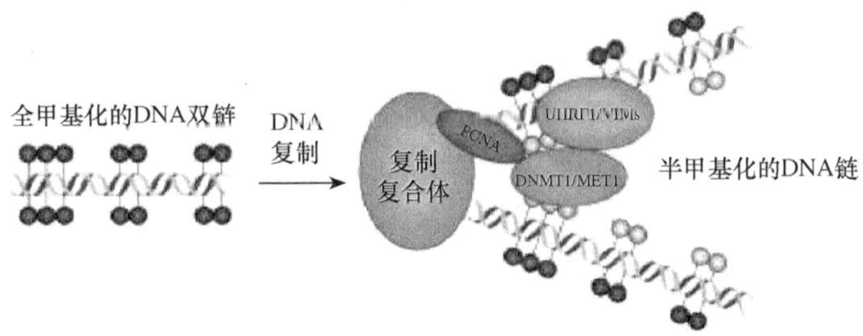

图8-8 复制过程中DNA甲基化的维持模式图（引自Law and Jacobsen，2010）

维持DNA甲基化过程的底物，所以UHRF1与DNMT1共同作用于复制中DNA甲基化的维持，抑制反转录转座子和印记基因的转录。动物中LSH1（lymphoid specific helicase 1）缺失引起基因组水平DNA甲基化的下降，LSH1主要维持重复序列上的DNA甲基化，抑制反转录病毒对基因组的干扰。

植物中DNA序列上CG甲基化的维持因子是MET1（methyltransferase 1），是动物中DNMT1的同源蛋白质。含有SRA结构域的VIM1（variant in methylation 1）通过结合CG甲基化的位点，将MET1招募到复制中的半甲基化DNA序列上。植物中DDM1（decrease in DNA methylation 1）与LSH1类似，能维持植物基因组水平的DNA甲基化。拟南芥*ddm1*突变体中转座子上的DNA甲基化大量下降，基因组中CG、CHG和CHH的DNA甲基化水平分别下降58%、57%和32%，突变植株也出现生长发育异常表型。植物中组蛋白H3K9me2是异染色质的标志，H3K4me3是转录活跃基因的标志，DDM1的突变引起组蛋白H3K9me2修饰水平的下降及H3K4me3修饰水平的上升，说明组蛋白甲基化修饰和DNA甲基化修饰之间存在正反馈作用。

2. 非CG甲基化的维持 植物中的CHG甲基化主要是由DNA甲基转移酶CMT3和组蛋白甲基转移酶SUVH4/KYP（kryptonite）共同维持的。植物中组蛋白甲基转移酶SUVH4/KYP的SRA结构域能结合甲基化的DNA序列，SUVH4对结合位点进行H3K9甲基化，通过促进CMT3的招募，维持结合位点的CHG甲基化。

RdDM通路可以维持不对称的CHH甲基化，RdDM对CHH位点的甲基化也需要含有SRA结构域的组蛋白甲基转移酶SUVH9。SUVH9可能是在RdDM通路下游通过结合作用位点，招募DRM2参与维持CHH甲基化。有报道称DDM1能调控拟南芥转座子位点上的CHH甲基化，通过全基因组甲基化测序发现，RdDM通路成员突变只引起CHH甲基化的微弱降低，而*ddm1*与*rdr2*或*drd1*的双突变体中缺失了几乎所有的CHH甲基化，说明DDM1和RdDM通路共同维持CHH甲基化；同时发现CMT3的同源蛋白CMT2缺失会引起CHH甲基化的大量丢失。研究人员发现植物中转座子序列上的CHH甲基化主要是通过依赖于DDM1的CMT2来维持，转座子边缘和基因序列上的CHH甲基化由RdDM通路维持。

一些组蛋白修饰因子也参与DNA甲基化的建立和维持。组蛋白H3K4去甲基化酶JMJ14（jumonji 14）在RdDM通路的RDR2和AGO4下游起作用，通过对组蛋白H3K4me3的去甲基化作用，促进CHH甲基化的建立。组蛋白去乙酰化酶HDA6（histone deacetylase 6）缺失会引起对称性CG和CHG甲基化的降低，HDA6帮助RdDM对rRNA基因、转座子和转基因沉默。UBP26（ubiquitin-specific protease 26）能使组蛋白H2B去泛素化，促进组蛋白H3K9甲基化，UBP26突变后H2B被泛素化，促进沉默的释放，H3K9me2修饰水平下降，同时RdDM通路的作用受到抑制。

二、DNA去甲基化

（一）DNA去甲基化的意义

1. 动物中DNA去甲基化的意义 DNA甲基化的动态变化对动物早期胚胎发育具有重要作用。老鼠胚胎发育早期经历两次快速的DNA去甲基化过程。第一次是高甲基化的原始生殖细胞（primordial germ cell，PGC）形成成熟生殖细胞的过程，通过DNA

去甲基化重建精子和卵子中基因组DNA的甲基化状态；第二次是从受精卵发育成囊胚的过程，在受精作用和受精卵最初的几次卵裂中通过DNA去甲基化恢复细胞的全能性（图8-9）。这种DNA去甲基化过程可能是DNA主动去甲基化，因为在PGC中，DNMT1是正常表达的，而DNA被动去甲基化主要是在复制过程中DNA甲基转移酶没有及时跟进或缺少甲基供体引起的。在此过程中，父本或母本基因组上的一些印记基因不发生DNA去甲基化，这些位点的沉默是正常胚胎发育所必需的。例如，PGC7蛋白在胚胎发育中保护母本基因组中一些印记基因不被去甲基化；MBD3（methyl-CpG binding 3）蛋白通过与父本基因组中印记基因*H19*结合，维持*H19*在受精卵卵裂中的DNA甲基化状态；ZFP57（zinc finger protein 57）能维持母本中印记区域的DNA甲基化，受精卵中ZFP57缺失会导致胚胎死亡。

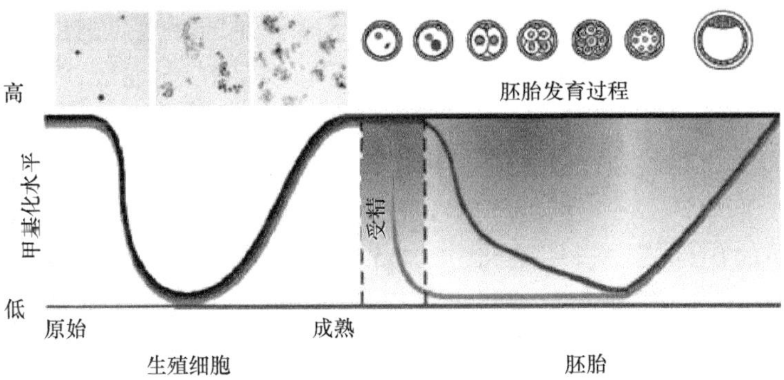

图8-9 老鼠早期发育中DNA甲基化的动态变化（引自Santos and Dean，2004）

研究人员发现在成年老鼠的恐惧条件反射后，DNA甲基化和去甲基化分别作用于记忆抑制基因*PPI*和记忆促进基因*REELIN*，共同调控记忆形成，说明DNA甲基化在动物神经系统中动态变化。DNA去甲基化对维持人类的免疫反应和抑制肿瘤发生也发挥着重要作用。

2. 植物中DNA去甲基化的意义 与动物类似，植物配子体形成时期也需要DNA甲基化的动态调节。拟南芥中的双功能蛋白DME（demeter）在雌配子体中进行DNA去甲基化，DNA甲基转移酶MET1在此时期表达受到抑制，以上两者的共同作用使胚乳中的甲基化下降，*dme*突变体则表现出胚乳异常生长、种子败育的表型。DME还通过DNA去甲基化作用调控印记基因的表达。拟南芥中的FWA（flowering wa-geningen）不能正常表达时植物出现晚花表型，DME在*FWA*基因5′端的重复序列上进行DNA去甲基化，促进FWA的表达。MEA（medea）在母本的等位基因中通过DME的DNA去甲基化作用表达，在父本等位基因中通过MET1维持的CG甲基化沉默。

植物基因组中转座子和重复序列是植物基因组的重要组成部分，虽然大部分转座子和重复序列上有DNA甲基化修饰，但植物通过DNA去甲基化作用维持部分位点少量的表达。植物中5S rDNA重复序列分布在异染色质的近着丝粒上，在植物萌发后的5天内，RdDM通路的Pol Ⅳ使5S rDNA对应的染色质凝结；在此过程中，ROS1（repressor of silencing 1）的DNA去甲基化作用使5S rDNA重复序列出现一个短暂的解凝结现象。植物通过DNA甲基化和去甲基化修饰维持基因组一定水平的可塑性，使植物能更好地适应环境变化。植物中RdDM通路抑制转座子和重复序列基因的表达，同时外源转基因和原本正常表达的有相同序列的内源基因也会被RdDM沉默，DNA去甲基化蛋白ROS1能将外源转基因和内源基因上的DNA甲基化去掉，使它们在植物中正常表达，以适应发育过程中环境的变化。DNA去甲基化也可以中和RdDM的作用，抑制重复序列上的DNA甲基化向邻近基因扩散。另外，MET1和RdDM通路成员突变引起DNA甲基化下降，同时抑制ROS1和DME的表达，说明植物中DNA甲基化和去甲基化通路之间存在反馈调节。

（二）DNA主动去甲基化

植物和动物中的DNA主动去甲基化都依赖于碱基切除修复（base excision repair，BER）机制。植物中DNA主动去甲基化首先通过DNA去甲基化酶（具有DNA糖基化酶活性和裂合酶活性的双功能酶）在DNA序列的5-甲基胞嘧啶上切割DNA骨架，再经过碱基切除修复机制在无碱基位点上加一个未甲基化的胞嘧啶，完成DNA去甲基化过程；动物中DNA主动去甲基化过程不能直接切除5-甲基胞嘧啶，需要首先对5-甲基胞嘧啶进行氧化或者脱氨基，再通过DNA糖基化酶和碱基切除修复机制转变成没有甲基化的5-胞嘧啶。

1. 动物中的DNA主动去甲基化 与植物不同，动物不能直接切除5-甲基胞嘧啶，只能在5-甲基胞嘧啶被氧化或脱氨基后进行切除。动物中5-甲基胞嘧啶的氧化由TET（ten eleven translocation）蛋白完成，TET蛋白家族有TET1、TET2和TET3三个成员，其中TET1和TET3能将5-甲基胞嘧啶羟基化，转变成5-羟甲基胞嘧啶（5-hydroxymethyleytosine，5-hmC），5-羟甲基胞嘧啶可进一步被TET2氧化成5-甲酰胞嘧啶（5-formylcytosine，5-fimC）和5-羧基胞嘧啶（5-carboxylcytosine，5-caC）。

随后，胸腺嘧啶糖苷酶TDG（thymine DNA glycosylase）切除5-甲酰胞嘧啶和5-羧基胞嘧啶，形成无碱基位点，但TDG不能切除5-羟甲基胞嘧啶，5-羟甲基胞嘧啶可以被TET继续氧化，或者通过AID/APOBEC（activation-induced deaminase/apolipoprotein B mRNA-editing enzyme complex）的脱氨基作用转变成5-羟甲基尿嘧啶（5-hydroxymethyluracil，5-hmU），5-羟甲基尿嘧啶可以被DNA去甲基化酶切割。去除5-甲基胞嘧啶的DNA序列再通过碱基切除修复机制加上未甲基化胞嘧啶，完成DNA去甲基化。

TDG是哺乳动物中发现的唯一能够切除5-羧基胞嘧啶和5-甲酰胞嘧啶的DNA糖基化酶，在动物中还发现了另外两个DNA糖基化酶SMUG1和MBD4，SMUG1和MBD4只能切除DNA双链上的5-羟甲基尿嘧啶。在斑马鱼胚胎中，AID/APOBEC蛋白可以对5-甲基胞嘧啶直接脱氨基变成胸腺嘧啶，MBD4在响应DNA损伤的蛋白GADD45a的帮助下对胸腺嘧啶进行切割，最终通过碱基切除修复机制完成DNA去甲基化。

2. 植物中的DNA主动去甲基化 植物中的DNA去甲基化酶ROS1、DME、DML2（demeter-like 2）和DML3都具有DNA去甲基化酶活性。以拟南芥中ROS1为例，通过在proRD294：LUC转基因植株中筛选沉默该转基因位点的突变体，筛选到一个参与释放基因沉默的DNA去甲基化酶ROS1。ROS1切掉5-甲基胞嘧啶，再在无碱基位点上切开DNA骨架，形成一个含5′和3′磷酸端的单核苷酸缺口，最终通过碱基切除修复途径加上未甲基化的胞嘧啶完成DNA去甲基化，该过程需要其他的DNA聚合酶和DNA连接酶的帮助（图8-10）。

拟南芥中DNA去甲基化酶切割DNA磷酸二酯键骨架时有β,δ-切除和β-切除两种方式，β,δ-切除产生一个3′-磷酸缺口，β-切除产生一个3′-PUA（3′-phosphor-α,β-unsaturated aldehyde）结构。DNA磷酸酶ZDP（zinc finger DNA 3′-phosphoesterase）能与ROS1在体外相互作用，并将β,δ-切除产生的3′-磷酸基团转变为3′-羟基基团；APE1L（apurinic/apyrimidinic endonuclease 1 like）蛋白也作用于ROS1和DME下游，将3′-磷酸和3′-PUA转变成3′-羟基基团，3′-羟基基团结构的形成有利于后面DNA聚合酶和DNA连接酶继续完成DNA去甲基化（图8-10）。拟南芥中*apel1 zdp*双突变体有胚胎致死表型，而且致死表型有母体效应，研究人员发现这种表型伴随着胚乳中印记基因*FWA*和*MEA*表达的下降，说明APE1L与ZDP通过参与DNA去甲基化调控印记基因的表达。拟南芥LIG1（ligase 1）蛋白也能作用在DME下游，LIG1在中央细胞中通过修复DME产生的DNA单链损伤参与DNA去甲基化。

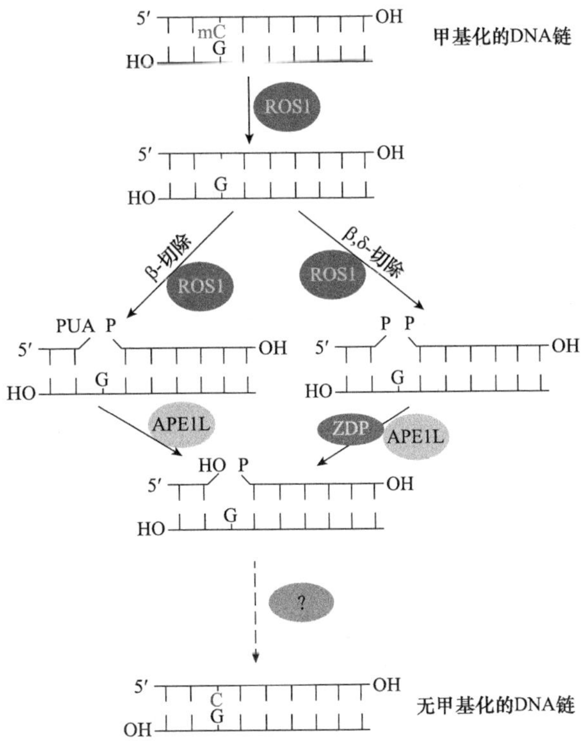

图8-10 拟南芥中DNA主动去甲基化模式图（引自Li et al.，2015）

植物中DME在配子体形成时期表达，而ROS1、DML2和DML3在营养组织中表达，在*rdd*（*ros1 dml2 dml3*）三突变体中检测作用位点上的DNA甲基化发现，和单突变体相比，*rdd*中甲基化水平更高，说明ROS1、DML2和DML3在DNA去甲基化中有冗余作用，并且发现ROS1能调控特定基因组位点上的DNA甲基化。通过全基因组甲基化测序发现，与野生型相比，*ros1*突变体中甲基化上升位点（hypermethylated differentially methylated region，Hyper-DMR）为4991个，*rdd*突变体中甲基化上升位点为9290个，除以上位点外，基因组整体水平的DNA甲基化没有太大变化，这说明DML2和DML3能独立于ROS1调控DNA去甲基化，并且ROS1、DML2和DML3调控DNA去甲基化有位点特异性。同时发现ROS1调控的DNA去甲基化位点在CG、CHG和CHH背景中分别有4863个、2474个和1764个，说明ROS1在所有DNA序列上都能调控DNA的去甲基化，并且略偏好于调控CG位点上的甲基化。

DNA去甲基化过程还受到组蛋白修饰的影响，主要是各种组蛋白修饰因子通过创造一个合适的环境促进DNA去甲基化酶的招募，或者是抑制DNA甲基转移酶的DNA甲基化作用，最终抑制DNA甲基化的积累。拟南芥SSRP1（structure specific recognition protein

1）蛋白是一个含有HMG结构域的保守的组蛋白分子伴侣，在中央细胞DNA去甲基化的过程中提供合适的染色质修饰，以促进DNA去甲基化酶DME的作用，与DME共同激活父本中印记基因的表达。组蛋白H3K9去甲基化酶IBM1（increase in bonsai methylation 1）能通过对H3K9甲基化状态的修饰，抑制CMT3和KYP在较长的基因上进行CHG甲基化，但不影响转座子上DNA的甲基化。*IBM1*基因有一个很长的内含子，这段内含子被高度甲基化，对应组蛋白也被加上抑制表达的修饰，拟南芥结合RNA的ASI1（anti-silencing 1）和组蛋白调节因子EDM2（enhanced downy mildew 2）能识别并结合*IBM1*中长内含子区对应的表观修饰，通过促进*IBM1*转录出来的mRNA进行远端的3′聚腺苷酸化，维持*IBM1*基因的表达，间接地抑制基因编码区中CHG位点的DNA甲基化。

第五节　组蛋白修饰

一、组蛋白的分类和性质

真核生物基因的转录是一个高度调控的过程，染色质结构对基因转录有重大影响。在细胞里，DNA以染色质的形式存在。染色质的基本结构单位是核小体。每个核小体由两个H2A、两个H2B、两个H3、两个H4组成的核心组蛋白八聚体和缠绕在外面的147bp的DNA组成，组蛋白H1与核小体间的DNA结合。DNA和核心组蛋白包装成的核小体是真核生物核基因组折叠的第一层级，进而折叠成更高级结构，如染色质环、拓扑关联结构域等多尺度的三维染色质结构模式。众多研究表明，基因组复杂的三维空间结构对基因的表达和调控有重要的影响。

早在1888年，德国化学家A. Kossel就从细胞核中分离出了组蛋白，并认识到它们作为碱性物质应在核中与核酸结合。但直到1974年，组蛋白的作用才逐渐被认识。一些研究证明组蛋白以独特的方式构成核小体。

组蛋白（histone）是真核生物体细胞染色质中的碱性蛋白质，富含精氨酸和赖氨酸等碱性氨基酸（精氨酸和赖氨酸加起来约为所有氨基酸残基的1/4）。因为组蛋白富含带正电荷的碱性氨基酸，所以能够同DNA中带负电荷的磷酸基团相互作用，形成DNA-组蛋白复合物。组蛋白依据氨基酸成分和相对分子质量的不同，主要分为5类，即H1、H2A、H2B、H3、H4。

组蛋白在不同物种中非常保守。即使在亲缘关系较远的种属中，4种组蛋白（H2A、H2B、H3、H4）氨基酸序列都非常相似。比如人类和豌豆的组蛋白H4，氨基酸序列只有两个不同；人类和酵母的组蛋白H4氨基酸序列也只有8个不同。核心组蛋白高度保守的原因可能有两个：其一是核心组蛋白中绝大多数氨基酸都与DNA或其他组蛋白相互作用，可置换而不引起致命变异的氨基酸残基很少；其二是在所有的生物中与组蛋白相互作用的DNA磷酸二酯键骨架都是一样的。H1属于另一类组蛋白，它不参加核小体的组建，在构成核小体时起连接作用，并赋予染色质以极性。H1有一定的组织和种属特异性。查找不同物种的组蛋白序列及结构信息，可以访问组蛋白序列数据库（http://genome.nhgri.nih.gov/histones/）。

二、组蛋白修饰的种类

染色体的高级结构和基因的转录调控都与组蛋白修饰密切相关。每个核心组蛋白都有两个结构域：组蛋白的球形折叠区和氨基端（N端）结构域。组蛋白的折叠区与组蛋白间相互作用及缠绕DNA有关。氨基端结构域像一条“尾巴”，位于核小体的球形核心结构以外（伸出核小体），游离在外的N端则可以受到各种各样的修饰，包括组蛋白末端的乙酰化、甲基化、磷酸化、泛素化等（图8-11）。其中组蛋白的甲基化和乙酰化可能是目前研究最多的两种组蛋白修饰。组蛋白甲基化主要发生在赖氨酸残基上的一、二、三甲基化，主要包括H3游离N端第4位、第9位、第18位、第27位、第36位、第79位（从N端开始计算的氨基酸位置）赖氨酸上的甲基化，H4游离N端第20位赖氨酸上的甲基化。除了赖氨酸，精氨酸残基上也能发生甲基化，主要包括H3游离N端第2位、第17位、第26位精氨酸上的甲基化，H4游离N端第3位精氨酸上的甲基化。组蛋白乙酰化结合的位点主要发生在赖氨酸残基上，包括H2A游离N端第5位赖氨酸上的乙酰化，H2B游离N端第5位、第12位、第15位和第20位赖氨酸上的乙酰化，H3游离N端第4位、第9位、第14位、第18位、第23位和第27位赖氨酸上的乙酰化，H4游离N端第5位、第8位、第12位和第16位赖氨酸的乙酰化。

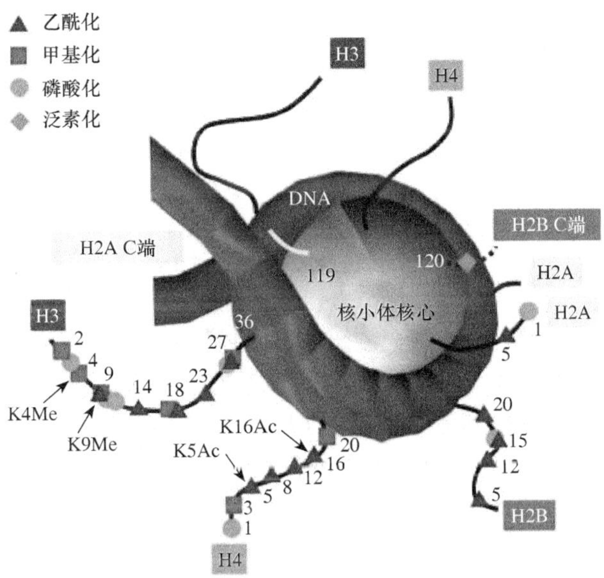

图8-11 组蛋白的球形折叠区和氨基端（N端）结构域（引自Regnier and Kim，2018）

1．组蛋白乙酰化 乙酰化修饰是通过组蛋白乙酰化酶的催化作用实现的。组蛋白乙酰化酶将乙酰CoA的乙酰基转移到组蛋白N端尾区内赖氨酸侧链的氨基上（图8-12）。组蛋白通过电荷相互作用（组蛋白尾巴带正电荷，DNA带负电荷）结合DNA或调节核小体之间的相互作用。而从组蛋白的球状域伸出的组蛋白N端赖氨酸发生的乙酰化修饰可以通过电荷中和的方式削弱组蛋白-DNA或核小体-核小体的相互作用，或引起构象的变化，破坏稳定的核小体结构。乙酰化修饰后的组蛋白也可以募集其他相关因子（如转录

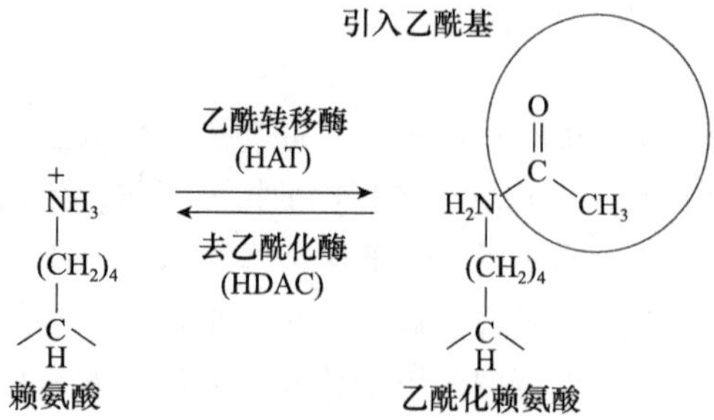

图8-12 组蛋白赖氨酸乙酰化
（引自Smith and Denu，2009）

复合物）进入一个基因位点，影响转录。最近研究人员相继报道了发挥乙酰化功能的蛋白质和复合物。

2. 组蛋白甲基化 甲基化修饰不同于其他的组蛋白修饰，它可以发生在精氨酸和赖氨酸的侧链上，每个残基侧链的氨基氮可单独或多次被甲基化。以精氨酸为例，侧链的胍基可以发生对称或不对称的单甲基化、二甲基化，而赖氨酸的ε-氨基可以发生单、双或三甲基化。在核小体中，精氨酸甲基化只发生在组蛋白H3和H4的N端尾巴。组蛋白赖氨酸甲基转移酶以硫腺苷甲硫氨酸（AdoMet）依赖的方式催化赖氨酸的ε-氨基发生单、双或三甲基化修饰。组蛋白赖氨酸甲基转移酶包括两大类，即包含SET结构域的家族和非SET结构域的DOT1家族。SET结构域甲基化转移酶能够催化单、双或三甲基赖氨酸。该类甲基化转移酶活跃位点残基的大小和结合模式最终决定酶是否进行单、双或三甲基化催化（图8-13）。

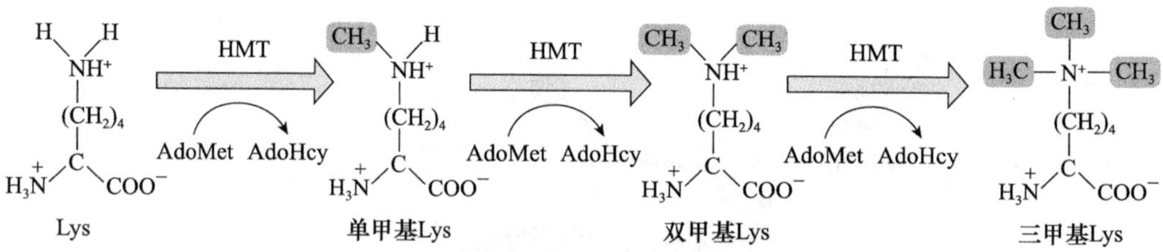

图8-13 赖氨酸的甲基化修饰
AdoHcy. *S*-（5′-腺苷）-L-高半胱氨酸

3. 组蛋白磷酸化 组蛋白磷酸化修饰是指在磷酸激酶等相关酶的作用下，ATP水解后的磷酸基团与组蛋白N端丝氨酸或苏氨酸残基的缩水结合。组蛋白H3的S10（第10位丝氨酸）、S28、T3（第3位苏氨酸）和T11都可以发生磷酸化修饰。目前对组蛋白H4磷酸化的研究主要集中在S1上，H2A的磷酸化修饰发生在S1和S10。组蛋白H2B的S32在细胞有丝分裂期也能够发生磷酸化修饰。

组蛋白磷酸化修饰和其他表观遗传修饰一样，也可能是通过两种机制影响染色体的结构和功能：①磷酸基团携带的负电荷中和了组蛋白上的正电荷，造成组蛋白与DNA之间的亲和力下降；②修饰能够产生与蛋白质识别模块结合的表面，与特异的蛋白质复合物相互作用。组蛋白的磷酸化可能会改变组蛋白与DNA结合的稳定性，在细胞信号、有丝分裂、细胞死亡、DNA损伤修复、DNA复制、DNA转录和DNA重组过程中发挥重要作用。

4. 组蛋白泛素化 泛素（ubiquitin，Ub）是高度保守的、含76个氨基酸的蛋白质，相对分子质量为8500，在真核生物体内广泛存在。泛素分子氨基端1～72位点的氨基酸

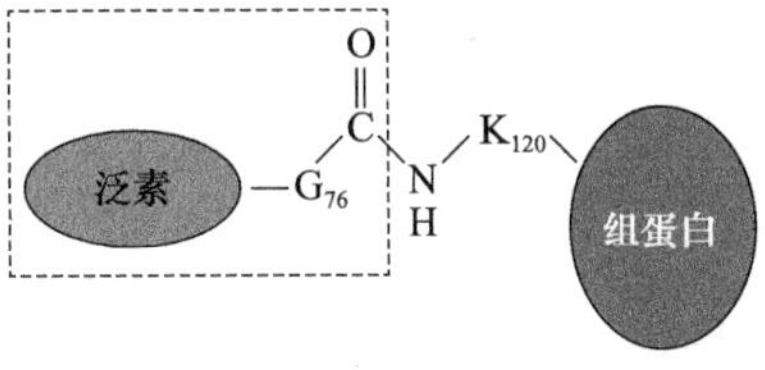

图 8-14 组蛋白H2B的第120位赖氨酸泛素化示意图

残基形成一个紧密折叠的球状结构，紧靠羧基端的4个氨基酸残基是随机盘绕的。组蛋白的泛素化修饰就是组蛋白赖氨酸残基与泛素分子羧基端的相互结合。泛素的羧基端为甘氨酸，该甘氨酸上的羧基可以与组蛋白赖氨酸的氨基形成异构肽键，如图8-14所示。泛素还含有多个赖氨酸残基，可以作为内部受体，与其他泛素羧基端的甘氨酸结合。因此，底物蛋白的一个赖氨酸残基可能结合多个泛素分子。进行泛素化修饰需要三类催化酶：泛素活化酶（ubiquitin-activating enzyme，E1）、泛素缀合酶（ubiquitin-conjugating enzyme，E2）和泛素-蛋白质连接酶（ubiquitin-protein ligase，E3）。

H2B组蛋白泛素化对转录的影响既有促进方面，又有抑制方面的，这主要是通过其调控的组蛋白甲基化来实现的。泛素缀合酶Rad6能够参与许多细胞活动，如基因沉默、DNA修复、DNA损伤导致的突变和减数分裂等。Rad6可促使H2BK123发生泛素化，这也是H3发生甲基化的信号，其中之一是H3K4。H2B泛素化促使H3发生甲基化的另一个位点是K79。在核小体上H2BK123与H3K79位置相当接近，这可能是H2BK123泛素化促进H3K79甲基化的一个原因。

三、组蛋白变体概述

在多数有机体中，编码核心组蛋白的基因有多个拷贝。这些基因有很高的序列相似性，它们主要在细胞周期的S期表达。虽然组蛋白是众所周知的保守性很强的蛋白质，但是核心组蛋白有不同的变体。通过氨基酸序列比较发现，这些变体与核心组蛋白有不同的差异，一些变体能显著改变核小体的生物学特征，而另一些变体则定位到基因组的特定区域，发挥生物学功能。

组蛋白变体的表达不一定严格限制于S期，也可发生在整个细胞周期。与主要的核心组蛋白亚单位不同，变体基因包含内含子，转录本常常含有多聚腺苷酸。这些特征对于基因的转录后调节是非常重要的。一些变体在发育和分化阶段，与已存在的核心组蛋白发生交换。

在真核生物的5种组蛋白中，组蛋白H4是最保守的，组蛋白H1有许多序列变体。组蛋白H2A是最不保守的，变体也最多。H2B的变体也有多种，比如在精细胞中发现的变体包括TH2B、TSH2B和H2BFWT。已发现的组蛋白H3的变体有着丝粒特异的CenH3和转录激活的核小体H3.3，还有精巢特异的H3t。

四、组蛋白修饰对基因表达的影响

组蛋白的修饰可通过影响组蛋白与DNA双链的亲和性，从而改变染色质的疏松或凝集状态，或通过影响其他转录因子与结构基因启动子的亲和性来发挥基因调控作用。组蛋白甲基化和乙酰化可以调控基因转录活性，控制基因表达。目前，利用ChIP-Seq技术已经使我们获得了许多动植物全基因组组蛋白修饰的图谱，以及了解基因的表达活性与

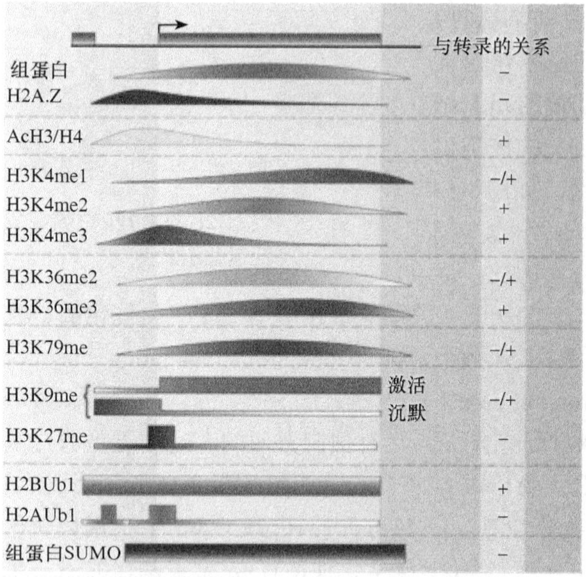

图8-15 组蛋白修饰与基因表达活性的关系（引自Li et al.，2007）

组蛋白修饰之间的关系（图8-15）。研究表明，组蛋白乙酰化总与转录激活相关。这可能是由于组蛋白乙酰转移酶（histone acetyltransferase，HAT）去除赖氨酸氨基所带的正电荷，并且C=O带有一定的负电荷，与DNA所带的负电荷互相排斥，使得核小体变得疏松，导致基因的转录被激活。然而，赖氨酸的甲基化与基因转录的关系较为复杂，不同位点的赖氨酸的甲基化与基因转录的关系也不同。例如，动植物中的全基因研究都发现组蛋白H3上的第四位赖氨酸上的三甲基化修饰（H3K4me3）主要位于基因的转录起始位点（TSS），与转录中启动子的激活相关。组蛋白H3上的第36位赖氨酸上的三甲基化修饰（H3K36me3）位于整个基因内部，与基因转录激活呈正相关。但是动植物中的研究都表明，组蛋白H3上的第9位赖氨酸上的二甲基化修饰（H3K9me2）和组蛋白H3上的第27位赖氨酸上的三甲基化修饰（H3K27me3）则是与基因抑制相关的修饰。

开花是高等植物生长繁殖过程中重要的生理现象，是植物由营养生长进入生殖生长的标志。植物春化作用一直是植物发育生物学研究的热点和难点。温度是影响植物开花的重要环境因素之一。冬性和二年生植物的正常开花需要经过低温诱导处理，称为春化作用。先前的研究表明，控制拟南芥开花的基因*FLC*，编码一个MADS-box家族转录因子，是开花抑制因子。最近的一篇研究文献报道了拟南芥*FLC*基因上的H3K4me3、H3K36me3和H3K27me3修饰在低温处理前及0 ℃低温处理2周、4周、6周和8周的变化。结果表明，在低温处理前，激活性组蛋白修饰H3K4me3富集在*FLC*基因的TSS区，激活性组蛋白修饰H3K36me3在基因的整个内部都具有非常高的富集，然而抑制性组蛋白修饰H3K27me3在*FLC*基因上具有最低的丰度。因此*FLC*基因处于激活表达状态，从而抑制了拟南芥的开花过程。接着0 ℃低温处理2周、4周、6周和8周后，该作者发现激活性组蛋白修饰H3K4me3在*FLC*基因的TSS区逐渐减少至最低，激活性组蛋白修饰H3K36me3在基因整个内部的丰度逐渐降至最低，然而抑制性组蛋白修饰H3K27me3在*FLC*基因的TSS区逐渐升高至最高的丰度。继续7 ℃处理2周、4周、6周和8周后，激活性组蛋白修饰H3K4me3和H3K36me3没有改变，但是抑制性组蛋白修饰H3K27me3在*FLC*基因的TSS区没有改变，在基因的整个内部区域积累，逐渐升至最高的丰度。因此*FLC*基因的表达被沉默，拟南芥在经历低温处理并回温后可以正常开花。由此可见，植物可以通过感知环境的变化来改变基因上的表观修饰，从而来调控基因的表达，使得植物可以更好地适应环境，得以生存。

第六节 基因组印记现象

一、基因印记的发现及定义

基因印记最早是在玉米中被发现的。1970年，Kermical等发现从R^rR^{st}（母本）×r^gr^g（父本）得到的F_1代玉米籽粒一半带有固有色，一半带有斑点；然而，从r^gr^g（母本）×R^rR^{st}（父本）得到的F_1代玉米籽粒一半带有斑点，一半几乎完全着色（图8-16）。因此他们得出控制玉米籽粒颜色的R基因在胚乳中的表达具有母本效应。

基因印记的简单定义就是，有一类基因的等位基因间具有明显的差异表达，而这种差异表达是受亲本来源控制的。因此，母本特异或偏好表达的基因被称为母本表达的印记基因（maternally expressed imprinted gene，MEG），父本特异或偏好表达的基因被称为父本表达的印记基因（paternally expressed imprinted gene，PEG）（图8-17）。

图8-16 R^rR^{st}（♀）×r^gr^g（♂）与r^gr^g（♀）×R^rR^{st}（♂）得到的F_1代玉米籽粒颜色（引自Kermicle，1970）

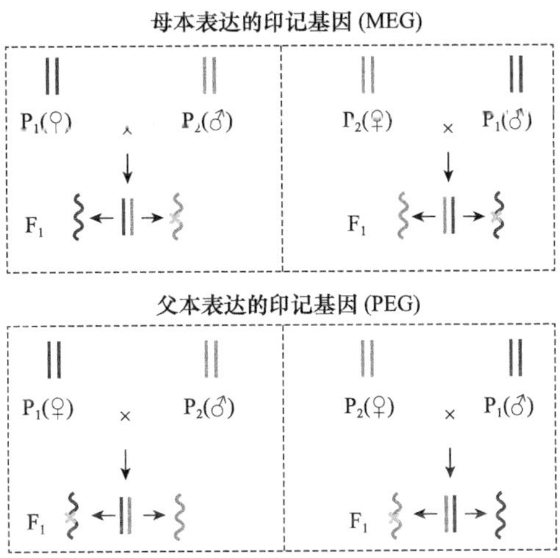

图8-17 母本印记基因和父本印记基因的表达模式

二、印记基因的鉴定

尽管基因印记现象被发现得较早，但由于鉴定方法的限制，印记基因的挖掘在很长的一段时间都进展缓慢。自1970年R基因被发现后的40年里，印记基因的鉴定主要依赖于传统的鉴定方法，主要包括表型鉴定法、差异甲基化鉴定法、等位基因表达水平鉴定法等。基于传统方法，在植物中仅鉴定到20个左右的印记基因，有9个印记基因是在玉米胚乳中鉴定的，只有*mee1*是在玉米胚中被鉴定的。其他的印记基因在拟南芥胚乳中被鉴定。近几年来，高通量测序方法的成熟与广泛应用，为印记基因的鉴定提供了更好的平台和方法。2011年，拟南芥、水稻和玉米已经将印记基因的数目增至上百个。2014年和2016年，蓖麻、高粱、荠菜和琴叶拟南芥也完成了全基因组印记基因的鉴定，也都分别鉴定到上百个印记基因（图8-18）。

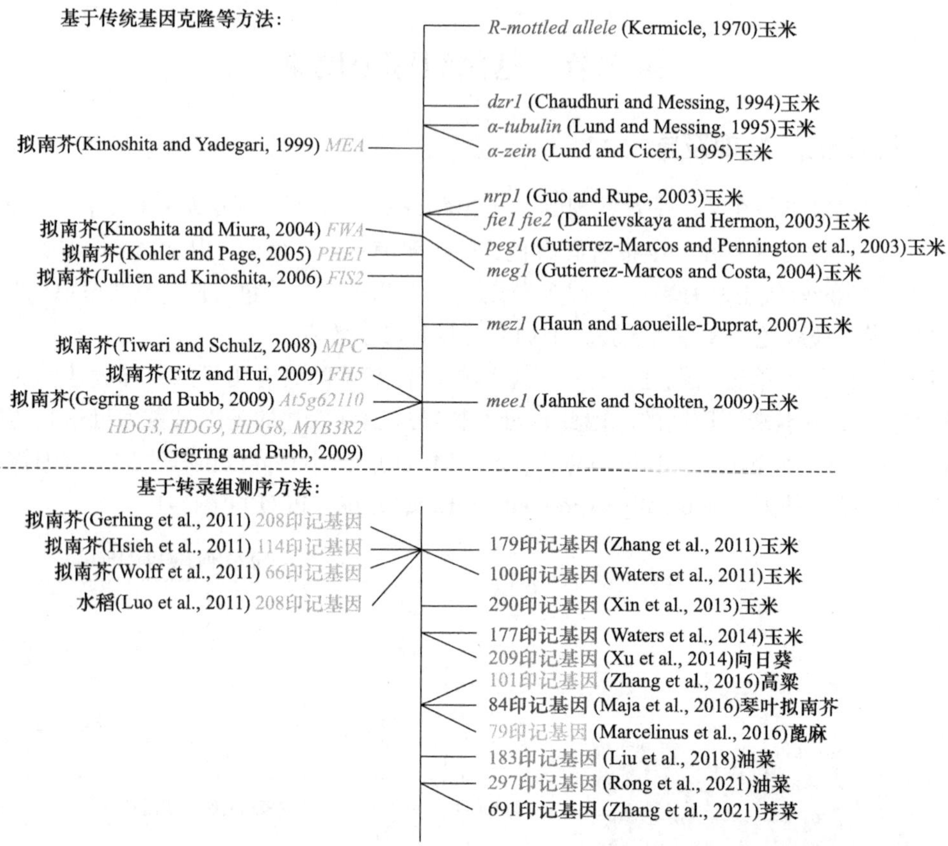

图8-18 植物印记基因鉴定的发展历程

显然，高通量转录组测序使得全基因组水平鉴定印记基因成为可能。但是植物中大部分研究工作都是针对胚乳发育的某一时期进行印记基因的鉴定，从而限制了对时期特异表达或时期特异印记基因的鉴定。例如，水稻、高粱、荠菜分别只对授粉后5天、14天和6天的胚乳进行了转录组测序和全基因组印记基因的挖掘。尽管在玉米中，研究工作者分别对授粉后7天、10天、12天、14天和15天的胚乳进行了转录组测序并鉴定印记基因，但这些时期仍然不能够很好地代表整个胚乳的发育过程。

三、DNA 甲基化参与基因印记的调控

DNA甲基化是表观修饰中非常重要的一种。DNA甲基化作为DNA序列的修饰方式，是一种重要的表观遗传机制，能够在不改变DNA分子一级结构的情况下调节基因组的功能，在生命活动中起着重要的作用。其功能主要可归结为以下4个方面：维持基因组遗传物质的稳定性，调控基因的表达，建立表观遗传模式，以及参与细胞及胚胎的形态建成。下面主要介绍DNA甲基化在调控基因表达中的作用及在基因印记中的调控作用。

（一）DNA 甲基化对基因表达的调控

基因组的DNA甲基化由DNA甲基转移酶（DNA methyltransferase，DNMT）催化，

以*S*-腺苷甲硫氨酸为甲基供体，将甲基转移到胞嘧啶的第5位碳原子上。DNA甲基化虽然没有改变核苷酸的组成和顺序，但可在转录水平调控基因的表达，是真核生物基因表达调控的重要方式之一。目前的研究表明，DNA甲基化影响基因表达的调控方式主要有两点：①转录因子结合位点的DNA甲基化可能会降低转录因子与启动子结合的效率，从而降低基因的转录活性。②启动子区的甲基化能够与甲基化结合蛋白结合，从而招募一些转录抑制因子，对基因表达起抑制作用。

（二）DNA差异甲基化对印记基因的调控

在哺乳动物中，印记基因通常成簇存在。在被研究得比较深入的印记基因簇中，往往都会有印记控制中心（imprinting control region，ICR）。在体细胞中，ICR往往是一个等位基因间差异的甲基化区域（differential methylated region，DMR），它控制着整个区域的印记状态。

植物中，在拟南芥、水稻、玉米、蓖麻和高粱中的研究都表明印记基因的周围显著存在等位基因间差异的甲基化区域。在拟南芥、水稻和玉米的胚乳中，全基因组范围内的依赖于亲本来源的差异甲基化区域（parent-of-origin differential methylated region，pDMR）都已经被鉴定，同时MEG和PEG的母本与父本等位基因的甲基化模式也已经被比较分析。在拟南芥中的研究表明，相对于所有的基因而言，pDMR（母本甲基化水平显著低于父本甲基化水平的区域）显著地出现在MEG的启动子区、PEG的启动子区和基因内部（图8-19）。在水稻中的研究结果与拟南芥中的相似，相对于所有的水稻基因而言，pDMR（母本甲基化水平显著低于父本甲基化水平的区域）显著地出现在水稻MEG的启动子区、PEG的启动子区和基因内部。在玉米中，根据印记基因在不同组织的表达谱，印记基因被分成偏好组成型表达的MEG（constitutive MEG，con-MEG）、偏好胚乳特异表达的MEG（endosperm-specific MEG, endo-MEG）、偏好组成型表达的PEG（constitutive PEG，con-PEG）和偏好胚乳特异表达的PEG（endosperm-specific PEG，endo-PEG）。结

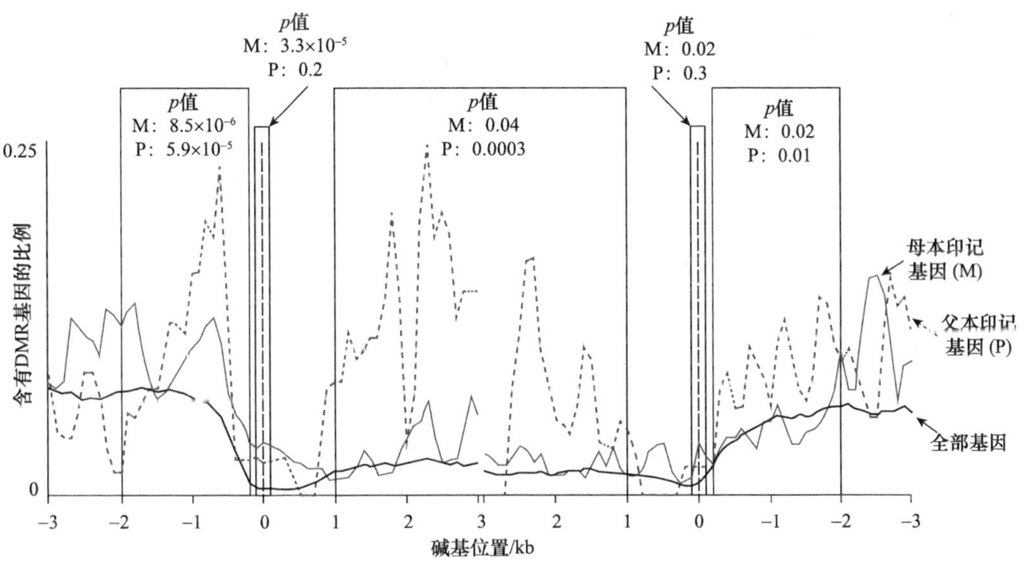

图8-19 拟南芥印记基因上母本（M）和父本（P）等位基因甲基化的差异（引自Ibarra et al.，2012）

果发现，4类印记基因上的DNA甲基化模型均不同（图8-20）：偏好组成型表达的MEG（con-MEG）和偏好胚乳特异表达的PEG（endo-PEG）的甲基化水平整体都较低，并且父母本间的甲基化水平无明显差异；然而偏好胚乳特异表达的MEG（endo-MEG）的偏向基因5′端区域表现出一定程度的母本去甲基化；偏好组成型表达的PEG（con-PEG）的基因内部和上游区域表现出较为明显的母本等位基因的去甲基化。在蓖麻中，通过分析自交系ZB107和ZB306正反交胚与胚乳的全基因组亚硫酸盐测序结果，20个印记基因（19个MEG和1个PEG）的基因内部及上下游2kb存在胚乳与胚组织间DMR，并且这些DMR均表现为胚乳的低甲基化和胚的高甲基化。尽管在高粱中没有全基因组的母本和父本等位基因的甲基化图谱，但三个高粱的MEG和4个高粱的PEG上的DNA甲基化水平已经被研究。结果发现三个MEG的基因内部偏向5′端的调控区域表现出一定程度的母本去甲基化，4个PEG的基因内部和上游区域表现出较为明显的母本等位基因的去甲基化。

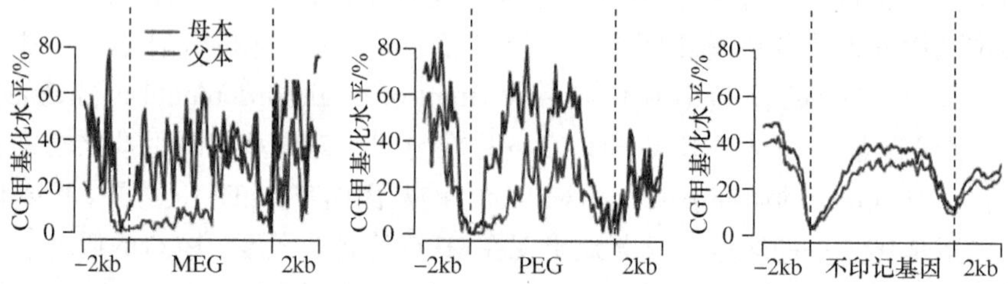

图8-20　玉米印记基因上母本和父本等位基因甲基化的差异（引自Zhang et al.，2014）

为了更加确定DNA甲基化对基因印记的调控作用，将拟南芥中的*met1*突变体作为父本和*dme*突变体作为母本分别与野生型植株进行杂交。结果发现，在*met1*突变体作为父本收获的F_1代胚乳中，9个MEG表现为双等位基因表达。这9个MEG在*dme*突变体作为母本收获的F_1代胚乳相对于野生型胚乳表达水平下调。这可能是因为在胚乳中，高水平的DNA甲基化被发现存在于9个MEG的TSS区及基因上游。拟南芥中*dme*的突变导致高水平的甲基化在中央细胞中不能被去除，从而抑制了基因的表达。

（三）组蛋白修饰对印记基因的影响

关于印记基因上等位基因间的差异组蛋白修饰的研究最早是在哺乳动物中进行的。2001年，Gregory等通过实验验证印记基因*U2af1-rs1*、*Snrpn*上的DMR区域的H3K9乙酰化在两个等位基因上的富集存在差别。同年，辛明明等通过实验验证H3K9me3特异地结合在甲基化的*Snrpn*母本等位基因上，而H3K4修饰特异地结合在没有甲基化的父本等位基因上。2002年，Fournier等通过实验验证了三个母本印记基因*Snrpn*、*U2af1-rs1*、*Igf2r*上H3K4和H3K9甲基化修饰情况（图8-21）。2007年，Mikkelsen等第一次提出利用SNP考察全基因组组蛋白修饰的等位基因富集情况。该研究表明H3K4me3与H3K9me3互相重叠的区域几乎都是印记的ICR区域，但只对*Snrpn*、*Grb10*、*Impact*、*Peg3*基因上的修饰进行了仔细研究。同年，Regha等研究了*IGf2r*印记基因簇中印记基因及印记非编码RNA上的组蛋白修饰，发现表达等位基因的启动子上存在H3K4me3、H3K4me2和H3K9Ac修饰，沉默的等位基因的启动子上存在H3K9me3和H4K20me3修饰。2009年，Dindot等在全基因组分析

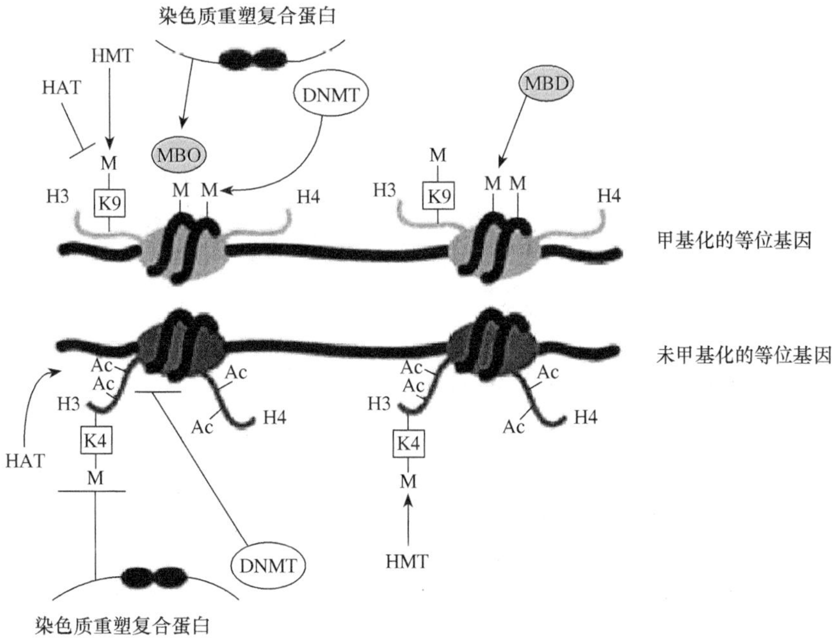

图8-21 小鼠印记基因上等位基因特异富集的组蛋白修饰和DNA甲基化模式图（引自Fournier et al.，2002）

M．甲基化；Ac．乙酰化；HMT．组蛋白甲基转移酶；HAT．组蛋白乙酯转移酶；DNMT．甲基转移酶；MBD．甲基化CPG结合蛋白

了人类的11个印记基因，发现H3K4me3和H3K9me3与精细胞特异的去甲基化区域（sperm-specific DMR）重叠在一起，构成了印记调控区域的特征。因此，在哺乳动物中多数是研究H3K4me3和H3K9me3这两种组蛋白修饰与基因印记的关系，并发现在基因组范围内，这两种修饰几乎不重叠在一起。因为H3K4me3和H3K9me3在哺乳动物的基因组中，往往都位于基因的启动子区。位于启动子区的H3K4me3对基因的表达起激活的作用，然而H3K9me3起着抑制的作用，是一对互相排斥的组蛋白修饰。只有极少数的位点能够同时发现存在H3K4me3和H3K9me3的修饰，这些位点往往能够与sperm-specific DMR重叠在一起，成了印记调控中心（imprinting ICR）的特点，即激活性组蛋白修饰H3K4me3往往靶标到低甲基化的等位基因上，而抑制性的组蛋白修饰H3K9me3往往靶标到高甲基化的等位基因上。

在植物中，也已经有一些研究表明组蛋白修饰很可能参与到基因印记的调控中。PRC2是负责组蛋白H3上的第27位赖氨酸的三甲基化的复合体。拟南芥中的父本表达的印记基因*PHERES1*是受PRC2复合体调控的。一些MEG和PEG在*fie*/*fis2*突变体作为母本收获的F_1代胚乳中表现为双等位基因表达，而FIE/FIS2正是PRC2复合体的重要成员。在玉米胚乳中，三个已知的母本表达的印记基因*Fie1*、*Mez1*、*Nrp1*上的激活性和抑制性组蛋白修饰（H3乙酰化、H4乙酰化、K3K4me2、H3K9me2、H3K9me3、H3K27me2和H3K27me3）也已经被研究。结果表明，在三个母本表达的印记基因的母本等位基因上偏好富集H3和H4乙酰化修饰，在*Fie1*和*Mez1*的母本等位基因上还偏好富集K3K4me2修饰。然而抑制性组蛋白修饰H3K27me2和H3K27me3偏好富集在三个MEG的父本等位基因上。2014年，张梅等对玉米中全基因组印记基因与组蛋白H3K27me3的关系进行了研究并发现，大部分的父本表达的印记基因上都存在H3K27me3的修饰，但是母本表达的印记基因上却几乎不存在H3K27me3的修饰。通过研究PEG上H3K27me3修饰的等位基因富集情况，张梅等还发现位于基因内部的H3K27me3修饰偏好富集在PEG的母本等位基因上。

比较动植物中关于“组蛋白修饰在基因印记调控中的作用”的研究，我们发现在动物中印记调控区域往往存在H3K4me3和H3K9me3的修饰。然而在拟南芥中的研究已经表明，H3K9me3在全基因组的丰度极低，说明在植物的基因组中存在较少的H3K9me3修饰，并且H3K9me3修饰往往靶标在转录活跃的基因上。因此，在植物中，PRC2复合体可能对基因印记的调控起着十分重要的作用。

四、哺乳动物中基因印记的动态变化

基因印记因种属、个体、组织、细胞和组织发育时期的不同而变化。哺乳动物中的许多研究已经表明，印记基因如果变为双等位基因表达，可能会导致疾病的发生。因此，研究基因印记的变化对于辅助研究基因印记的功能是非常重要的。本部分主要介绍基因印记在哺乳动物及植物组织不同发育时期的变化。

*H19*和*IGF2*是两个紧密连锁的印记基因（*H19*是母本特异表达基因，编码一个非编码RNA；*IGF2*是父本特异表达基因，属于胰岛素生长因子家族），参与调节胚胎及新生儿的生长和发育。早在1997年，Kyoung-Sook等在儿童肿瘤包括霍奇金病肿瘤、胚胎的横纹肌肉瘤和成人肿瘤（如肺癌和肝癌）中发现*H19*和*IGF2*表现为双等位基因表达。这说明印记基因的印记表达对生物体的发育起着十分重要的作用。2015年，Perez等在全基因组水平比较了印记基因的表达在出生后8天小鼠的小脑和成年小鼠的小脑之间的差别（图8-22）。结

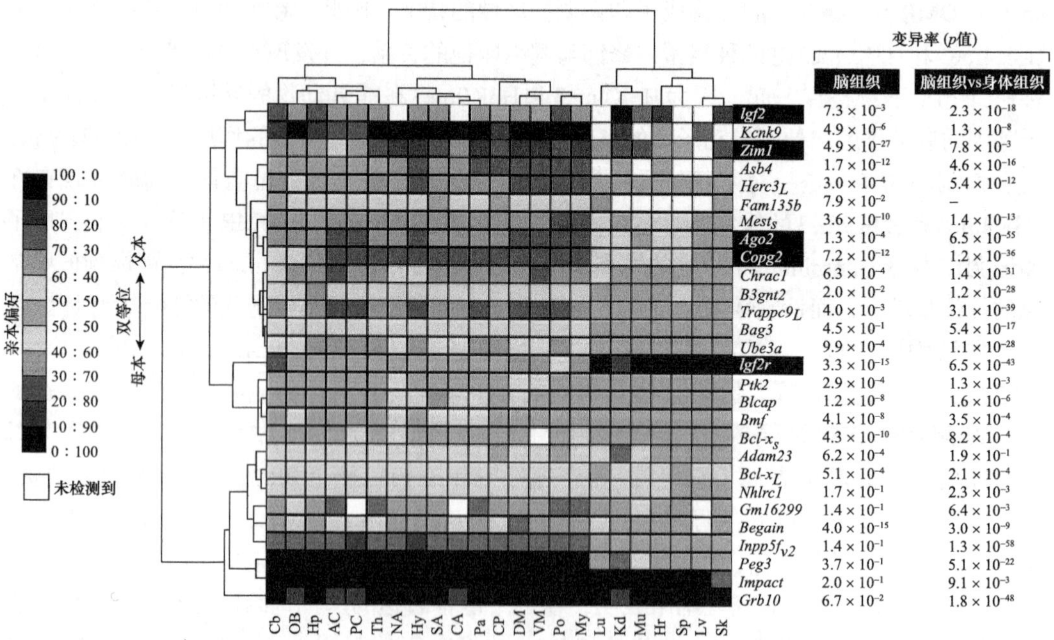

图8-22 小鼠印记基因的时空表达特异性（引自Perez et al.，2015）

Cb. 小脑；OB. 嗅球；Hp. 海马；AC. 前皮层；PC. 后皮层；Th. 丘脑；NA. 伏隔核；Hy. 下丘脑；SA. 杏仁核；CA. 杏仁核皮质；Pa. 苍白核；CP. 尾状核；DM. 中脑背侧；VM. 中脑腹侧；Po. 脑桥；My. 髓质；Lu. 肺；Kd. 肾；Mu. 肌肉；Hr. 心脏；Sp. 脾；Lv. 肝；Sk. 皮肤

果表明有7个印记基因特异在出生后8天小鼠的小脑中表达，有1个印记基因特异在成年小鼠的小脑中表达。另外，Perez等还观察到在107个同时表达于出生后8天小鼠的小脑和成年小鼠的小脑的印记基因中，有29个（27.1%）印记基因的印记程度在8天小鼠的小脑和成年小鼠的小脑中存在差异，并且大部分都表现为在8天小鼠的小脑中有更强的印记程度（印记程度越大说明两亲本间的表达差异越大）。除此之外，Perez等还比较了28个印记基因在16个小鼠脑的分区及7个非神经元组织中的印记程度，结果表明印记基因的印记程度在不同组织间也存在着一定差异。从图8-23中可以看出，某些印记基因在不同组织之间的印记程度存在着比较明显的变化，如*Ago2*、*Copg2*、*Fam135b*。甚至有些印记基因在16个小鼠脑的分区表现为偏好母本等位基因的表达，但是在非神经元组织中印记状态发生了转变，表现为偏好父本等位基因的表达，如*Igf2*、*Kcnk9*。还有些印记基因在16个小鼠脑的分区表现为偏好父本等位基因的表达，但是在非神经元组织中表现为偏好母本等位基因的表达，如*Grb10*。但是在目前的研究中，还没有报道关于印记基因在不同组织中印记状态的转变对生物体发育的功能。

主要参考文献

Allis CD, Jenuwein T, Reinberg D, et al. 2007. Epigenetics. Cold Spring Harbor: Cold Spring Harbor Laboratory Press

Chodavarapu RK, Feng S, Bernatavichute YV, et al. 2010. Relationship between nucleosome positioning and DNA methylation. Nature, 466 (7304): 388-392

Fournier C, Goto Y, Ballestar E, et al. 2002. Allele-specific histone lysine methylation marks regulatory regions at imprinted mouse genes. EMBO J, 21 (23): 6560-6570

Gehring M, Bubb KL, Henikoff S. 2009. Extensive demethylation of repetitive elements during seed development underlies gene imprinting. Science, 324 (5933): 1447-1451

Georgopoulos K. 2002. Haematopoietic cell-fate decisions, chromatin regulation and ikaros. Nat Rev Immunol, 2: 162-174

Hatorangan MR, Laenen B, Steige KA, et al. 2016. Rapid evolution of genomic imprinting in two species of the brassicaceae. Plant Cell, 28 (8): 1815-1827

Ibarra CA, Feng X, Schoft VK, et al. 2012. Active DNA demethylation in plant companion cells reinforces transposon methylation in gametes. Science, 337 (6100): 1360-1364

Jansen A, Verstrepen KJ. 2011. Nucleosome positioning in *Saccharomyces cerevisiae*. Microbiol Mol Biol Rev, 75 (2): 301-320

Jiang C, Pugh BF. 2009. Nucleosome positioning and gene regulation: advances through genomics. Nat Rev Genet, 10: 161-172

Kermicle JL. 1970. Dependence of the R-mottled aleurone phenotype in maize on mode of sexual transmission. Genetics, 66 (1): 69-85

Kinoshita T, Miura A, Choi Y, et al. 2004. One-way control of FWA imprinting in *Arabidopsis* endosperm by DNA methylation. Science, 303 (5657): 521-523

Klosinska M, Picard CL, Gehring M. 2016. Conserved imprinting associated with unique epigenetic signatures in the *Arabidopsis* genus. Nat Plants, 2: 16145

Kornberg RD. 1974. Chromatin structure: a repeating unit of histones and DNA. Science, 184 (4139): 868-871

Law JA, Jacobsen SE. 2010. Establishing maintaining and modifying DNA methylation patterns in plants and animals. Nat Rev Genet, 11 (3): 204-220

Li B, Carey M, Workman JL. 2007. The role of chromatin during transcription. Cell, 128 (4): 707-719

Li Y, Córdoba-Cañero D, Qian W, et al. 2015. An AP endonuclease functions in active DNA demethylation and gene imprinting in *Arabidopsis*. PLoS Genet, 11 (1): e1004905

Mikkelsen TS, Ku M, Jaffe DB, et al. 2007. Genome-wide maps of chromatin state in pluripotent and lineage-committed cells. Nature, 448 (7153): 553-560

Nan X, Ng HH, Johnson CA, et al. 1998. Transcriptional repression by the methyl-CpG-binding protein MeCP2 involves a histone deacetylase complex. Nature, 393 (6683): 386-389

Perez JD, Rubinstein ND, Fernandez DE, et al. 2015. Quantitative and functional interrogation of parent-of-origin allelic expression biases in the brain. eLife, 4: e07860

Regnier FE, Kim J. 2018. Proteins and proteoforms: New separation challenges. Anal Chem, 90: 361-373

Rodrigues JA, Ruan R, Nishimura T, et al. 2013. Imprinted expression of genes and small RNA is associated with localized hypomethylation of the maternal genome in rice endosperm. Proc Natl Acad Sci USA, 110 (19): 7934-7939

Santos F, Dean W. 2004. Epigenetic reprogramming during early development in mammals. Reproduction, 127 (6): 643-651

Smith BC, Denu JM. 2009. Chemicol mechanisms of nistone lysine and arginine modifications. Biochim Biophys Acta, 1789 (1): 45-47

Xu W, Dai M, Li F, et al. 2014. Genomic imprinting, methylation and parent-of-origin effects in reciprocal hybrid endosperm of castor bean. Nucleic Acids Res, 42 (11): 6987-6998

Zhang M, Li N, He W, et al. 2016. Genome-wide screen of genes imprinted in sorghum endosperm, and the roles of allelic differential cytosine methylation. Plant J, 85 (3): 424-436

Zhang M, Xie S, Dong X, et al. 2014. Genome-wide high resolution parental-specific DNA and histone methylation maps uncover patterns of imprinting regulation in maize. Genome Res, 24 (1): 167-176

Zhang Z, Pugh BF. 2011. High-resolution genome-wide mapping of the primary structure of chromatin. Cell, 144: 175-186

第九章

非编码RNA在基因表达调控中的作用

RNA不仅作为遗传信息表达的中介体，而且直接参与基因表达的调控过程，从而影响生物体的发育、细胞的分化与功能。随着高通量基因测序技术和大规模转录组研究的应用及发展，传统的基因表达调控和中心法则等一些经典理论受到了前所未有的挑战。以“人类基因组计划”为代表的研究表明，在人类基因组中约有93%的序列可以被转录出来，其中能编码蛋白质的序列不超过2%，而98%以上的是非编码序列，这些不编码蛋白质的转录物称为非编码RNA（noncoding RNA，ncRNA）。ncRNA广泛存在于多种生物体中，根据其功能可以分为持家ncRNA和调控ncRNA。持家ncRNA包括rRNA、tRNA、细胞核小分子RNA（small nuclear RNA，snRNA）和核仁小分子RNA（small nucleolar RNA，snoRNA）。调控ncRNA根据其转录本的大小分为短非编码RNA（small ncRNA，sncRNA）和长非编码RNA（long non-coding RNA，lncRNA）。近几年来，参与调控作用的ncRNA——RNA干扰、微小RNA（microRNA，miRNA）及长非编码RNA（lncRNA）的研究发展十分迅速。

第一节　RNA干扰对基因表达的转录后调控

RNA干扰（RNA interference，RNAi），也称为RNA沉默，是一种由双链RNA（double-strand RNA，dsRNA）诱发的同源mRNA高效特异性降解的现象。

1908年，摩尔根实验室开始利用遗传突变筛选方法在果蝇属（*Drosophila*）中分离获得数十种突变体。这种正向（forward）遗传筛选方法为理解细胞和器官的形成及功能做出了巨大的贡献。然而，这种遗传筛选方法仅能在一些理想的有机体中进行。这种有机体具有在实验室条件下能繁殖、生命周期短、繁殖后代甚多等特点，并需数月或数年的工作才能确定特异表型的决定基因。随着分子生物学技术的出现，科学家开始寻找“后门进入”途径，即以序列同源性或生物化学功能为基础来快速确定其基因的生物学功能，称为反向遗传学（reverse genetics，从基因到表型）。

1984年，Izant和Weintraub在这个方向上前进了一大步，即用遗传工程构建与胸苷激酶（thymidine kinase）基因的反义RNA互补的DNA重组子，并用其转染并培养细胞，发现胸苷激酶在这些细胞中的表达显著减少。此后，研究者陆续发现多种反义RNA对各种特异基因表达活性有抑制作用。这种开拓性技术不仅对于研究相关细胞学和那些不能用经典遗传学分析方法研究的整个机体，如爪蟾，具有极其重要的意义，而且对于建立基因功能研究模式做出了突出贡献。但因其作用相对较弱，并且单链RNA相对很不稳定，其应用研究未能广泛进行。而新近发现的dsRNA介导对同源靶RNA的降解诱导产生了强大且特异性的基因表达抑制或沉默作用，称为RNA干扰。这为研究生物体功能基因及表观遗传学（epigenetics）提供了极其有效的工具。

一、RNAi 作用机制

RNAi途径的核心成分是Argonaute蛋白，该蛋白与小RNA（sRNA）分子（即siRNA、miRNA和piRNA）结合并沉默特定的靶核酸。Argonaute蛋白和sRNA复合物构成了RNA诱导沉默复合物（RNA-induced silencing complex，RISC）中最基本且最核心的效应元件。RISC使用sRNA的互补碱基配对来鉴定目标RNA分子，引导Argonaute蛋白与目标分子结合，靶标mRNA分子与Argonaute蛋白结合后被切割或者被抑制进一步翻译，从而达到沉默靶标的现象。Argonaute蛋白在进化过程中能够演变出各种亚科蛋白，正是Argonaute蛋白的这一特性，赋予了它可以识别各种小RNA分子的能力，因此，在各种小RNA干扰途径中，Argonaute蛋白都可以发挥作用。1998年，Fire和Montgomery将外源双链RNA注入秀丽隐杆线虫体内时发现，其特异性地抑制了线虫体内同源内生基因的表达，从而发现了RNAi现象。目前，RNA干扰技术的研究与应用取得了较大的进展，在害虫中的研究也逐渐增多。RNAi在对生长发育基因及抗性相关基因的功能研究方面发挥着重要作用。

目前，人们普遍认为RNA干扰的过程分为以下三个阶段：①起始阶段。dsRNA通过细胞表面进入细胞后，与细胞质内的内切核酸酶Dicer特异性结合，并被Dicer切割成许多小的长为13～21bp的sRNA。②效应阶段。这些sRNA与Argonaute蛋白和Dicer相互结合，从而形成RISC。RISC特异性结合并切割靶标的同源mRNA，导致mRNA降解，无法进行翻译过程，从而引起目的基因沉默。③扩展阶段。sRNA在RNA依赖的RNA聚合酶（RNA-dependent RNA polymerase，RdRP）作用下与靶RNA结合，合成更多新的dsRNA，新合成的dsRNA又与Dicer结合被切割成sRNA，进入新一轮的RNAi，从而进一步放大RNAi的作用，最终完全降解目的mRNA。根据RNA干扰机制，我们可以通过体外合成dsRNA实现RNA干扰的目的。研究表明，合成的dsRNA长度应在200～1000bp，以400～500bp最佳。

二、RNAi 可能引发 DNA 的共价修饰

目前认为RNAi在细胞内发挥作用主要包括扩增和催化反应两个主要步骤。而在植物中发现，RNAi也能引发DNA甲基化，从而导致转录沉默。现在证明siRNA可能通过直接DNA甲基化和在其他一些基因组中的共价修饰来完成转录过程。在植物中，这一活性可能由另外一类siRNA介导完成。

最近最有意义的发现之一是，在粟酒裂殖酵母中，RNAi机制在合成和维持高度有序的染色质结构与功能中发挥至关重要的作用。缺失RNAi过程中的关键基因导致中心粒DNA和其他类型的异染色质的表观遗传沉默现象缺失。这些改变伴随着这些区域的甲基化状态改变进而中心黏合作用丧失，导致核分裂过程中染色体的错误分离。有研究者据此提出理论解释了在野生型细胞中，中心粒重复序列的表达导致dsRNA的形成，DCR将

其裂解为siRNA，siRNA指导异源染色质位点DNA甲基化的机制。也有报道称siRNA介导染色体结构更大的改变，在四膜虫中程序性基因组重排导致特异性DNA序列的切除。

三、RNA 干扰技术在害虫防治领域的研究

由于杀虫剂的广泛使用和滥用，越来越多的害虫对许多杀虫剂产生了耐药性，而耐药性的出现使得对害虫的管理愈发困难。因此，开发新型的防控手段治理害虫是当务之急。RNAi技术很有可能成为新型防控方法。目前，已有许多害虫的抗药性基因被克隆出来，将分子生物学技术和RNAi技术相结合，以此来实现对害虫的防治作用。2007年，Baum等利用玉米根萤叶甲的cDNA文库，筛选了290个具有不同功能的候选基因进行RNA干扰。将体外合成的dsRNA与人工饲料混合构建转基因玉米植株，以此来饲喂玉米根萤叶甲。其研究结果表明，只要低浓度的 dsRNA 就可以干扰靶标基因的表达，14个靶标基因的表达量显著下调，幼虫的发育显著受阻且死亡率显著升高，表明可通过在植物体内表达靶基因的 dsRNA 来控制害虫。Yang等对小菜蛾的钙黏着蛋白基因进行RNA干扰实验，通过显微注射将体外合成的 dsRNA注入小菜蛾体内，并观察该基因沉默后对小菜蛾生长发育的影响。结果表明，钙黏着蛋白基因dsRNA的注射使小菜蛾死亡率显著升高，钙黏着蛋白基因的沉默使小菜蛾成虫的生殖力、卵的孵化率、蛹的羽化率均显著下降。RNAi技术的应用使我们能更好地开展对目标基因功能的研究，从而为日后的防控选择合适的靶标基因。在Yoon等对二斑叶螨的研究中，他们对参与二斑叶螨激素生物合成和生理活动的8个基因进行了RNAi，发现抑制二斑叶螨幼年激素相关基因的表达可显著提高二斑叶螨的死亡率。因此，Yoon等测试了幼年激素类似物对二斑叶螨的作用。结果表明，通过幼年激素类似物干扰二斑叶螨体内幼年激素的表达，使二斑叶螨的死亡率显著提高了80%以上。

因此，通过RNAi技术选择合适的靶标基因，为日后的防控奠定基础，是害虫防治领域中一种十分具有潜力的途径。这些研究为开发以RNA干扰技术为基础的害虫防治方法奠定了基础。利用RNA干扰技术防治害虫不仅具有高效性，还具有特异性及广谱性。

四、RNAi 在生物技术和生物医学中的应用前景

RNAi是一种核酸序列特异性阻止基因功能的有效工具，可产生基因功能的消除或通过减少功能表型，从而有助于加深对基因功能的理解。RNA诱导的沉默同样在生物技术和生物医药领域具有明显的应用价值。通过应用siRNA靶定雄性生殖相关基因产生了不孕的雄性体，因而成为正在研究的生物避孕的方法。转基因诱导RNA沉默正被用于抑制基因的表达，对抑制内源性基因表达或抵抗病毒的感染具有潜在商用价值。对于含dsRNA的食物是否对群体或环境有副作用，其安全性尚需进一步研究。siRNA具有作为治疗性药物开发的潜力。药学应用研究主要侧重在抗病毒和抗肿瘤领域的应用，多数在细胞水平和动物水平进行。SIR27——一种针对人血管内皮生长因子（VEGF）受体的siRNA，已在美国进入一期临床试验。以RNAi为基础的抗病毒感染研究包括人乳头瘤病毒、乙型肝炎病毒、丙型肝炎病毒、鼠类白血病病毒、流感病毒及人类免疫缺陷病毒（HIV）等。当然，病毒也可能存在抵抗宿主 RNAi 干扰的机制。使用RNAi来发现新的药物靶位及确定靶位点的研究已成为药物开发的领域之一。所报道的最振奋人心的研

究之一是靶定在结肠癌细胞中过度表达的基因——*survivin*（存活素基因），导致肿瘤生长的抑制。同时，有研究表明，用RNAi 技术阻止肿瘤相关基因的表达可以有效地抑制肿瘤细胞的生长。目前，RNAi已变为热门领域，RNA的潜在应用价值巨大。可以预见，将以RNAi为基础的技术策略应用于临床治疗（包括药物与生物治疗）可能为时不远了。

第二节 microRNA

1993年，Lee等利用遗传分析的方法在秀丽隐杆线虫（*Caenorhabditis elegans*）体内发现了一个*lin-4*基因，这个基因起到调节线虫细胞发育时序的功能，但这个基因并不编码蛋白，而是通过产生一对非编码小RNA发挥功能，其中长的约为61nt，短的约为22nt，长的小RNA可以形成具有茎环结构的前体并产生短的小RNA。同时，Lee等注意到短的小RNA可以通过互补配对结合到*lin-14* mRNA的3′-UTR区，调控*lin-14*的表达，从而控制着线虫幼虫由L1期向L2期的转化。为什么一个只有22nt的RNA分子能发挥如此重要的调节作用，当时人们无法解释，认为这是一种稀少的个别现象。直到7年后，科学家在秀丽隐杆线虫中发现了一个类似于*lin-4*的*let-7*基因，*let-7*基因也可以编码产生一个约21nt的具有调控作用的小RNA，参与调节线虫的发育进程。此外，很快在人和果蝇的基因组中鉴定到了*let-7*的同源基因，并在人和果蝇等11个生物体中检测到了*let-7*小RNA的存在。随后，多个研究小组在包括人和果蝇等多种生物物种中鉴定到数百个类似的长度约为22nt的内源单链非编码小RNA，并且发现这些小RNA都是由一个具有茎环结构的前体产生的。Lagos-Quintana等将这一类未知功能但具有类似特性的小RNA 统称为microRNA（miRNA）。

一、miRNA 的生物合成

miRNA前体的典型特征是其自身能够形成具有茎环结构的二级结构。经典miRNA的生物合成过程如图9-1所示，主要包括miRNA基因的转录、miRNA前体的产生和成熟miRNA的加工与输出。

已有的研究表明，大部分经典的miRNA基因具有独立的转录单位，某些启动子区含有TATA框元件。大部分miRNA基因是在核内由RNA聚合酶Ⅱ（RNA-PolⅡ）转录的，少部分由RNA聚合酶Ⅲ（RNA-PolⅢ）转录，最初产物为具有5′帽子结构（7mGpppG）和3′多聚腺苷酸尾［poly（A）］的初级转录本（pri-miRNA）。在细胞核中，CBC（cap-binding complex）与pri-miRNA的5′端结合，DDL（dawdle）与miRNA前体（miRNA precursor，pre-miRNA）的基部结合，从而促使pri-miRNA形成稳定的二级结构。最新的研究表明，在植物pri-miRNA中包含短的可读框序列，能够编码一类具有调节功能的多肽，促进miRNA积累，调节基因表达。这一研究证实了pri-miRNA的新功能，为基因调控研究开辟了新的领域，具有重大意义。

大部分pri-miRNA释放miRNA:miRNA*[①] 复合体需要经过内切核酸酶的两次切割，一

① *. 加工后和miRNA 互补的另一条链，加星号以区分

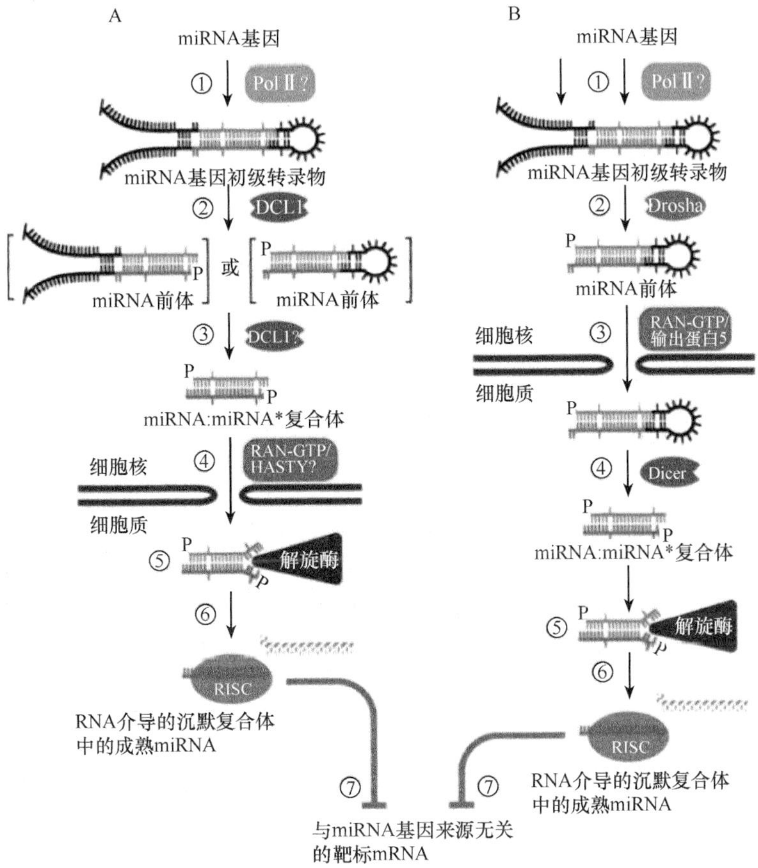

图9-1　植物与动物中miRNA的产生（引自Bartel，2004）

A. 植物中miRNA的产生过程。方括号内的miRNA前体（pre-miRNA）由于存在的时间很短，目前在植物中还没有被分离出来过，步骤⑥中的miRNA（下方）成为RISC的一部分，而miRNA*（上方）很快被降解（RISC外阴影部分），这两个序列的5′端均有一个单磷酸基团（P）；B. 动物中miRNA的产生过程

次在靠近茎环结构的一侧（loop-proximal），另一次在远离茎环结构的一侧（loop-distal）。在动物体内，这两步是完全分开的并且由两种不同的酶完成，即Drosha首先在细胞核内切割远离茎环结构的一侧，然后Dicer在细胞质内切割靠近茎环结构的一侧，最后释放miRNA:miRNA*复合体（图9-1B）。在植物中，这两步是由一个具有RNase Ⅲ型内切酶活性的Dicer-like（DCL）酶DCL1在细胞核内切割完成，对这两步的具体切割顺序了解得并不清楚（图9-1A中的第二步）。对此，目前主要存在两种观点：一种观点认为植物体内miRNA前体的形成过程与动物中的类似，通过经典的“loop-last”式释放成熟的miRNA，即DCL1首先切割远离茎环结构的一侧，再切割靠近茎环结构的一侧。另一种观点认为植物中也存在部分miRNA的前体是以“loop-first”机制释放成熟的miRNA，这种方式与“loop-last”方式的切割顺序相反，DCL1首先切割靠近茎环结构的一侧，再切割远离茎环结构的一侧。有研究表明，利用降解组数据可以解析植物体内miRNA前体的形成过程（图9-2）。在植物中，DCL1在HYL1和锌指蛋白SE等的帮助下负责绝大多数miRNA的加工成熟。HYL1被认为是DCL1最重要的伴侣分子，推测其在miRNA加工过程中的功能类

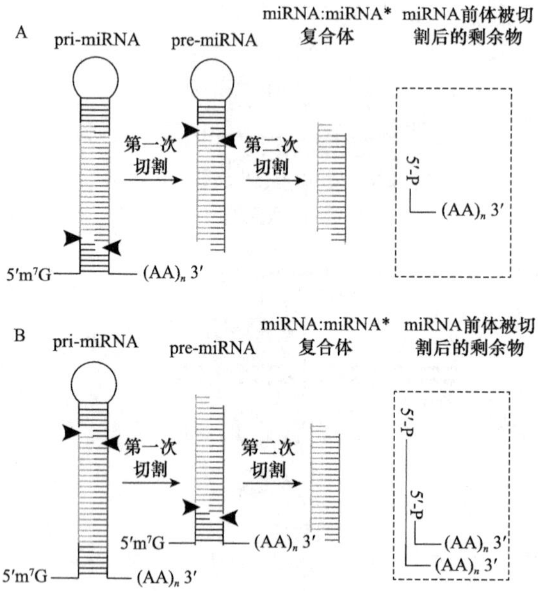

图9-2 “loop-last”和“loop-first”机制模式图（引自Yi et al.，2015）

A.“loop-last”机制模式图；B.“loop-first”机制模式图

似于动物miRNA生成中Drosha的伴侣蛋白DGCR8和Dicer的伴侣蛋白TRBP。已有的研究表明，HYL1有助于提高DCL1加工的效率和准确性，但其具体的作用机制及HYL1是否还有其他生物学功能仍不清楚。拟南芥双链RNA结合蛋白HYL1在miRNA加工成熟过程中保护底物分子（pri-miRNA及其加工过程中间产物）免受外切核酸体（exosome）攻击，并发现HYL1可能在DCL1介导的由“loop-last”和“loop-first”成熟的pri-miRNA加工过程中发挥不同的作用。

植物体中pri-miRNA经Dicer-like两次有顺序的剪切后产生的成熟miRNA和miRNA*双链复合体，由HEN1（hua enhancer 1）将miRNA:miRNA*的3′端甲基化以保持结构稳定，然后由HASTY运出细胞核。在细胞质中成熟的miRNA能够被AGO（Argonaute）蛋白识别并组装成miRNA介导的沉默复合体（miRISC），该复合体与靶标mRNA结合，从而引起靶标mRNA的降解或翻译抑制，而与其互补的miRNA*则会逐渐降解。

Ruby等在无脊椎动物黑腹果蝇和秀丽隐杆线虫中发现了一种不依赖Drosha剪切的miRNA前体，他们将这种不同于经典miRNA合成途径的新途径命名为“mirtron”途径。mirtron miRNA一般来自编码蛋白基因的内含子序列，这一类内含子序列能自身形成具有发夹的二级结构。Sibley等根据mirtron在无脊椎动物中的特点，通过生物信息学分析，在哺乳动物中筛选并鉴定了三个mirtron miRNA（miR877、miR1224和miR1225）。在水稻和拟南芥中也发现了mirtron miRNA。研究表明，来自基因内含子区域的miRNA可以和其自身基因（host gene）同时存在，并对其主基因起调节作用。

二、miRNA的作用机制

成熟miRNA主要通过碱基互补配对来识别靶基因，以何种机制发挥作用取决于miRNA与靶基因结合位点的匹配程度。已有的研究表明，miRNA主要可以通过以下几种方式调控基因的表达：miRNA介导的mRNA剪切、miRNA介导的mRNA翻译抑制、miRNA介导的DNA甲基化、miRNA介导的RNA甲基化和miRNA介导的与其他RNA之间的相互作用（图9-3）。

（一）miRNA介导的mRNA剪切

在植物体内，成熟miRNA的所有碱基与靶基因几乎完全配对，大部分miRNA主要通

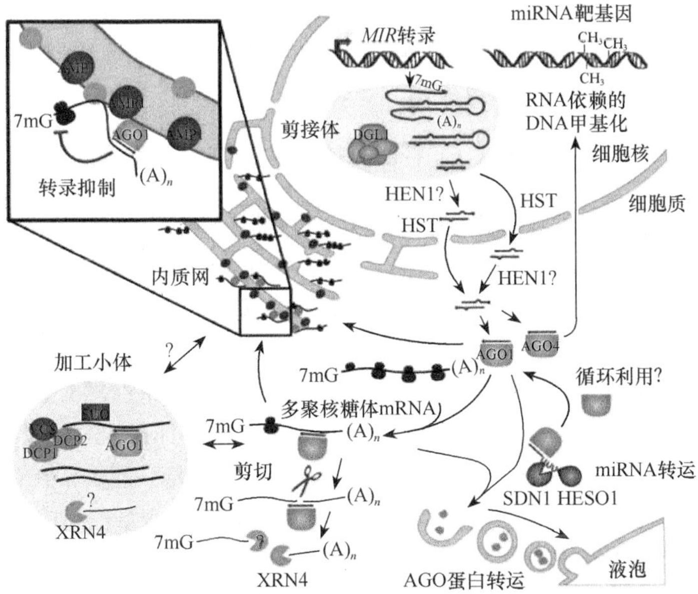

图9-3　拟南芥中miRNA介导的mRNA剪切、mRNA翻译抑制和DNA甲基化（引自Rogers and Chen，2013）

在细胞核中，miRNA前体转录并加工产生成熟miRNA，然后成熟的miRNA被运到细胞质中，与AGO1蛋白结合形成miRISC，通过切割或者翻译抑制的方式对miRNA靶基因进行转录后水平的调控。植物中的RISC在细胞质中的装配机制和作用位置目前尚不完全清楚，但最近的研究表明，在拟南芥中，miRNA介导的翻译抑制发生在内质网上。AGO4能够进入细胞核中通过RNA依赖的DNA甲基化途径（RdDM）介导miRNA靶基因转录水平的基因沉默

过剪切其靶基因发挥其调控功能。

miRNA能够被AGO蛋白识别并进而组装成miRNA介导的沉默复合体（miRISC），从而识别并剪切特异的靶mRNA。AGO蛋白是miRISC复合体上起关键作用的蛋白质，该蛋白质主要包括Piwi结构域和PAZ结构域。Piwi结构域的结构与切割RNA-DNA杂交分子的核糖核酸内切酶RNase H类似，表明Piwi结构域具有切割mRNA的催化中心。PAZ结构域具有结合RNA的功能，它能够识别并结合双链小RNA 3′端悬垂的2个核苷酸。植物中的AGO蛋白家族有多个成员。例如，拟南芥中存在10个不同的AGO蛋白。不同种类的AGO蛋白对含有不同起始碱基的小RNA的偏好性不同。AGO1蛋白偏好装配5′端以尿嘧啶（U）起始的小RNA。植物中，miRNA产生过程中起关键作用的酶为DCL1，DCL1加工产生的miRNA主要以U起始，所以植物中大多数miRNA是通过装配到AGO1中而发挥作用的（图9-3）。miRISC识别特异的mRNA后，AGO1蛋白在与miRNA配对的第10～11位碱基处切割mRNA，使靶基因的mRNA表达水平降低。miRNA介导的mRNA剪切调控的靶基因，可以通过5′RACE（cDNA末端快速扩增法）和降解组测序检测到。

内源RNA可以调控miRNA介导的靶基因切割。*IPS1*（induced by phosphate starvation 1）是拟南芥中的一个非编码RNA。miR399虽能与*IPS1*互补配对，但是在关键的第9～12位碱基处存在不配对的突起，导致miR399不能切割该基因。这样*IPS1*可以竞争性地抑制miR399与其靶基因*PH02* mRNA的结合，结果*PH02* mRNA积累量增加。Franco等根据这一发现发明了一种能够在植物中有效沉默miRNA的方法，并将其命名为miRNA靶基因模

拟（miRNA target mimicry）。靶基因模拟主要是突变特定miRNA靶基因的第9～12位碱基，从而使miRISC能与靶基因结合，但是不能正常切割。这种靶基因模拟的方法在研究miRNA和其靶基因的功能中得到广泛应用。

（二）miRNA介导的mRNA翻译抑制

除了miRNA介导的mRNA剪切，miRNA介导的翻译抑制也是miRNA抑制基因表达的一种普遍机制。抑制AGO1的切割活性并不会影响miRNA对其靶基因的翻译抑制，表明miRNA对靶基因mRNA的切割和对靶基因的翻译抑制是两个独立的过程。

在植物体中，位于细胞质中的加工小体（processing body，P-body）在miRNA的翻译抑制过程中发挥着重要作用。P-body的组分SUO（一个含GW重复的蛋白）和varicose（vcs）是miRNA介导的mRNA翻译抑制所需要的，研究表明miRNA与靶mRNA结合后可以定位在P-body上。最近，Li等在拟南芥中开展了一项研究，证实miRNA抑制靶基因表达的作用位点是在内质网（ER）上，同时还发现一种跨膜整合蛋白（integral membrane protein）AMP1是miRNA能够成功介导靶基因翻译抑制的必要条件（图9-3）。在*amp1*突变体中，miRNA 靶基因和与膜结合的多聚核糖体之间的关联性跟野生型相比有显著的差异，但跟其他的所有多聚核糖体之间的关联性差异并不显著，这表明miRNA介导靶基因的翻译发生在内质网上。

（三）miRNA介导的DNA甲基化

DNA甲基化（DNA methylation）是最早发现的表观遗传学修饰途径之一，大量研究表明，DNA甲基化能引起DNA构象、DNA稳定性、DNA与蛋白质相互作用方式及染色质结构的改变，从而调控基因的表达。研究表明，在肿瘤细胞中会发生miRNA的异常表达，同时肿瘤细胞会出现DNA甲基化异常，即miRNA表达量的变化与DNA 甲基化程度存在一定的关系。Khraiwesh等在小立碗藓（*Physcomitrella patens*）中的研究表明，PpDCL1b是miRNA切割其靶基因所必需的，在*PpDCL1b*突变体中，发现miRNA能正常表达，但不能对其靶基因进行切割，同时这些靶基因的转录水平急剧降低。通过进一步研究发现，*PpDCL1b*突变体中能积累大量的miRNA:靶-RNA 的复合体，从而导致编码靶RNA的基因出现高度甲基化。该研究的结果表明，miRNA对其靶基因的切割效率会影响DNA甲基化的程度，导致不同程度的基因沉默。在水稻和拟南芥中的研究表明，依赖DCL3产生的24nt miRNA通过与AGO4结合进入细胞核，可以同时触发其自身前体和相应靶位点的DNA甲基化（图9-3）。但并不是所有的24nt的miRNA都会介导DNA甲基化。例如，由DCL1切割产生的miR163主要通过与AGO1结合发挥功能，其不会介导DNA甲基化。

（四）miRNA介导的RNA甲基化

N^6-methyladenosine（m^6A）是真核生物mRNA上最常见的一种转录后修饰，这种可逆的RNA甲基化修饰与人类疾病有关。Tavazoie等在哺乳动物细胞中发现 METTL3（一种m^6A甲基化酶）可以使pri-miRNA甲基化，以便被DGCR8（一种参与调节miRNA形成的相关因子）识别和加工。去除METTL3会减少DGCR8与pri-miRNA的结合，使细胞内成熟的miRNA减少，而未加工的pri-miRNA在细胞中累积。研究人员还通过体外实验证实了m^{6}A具有促进pri-miRNA加工的能力。Chen等的研究结果显示，m^{6}A甲基化修饰在miRNA靶作用位点富集（图9-4），并且miRNA通过影响METTL3与mRNA的结合能力来调节m^{6}A甲基化程度。尽管AGO蛋白是miRNA发挥功能的关键蛋白，但是Chen等的研究表明，无论是在人类还是小鼠细胞中，AGO1～AGO4蛋白均没有参与到miRNA介导的m^{6}A甲基化过程中。这表明有其他的miRNA结合蛋白参与这一过程。目前有大量的RNA结合蛋白的功能还是未知的，去寻找与miRNA结合并且参与到m^{6}A甲基化过程中的RNA结合蛋白是一项充满挑战并值得进一步探究的工作。

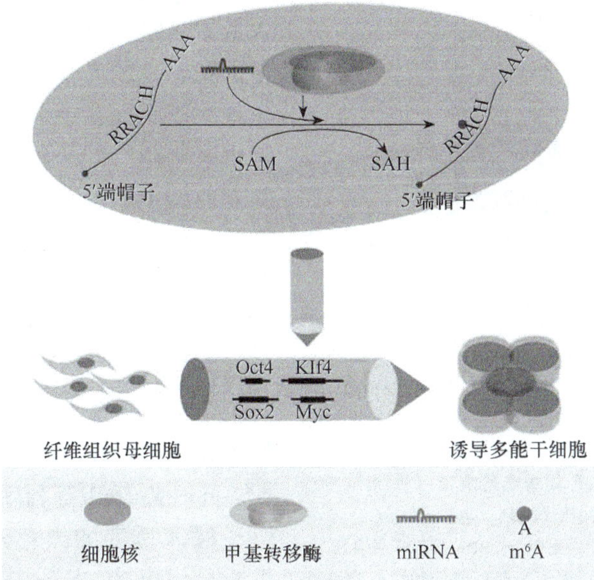

图9-4　miRNA参与调控m^{6}A甲基化（引自Chen et al., 2004）

miRNA通过序列互补配对机制调控相应mRNA的m^{6}A甲基化，m^{6}A甲基化修饰会在miRNA靶作用位点富集。m^{6}A甲基化具有细胞组织特异性，增强m^{6}A甲基化程度可以促进细胞的重编程，使细胞恢复全能性

（五）miRNA介导的与其他RNA之间的相互作用

最近由Pandolfi领导的研究小组提出竞争性内源RNA（competing endogenous RNA, ceRNA）调控基因表达的假说，认为ceRNA能形成一种大规模转录调控网络，扩大人类基因组中的功能性遗传信息。ceRNA假说是对传统的miRNA→RNA学说的补充，ceRNA假说认为还存在反向的RNA→miRNA作用方式，ceRNA可以通过竞争性地结合miRNA从而影响miRNA导致的基因沉默。Salmena等认为，ceRNA活性也在病理条件，比如癌症中扮演了重要角色，这对于解开一些癌症之谜具有非常重要的意义。

Tay等研究人员以关键肿瘤抑制因子PTEN为研究对象检验了ceRNA调控基因表达的假说。Tay等采用实验检测结合计算分析鉴别出了候选的ceRNA，并证实这些ceRNA以miRNA依赖的方式调控细胞内PTEN和P-Akt蛋白水平。尤其值得关注的是，研究人员发现在癌症中编码这些PTEN ceRNA的基因发生了缺失，表明它们具有重要的肿瘤抑制

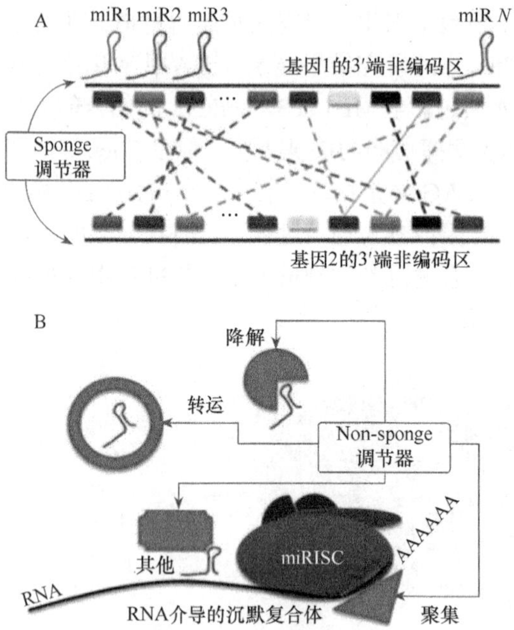

图9-5 两种具有不同分子机制的miRNA调节器（引自Sumazin et al.，2011）

A. Sponge调节器，包括编码RNA和非编码RNA，这些RNA都有一个共同特点，就是和其他的RNA共同享有miRNA（miR）的结合位点。这些调节因子通过维持一个稳定含量的方式来和miRNA 结合或者与内源性的其他RNA竞争；B. Non-sponge调节器，执行其功能是由蛋白质和RNA的相互作用完成的，通过各种替代机制，包括miRISC介导调控的激活或抑制靶RNA，从而阻止miRNA降解或者阻止miRNA与其靶基因结合。以至于这些调节器和它调控的靶基因之间并不需要有共同的miRNA结合位点

功能。

Sumazin等基于基因表达数据及配对的miRNA图谱绘制出了恶性胶质瘤细胞中，有超过248 000种miRNA介导形成的大型RNA互作网络。其中超过7000种基因编码的RNA以miRNA依赖的方式发生了相互作用。生化分析结果表明，这些ceRNA互作对与癌症相关的基因起着重要的调控作用。通过从肿瘤基因图谱中分析大量的与样本相匹配的基因和miRNA表达谱，发现通过调节miRNA来调节目标基因的现象广泛存在于人类胶质瘤细胞中，并且由这些调节因子调节的基因在胶质瘤和肿瘤亚型中起着重要的作用。同时发现存在两种具有不同分子机制的miRNA活性调节器：Sponge调节器和Non-sponge调节器（图9-5）。目前已经确定的Sponge调节器包括VCAN、PTENP1和CD44；已确定的Non-sponge调节器包括miRISC核心成分，如AGO和TNRC6家族。

同时Karreth等利用一种“睡美人”转座子插入诱变的黑色素模型小鼠筛查出了几个假定PTEN ceRNA，并对这些假定PTEN ceRNA进行了功能验证。研究人员发现其中的PTEN ceRNA ZEB2以一种miRNA依赖的方式调控了PTEN蛋白水平。PTEN ceRNA ZEB2缺失可导致PI3K/AKT信号激活，促使细胞发生转化，诱导肿瘤发生。

Cesana等证实一种在成肌细胞分化过程中特异性表达的胞质长非编码RNA——linc-MD1可发挥ceRNA作用，通过依赖miR133和miR135实现对肌细胞特异性基因的转录调控因子MAML1和MEF2C的表达调控。linc-MD1的表达抑制可导致成肌细胞分化延迟，与杜氏肌营养不良症的发病密切相关。这一研究表明，ceRNA网络在肌细胞分化过程中发挥了极其重要的作用。目前关于ceRNA的研究在植物中还没有相关报道。

三、miRNA 的功能研究

miRNA通过调控靶基因的表达，在植物的器官建成、生长发育、开花与育性转换、代谢和抗逆等各个方面发挥着非常重要的作用。miRNA的正常表达是植物正常生长发育所必需的，植物miRNA的靶基因大多参与发育调控和细胞分化，包括编码生长调节因子（growth-regulating factor，*GRF*）、apetala 2（*AP2*）、phabulosa（*PHB*）和phavoluta（*PHV*）等基因。这些基因在植物的叶、茎、花和根的发育，以及器官的极性和器官分化方面起

着非常重要的作用。

（一）对叶发育的影响

在拟南芥中，GRF是由9个同源基因（GRF1～GRF9）构成的一个转录因子家族。Kim等的研究表明，*grf1*、*grf2*、*grf3*单突变体和*grf1/2/3*三突变体均出现叶片变小的表型。经过进一步的研究发现，GRF的表达受miR396负调控，在拟南芥中过表达miR396能使GRF表达量降低，从而导致过表达株系叶片明显变小，叶片细胞数目变少。

GRF在组织水平上如何被miR396调控从而影响叶片的发育是一个很有意思的问题。Rodriguez等经研究发现，miR396和GRF在叶片的发育过程中呈现出对比鲜明的表达模式，即miR396主要在叶片的边缘和成熟的叶片中有高的表达量，而GRF主要在叶片中央和幼嫩的叶片中有高的表达量。为了更加详细地研究miR396的表达和其对GRF的调控，Rodriguez等获得了*GRF2*的启动子报告株系（GRF2:*wtGRF2-GUS*），β-葡糖醛酸糖苷酶（GUS）组织化学染色结果显示，*pGRF2*驱动的GRF2和GUS的融合蛋白主要在叶片的中部表达，而在*pGRF2*驱动的*GRF2*同义突变（与miR396互补配对区域同义突变）后的株系（GRF2:*rGRF2-GUS*）中，GRF2和GUS的融合蛋白在整个叶片中都能检测到（图9-6）。这些结果说明，miR396通过控制GRF的表达部位参与叶片发育的调控。

（二）对花发育的影响

Aukerman等的研究表明，miR172通过负向调控靶基因*TOE1*（target of eat 1）控制拟南芥的开花时间，在拟南芥中过表达miR172能使拟南芥出现早花表型，而过表达其靶基因*TOE1*使拟南芥出现晚花表型。Zhu等在水稻中过表达miR172使水稻出现小穗缺失、花器官发育畸形和可育性降低等表型。miR156参与调控植物的开花时间，其主要是通过调控其靶基因*SPL*（squamosal promoter binding protein like）发挥作用。在拟南芥中过表达miR156后，发现植株表现出短日照条件下开花延迟和育性降低等表型。

（三）对根发育的影响

在拟南芥中的研究表明，生长素响应因子（auxin response factor，ARF）家族在根的发育过程中发挥着非常重要的作用。ARF家族的很多成员均为miR160的靶基因。Wang等的研究表明，miR160通过负调控*ARF10*和*ARF16*的表达来控制根冠细胞的形成。在拟南芥中过表达miR160或双突变*arf10*和*arf16*都会使拟南芥呈现出根尖瘤状并失去重力感应性，根分生区末端的干细胞分化受阻等表型。miRNA在拟南芥的侧根发育过程中也发挥着重要的调控作用。Guo等的研究表明，miR164能引起拟南芥*NAM*/*ATAF*/*CUC*（*NAC*）基因家族的*NAC1* mRNA裂解，从而减弱生长素信号的传递，抑制拟南芥侧根生长。Marin等的研究表明，miR390可以通过介导TAS3转录本生成的tasiRNA调控*ARF*的表达，从而影响拟南芥侧根的发育。

（四）miRNA在逆境胁迫中的调控作用

植物在生长发育的过程中会遇到各种不适宜的环境，为了适应或抵抗这些不利的环

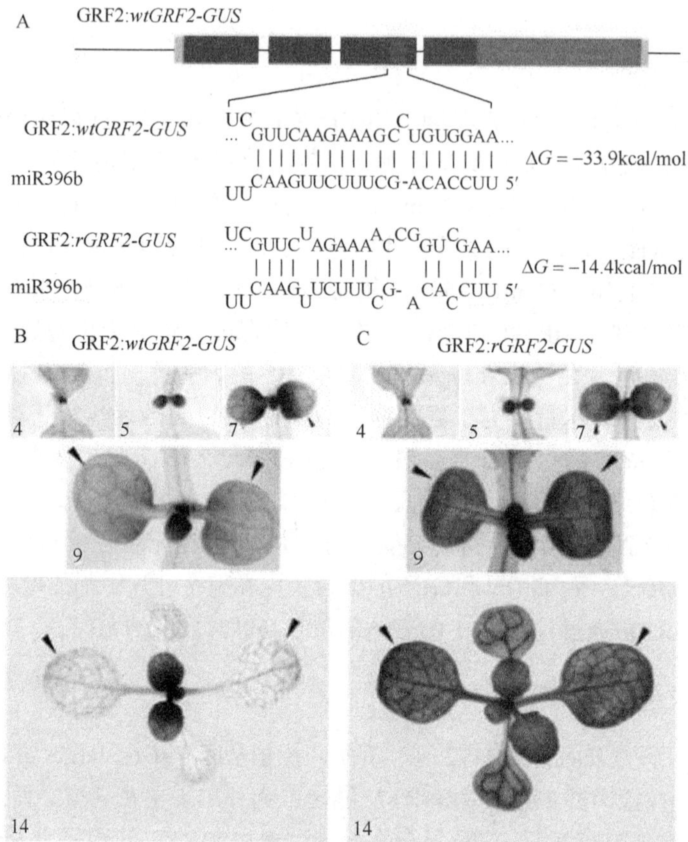

图9-6 miR396的动态表达模式（引自Rodriguez et al.，2010）

A. 两个对miR396敏感度不同的载体，GRF2:*wtGRF2-GUS*对miR396敏感，即被miR396调控，GRF2:*rGRF2-GUS*对miR396不响应；B. GRF2:*wtGRF2-GUS*植株中GUS的表达模式，箭头指向的是叶片1和2，数字为植物播种后的天数；C. GRF2:*rGRF2-GUS*植株中GUS的表达模式，箭头指向的是叶片1和2，数字为植物播种后的天数。Δ*G*. 自由能变化。1cal＝4.184J

境状况，植物可通过忍耐或逃避来适应或抵抗逆境。已有的研究结果表明，miRNA与植物适应环境的能力之间存在相互联系。

盐胁迫能诱导miR397的表达，导致*CKB3*和*LAC* mRNA剪切。过表达*miR397*基因的拟南芥株系抗盐性明显提高；而miR397的干扰株系的耐盐能力降低。另外，miR417的表达量也在盐胁迫、脱水胁迫和ABA处理前后发生显著变化。盐胁迫处理时，过表达miR417的拟南芥株系种子萌发率降低。水稻miR169家族中的miR169g、miR169n和miR169o对盐胁迫响应强烈。miR169g和miR169o在染色体上位于同一个簇中，其启动子区存在ABA响应元件（ABA response element，ABRE）。经过进一步研究发现，miR169家族可以选择性切割一个*NFYA*基因（核转录因子Y亚基）——*Os03g29760*，*Os03g29760*编码一个结合CCAAT盒的转录因子，可以调控大量下游基因的表达。该研究结果表明，miR169可以通过选择性切割*Os03g29760*转录的mRNA来影响下游基因的表达。拟南芥中miR169a和miR169c，受干旱胁迫抑制表达，*NFYA5*是miR169a的靶基因，敲除*nfya5*基因的植株或过表达miR169a的植株，较野生植株都表现出抗干旱能力减弱和叶易失水的特点。

在种子的吸胀过程中，其自身脱落酸（abscisic acid，ABA）含量减少以促进胚胎发芽发育成小苗。而在逆境胁迫中，植物体中ABA含量升高，会抑制其自身的生长和发育。Reyes等的研究表明，在拟南芥种子发芽过程中，ABA可以诱导miR159的表达，从而抑制其靶基因*MYB101*和*MYB33*的表达。MYB101和MYB33这两个MYB类转录因子能正向调节植物体内的ABA含量。

无机磷酸盐（Pi）是植物生长发育必需的大量营养元素之一，在植物的生长发育及各种代谢过程中起着极其重要的作用。而土壤中Pi的含量很少，大部分的Pi都被土壤中的钙和铁等以共价键或非共价键的形式固定住，使其无法流动，也无法被植物吸收。Pant等在低磷胁迫的油菜和西葫芦韧皮液中能够检测到miR399表达，而根系中并未发现miR399的初级转录产物。由此推测，miR399的表达量存在着一个由茎、叶向根系不断下降的梯度，以保证根系细胞内磷素水平的稳定。

植物在逆境胁迫下会产生过量的活性氧（ROS），过量的ROS会伤害甚至完全破坏细胞内的DNA、蛋白质和细胞膜等成分。植物体在产生过量ROS的同时，清除ROS的机制也开始启动，超氧化物歧化酶（SOD）是清除ROS的第一道防线。Sunkar等的研究表明，miR398的靶基因编码铜/锌超氧化物歧化酶（CSD）。正常条件下，miR398 表达，*CSD1*和*CSD2*的mRNA被剪切。在氧胁迫时，miR398的表达下调，*CSD1*和*CSD2* mRNA积累，产生CSD1和CSD2蛋白。经过进一步研究发现，过表达抗miR398的*CSD2m*（CSD2与miR398互补的位置发生同义突变）的拟南芥株系比过表达正常*CDS2*基因的拟南芥株系能积累更多的*CSD2* mRNA，并且能更好地耐受高光胁迫、重金属胁迫和其他一些氧化胁迫。

四、miRNA 的预测与鉴定

目前发现的miRNA主要是通过两种途径获得的：一是实验克隆的，主要是通过对克隆到的小RNA进行测序和分析；二是根据生物信息学的方法预测的，基于已知的结构特征或者序列保守性构建算法来预测。

（一）实验克隆

miRNA的实验克隆是指从总RNA中分离长度在18～25nt的小RNA分子，将人工合成的引物通过T_4连接酶连接到小RNA上，反转录后，进行PCR扩增、克隆和测序。将克隆序列在该物种基因组数据库中进行同源性搜索，利用软件进行二级结构预测分析，最后将具有发夹结构前体的小分子RNA用RNA印迹法（Northern blotting，也称Northern杂交）检测，将检测出的小分子RNA鉴定为新的miRNA。通过这种方法，植物的miRNA首先在拟南芥中被发现和研究。由于miRNA 表达存在特异性，同时表达水平存在差异，因此很难克隆到只在特定发育时期表达的、表达水平低的或只在稀有细胞中存在的miRNA。另外，miRNA的自身特性，包括它们的序列组成、长度、在反转录后容易被编辑或者甲基化修饰等都使miRNA很难被克隆。

（二）根据生物信息学的方法预测

通过对克隆得到的miRNA及其功能的分析研究，总结了miRNA特性：①大部分miRNA的长度在20～22nt，但也存在特殊性，如mirtron miRNA一般为24nt；②miRNA表现出进化上的保守性，由含有发夹结构的前体剪切加工而来；③miRNA和miRNA*分别来自茎环结构的两条臂上，形成几乎互补配对的二聚体，并且在3′端有两个突出的核苷酸；④大部分miRNA前体的最低折叠自由能系数（minimal folding free energy index，MFEI）小于−0.85。miRNA的这些特性使利用生物信息学的方法来预测miRNA越来越普遍。现在有很多预测的方法，大都是依据miRNA的特点设计出来的。首先，几乎所有的方法都用到了miRNA前体特有的二级结构信息。其次，很多方法是基于其序列和结构在进化上的保守性来区分与其他基因上的茎环结构。最后，基于茎环结构的热稳定性、序列和结构与已知miRNA前体的相似性或者与已知miRNA所在基因位点上的保守性等特点来预测。通常对于已有基因组序列的物种，通过生物信息学方法鉴定已知和新的miRNA的具体步骤如下。首先找到基因组中能形成发夹结构的序列，再根据相应的软件，如RNAfold或Mfold等，预测这些序列的二级结构，然后计算这些二级结构的MFEI值，通过MFEI值小于−0.85这一标准，找到潜在的miRNA前体序列，最后将小RNA数据库中的小RNA比对到潜在的miRNA前体上，能匹配到潜在前体茎环结构臂上的小RNA作为预测到的miRNA。

目前可以用于预测miRNA的软件主要有miReap和miRDeep系列等，miRDeep系列主要包括miRDeep、miRDeep-P、miRDeep2、miREvo和miRDeep*等，目前已有文献报道预测准确性最高的为miRDeep2。而适合于预测植物miRNA的软件是miRDeep的两个修改版本miREvo和miRDeep-P。虽然通过生物信息学分析能够快速鉴定新miRNA，但是目前的miRNA预测软件都存在假阳性，因此应该进行后续的实验验证。

五、miRNA的表达分析方法

miRNA的表达分析方法主要有以下几种：Northern杂交、miRNA qRT-PCR、miRNA表达芯片和小RNA测序。

（一）Northern杂交

Northern杂交是经典的通过与特定基因互补配对的探针杂交来检测目的片段表达量的技术，其原理是：在变性的条件下将待检的小RNA样品进行琼脂糖凝胶电泳，随后将凝胶上的RNA分子转移到膜上，继而用特异探针进行杂交检测，了解miRNA表达差异，是验证miRNA表达水平广泛且有效的方法。但其缺点是检测所需样品的量大，特异性和灵敏度不高。

（二）miRNA qRT-PCR

qRT-PCR是检测基因表达常用的实验方法，是一种简洁、快速和特异的RNA相对定量检测技术。miRNA的qRT-PCR实验中，模板的产生目前主要通过poly（A）加尾法和茎环（stem-loop）法进行反转录。由于植物miRNA 3′端的2′-*O*-甲基化将抑制poly（A）尾的延伸反应，poly（A）加尾法在植物中应用得比较少。由Chen等发明的stem-loop qRT-PCR的方法与Northern杂交相比，可以精确检测到单碱基的变化，并且其效率和灵敏度都有所提高，操作也较Northern杂交简单，在植物中应用得比较广泛。其原理如图9-7所示：首先，miRNA被自身能够形成发夹结构的特异的反转录引物反转录成较长的cDNA，然后用miRNA特异的正向引物和通用的反向引物进行PCR扩增，接着再进行常规的实时定量PCR实验。需要注意的是实验中内参基因的选择，由于miRNA与普通mRNA产生途径截然不同，常规的内参如肌动蛋白（actin）和泛素（ubiquitin）等基因都不适合。近来研究报道，U6小RNA表达量高且在各组织中表达量稳定，在各物种中高度保守，现已广泛用作miRNA qRT-PCR的内参基因。

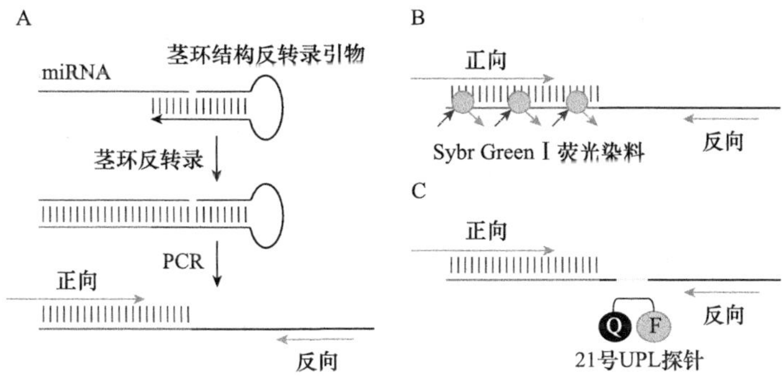

图9-7　茎环 qRT-PCR原理图（引自Varkonyi-Gasic et al.，2007）

A. 茎环反转录及终点PCR；B. SYBR Green Ⅰ与模板结合；C. 通用探针库和miRNA特异引物扩增。首先用自身能够形成茎环结构的引物（stem-loop RT primer）结合到miRNA分子的3′端，然后再用通用反向引物和miRNA特异的正向引物进行常规的实时定量PCR

（三）miRNA表达芯片

miRNA表达芯片是一种快速地高通量检测所有已知miRNA表达量的方法，其原理是在一块芯片上同时固定多个与miRNA序列互补的探针，然后加入经过标记的RNA样本，杂交后进行相应的信号检测。此方法的优点是可以在短时间内在全基因组水平检测到物种内所有已知的miRNA表达量。其缺点是费用高，无法检测新的miRNA表达量。

（四）小RNA测序

小RNA测序是基于Illumina HiSeq2500测序平台对目标物种小RNA进行大规模的测序分析，能够快速全面地鉴定该物种在特定状态下的小RNA和发现新的小RNA。小RNA测序为研究小RNA的种类、结构和功能提供了有力工具。小RNA测序可以在全基因组水平分析已知的和新的miRNA表达量，并且随着测序深度的加大，可以检测到表达量低的miRNA。

六、miRNA靶基因的预测和鉴定

（一）miRNA靶基因的预测

成熟miRNA主要通过碱基互补配对作用来识别靶基因，以何种机制发挥作用取决于miRNA与靶基因结合位点的匹配程度。在动物体内，成熟miRNA的碱基与靶基因不需要完全配对，一般作用于其靶基因的3′-UTR，主要通过抑制靶基因mRNA翻译来调控基因表达。与动物不同，在植物中，miRNA与靶基因几乎是以完全互补配对的方式结合，所以植物miRNA靶基因的预测要简单得多。近年来，多种预测软件相继被开发出来，如代表性的预测软件psRNATarget。一般靶基因预测软件都遵循以下几个原则：①miRNA与其靶位点的互补性，miRNA与靶基因之间一般不能有超过3个碱基的错配；②miRNA切割靶基因一般发生在从miRNA 5′端起始的第10～11位的碱基与靶基因mRNA互补的位置，所以miRNA 5′端起始的第10～11位的碱基与靶基因mRNA之间不能有错配；③miRNA-mRNA双链之间的热稳定性，miRNA:靶基因二聚体的最小自由能（MFE）与miRNA:靶基因结合位点二聚体MFE的比值应大于0.75；④miRNA靶位点在不同物种之间的保守性。虽然目前大量的miRNA靶基因被预测出来，但其中有部分为假阳性，所以还是需要使用多种方法对靶基因进行验证以保证其可靠性。

（二）miRNA靶基因的鉴定

目前用于鉴定miRNA靶基因的方法主要有5′RACE、降解组测序和烟草瞬时表达体系。

1. 5′RACE mRNA序列被切割后，残余的3′端剪切产物包含了5′单磷酸基团和3′poly（A）尾序列，这一剪切产物并不会被迅速降解，因此可以利用RNA连接酶在5′端连接特定的RNA接头，而含有5′帽子结构的完整的mRNA或是其他缺少5′单磷酸基团的RNA无法连接上接头。通过oligodT为引物或以基因3′端特异的引物进行反转录，以反转录产物作为模板，利用3′端特异引物和5′端通用引物进行PCR扩增，对扩增产物进行测序，对测序结果进行分析比对，明确靶基因的切割位点。这一方法已被很多研究者用来鉴定预测的miRNA靶基因是否为真正的靶基因。这一方法的缺点是每次只能针对单一靶基因进行验证，并且只能验证已预测到的靶基因。

2. 降解组测序 降解组测序的原理（图9-8）和5′RACE原理相似。靶基因经miRNA剪切后产生两个片段，即5′剪切片段和3′剪切片段。其中3′剪切片段包含有自由的5′单磷酸基团和3′poly（A）尾，RNA连接酶将包含*Mme* Ⅰ酶切位点的RNA接头与自由的5′单磷酸基团连接，再用带有3′接头的oligo（dT）反转录合成cDNA，用包含*Mme* Ⅰ酶切位点的RNA接头序列和3′接头序列为引物对cDNA进行PCR富集，用*Mme* Ⅰ内切酶切割富集后的cDNA产生特定长度的DNA片段（*Mme* Ⅰ内切酶在其切割位点3′端下游20bp处对片段进行切割），然后在3′端连接DNA接头，用包含*Mme* Ⅰ酶切位点的RNA接头序列和3′端DNA接头序列为引物进行PCR扩增，对扩增产物进行高通量测序。在这一过程中，含有帽子结构的5′剪切片段、含有5′帽子结构的完整基因和其他缺少5′单磷酸基团的RNA无法连接接头，因而无法进入下游的测序实验；降解组测序可以准确地检测到

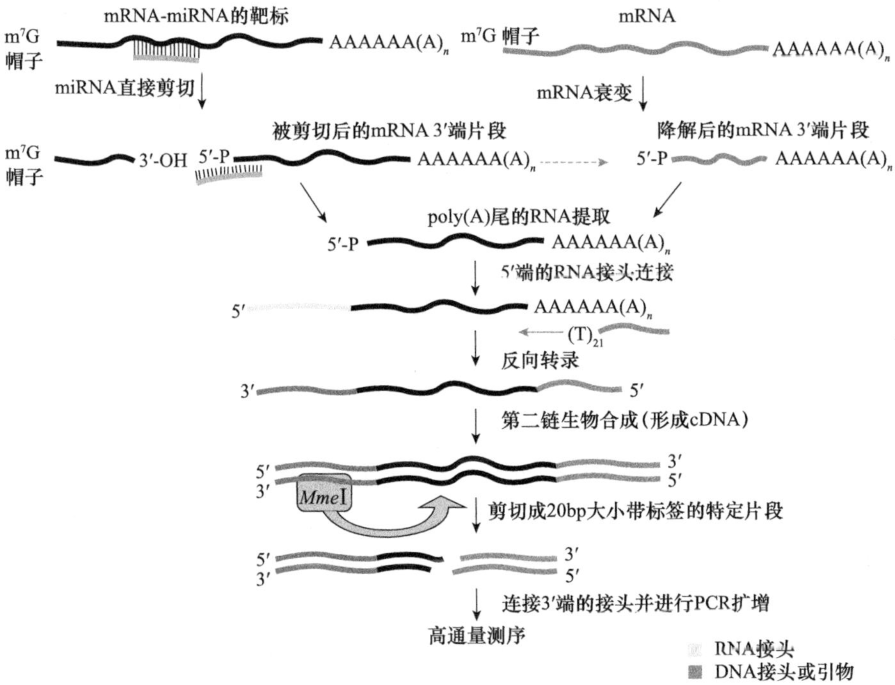

图9-8 降解组测序的原理图（引自German et al.，2009）

构建降解组文库所需的主要步骤：①提取带有poly（A）尾的RNA；②将RNA接头连接到带有5′单磷酸基团的降解的RNA片段上或断裂的mRNA的3′片段上；③利用带有3′接头的oligo（dT）反转录产生cDNA的第一链；④PCR富集cDNA；⑤利用*Mme* Ⅰ内切酶切割产生特定长度的DNA 片段；⑥将双链的3′DNA接头连接到*Mme* Ⅰ切割后的产物上；⑦产物经过PCR扩增、胶纯化后，最后进行高通量测序

mRNA的5′剪切位点，可以用来鉴定miRNA的靶基因。利用降解组测序，科研人员摆脱了5′RACE的限制，可以高通量地找到miRNA作用的靶基因。目前降解组测序已成功被应用于拟南芥、大豆、水稻和小麦等植物miRNA靶基因的筛选。

降解组数据除了可以研究miRNA靶基因和miRNA前体的形成机制，还可以用来在全基因组水平对没有帽子结构的mRNA（uncapped mRNA）表达模式进行分析。mRNA的降解主要存在两条途径：一条是通过脱腺苷酸化从3′→5′方向进行降解；另一条是通过脱帽子结构从5′→3′方向进行降解。植物mRNA的降解对于维持其生化和细胞学的功能都是必需的，而且这种降解会根据植物发育和外界环境的变化进行及时的调整。已有研究表明，植物可以通过控制mRNA 降解的速度来调节体内mRNA的水平。高通量测序技术的快速发展，使植物中稳定状态mRNA在各组织和胁迫环境下的表达模式得到充分研究。然而与酵母和哺乳动物相比，人们对植物mRNA 的降解机制了解得较少，近年来已有科研人员利用降解组数据对正常生长条件下的拟南芥和冷处理后短柄草中没有帽子结构的mRNA进行全基因组分析。

3．烟草瞬时表达体系 利用烟草瞬时表达体系可以直接验证miRNA对靶基因的切割作用。构建35S启动子驱动下的miRNA和预测的靶基因（带有靶位点）的超表达载体，将靶基因靶位点同义突变的超表达载体作为对照，转化农杆菌，用农杆菌介导法将两种载体同时侵染本生烟叶片，三天之后，提取侵染叶片的总RNA，检测其中的miRNA及靶基因的表达水平，通过与对照相比，明确miRNA与其预测的靶基因的相互作用。例如，Guo等为了鉴定miR164对*NAC1*的调控作用，构建了35S:*MIR164*和35S:*Myc-NAC1*，以及35S:*Myc-NAC1m*（miR164作用位点发生突变的*NAC1*基因）载体作为对照，转化烟草，结果表明miR164可以切割*Myc-NAC1*序列但不能切割*Myc-NAC1m*，证明了miR164对*Myc-NAC1*的切割作用。

第三节 lncRNA

随着高通量测序技术的发展，科学家通过基因组测序和转录组测序发现，真核生物基因组中超过90%的序列能够转录，但是只有1%～2%的转录本能够编码蛋白质。非编码RNA（non-coding RNA，ncRNA）根据功能和表达特征可分为持家ncRNA和调控ncRNA。持家ncRNA包括tRNA、rRNA、snRNA（small nuclear RNA）和snoRNA（small nucleolar RNA）等，这类ncRNA在生物体各种类型细胞中组成型表达，功能保守，对维持细胞的基本功能是必不可少的。调控ncRNA在生物体的特定组织器官、特定发育阶段或特定的环境条件下表达，能够调控特定的生物学过程。根据成熟转录本的大小，调控ncRNA可分为小RNA（＜200nt，如siRNA和microRNA）和长非编码RNA（＞200nt）。

一、lncRNA的特点和分类

lncRNA通常指一类长度大于200nt，不具有编码蛋白质能力的RNA。利用基因芯片和RNA-Seq技术，研究人员证实了在酵母和高等真核生物基因组中存在大量的lncRNA。与mRNA相似，lncRNA大多由RNA聚合酶Ⅱ（PolⅡ）转录，具有5′帽子和3′ploy（A）结构，但是不能作为蛋白质合成的模板。除此之外，两个植物特异的RNA聚合酶PolⅣ和PolⅤ也能产生lncRNA。与编码蛋白质的mRNA相比，lncRNA具有转录本长度短、外显子数量少、表达量低和序列保守性低的特点。拟南芥中存在不具有3′poly（A）结构的lncRNA［即poly（A）-lncRNA］，其转录本长度短、表达量低，而且能够响应干旱胁迫和热胁迫。lncRNA可从基因组的多个位置进行转录，根据在基因组上的起源位置，lncRNA可分为基因间区长非编码RNA（long intervening noncoding RNA，lincRNA）、天然反义转录本（natural antisense transcript，NAT）和长内含子非编码RNA（long intronic noncoding RNA，intronic lncRNA）三种类型。

二、lncRNA的作用机制

根据已有的研究，lncRNA可能通过以下方式发挥作用：①lncRNA在基因的启动子区转录，通过影响RNA聚合酶Ⅱ与启动子区的结合而抑制下游基因的表达；②lncRNA引发染色质重塑和组蛋白修饰，促进下游基因的表达；③反义链转录的lncRNA与正义链转录本重叠区域互补配对，阻碍剪切体对剪切位点的识别，导致正义链转录本不能正常剪接而形成新的转录本；④反义链转录的lncRNA与正义链转录本重叠区域互补配对，在Dicer的作用下形成内源的siRNA；⑤lncRNA与特异的蛋白结合影响蛋白质的活性；⑥lncRNA作为支架结构，与特异蛋白质结合，形成一个大的RNA-蛋白质复合体；⑦lncRNA与特异蛋白质结合，改变蛋白质的定位；⑧lncRNA经过处理后形成小RNA（如miRNA和piRNA）和其他类短的转录本。

三、植物lncRNA的研究进展

lncRNA是影响基因表达和基因组稳定性的重要调节因子，在多种生物过程中发挥着重要的作用。目前，利用高通量测序技术，研究人员在多种植物中发现了lncRNA。对拟南芥200多份转录组数据的分析发现，拟南芥中存在6480个lincRNA和37 238个NAT。统计分析结果显示，拟南芥lincRNA的表达水平低于mRNA而高于pri-miRNA的表达水平。利用定制芯片进行表达部位分析发现，32%的lincRNA具有组织表达特异性。另外，1832个lincRNA能够响应干旱、冷、高盐和ABA处理等非生物胁迫条件。通过对11个突变体的转录组进行分析发现，SERRATE、CBP20（cap binding protein 20）和CBP80能够调控lincRNA的表达和合成。RT-PCR实验结果证实，这三个蛋白质是部分具有内含子的lincRNA进行剪切所必需的。NAT在拟南芥中广泛存在，70%编码蛋白质基因的反义链具有转录NAT的能力，其长度为200～12 370nt。NAT的表达也具有组织特异性，一些NAT能够响应生物胁迫和非生物胁迫。经过进一步分析发现，大部分响应光的编码NAT的基因具有高水平的组蛋白乙酰化，而且组蛋白乙酰化的程度与NAT响应光条件的表达水平具有显著的相关性。

利用公共的EST数据库、玉米基因组的注释信息和来自30个不同实验的RNA-Seq数据，Li等发现玉米中存在20 163个可能的lncRNA，其中超过90%（18 459个）的lncRNA可作为小RNA的前体（pre-lncRNA），1704个为高可信度的lncRNA（high-confidence lncRNA，HC-lncRNA）。HC-lncRNA转录本的平均长度为463bp，编码HC-lncRNA的基因比已注释的基因具有更少的外显子。通过分析HC-lncRNA在玉米13个不同组织和105个重组自交系中的表达模式发现，超过50%的HC-lncRNA具有组织表达特异性，而且其表达水平与H3K27me3修饰有关。lncRNA在重组自交系中表达模式的遗传具有明显的超亲分离（apparent transgressive segregation），而且玉米lncRNA的表达受反式遗传因子的影响较大。

四、动物lncRNA的研究进展

一些lncRNA只在真核生物发育的特定阶段表达。有研究人员发现这类RNA在果蝇和线虫的发育过程中呈动态表达变化，多数lncRNA的时间和空间表达模式精确，但部分表达模式在不同种的果蝇中保守存在。通过原位杂交发现，在黑腹果蝇胚胎发育过程中，有33个lncRNA高表达，但是仅有16个在中枢神经系统表达。

动物中的lncRNA能在修饰染色质标记时发挥作用，并且能够直接与染色质修饰器相互作用。有研究人员发现，动物lncRNA中有一类被称为增强子RNA（enhancer RNA，eRNA），由基因的增强域或是转录因子的结合位点转录而来，通过招募转录激活因子或转录抑制因子及控制染色质的拓扑异构体形式来调节转录活动。

*Xist*是哺乳动物中X染色体失活过程的关键基因，是lncRNA的一种。在哺乳动物中存在剂量补偿效应：X失活中心（X inactivation center，Xic）使一条染色体失活，等位基

因完全沉默。*Xist*基因位于Xic，通过与PRC2形成复合体介导基因沉默。Xis由X染色体转录得到，并附着于该染色体上，通过引起组蛋白甲基化使X染色体失活。

五、人体中 lncRNA 的研究进展

人体内的二氢叶酸还原酶基因——*DHFR*含有两个启动子，依赖RNA的转录抑制：上游的启动子启动lncRNA转录，并与下游的启动子碱基互补形成ncRNA和蛋白质复合物，该复合物结构稳定，能够阻止TFⅡB与启动子结合，从而抑制下游基因转录。这说明lncRNA在邻近基因中起抑制调节作用。lncRNA与人类疾病和肿瘤有密切的关系。先天性畸形、神经系统疾病及心血管疾病都与某些lncRNA有关。除*FOXL2*基因突变外，lncRNA失调也是导致睑裂狭小综合征的重要原因：在*FOXL2*基因附近发现的lncRNA PISRT1在病变体中发生缺失现象。随着分子肿瘤学研究的深入，人们发现lncRNA涉及白血病、前列腺癌、乳腺癌、肝细胞癌、结肠癌等多种肿瘤的发生。最早发现具有肿瘤抑制作用的lncRNA是母源表达基因3(maternally expressed gene 3 , *MEG3*)。父源印记引起*MEG3*转录，*MEG3*调控区超甲基化导致其转录失活。MEG3有M1、M2和M3三种二级结构，并通过其二级结构来介导抑癌基因的转录活化。MEG3在多数正常细胞中具有转录活性，尤其在脑和脑垂体中转录活性最高。在恶性肿瘤细胞中，MEG3转录水平非常低，甚至检测不出。

六、lncRNA 与表观遗传调控

长非编码RNA能作用于单个目标基因或一簇目标基因家族，对其在转录调控上的作用已经有广泛的研究，研究人员也发现许多长非编码RNA与蛋白质发生作用以调节转录激活或沉默。一些长非编码RNA已被证实在转录后调控基因表达。例如，长非编码RNA MALAT1能抑制丝氨酸/精氨酸蛋白活性，从而调节mRNA前体的可变剪切。最近的研究结果显示，长非编码RNA在组蛋白修饰、DNA甲基化等表观遗传修饰过程中也发挥重要的作用，通过结合并募集特定的表观修饰酶复合物至目标基因区域，改变靶基因染色质或DNA修饰状态，从而影响该靶基因的表达。例如，长非编码 RNA HOTAIR的5′端能够结合PRC2复合物，3′端结合LSD1/CoREST/REST复合物，并将整个复合物锚定在特定的基因区域，使该区域的组蛋白H3的第27位赖氨酸甲基化，而使第4位的赖氨酸去甲基化，通过协调这种关系来调控基因表达。

研究人员也发现，长非编码 RNA ecCEBPA（extra coding CEBPA）的转录本表达起始于CEBPA 上游2kb，同向转录，但转录产物不含poly（A）且多富集在细胞核内，通过与DNA甲基化酶DNMT1结合而减弱CEBPA启动子区域的甲基化，从而促进*CEBPA*基因的表达。肿瘤抑制因子TCF21的一个反义长非编码 RNA TARID，通过与TCF21启动子及GADD45A 相互作用，从而募集了DNA去甲基化酶TET蛋白至TCF21启动子区，表明长非编码 RNA 能介导特异目标基因的DNA去甲基化过程从而激活靶基因的表达。

主要参考文献

陈晓敏，张栋栋，骆健俊，等．2014．长非编码RNA研究进展．生物化学与生物物理进展，10:

997-1009

李冉，王恬，朱鸿亮．2015．长链非编码RNA的生物学功能和研究方法．中国生物工程杂志，9：66-70

汤华．2006．RNA干扰原理与应用．北京：科学出版社

易飞．2016．谷子microRNAs及其靶基因的鉴定与功能分析．北京：中国农业大学博士学位论文

Alarcon CR, Lee H, Goodarzi H, et al. 2015. N6-methyladenosine marks primary microRNAs for processing. Nature, 519: 482-485

Bartel D. 2004. MicroRNAs: Genomics biogenesis, mechanism, and function. Cell, 116: 281-297

Brodersen P, Sakvarelidze-Achard L, Bruun-Rasmussen M, et al. 2008. Widespread translational inhibition by plant miRNAs and siRNAs. Science, 320: 1185-1190

Carrington JC, Ambros V. 2003. Role of microRNAs in plant and animal development. Science, 301: 336-338

Chen CZ, Li L, Lodish HF, et al. 2004. MicroRNAs modulate hematopoietic lineage differentiation. Science, 303: 83-86

Fire A, Xu SQ, Montgomery MK, et al. 1998. Potent and specific genetic interference by double-stranded RNA in *Caenorhabditis elegans*. Nature, 391 (6669): 806-811

Gao S, Wang J, Jiang N, et al. 2020. Hyponastic leaves 1 protects pri-miRNAs from nuclear exosome attack. Proc Nat Acad Sci USA, 117: 17429-17437

Gorman MA, Luo S, Schroth G, et al. 2009. Construction of parallel analysis of RNA ends (PARE) libraries for the study of cleared miRNA targets and the RNA degradome. Nature Protocols, 4 (3): 356-362

Katayama S, Tomaru Y, Kasukawa T, et al. 2005. Antisense transcription in the mammalian transcriptome. Science, 309 (5740): 1564-1566

Kondo T, Plaza S, Zanet J, et al. 2010. Small peptides switch the transcriptional activity of shavenbaby during *Drosophila* embryogenesis. Science, 329 (5989): 336-339

Lauressergues D, Couzigou JM, Clemente HS, et al. 2015. Primary transcripts of microRNAs encode regulatory peptides. Nature, 520: 90-93

Li W, Notani D, Ma Q, et al. 2013. Functional roles of enhancer RNAs for oestrogen-dependent transcriptional activation. Nature, 498: 516-520

Meister G, Tuschl T. 2004. Mechanisms of gene silencing by double-stranded RNA. Nature, 431 (7006): 343-349

Rodriguez R, Meuhia MA, Debernardi JM, et al. 2010. Control of cell proliferation in *Arabidopsis thaliana* by microRNA miR396. Development, 137 (1): 103-112

Rogers K, Chen X. 2013. Biogenesis, turnover, and mode of action of plant microRNAs. Plant Cell, 25: 2383-2399

Sumazin P, Yang X, Chiu H, et al. 2011. An extensive microRNA-mediated network of RNA-RNA interactions regulates established oncogenic pathway in glioblastoma. Cell, 147 (2): 370-381

Tsai MC, Manor O, Wan Y, et al. 2010. Long noncoding RNA as modular scaffold of histone modification complexes. Science, 329 (5992): 689-693

Wang K, Yang Y, Liu B, et al. 2011. A long noncoding RNA maintains active chromatin to coordinate homeotic gene expression. Nature, 472: 120-124

Yekta S, Shih IH, Bartel DP. 2004. MicroRNA-directed cleavage of HOXB8 mRNA. Science, 304: 594-596

Yi F, Chen J, Yu J. 2015. Global analysis of uncapped mRNA changes under drought stress and microRNA-dependent endonucleolytic cleavages in foxtail millet. BMC Plant Biology, 15: 241

第十章 分子遗传与植物发育

植物的生长和发育是一个复杂的生命过程，许多生长和发育的现象及其调控过程仍然是未解之谜。植物的生长和发育就是从受精卵发育成形态各异且具有生殖能力的成熟植株的一个完整过程。在这个发育过程中，每个个体细胞均扮演不同的角色、承担特定的任务，彼此协调最终形成作用和功能不同的组织与器官，进而发育成完整的生物体。同时，环境变化也会对植物的生长和发育产生影响。植物的每一个体细胞都携带完整的基因信息，但在发育的不同阶段、组成植株的不同部位细胞中基因表达存在明显差异。因此在分子水平上，植株的发育可以认为是基因在不同细胞中选择表达的结果。越来越多的研究结果表明，在不同生物中发育过程涉及的信号转导途径和发育相关基因在序列、编码蛋白质的功能和调控机制上都存在一定的相似性。目前利用不同的遗传材料并通过分子生物学的方法已经有许多与植物生长发育相关的基因被鉴定，植物生长发育过程和调控机制的神秘面纱也在逐步被揭开。

第一节 植物发育的特点

在19世纪末，科学家开始了对植物发育的研究，主要是对植物的发育过程进行宏观的形态学观察和记录；直到20世纪50年代，有关植物胚胎发生、器官形成等生长发育的内在机制才逐渐被揭示；而到了70年代，随着分子生物学的引入和人们对基因更加深入的研究，发育的奥秘及调控机制在分子水平得到了进一步的诠释。动物在胚胎形成时，胚胎形态发生已基本完成，个体的雏形已经形成，胚后生长主要是已有的组织器官进一步增大。而植物发育与动物发育的差别主要是植物更侧重于胚后发育，也就是植物发育的重要特点是在植物的生活周期中不断会有新的组织和器官形成，在植物成熟的胚胎中并不能观察到所有组成植物的器官。植物总体的形态和发育进程是不断变化的，在植株发育过程中不断地分化成根、茎、叶等重复的结构组织和器官，这些新的组织生成方式在不同植物中均由特定的遗传调控过程决定。植物细胞具有全能性，生长发育进程具有可控性，形态发生具有可塑性。例如，培养细胞可以在不同水平的激素诱导下形成愈伤组织或体细胞胚再重新生长成完整植株；胚胎组织在脱水的情况下进入休眠状态，而在适宜条件下又启动萌发。

植物细胞能够通过离体部分产生新的植株，这种性质涉及细胞命运决定的问题。细胞命运是指细胞分化在某种信号诱导下趋向发育为某一类细胞的状态，在细胞命运被决定之前，细胞可以被诱导进入不同的发育途径，一旦细胞命运被决定后，细胞只能进入其中一个发育途径而关闭其他发育途径。植物生活的环境复杂多变，需要适应各种环境，需要可塑性较高的细胞来支持它的生存，这种可塑性的基础是细胞间的信息和物质的交流。多细胞生物是由许多不同的细胞类型组合而成的。这些不同类型的细胞执行的功能不同。例如，木质部细胞运输水而保卫细胞调节二氧化碳的吸收。一旦细胞不再是孤立的，通信网络就在调控其发育方面起着非常重要的作用。

植物的生长发育过程涉及细胞、组织、器官的分化和生长，其中基因的表达调控起到关键的作用。在规模庞大的表达基因中，一些关键的调节基因通过合成少数的关键蛋白质对植物生长发育起到更加重要的调控作用，某些重要的发育过程只有在这些蛋白质合成之后，植物细胞才能进行特定的形态转变和结构变化。在高等植物发育过程中，模式发育表现为一种时间连续性，植物对气候周期活动的反应本质上也是一种“时间”环境信号的感受。然而两者有时难以绝对分开，如枝条和根分枝的模式依赖于分生组织区的自动空间调节。要理解植物发育模式，一方面要了解转录的调节、RNA加工和翻译的控制，同时也需要认识到发育过程是可以被一些预存性的基因产物及产物的活性来调节的。这些基因产物包括酶、膜结合的运送蛋白、激素受体和细胞间通信装置等。协调空间反应的一个重要特点似乎是存在一种激素梯度，由空间决定的细胞位置影响它对激素环境的反应，因而体现了两者的相互联系。总的来说，植物的分化、生长和发育是一个复杂的过程，解析其分子机制和遗传特性需要综合多方面问题。因此，研究植物发育过程应有别于研究动物发育，根据植物细胞具有的特点通过分子生物学和遗传学手段才能揭示植物发育的机制、解析自然变异的过程。

第二节　植物胚胎和种子的发育

高等植物有性生殖的过程是从受精卵开始，最终生长成成熟植株的过程。在此过程中，调控个体发育的元素在其发育的早期阶段已经形成。在高等植物中，成熟胚胎的两端有两种特殊的细胞群体：茎顶端分生组织和根分生组织，这两种细胞群体在植物后续的生长过程中为地上和地下部分提供新的细胞、产生不断重复的新单位。胚胎发生是植物发育的初始阶段，包含了植物发育的原初模型。目前对被子植物胚胎发生过程已有了深入的研究，我们以模式植物拟南芥的胚胎发育模型为例，结合分子生物学和遗传学方法来探讨植物胚胎发育的一系列问题。

一、植物胚胎的发生

有花植物形成成熟的雄配子体（花粉）和雌配子体（胚囊），花粉粒含有两个精细胞，胚囊含有一个卵细胞。花粉粒中一个精细胞与卵细胞结合受精形成合子，合子发育形成成熟的植株。而另一个精子细胞与两个中心细胞融合形成三倍体胚乳，形成的胚乳为胚胎发育、种子萌发和幼苗的初期生长提供营养。子叶和胚轴是发育成熟的胚中的两种初生器官，均由三层基本原基组织，即原表皮层、原形成层和基本分生组织构成，在种子萌发后形成的幼苗中分别形成表皮、微观组织和薄壁组织（图10-1）。目前可将种子的发育过程分为三个主要阶段：①胚胎发生，单细胞受精卵经过细胞分裂、分化及组织

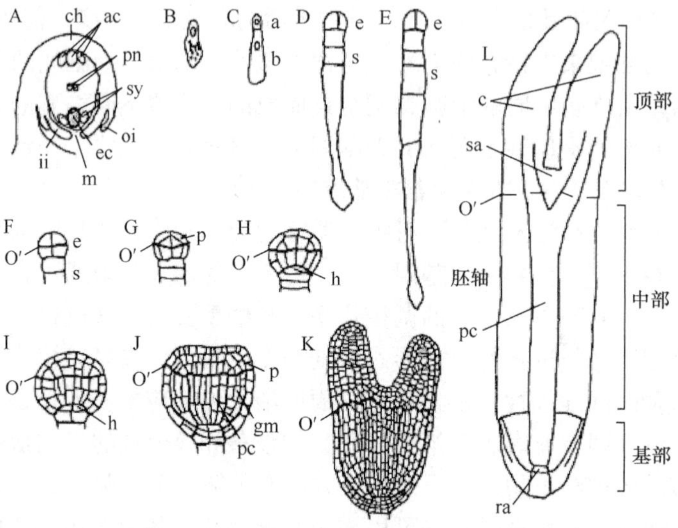

图10-1　蔓菁合子胚发生模式图（引自West and Harada，1993）

A．胚珠（ec．卵细胞，sy．助细胞，m．珠孔，ac．反足细胞，ch．合点，ii．内珠被，oi．外珠被，pn．极核）；B．合子；C．第一次分裂（a．顶细胞，b．基细胞）；D．2细胞期（e．原胚，s．胚柄）；E．4细胞期；F．8细胞期（出现O′线）；G．原表皮期（p．原表皮）；H．球形早期胚柄最上方细胞横向分裂产生胚根原细胞（h）；I．球形中期；J．过渡期（pc．原形成层，gm．基本分生组织）；K．心形期，O′线仍可辨；L．线形子叶期（c．子叶，sa．茎端，ra．根端）

生长形成最原始的植株（胚胎）；②组织形成，在胚胎发生的同时，胚胎周围的营养储存及保护层等组织特化形成；③休眠准备，是种子发育的重要时期，为干种子能够在以后一个较长的代谢休眠期中存活下来做准备。我们在这里关注的是第一阶段胚胎发生的过程。

高等植物胚胎的整个发育过程可分为16个时期，即合子期、合子伸长期、单细胞期、2细胞期、4细胞期、8细胞期、16细胞期、球形期、球形中期、过渡期、心形期、心形中期、鱼雷形期、鱼雷形中期、子叶弯曲期、成熟期。

植物胚的发育存在区域性，这是由许多基因的时空表达特异性造成的。拟南芥中成熟的胚依据拟南芥纵轴可分为三个区域，即顶端区（包括子叶和茎分生组织）、中心区（包括下胚轴和上胚轴）和基部区（包括胚根和地下分生组织）。利用遗传学方法对突变体进行研究发现，某一区域的缺失不影响邻近区域的发育。

二、胚胎发育的极性

所谓极性，是指物质向特定方向的趋势或倾向。造成胚胎极性的原因是细胞分裂之前胞质的不均匀分布，胞质在细胞某一方向聚集，在细胞分裂后，原细胞胞质在聚集端和没有聚集端形成的子细胞胞质中携带物质不同，因此形成了极性。植物的极性主要表现为三个方面：早期胚胎发育过程中形成的顶端-基部对称轴；以茎为中心形成的近轴端和远轴端；两侧对称器官形成的腹背之分。

顶端基部的极性在合子分裂前就已建立，卵细胞处于囊胚的珠孔端，处于极性环境中，卵细胞中内含物分布呈现极性。以拟南芥为代表的多数植物胚胎发生起始于合子的不对称分裂，电子显微镜观察结果显示，卵细胞在不对称分裂之前，合子沿未来的顶基轴方向伸长，细胞核移到顶端区，微管细胞骨架重新组织化，在皮层排布，与顶基轴方向垂直。由于胚轴方向和胚珠轴方向一致，合子周围的组织很可能提供某些位置信息。*sin1*（short integument 1）突变显示，母体组织对胚胎发生有显著影响。GNOM、EMB30蛋白与酵母Gea1、Gea2同源，而Gea1是ADP-核糖化因子ARF1的多核苷酸交换因子，参与小泡（vesicle）出芽（budding）过程，因此，GNOM、EMB30也可能参与小泡的定向运输，从而稳定顶基轴。*gnom*、*emb30*突变体中由于不能合成GNOM蛋白，小泡不能定向运输，从而影响细胞的不对称分裂。对黑角藻Fucus合子发育极性的研究显示，环境因素如光、溶液浓度梯度等可以诱导合子极性建立。受精后，合子细胞起初并没有极性，但在受精后4～10h后已开始形成极性轴，合子中的某些内含物开始不均匀分布并局部积累，细胞呈极性生长。合子在背光侧隆起，呈梨形，像长出假根一样，胶黏剂开始在此端局部分泌，导致假根向外生长。受精后1天左右，合子的第一次分裂开始，分裂面与细胞伸长的方向垂直，产生两个大小不等的子细胞，小一点的为假根细胞，较大的是假茎细胞，它们分别发育为成熟植物中的固着器和藻叶。

两个细胞的细胞器组成不同：在背光侧的假根细胞含有丰富的高尔基体、线粒体；在向光侧的假茎细胞含有大部分的叶绿体。假根细胞通过顶端生长继续伸长，不断横向分裂，产生一个细胞列，类似拟南芥的胚柄。假茎细胞每一次分裂总是与前一次相切，最终形成叶柄和藻体。不难发现，墨角藻的合子胚发育模式非常类似于拟南芥的合子胚8细胞胚的发育模式。重力同样诱导合子极性轴的形成。拟南芥中负责生长素运输的载体是PIN1、PIN3、PIN4和PIN7。PIN7在两细胞阶段基部细胞的顶端膜表达，在32细胞阶段胚柄细胞的顶端膜表达，这说明生长素运输方向为从基部向上运输。PIN1在32细胞球形胚阶段开始极性分布在原维管束区，在细胞的基部极性分布，同时PIN4蛋白开始积聚在由胚柄最上方细胞形成的原胚垂体区，PIN7分布到胚柄细胞的基部区域，在PIN1和PIN4的共同作用下，PIN7使生长素运输方向改变，从球形胚中向胚柄运输，在基部积累。生长素的输入是通过质子驱动的生长素透性酶家族AUX1蛋白进行的。AUX1载体可以分为运入和运出载体蛋白，在一些细胞中分布可能不均匀，因此可以相应地调节生长素的运输。除了生长素的运输造成生长素浓度差异，生长素信号转导途径中各种反应因素分布和反应体系的组成也会影响顶端-基部极性的建立。*MP*（monopteros）基因编码ARF，定位在核中，含有与ARF1相似的DNA结合结构域，决定胚轴、根、根分生组织和根冠的形成。

基因的转录调控对胚胎的极性发育起到关键作用。在合子不对称分裂形成的顶部小细胞和基部大细胞中，除了由合子不对称分裂继承的特异转录产物，也有在特异条件下各自表达的新的转录产物，分别控制顶部小细胞的胚发生及基部胚柄和胚根部分结构的发生。合子分裂后，WOX2分布在顶部细胞及以后的衍生细胞中，WOX8分布在基部细胞和以后的衍生细胞中，分别决定胚细胞和胚柄细胞的命运。WOX9开始在合子分裂后的基部细胞表达，以后响应顶部细胞信号逐步移向顶部子细胞。WOX5在根静止中心的起始中与茎顶端相似。表观遗传包括DNA甲基化和染色质修饰，也参与调控胚的极性发生。植物中有三种DNA甲基转移酶基因：*MET1*，*Dnmt1*类基因编码的一个持续性CpG甲基转移酶；*CMT3*（chromomethylase 3），编码植物专一的主要作用在*CpNpG*和*CpNpN*基因的DNA甲基转移酶；*DRM1*（domains rearranged methyltransferase 1）和*DRM2*，与

*Dnmt3*同源，在植物中进行主要的重新开始的甲基化。甲基化本身会使DNA沉默，去甲基化引起基因活性升高，可能是通过对其抑制因子的甲基化激活该基因。拟南芥*MET1*基因突变会在胚发育早期影响细胞分裂，类似于生长素梯度建立突变体的表型，其顶端-基部极性被破坏。此外，突变体中与组织分化形态建成有关的基因如*YODA*（*YDA*）、*WOX2*和*WOX8*表达下降，*YDA*编码MARPKKK，参与胚和胚柄的发育过程。综上所述，基因组DNA甲基化通过影响生长素分布和组织分化有关基因的表达来控制胚极性的建立。

三、顶端分生组织和子叶的发育

（一）顶端分生组织形成的机制

顶端分生组织是维管植物根和茎顶端的分生组织，包括长期保持分生能力的原始细胞及其刚衍生的细胞。植物体其他各种组织和器官发生，均由它的细胞增生和分化而来。狭义的顶端分生组织只包括原分生组织，即一个或若干原始细胞和刚由它衍生的细胞。广义的顶端分生组织还包括由原分生组织衍生的初生分生组织，包括中心区域（central zone，CZ）和周围区域（peripheral zone，PZ）。中心区域的顶部中心是原始的干细胞区（stem cell），从周围分生组织向外分化形成器官原基、过渡区域（rib zone，RZ）、髓起始区、叶，以及L1、L2、L3细胞层。人们常把茎端和根端的生长点作为顶端分生组织加以讨论。

1. 决定顶端分生组织特性的分子机制 决定顶端分生组织特性的分子机制在拟南芥中已经被研究得较为透彻。我们以拟南芥为例，拟南芥干细胞特性决定基因*WUS*（wuschel）最早在16细胞阶段中内部4个顶端细胞表达，它是早期茎尖分生组织的标记，在一系列不对称细胞分裂中表达并决定未来子叶的发育。*WUS*开始在所有顶端的亚表皮层表达，最后限制到茎分生组织更中心和更深的区域。WUS蛋白在干细胞区域直接结合到一批与分化有关的基因的启动子中，如*K4N1*、*K4N2*、*AS2*、*YAB3*、*ANAC083*、*DOF2.4*、*SCR*、*GRF6*、与气孔分化有关的FAMA类的*BHLH093*，以及周围分生组织表达的*KNAT1*、*BLH5*基因，抑制分化活性，从而保持细胞的未分化状态。WUS表达的精确调控对顶端类型的形成很关键。WUS所在区域是未分化干细胞中心区域。*CLV1*（clavata1）*CLV2*、*CLV3*基因组成的信号转导系统控制WUS的表达范围。CLV3是干细胞分泌的小分子蛋白质，通过在几个细胞直径范围内运动，与异源二聚体受体CLV1/CLV2作用，启动抑制WUS启动子控制的转录，将WUS的表达抑制在小范围内。CLV1/CLV2受体分布范围决定CLV3的作用范围。通过CLV途径，将干细胞维持在一定大小。CLV3过量，分生组织减小。WUS促进CLV3在分生组织顶端的表达，WUS可以在同一个细胞内促进CLV3表达。同时CLV3的表达还依赖STM（shoot meristemless）的表达，但STM过量表达不能诱导在非分生组织合成CLV3，而WUS和STM在叶中共表达可以形成CLV3。这说明CLV系统与STM、WUS在决定分生组织中共同作用，控制分生组织的分布和范围。两个编码蛋白质磷酸化酶的基因*POL*（poltergeist）和*PLL1*是CLV途径的中间物，对干细胞的特性是必需的。

2. 顶端中心组织周围区域形成的分子机制 顶端中心组织周围区域的组织在发育早期的分化由决定分生组织中心的基因*STM*、*WUS*和侧生相关基因在特定空间与时间的表达决定。STM始终在顶端分生组织表达，在促进早期子叶的分离中起重要作用。*ANT*基因家族编码的APETALA2转录因子，与乙烯反应元件结合，结合序列为5′-GCAC（A/G）N（A/T）TCCC（A/G）ANG（C/T）-3′，两个*YABBY*基因*YAB3*（yabby）和*FIL*（filamentous flower）的启动子区域有10个ANT结合的序列，在体外与ANT结合。在*ant*突变体中，*YAB3*和*FIL*基因表达正常，但它们与*ant*的双突变体植物叶极性异常。说明ANT与YABBY在茎端两侧的两组细胞表达，共同决定侧生器官的起始和形成。AS1/2复合物在近轴特性决定和侧生原基的起始中起重要作用。

决定子叶分离的*CUC1*（cup shaped cotyledon 1）、*CUC2*、*CUC3*基因的表达需要MP和PIN1的活性，后两者都与生长素运输有关，进一步证明生长素在顶端分区中的作用。CUC具有激活STM在中心区域表达的功能，STM也与PIN1一起促进CUC1的活性，同时STM对CUC2正确的空间分布是必需的。CUC3决定顶端分生组织与侧芽的边界，三个CUC蛋白具有重叠作用，但有不同的特性。CUC1、CUC2在花序和枝条中决定侧芽、叶柄芽等的分界。*PRS*/*WOX3*和*WOX1*基因在侧生原基表达，标志着侧生原基的形成。乙酰辅酶A羧化酶（acetyl-CoA carboxylase，ACCase；EC 6.5.1.2）突变使胚顶端缺陷，两侧不对称，ACCase催化合成产物丙二酰辅酶A是脂肪酸合成的前体，对角质、蜡质、三酰甘油的合成都有影响。*acc*突变体表型与*gurke*和*pasticcino3*突变体相似，基因分析证明三者突变体*acc*基因是等位基因。这说明乙酰辅酶A羧化酶在两侧极性形成过程中起重要作用。

3. 分生组织表皮分化的分子机制 分子水平表皮的特化在胚发生的2细胞阶段表现出来，同源异型结构域蛋白ATML1（*Arabidopsis thaliana* meristem-L1 layer）在合子第一次不对称分裂后的顶端细胞特异表达，然后持续均匀地在原胚表达直到16细胞原胚。16细胞原胚中，ATML1特异在原表皮层表达。在鱼雷形胚阶段，ATML1表达沉默，到成熟期才在茎顶端分生组织的L1层表达。在心形胚阶段，与ATML1同源的同源异型结构域蛋白基因*GL2*（glabra 2）开始在原表皮层表达，在鱼雷胚形到成熟胚阶段限制在未来非根毛表皮细胞中表达。心形胚阶段中*GL2*的表达需要WER（werewolf）的功能。当*GL2*的表达在表皮层建立的同时，*WER*和*CPC*（caprice）在鱼雷形胚的整个根表皮层表达。成熟胚中，WER正调控*CPC*的转录，GL2负调控*WER*的转录。GL2在鱼雷形胚对未来非根毛表皮细胞特性的决定与WER和CPC的活性相关，WER控制*GL2*的表达，CPC可能也在胚轴中调节*GL2*的表达。在形态上，WER和GL2是非根毛细胞特性和细胞延长发育的正调控因子，CPC是根中根毛细胞发育的正调控因子。对拟南芥表皮系统的研究初步揭示，两种MYB类型的转录因子R2R3 MYB和R3 MYB、bHLH（basic helix-loop-helix）蛋白和含WD重复序列的蛋白质形成复合物，在不同器官的表皮形成中起着重要作用，在不同的器官表皮由同源的不同的转录因子发挥作用。

4. 分生组织中心区域形成的分子机制 在顶部分生组织以下，*ZLL*（zwille）基因从早期到叶原基形成阶段，在位于顶端分生组织下的原微管组织表达，通过影响胚发生晚期STM的表达保持顶部中心分生组织特性，*zll*突变体中心顶端细胞的命运不受*clv*突变体的影响。同源盒亮氨酸拉链（HD-ZIP Ⅲ）分布范围与*ZLL*相似，抑制HD-ZIP Ⅲ的miR165/166在远轴区和顶端分生组织区域表达。

细胞分裂素对韧皮部的形成是必需的。*WOL*（wooden leg）基因编码细胞分裂素受体，被细胞外细胞分裂素激活，感受细胞表面的细胞分裂素信号，调控微管束原基中与细胞分裂有关的基因表达。*wol*突变体的根和胚轴维管束中没有韧皮部形成，中柱细胞层减少。WOX9在中部区域形成中起重要作用。甾醇类物质影响胚的分化，编码甾醇还原酶类家族的*FACKEL*基因的突变使胚生长迟滞，形状停止在心形胚状态，与油菜甾醇突变体表型相似。

中部区域在辐射方向分化，从中心的中柱向外形成皮层和表皮。SHR在胚中维管柱表达，SHR蛋白分泌到维管柱周围的细胞中，在那里，它诱导内皮层专一的基因*SCR*的表达（图10-2）。SCR在SHR下游作用，启动平周分裂，形成两层基本周围组织，可能在内层保持内皮层的特性。在SHR启动子控制下的绿色荧光蛋白报告基因仅在三角形阶段胚的中心原形成层表达，在发育过程中保持在维管组织表达。SHR-CFP翻译融合蛋白存在于中柱，但选择性地在内皮层细胞核中积累。

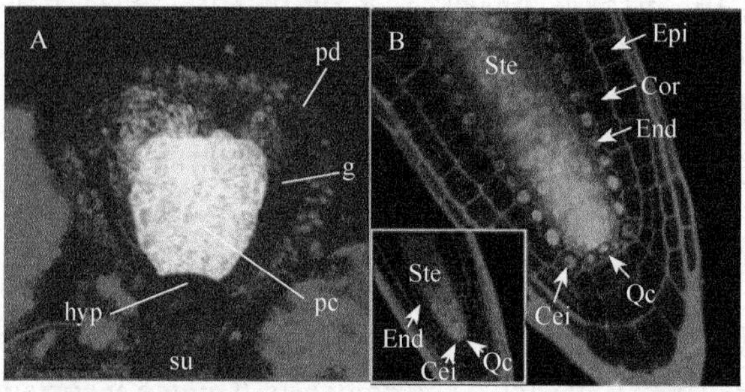

图10-2　SHR在心形胚和根中的表达分布（引自Berleth and Chatfield，2002）

A．SHR在心形胚中的表达分布［g．基本组织（ground tissue），pc．原形成层（procambium），pd．原表皮层（protoderm），su．胚柄（suspensor），hyp．胚根原（hypophysis）］；B．SHR在根尖中的表达分布［Cei．皮层/内皮层原始细胞（cortex/endodermis initial），Cor．皮质（cortex），End．内皮（endodermis），Epi．表皮（epidermis），Ste．中柱（stele），Qc．静止中心（quiescent center）］

5．基部区域形成的分子机制　根部的分生组织形成了胚的大部分轴性。在根部分生组织中，除了顶端-基部极性，还存在辐射对称性，它决定胚轴和胚根的类型，辐射对称性也是在胚发生阶段确定的。生长素在胚根的形态建成过程中起着重要作用。*MP*基因编码生长素反应因子ARF5，与生长素调控蛋白的启动子结合。BDL（bodenlos）与MP结合，抑制MP的功能。*mp*和*bdl*的突变体中WOX9在8细胞胚中不能响应上部信号，从根区移向中部区域，说明WOX9是BDL/MP信号途径的目标。AXR6编码泛素蛋白连接酶（SKP1/CULLIN/F-box protein），可能介导生长素引起的蛋白质降解，突变造成胚和胚根细胞分裂类型异常。AXR6和BDL1作用的相似性说明它们可能有相同的作用途径。*hbt*（hobbt）突变体的异常在4细胞以后的阶段表现出来，成熟胚缺乏静止中心和根冠，胚根分生组织不仅在胚中缺乏，在幼苗中也缺乏，不形成次生根。它的作用机制和以上两个基因可能不同。

在胚根的辐射对称方面，同胚中部区域类似，SHR、SCR也在根部决定中柱皮层的分化。*fs*（fass）突变体会发育多个子叶和顶端分生组织，同时生长素表达是野生型的2.5倍，当将胚根从完整植物移去，胚根延长2.5倍，*hydra*突变体在胚轴处有多条维管束穿过，胚根缩短，短胚根现象可用乙烯抑制因子银离子恢复。这些现象可能由生长素异常运输或异常作用引起，过高的生长素引起乙烯的合成。来自上部的信号抑制根的生长。辐射膨胀的顶部或中心区域的生长切断了到根部的生长素运输或生长素梯度分布。*fs*突变体可以弥补*wol*、*scr*突变表型，说明SCR、WOL都不是细胞命运决定必需的。

（二）子叶形成的机制

子叶和真叶形态相似但发育过程存在差别，真叶是由茎尖分生组织衍生的，因此，有人认为子叶也是由SAM产生的。但许多研究结果并不支持这种观点，比如子叶和真叶的细胞来源不同，参与形成子叶的大多数细胞并不见STM表达，而真叶完全由那些STM得到表达的细胞衍生而来。在形态学上，由于子叶的出现才界定了SAM的位置，显示二者之间有某种特殊的联系。矮牵牛的*nam*（no apical meristem）突变体，没有SAM，子叶部分融合。它们偶尔会产生一些不定茎（adventitious shoot），这些茎可以进行正常的发育，表明它们与SAM的维持无关。NAM在SAM和子叶的边界处表达，显示SAM的形成和边界的特化有密切联系。另外，在突变体中，尽管SAM不能形成，但子叶的发育不受影响。然而，在某些突变体中，SAM和子叶的发育同时受影响，表明控制SAM和子叶发育的途径虽然是不同的，但有重叠。

在其他子叶发育突变体中的观察结果显示，相应的基因在SAM和子叶的分隔中起作用。突变体*cuc1*和*cuc2*，单突变的表型几乎正常，在*cuc1 cuc2*双突变体中，SAM不能形成，子叶完全融合像杯状。而*cuc1 stm*或*cuc2 stm*双突变体都出现融合子叶，表明它们之间有某种作用。在*cuc1 cuc2*双突变体中，STM不能表达，同样在豆科中，*CUC2*基因也不能正常表达。我们将胚胎顶端分为三个区，分别为子叶原基区（cotyledon primordia region，CP）、未来SAM区（presumptive SAM region，PS）和子叶边缘区（boundary region of cotyledon margin，BCM）。在胚胎发生早期，基因*CUC2*在PS及BCM中表达。此后（在子叶弯曲期），*CUC2*不再在PS中表达，但在BCM中仍持续表达。在*cuc1 cuc2*双突变体中，BCM能够异位隆起，显示*CUC2*基因能够抑制子叶边界区隆起从而将子叶分隔。*CUC2*也在SAM和子叶的边界区表达，表明它也能够抑制此区的隆起，从而将SAM与子叶分割开。在*cuc1 cuc2*中，PS也能够异位隆起，但只是暂时的，而且不显著。有可能存在其他因子特异抑制PS的隆起。另一种可能是，PS细胞的命运与CP及BCM的细胞不同，它们不会参与形成子叶原基。在发育早期，STM在PS及BCM中均有表达，但到了子叶弯曲期，其表达就只限于PS了，这与STM的功能是一致的。综上所述，Aida等（1999）认为，SAM的形成可能分两步：第一步，基因*CUC1*和*CUC2*在球形胚的PS及BCM表达；第二步，STM被直接或间接激活，起始SAM特异的发育程序。此后，*CUC2*的表达在SAM中被抑制，而*STM*则可以持续表达，表明*STM*一旦被激活后就不需要CUC2来维持其表达了（至少在鱼雷形胚期后）。推测*STM*可能通过调节*CUC2*的空间表达来参与分隔子叶。

子叶和真叶无论在结构上还是功能上都有区别，在一些异时性突变体中，出现不止两片子叶。例如，*xtc1*（extra cotyledon 1）、*xtc2*、*amp1*（altered meristem programming 1）等突变体中，真叶部分转化为子叶，比子叶小，形状也不规则，毛状体数少或无（子叶细胞通常含有少于5个毛状体），并且含有大量的淀粉粒、蛋白体及脂肪体（这些也是子叶的特征）。它们似乎是额外的子叶，通常比野生型正常的真叶出现得早，吸胀后3～4天即出现，而野生型则为5天。

四、胚乳的发育

胚乳是由胚囊中的极核与一个精子受精形成的中心细胞发育而来的，主要作用是为胚的发育、胚的萌发和形成幼苗过程提供营养。多数开花植物中胚乳是两个极核与一个精子形成的三倍体，然而也有不同类型的存在。禾本科淀粉类粮食作物中，胚乳是种子中主要的贮藏器官，决定粮食的产量和品质。双子叶植物中，胚乳在成熟种子中常常退化，子叶是主要的贮藏器官。多数开花植物通过典型的双受精过程形成三倍体胚囊。胚囊的发育在单子叶和双子叶植物中不同。单子叶植物拟南芥的胚乳和禾本科植物的胚乳发育经过两个主要阶段：多核体胚乳阶段和胚乳细胞化阶段。

多核体胚乳阶段中三倍体胚乳核经过多次分裂，核之间不形成成膜体，游离的核先在中心细胞珠孔端均匀分布，然后在中心液泡外层细胞质中均匀分布，直到整个细胞质中平均分布，成为完全的胚乳多核体（图10-3）。胚乳细胞化的起始阶段是在多核体中围绕每个核形成径向辐射状微管系统（radial microtubule system，RMS），之后形成核膜，接着是细胞化和细胞多次分裂的过程。在禾本科植物中，多核体围绕每个核形成RMS，RMS组织形成核膜，接着垂周细胞壁（anticlinal cell wall，acw）把每个核分开，与中心液泡（central vacuole，cv）之间形成小泡（alveoli，alv）或管状结构。小泡核分裂后进行平周细胞分裂，形成平周壁（periclinal wall，pcw）。内层小泡层继续重复平周分裂，直到胚乳完全细胞化。球形胚期间拟南芥胚乳多核体分布有不同的区域性。胚乳细胞化具有梯度阶段性。胚周围区域（MCE）首先细胞化，随之是胚的发育，接着是胚乳结节（nodule，no）、合点区（chalazal cyst，cz），早鱼雷形早期完成胚乳细胞化（ce）。在种子成熟过程中，胚乳被消耗掉，成熟胚（mature embryo，me）周围留下糊粉层细胞（aleurone-like cell，alc）（图10-4）。

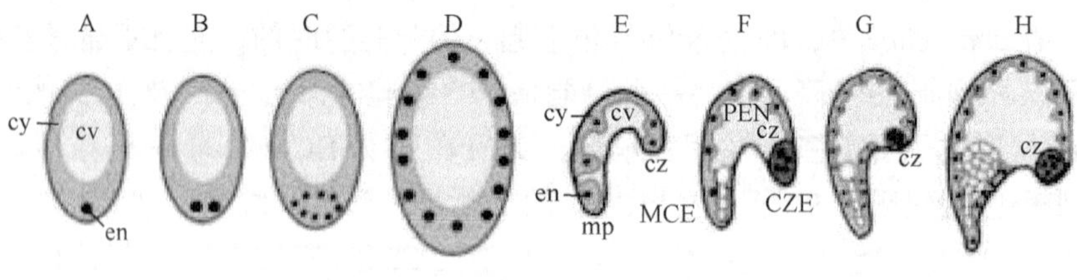

图10-3　禾本科植物和拟南芥的多核体胚乳发育（引自Olsen，2004）

A～D. 谷物；E～H. 拟南芥。A. 三倍体胚乳核（en）位于中央细胞的基底细胞质中，一个大的中心液泡（cv）占据了大部分体积，周围有一细的细胞质（cy）线；B. 中央细胞核分裂时没有形成功能性的层间质体，姐妹核之间也没有细胞壁形成；C. 经过三轮核分裂，在胚乳同源细胞的一个平面上有8个胚乳核；D. 完整的胚乳同源细胞在整个外周细胞质中含有间隔均匀的核；E. 拟南芥胚乳同源细胞的核从珠孔区（mp）向合点区（cz）迁移，最终覆盖了同源细胞的整个外围；F，G. 随着发育的进行，胚乳同源细胞发育为三个不同的区域：胚周围区域（MCE）、中央或外周胚乳区域（PEN）和合点区胚乳区域（CZE），合点区胚乳包含合点端囊；H. 在球形胚期结束时，胚完全被细胞质包围

以玉米为例，玉米胚乳细胞分为淀粉样胚乳（se）、糊粉层（al）、转运细胞（tc）、胚包围区（embryo surrounding region，ESR）几部分，它们行使的功能各不相同：①ESR

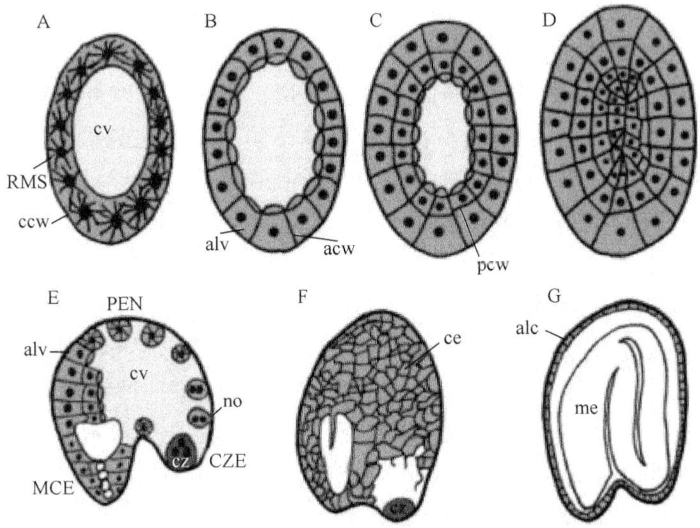

图10-4　胚乳发育过程（引自Olsen，2004）

A～D. 谷物；E～G. 拟南芥。A. RMS（径向辐射状微管系统）在谷类胚乳同源细胞的核膜上形成（ccw. 中央细胞壁，cv. 中心液泡）；B. 垂周细胞壁（acw）在每个细胞核周围形成管状或小泡（alv），其开放的末端朝向中心液泡；C. 肺泡核分裂导致形成平周壁（pcw），将外层细胞与新的肺泡层分开；D. 肺泡最内层的周壁分裂持续不断，直到胚乳完全变成细胞状；E. 拟南芥球状胚阶段的胚乳显示细胞MCE（位于种子的珠孔末端的胚乳）、PEN（位于种子中央腔室的外周胚乳）肺泡化过程的梯度，CZE（种子裂叶末端的胚乳）中胚乳结节（no）和合点端囊的形成；F. 完全细胞化胚乳（ce）；G. 胚乳在种子成熟过程中被消耗掉，在成熟胚（me）中只留下外周糊粉层细胞（alc）

主要为种子发育中胚和胚乳的物理屏障，为胚和胚乳之间通信提供通道。②淀粉样胚乳的主要功能是为胚提供营养，淀粉胚乳细胞贮藏淀粉和蛋白质，淀粉胚乳细胞有两类不同的来源：一是细胞化后胚乳中心的细胞分裂而来，开始是平周分裂，以后分裂的方向随机；二是糊粉层下的细胞平周分裂而来。③糊粉层的功能是接收胚中的信号后，通过合成水解酶、葡聚糖酶、蛋白酶将贮藏的淀粉和蛋白质降解运出。④转运细胞又称传递细胞，在母体组织上方胚乳基部发育，主要功能是运输蔗糖、氨基酸、单糖。玉米中胚乳由外向内有两到三层传递细胞，其细胞壁内叠程度相应地从外向内也形成递减梯度。⑤在胚和胚乳发育过程中，胚珠中珠被形成种皮，其他一些无关的珠心细胞经过细胞程序性死亡被消除。蓖麻种子发育过程中围绕胚乳和胚的外围珠心细胞和内珠被，含有很多蓖麻蛋白消化酶小体，其中的蓖麻蛋白消化酶在珠心细胞程序性死亡中起重要作用。

在胚乳发育过程中，还有许多与细胞分裂生长代谢有关的基本的基因表达和代谢活动，同时有活跃的胚珠内转运细胞-淀粉样组织-糊粉层-胚-母体组织各部分之间的相互联系，各部分之间共同作用，协调促进种子的发育和成熟。

五、种子成熟

种子成熟过程中，蛋白质、脂类、碳水化合物等储能物质大量积累，为萌发提供能量，然后进入干燥脱水阶段，并进入发育停滞阶段，代谢活动停顿。因此，种子成熟和代谢停顿打断了胚胎发生和幼苗发育中的形态发生过程。这种两段模式是高等植物在其生活周期插入了某些成熟调控事件所致。某些突变体表型能够揭示这些发育过程中的调控行为。例如，*lec1*（leafy cotyledon 1）、*abi3*和*fus3*，它们所对应的基因编码胚胎特异的转录因子，调节种子成熟过程中的基因表达。

*lec1*突变体是多效性的，成熟胚的子叶为圆形，肥厚，不弯曲，在顶部有花色素苷积累，胚轴短，干燥种子不能萌发，表明突变体不耐脱水。在脱水前如果直接从荚果中取出种子，则有70%、90%可以萌发；相反，野生型未成熟种子只有10%可以在基本培养基上萌发。当突变体长成成熟个体后，除了子叶出现毛状体，与野生型几乎没有区别。*lec1*突变体的子叶也不含蛋白体，暗示其子叶转化为真叶。经过进一步分析发现，在突变体中，某些胚后发育的环节提前启动了，如贮存脂类代谢的关键酶异柠檬酸裂解酶提前激活，转脂蛋白基因导致萌发提前。实验显示，它们最早的表达信号始于子叶期。

基因*LEC1*编码与一种转录因子同源的蛋白质，而且是一种特异的转录因子。*LEC1* mRNA在荚果中表达，在茎、叶、根和花中不表达。原位杂交显示，它在胚胎发生早期（球形期-子叶弯曲期）的原胚和胚柄中均有表达。过量异位表达LEC1可导致营养组织也能进行胚胎发育。突变体能够进行胚胎发生和萌发，但不能发育为成熟个体。*FUS6*编码一种新型蛋白，富含螺旋结构，未发现信号肽或导肽，可能在细胞质中积累。FUS6蛋白C端存在几个磷酸化位点，可能是磷酸激酶C（PKC）的作用底物。*FUS3*基因的蛋白质产物与AB13（VP1）很相似，也含有类似B2和B3的结构域，而且突变体分析显示B3结构域是其维持胚胎正常发育所必需的。

脱落酸（ABA）最早被认为在胚胎发生后期起主要的调节作用，因为外源ABA抑制萌发。ABA与胚胎休眠的关系非常密切，那些不能合成ABA或对ABA应答不敏感的突变体*abi1*、*abi2*、*abi3*均能提前萌发。在突变体种子中，ABA的水平几乎比野生型还高，外源ABA对突变体表型也无影响，表明基因与ABA的合成及代谢无关，而是ABA信号转导途径中的重要调节因子。*ABI1*基因编码一种依赖Ca^{2+}的磷酸化酶，与丝氨酸苏氨酸型磷酸化酶相似。在接收到ABA信号后，ABI1磷酸化酶抑制磷酸化过程，而根分生组织细胞分裂的起始是需要磷酸化的，从而导致胚胎的休眠状态。*ABI3*基因编码一种转录因子，含有6个外显子。ABI3蛋白分子含有多个酸性激活区及丝氨酸、苏氨酸、天冬氨酰和富含谷氨酰胺的PEST序列，其中第255～310、439～476及557～674位的三个结构区与玉米VP-1（viviparous-1）蛋白的同源性（87%）最高，这与*abi3*和*up1*表型非常相似是一致的（均对ABA不敏感，不耐脱水，茎分生组织提前发育）。玉米*VP-1*突变导致胚还在母体中时就提前萌发，称为胎萌。在已分离到的9个*vp*基因中，只有*vp-1*不影响ABA合成。*VP-1*基因编码含691个氨基酸的73kDa蛋白质，其酸性激活区能够与EB病毒VP16转录因子进行功能替换。另外，有三个碱性区（Bl-3）也相对保守。体外实验表明，B2增强许多转录因子的结合；B3能够特异结合sph元件，从而激活花色素苷合成基因*CI*。VP-1蛋白同时具有激活和抑制特异启动子的功能，比如它激活Em启动子的转录，但抑制大麦高等电点α-淀粉酶（amylase）基因*amy6-4*的转录。小麦晚胚丰度基因（*LEA*）Em的启动子可能是VP-1蛋白的靶位点，当Em的启动子与*GUS*报道基因融合时，能使报道基因的活性提高130倍以上。基因*ABI*、*FUS3*和*LEC1*在种子成熟中的作用途径可能是不同的，因为其突变体表型有很大区别，而且它们在胚胎中的表达模式也有较大差异（图10-5）。但从双突变体分析显示，它们可能存在某种协同效应（图10-6）。比如，

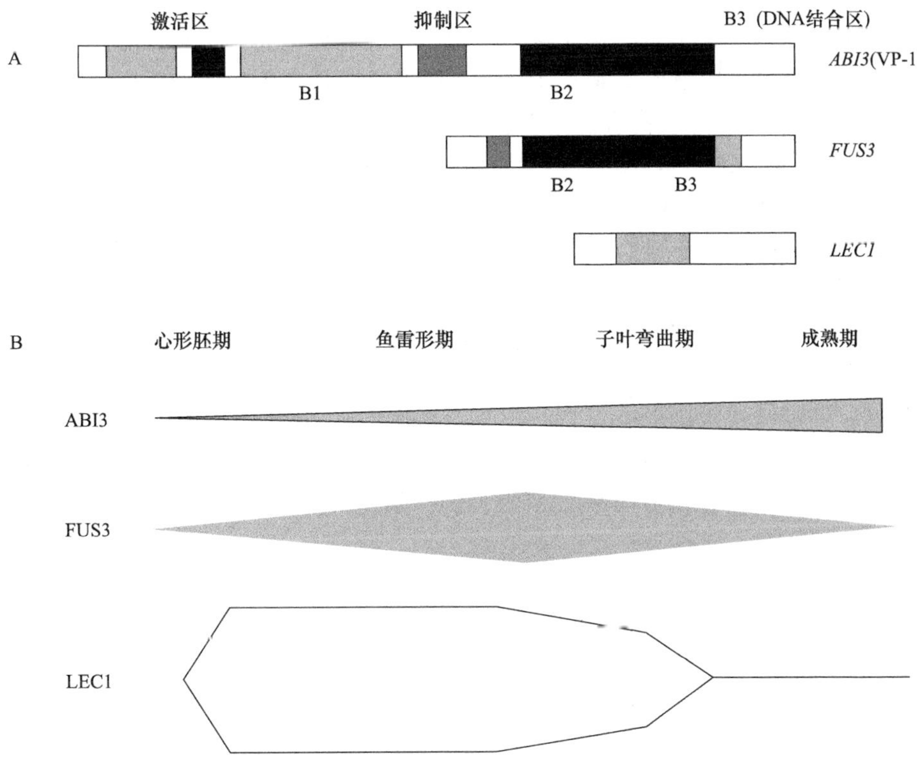

图 10-5　*ABI3*、*FUS3* 和 *LEC1* 基因的表达及其产物结构（引自 Parcy et al.，1997）

A. 蛋白结构；B. 在胚胎发育过程中的表达模式示意图

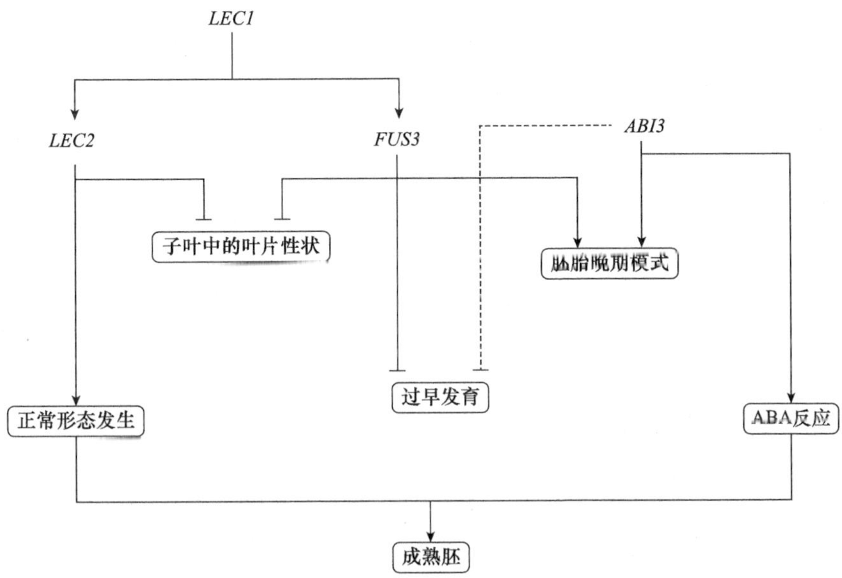

图 10-6　*ABI3*、*FUS3* 和 *LEC1* 基因协同控制种子发育（引自 Howell，1998）

LEC1 和 *LEC2* 基因是种子形成和发育的重要调控因子。*FUS3* 编码一种新型蛋白质，富含螺旋结构，未发现信号肽或前导肽，可能在细胞质中积累。*ABI3* 基因编码一种依赖 Ca^{2+} 的磷酸化酶，与丝氨酸苏氨酸型磷酸化酶相似

*fus3-2abi3-1*双突变体的胚胎颜色比*fus3-2*单突变体更红。*abi3fus3*和*abi3lec1*双突变体的胚在种子开始脱水时为深黑色，明显与野生型和单突变体不同。实验表明，双突变体之所以为深黑色，是同时积累叶绿素和花色素苷所致，而且它们的含量至少分别是两个单突变体含量总和的4倍，可见存在协同效应。除此之外，在对ABA敏感性上及在抑制12S种子贮存蛋白基因（*CRA*、*CRB*、*CRC*）的表达上，双突变体也显示协同效应。另外，ABI3的表达受LEC1与FUS3的影响，在*abi3 fus3*和*abi3lec1*中，ABI3蛋白的含量均比在野生型和*abi3*中低。

第三节 植物营养器官的发育

植物的营养器官通常是指植物的根、茎、叶等组织，营养器官的作用就是获取养分等以维持植物的生长、代谢和发育。营养器官为了适应多变的环境，也拥有了超乎寻常的多样性。本节我们以拟南芥等模式植物为例，阐述植物主要营养器官（根、茎、叶）的发育过程。

一、根的发育

植物的根绝大部分埋藏于地下，与茎、叶、花等地上器官相比，其构造和发育较简单，根系分布于土壤中，具有支撑植物体、吸收土壤中的营养和水分的作用。其结构适应生长环境和营养供给，发生各种适应性的生长和变化。

（一）根的结构

成熟根沿纵轴可分为三个结构区：①分生组织区（MZ），在根尖的最顶端跨度约为250μm，包括原始细胞与静止中心；②伸长区（EZ），紧靠分生组织区；③分化或特化区（DZ或SZ），细胞完全分化，它们将进一步分裂和增大。在伸长区内存在特征性的具丰富细胞质的小细胞。在特化区，部分表皮细胞隆起，形成根毛。根的形态由在分生组织区与伸长区内细胞分裂时间、分裂平面的方向，以及细胞增大的时间与方向决定。根的横切面上，特化区细胞的组织化简单，由几个围绕同一轴心的细胞层构成。外三层由外到内分别为表皮层、皮层和内皮层，它们均为单层细胞结构，其中皮层、内皮层的细胞数几乎恒定不变，均为8个，呈八轴辐射对称。内皮层内为中柱鞘细胞，一般为12个，侧根即由中柱鞘细胞发育而来。在最中心的位置为维管细胞，两个明显分化的原生韧皮部与两个原生木质部垂直排列。原生木质部常与中柱鞘细胞毗连，这种中柱鞘细胞总是与两个内皮层细胞相对；而与原生韧皮部分子毗连的中柱鞘细胞，其中至少有一个只与一个内皮层细胞相对（图10-7）。在亚细胞水平上，可观察到根毛细胞与无毛细胞有一些差异，如根毛细胞的胞质比无毛细胞丰富、液泡化比后者迟。不过，在另外一些物种中，情况有所不同：表皮细胞早期不对称分裂产生一个小细胞，但胞质丰富，将来可产生根毛；同时产生一个大细胞，将来不能产生根毛，这种现象与合子胚第一次不对称分裂产生顶、基细胞有点类似。在纵切面上，沿根长可见规则的高度组织化的细胞列（file）结构，由分生组织区原始细胞反复横向分裂产生，在根尖中心区（即静止中心）终止细胞列很像一个细胞装配线，每一列中的细胞比其下方的细胞发育得更早一些。在静止中心上方为中柱原始细胞，也叫中柱原（pleromc），由它们衍生出维管细胞。环绕静止中心的8个原始细胞（横纵面上）形成皮层和内皮层，因此称为皮层内皮层原始细胞。静止中心下方为12个柱根冠原始细胞，它们又被16个侧根冠表皮原始细胞环绕。这种多列原始细胞的构型被称为封闭型（closed type）分生组织。相反，在豌豆（*Pisum sativum*）或欧洲水青冈（*Fagus sylvatica*）中，原始细胞并不分离成列，称为开放型（open type）分生组织。由图10-7可见，在根尖不同部位的横切面会显示根的不同细胞组成。

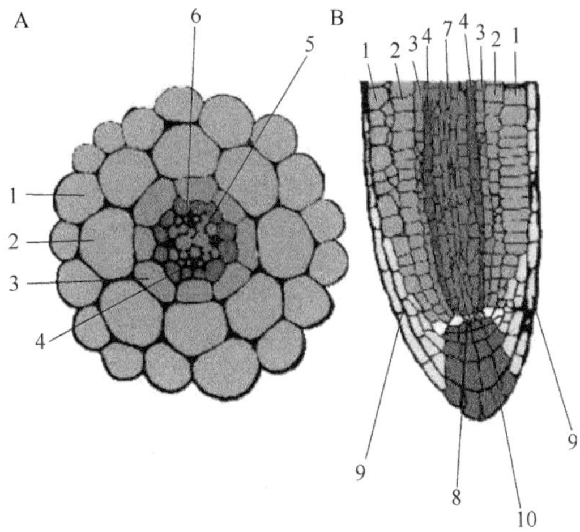

图10-7 拟南芥根的细胞组织
（引自Dolan et al.，1993）

A. 离根尖处1mm的横切面；B. 居中纵切面。1. 表皮层；2. 皮层；3. 内皮层；4. 中柱鞘；5. 原生韧皮部；6. 原生木质部；7. 微管细胞；8. 静止中心；9. 侧根冠；10. 中心根冠

（二）根的分生组织

根的分生组织与顶端分生组织相比相对简单。绝大多数植物的根端（root apex）有两个明显区域：顶端（也称为远端）的根冠和亚顶端（subterminal）的根端分生组织，后者高度组织化，可见规则的细胞列（Clowes，1961）。这些细胞列的起源可以追溯到分生组织中心区，即所谓的中柱孔，来自这些细胞谱系的细胞群称为原分生组织（promeristem）。进一步分析显示，细胞列似乎会聚于中柱孔的某个区域，该区可见几个明显的细胞层，称为组织原（histogen），参与不同类型细胞的起始与更替。在原分生组织中心有一个细胞分裂活性极低的区域，称为静止中心（quiescent center，QC）。

拟南芥的静止中心只有4个细胞，而有些物种可以多到1000个细胞，似乎与根端的大小相对应；在另一些物种中，QC的增大又似乎与根的生长速度相一致。QC细胞分裂频率较低，每200～300h才分裂一次。若将根用乙二胺四乙酸（EDTA）处理，由于QC细胞壁的结构具较强的耐受力，可以将其分离出来。在合适的培养基中，QC能够继续生长，并从其上侧（acroscopic）形成根，在远侧表面形成根冠。奠基细胞理论（founder cell theory）认为，QC能够维持或更新组成原分生组织的具有分生组织活性的原始细胞。因此，靠近静止中心上方的组织（原来称作近端分生组织）才是真正意义上的分生组织，它能够自我更新、增殖并产生各种分化的细胞类型。

使用根冠细胞特异的标记可以跟踪根冠细胞的命运。成熟的根冠细胞含有大量的淀粉粒，而根冠原始细胞中则没有。在消融一个QC细胞后，其下方的根冠原始细胞中出现了淀粉粒，表明根冠原始细胞的分化状态能够持续下去。

在拟南芥的根分生组织中，控制正确分化的位置信息似乎来源于更成熟的细胞并指导原始细胞的命运，而与QC细胞的接触则使细胞保持原始细胞特异的低分化状态，这两种拮抗信号之间的平衡可能是指导根模式建成的动力基础。

（三）根的发育过程

胚胎期的根部由基部的静止中心、中柱根冠原始细胞和根分生组织的其他部分组成。在胚胎发生时形成的胚根（radicle）一部分由胚根原细胞衍生；另一部分则由原胚细胞衍生的细胞分裂产生。如图10-8所示，在球形胚早期，原胚基部细胞分别形成表皮层、皮层及中柱原始细胞，到了心形胚早期，胚根原细胞分裂产生中柱根冠细胞（columella）与静止中心。中柱原始细胞经过一次分裂，产生4个中柱细胞。其后，各个原始细胞按照预定的分裂模式进行分裂，细胞伸长也受时空调节，微管参与细胞伸长方向的确定，如果微管去极化会导致细胞伸长失去控制，表明细胞内部的细胞骨架与外部的细胞壁之间有信息交流。另外，细胞增大受根生长速度的调节，而它又能在不同组织区域内独立调节。

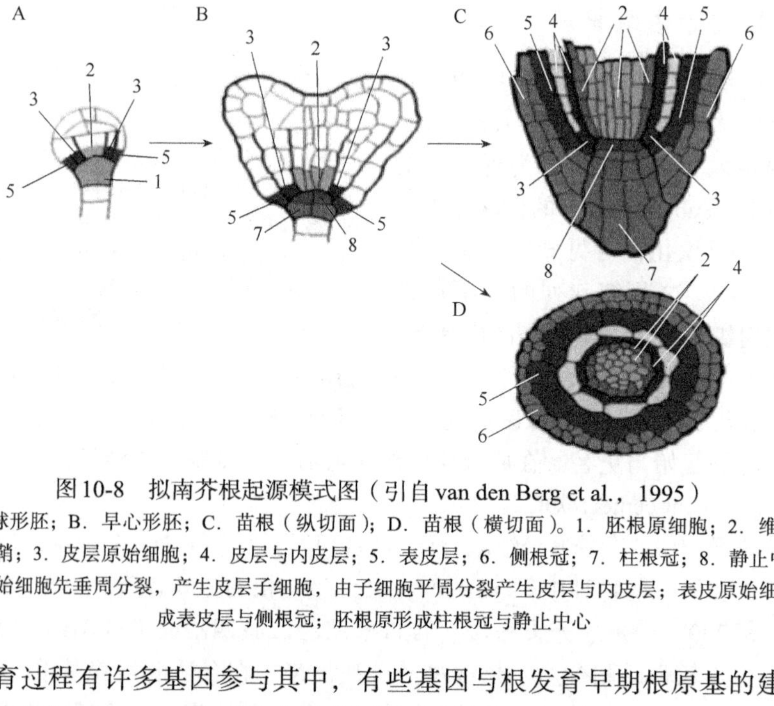

图10-8 拟南芥根起源模式图（引自van den Berg et al.，1995）

A. 早球形胚；B. 早心形胚；C. 苗根（纵切面）；D. 苗根（横切面）。1. 胚根原细胞；2. 维管束和中柱鞘；3. 皮层原始细胞；4. 皮层与内皮层；5. 表皮层；6. 侧根冠；7. 柱根冠；8. 静止中心。皮层原始细胞先垂周分裂，产生皮层子细胞，由子细胞平周分裂产生皮层与内皮层；表皮原始细胞形成表皮层与侧根冠；胚根原形成柱根冠与静止中心

根的发育过程有许多基因参与其中，有些基因与根发育早期根原基的建立和胚根原的发育有直接关系。*gnom*突变体会缺失顶部和基部区域结构，使分生组织成为球形、椭圆形和锥形。后经试验推测，*GNOM*基因在早期根原基的建立中起重要作用。此外，*monopteros*突变体的幼苗表现出缺失根与下胚轴，子叶的数目与位置也存在异常。可能影响*MP*基因活性的突变mp^{G92}、mp^{U348}和mp^{I366}的幼苗表现出短胚轴，其他等位突变表现出无胚轴的表型。*MP*基因可能是胚基部细胞定向生长所需的。因为*mp*突变体在8细胞期，仍然进行随机而不是定向的分裂。然而与*gnom*突变体不同，*mp*突变体在组织培养中能够被诱导再生根，说明*MP*基因很可能只在原胚细胞中起作用，然后传递某种信息给胚根原细胞使之发育。*GNOM*基因活性是*MP*基因作用的前提，因为*gnom*对*mp*显示上位作用（*gnom mp*双突变表型与*gnom*单突变相似）。而*GNOM*（与顶-基轴形成有关）又可能与*MP*（区域特异性基因）相互作用，共同指导胚胎的模式建成。

根的形态发生过程中还存在一些重要的基因，这些基因突变形成的突变体直接造成根的形态变异，在根的早期发育中起关键作用。*shr*突变体的主要表型是根短小，在根长只有（5.9±0.6）mm时停止生长，而野生型根按正常速度生长至20mm。穿过*shr*突变体根的特化区横切面看，它缺少了内皮层细胞，中柱鞘细胞也比野生型少。因此，*SHR*基因既与根分生组织的生长潜能有关，也参与根内皮层细胞的形成。*cob*、*lit*与*sab*突变体的根均明显加粗，但*cob*与*lit*突变体的根是沿根长方向不同程度地加粗，而*sab*突变体的根则是均匀增粗。但各种突变体中的细胞数目与野生型相比没有变化。上述三种突变体的细胞增大发生在不同的区域，即使在野生型中，不同细胞层的大小与形态上也都有差异，由此可以推测某些细胞特异的基因控制不同区域细胞的命运。

（四）根毛的发育

根毛是表皮细胞向外突出的、顶端密闭的管状结构，是根表皮细胞特化的结果。根毛是植物吸收水分和营养物质的重要结构，占根表面积的77%。它由一部分根表皮细胞发育而来，Grierson等将根毛形成分为三个时期：①细胞命运的决定。一些细胞获得生毛细胞的命运，形成一个小的隆起，这需要细胞壁局部酸化和软化。②在隆起的地方发生缓慢的顶端生长，直到20～40μm时进入下一阶段。③根毛开始快速的顶端生长，称为根毛伸长期，直至长到800根毛。当细胞还位于根的分生组织区时，未来的根毛细胞和无毛细胞就表现出差异：分化中的根毛细胞含有更丰富的胞质，用甲苯胺蓝（toluidine blue）对其染色明显深。在拟南芥中，根毛起始时的生毛细胞大约长190μm，液泡非常发达。当根毛初现时，细胞核从中间位置向出现根毛的位置移动，并最终进入根毛中。根毛成熟时长800μm，直径为11pm，平均生长速率为1.3μm/min。根毛的顶端生长与Ca^{2+}梯度有关。例如，在顶部1～5μm处的胞质中含有高浓度的Ca^{2+}（1μmol/L），而在其他地方只有100nmol/L，在根毛起始之前却检测不到Ca^{2+}的变化。根据根毛所处的位置，可以将根毛分为顶端型、中部型和基部型。根毛出现的位置是由其相对于根分生组织的位置决定的，最靠近根分生组织的定为顶端型，最远离根分生组织的定为基部型。

根毛的数目和形态显然也是受基因控制的。通过拟南芥突变体分析，我们可进一步了解根毛发育中的基因调节网络。在拟南芥中，存在调控根毛形成的基因：*TTG*、*GL2*（*glabra 2*）、*CPC*（*caprice*）、*CTR1*（constitutive triple response 1）、*RHD21*、*RHD6*和*AXR2*等，分别影响根毛的数目、根毛起始、根毛形态，一些双突变体分析结果表明存在多个独立的发育途径。

二、茎的发育

茎是根和叶之间起输导和支持作用的植物体重要的营养器官。植物的茎是由体节（metamere）重复发育而来的。体节由一个节（node）、与节相连的叶状器官（leafy organ）、一个节间（internode）及叶腋下的侧生分生组织构成。茎的形态变异可归结为茎的体节数目、体节间的相互位置（叶序），以及体节类型（由叶状器官的类型及叶腋下侧生分生组织的类型决定）的差异（图10-9），因此，茎的发育在某种意义上也包含叶的发育。茎的发育包括茎尖分生组织的发育和茎的发育。

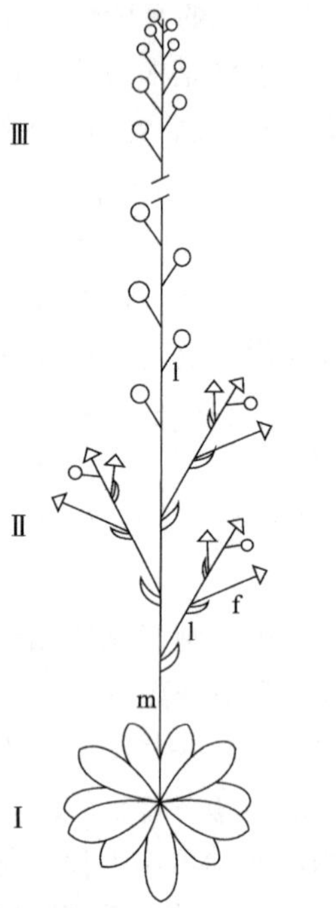

图10-9 拟南芥体节类型模式图（引自Schultz and Haughn，1991）
m. 主花序轴；l. 侧端花序轴；f. 三级花枝；Ⅰ. Ⅰ型体节；Ⅱ. Ⅱ型体节；Ⅲ. Ⅲ型体节

高等植物茎的发育要经历幼年期－成年期－生殖期，每个时期都有独特的形态发生学及生理学特征，并由独立调控而又部分重叠的发育程序控制。在拟南芥中，营养生长期（包括幼年期与成年期）茎的结构与生殖期有很大差别，主要表现在侧端器官的形态上。茎的重复单位——体节有三种类型（图10-9），Ⅰ型体节长出莲座叶，侧生分生组织发育停滞，节间短，Ⅰ型体节属于营养生长阶段；Ⅱ型体节长出苞叶（茎出叶），侧生分生组织发育成次级花序，节间长；Ⅲ型体节无叶器官形成，侧生分生组织发育成花，节间长。次级花序像主花序一样，可产生Ⅱ、Ⅲ型体节。大多数植物茎的发育阶段在叶的大小与形状上变化最大。幼年期的拟南芥叶片较圆滑，边缘完整，成熟期的则为匙形，边缘有锯齿。在玉米中，基部叶片一般为蜡质，具有光泽，一般将表皮蜡作为幼年期的标志。另外，包住雌穗枝（ear shoot）的钩形叶，以及在雌穗枝与主茎之间发育的先出叶（prophyll）只在有性生长阶段才会出现。由于茎的生长只是在一个方向上不断重复增加新的结构，因此在发育早期形成的结构就位于茎的基部。最先发育的叶是最老的叶，但属于幼年期，而最后发育的新叶却属于成年期。叶的发育一旦开始，就与茎的发育分离开。这样，茎发育的时期就可以通过沿茎轴方向上的结构特征的变化而记录下来，这种现象称为异生（heteroblasty），异时性突变就建立在此概念的基础上。同时，这种极性发育模式也给鉴别茎发育过程中的时间、空间及数量性状因素带来很大困难。

对茎发育的研究在植物领域的研究中鲜受重视，然而，无论是草本及木本植物，茎发育的不同阶段都显示一些特征，其中叶的形态是最明显的标志之一，因此常以它作为茎发育的一种标志。拟南芥幼年期的叶比成年期叶小，结构也简单一些。另外，叶序、叶的固位（retention）、侧枝的生长习性、刺与不定根的形成、化学组分、光合反应效率，以及对昆虫和疾病的抗性等，都可作为区分幼年期与成年期的标准。侧枝的性状取决于它在茎上所处的位置和它产生时茎所处的发育时期。在营养期产生的侧芽多是无性的，而在有性生长期产生的侧枝则形成花或其他繁殖结构。

在茎发育不同阶段的转换过程中，有一些中间性状出现，生长期过渡时长出的叶，如玉米在由幼年期向成年期过渡时长出的叶，既具有幼年期性状的细胞，又具有成年期性状的细胞。在植物体由营养生长期向有性生长期过渡时，某些数量形状也会明显显现出中间体特征。例如，拟南芥长出退化叶和拉长的侧枝，类似莲座节产生的结构，随后才在长侧枝的地方长出独立的花。在花中，花萼与花瓣兼有营养器官与非营养器官的性状，先于繁殖器官（雄蕊、雌蕊）出现，这些现象表明茎的形态发生由几个独立调节的发育程序的加成或重叠效应来控制。人们将发育过程在时间上的变异称为异时性（heterochrony）突变，而在表达位置（空间）上的变异称为同源（异型）框突变（homeosis）或异位性（heterotopy）突变。由于植物的模式建成始终伴随持续的极性生长，因此，有时候很难区分异时性或异位性突变。据推测，草本植物可能由木本植物通过加速有性发育的速度（相对于营养发育）进化而来，因为草本植物幼年期短，无次级生长或很弱。

茎发育的阶段性包含一定程度的可塑性。例如，短日照植物凤仙花（*Impatiens balsamina*），在5天短日照诱导后再返回非诱导性的长日照条件下，可导致叶-花瓣中间体结构的出现，即叶肉细胞的组织行为与叶的细胞相似，其厚度却与花瓣的细胞相同，表皮细胞能够表达花色素苷，但其形状又具有叶表皮细胞的特点。

茎发育的不同阶段受多种因素的影响（如温度、营养、光照、矿物质等），可能使幼年期延长或缩短，或使成熟期的茎又返回到幼年期。但在正常生长条件下，各阶段的细胞命运与器官形态特征还是能够维持一定的时间。例如，在烟草中，从花序取下的外植体再生后能够产生花，而从营养茎获得的外植体再生后只能产生营养茎，不能开花，这种发育潜能上的差异可以维持两次继代培养。烟草中的细胞激动素驯化（habituation）现象表明，细胞的生理状态也可以处于决定或半决定之间。茎髓部细胞在组织培养中需要细胞激动素，但偶尔会丢失这种需求（概率为每代5×10^{-3}），这种细胞的子代细胞能够稳定地获得驯化能力。茎皮层细胞在组织培养时完全不需要细胞激动素，表明它们已完全驯化；相反，叶细胞则处于完全不驯化状态（在组织培养时完全需要细胞激动素）。驯化被认为是细胞分裂因子的合成速率与降解速率之间的平衡过程。植物发育的可塑性可能就是存在类似的许许多多正负调节因子之间的平衡所引起的。

三、叶的发育

叶片是维管植物营养器官之一。其功能是进行光合作用合成有机物，并有蒸腾作用，提供根系从外界吸收水和矿质营养的动力。绝大多数叶由三个部分组成：叶基、叶柄（或称叶轴）和叶片，而叶片又可分为单叶和复叶两种类型。叶基和茎之间的接合部常会有一个或多个腋芽，这是区别叶和其他叶状结构的重要特征。叶原基在组织结构上可以分为不同的层（layer）和区（zone），在叶片发育过程中，L1层细胞通常发育成无叶绿素的表皮细胞，覆盖在叶的表面。L2层细胞产生叶片中央栅栏组织和中央海绵组织的叶肉细胞及周围海绵组织的细胞，而大部分的叶脉微管束和内层组织的叶肉细胞来源于L3层细胞。叶发育过程中涉及不同方向的细胞分裂和分化，特别是背腹轴（近轴—远轴）、中边轴（中心—边缘）和基顶轴（顶端—基部）的建立。所有这些过程都在严密的调控网络之下，通过许多信号的整合过程，在形态上经过极性确定、组织分化、叶脉网络逐步进行生长和扩张，发育形成叶片。成熟的叶组织由表皮（包括气孔、表皮毛、表皮细胞的分化）、叶肉细胞（海绵组织——远轴、栅栏组织——近轴）、维管束组成。

（一）叶脉的形成

叶脉是叶片重要的组成部分，对叶片起支持作用、提供营养物质运输的维管束网络，是植物叶结构的基本骨架，决定了叶片的形状。生长素是维管束形成的关键因素。从叶原基开始，生长素决定维管束形成是通过叶原基表皮和幼叶边缘表皮中生长素汇聚点及已存在的维管束相对位置决定的。生长素的分布通过生长素运出载体和运入载体及生长素合成、分解和转化的酶共同调控。在几种生长素运出载体中，只有PIN1的表达分布与维管束定位、分布和形成完全一致，时间上早于维管束前原形成层标记基因*ATHB8*和原形成层标记基因*ET1335*的表达，因此PIN1在叶中的表达可作为叶脉形成的预标记，用来研究叶脉的形成机制。生长素反应因子在叶原分生组织中表达，叶维管束形成过程中在前原形成层和原形成层中表达，决定叶中维管束网络的形成和类型（图10-10）。

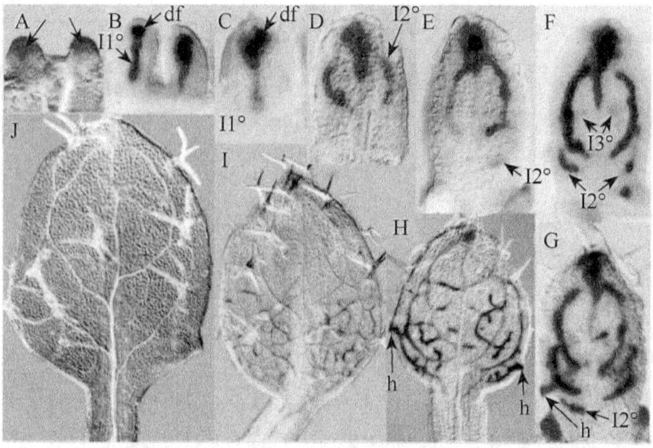

图10-10 *DR5::GUS*作为维管束形成的指示基因（引自Mattsson et al.，2003）

A．发芽2天的原基侧视图，箭头指向DR5:GUS表达部位；B．较A稍老一些的发芽2天的原基侧视图，在表皮下细胞有远端集中表达，在I1°处有微弱表达；C．发芽2天的原基后视图；D．发芽3天的原基，I1°基部表达量减少，I2°处有可见表达量；E．发芽3天的原基，箭头指向基部I2°；F．发芽4天的原基，I2°与I3°处有表达；G．发芽4天的原基，在基部出现额外的I2°，在未采的水孔处也能发现表达；H．发芽5天的原基的血管模式图，DR5在I3°与侧位水孔表达较高；I．发芽6天的原基，DR5表达下降，残留的GUS集中在叶片基部两叶脉中；J．发芽7天的原基，DR5无表达。I1°．初生原生静脉1；I2°．初生二级静脉；I3°．初生三级静脉；df．远端集中；h．排水器

许多基因直接参与叶脉形成的调控过程，5个与叶脉形成相关的HD-ZIP Ⅲ转录因子中，PHB、PHV和REV只在维管、茎尖和花序分生组织，以及侧生器官的背侧表达，而ATHB8和ATHB15则只在维管组织中表达，并且受到miR165/166的负调控，后者又受到SHR-SCR2和GRAS家族转录因子的调控。

主叶脉形成过程中，原基中生长素分布在L1层，由叶原基表皮中生长素汇聚点决定生长素朝向亚表皮和原基内部中心运输，以及生长素外运载体PIN1在汇聚点下原基内基本组织细胞中向基分布，确定未来维管束形成部位（图10-11）。而次级叶脉形成过程中在存在维管束的情况下，PIN1表达分布列在表皮的汇聚点和主脉维管束之间1/2距离处形成，这种分布决定了初级叶脉区的形成部位，这种初级叶脉区首先在叶基部形成，随后在上端同样的叶边缘（表皮汇聚点）和主脉维管束或已经形成维管束的下部初级维管束之间进一步形成次一级的维管束，这种过程完全通过PIN1的表达分布表现出来（图10-11，图10-12）。更高一级的叶脉也是在叶边缘表皮生长素汇聚点和已存在叶脉之间确定新的PIN1表达目标，并延伸形成连续的生长素运输通道和维管束预定位。无论是次级叶脉还是更高级的叶脉预定位过程中，PIN1最初都在较大范围分布，一定时间后才缩小范围，聚集到未来维管束分布的区域，表现出未来维管束的轮廓（图10-11）。

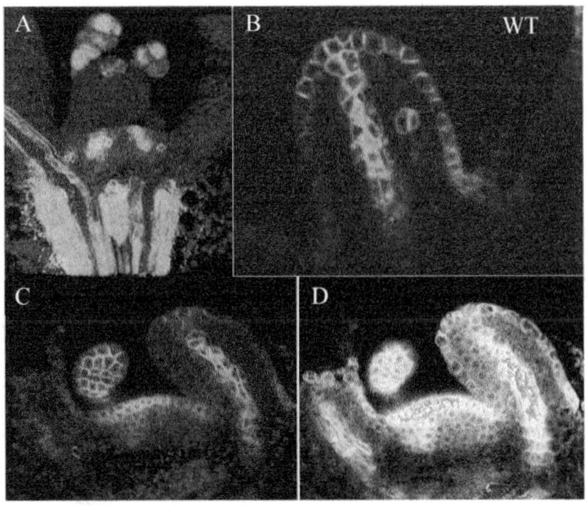

图10-11　叶原基中PIN1分布与维管束的定位（引自Chen et al.，2013）

A. 在叶原基起始区域、叶原基尖端和末端的SAM中检测到DR5rev::GFP信号；B. 幼叶原基中PIN1pro::PIN1-GFP表达的共聚焦图像；C，D. 在野生型的分生组织内层，PIN1pro::PIN1-GFP只在初生叶原基处表达。WT. 野生型

（二）叶片生长和组织分化

叶片的生长和分化与生长素密切相关，生长素在器官发生中起主要作用，细胞分裂素在生长素诱导的器官发生中起修饰作用。生长素通过抑制细胞分裂素合成来控制组织内细胞分裂素的水平；相反，细胞分裂素对生长素水平的调控很缓慢。器官发生中细胞分裂素通过影响生长素运出载体的分布改变生长素的分布，从而改变生长素反应的区域。生长素受体除了TIR1，还有ABP1，在胚后茎顶端分生组织发育过程中，对细胞分裂频率、细胞板的形成、细胞形状、细胞内分裂类型、细胞扩张都有影响。叶原基起始时期，决定侧生原基特性的AS1（asymmetric leaves 1）在叶原基中表达上调，同时*KNAT1*基因表达下调，玉米RS2（rough sheath 2）、

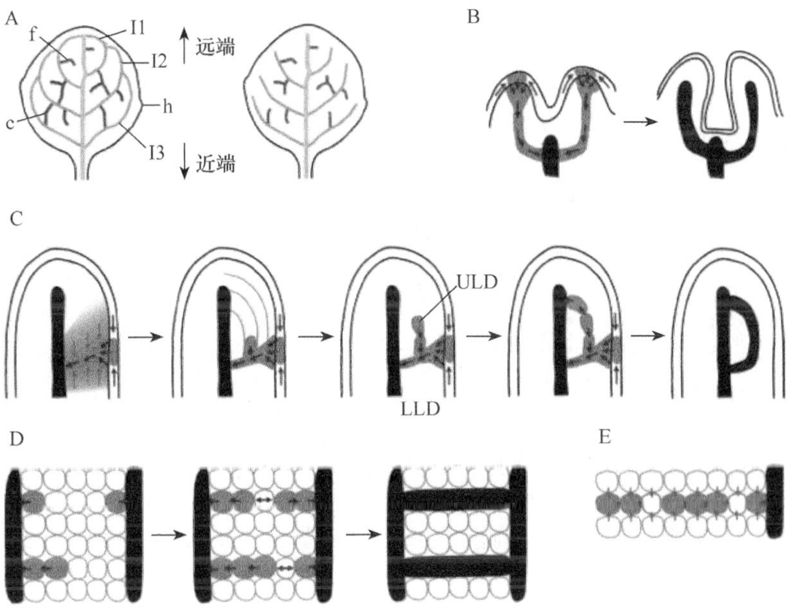

图10-12　PIN1::GFP标示的叶脉发育过程（引自Scarpella et al.，2006）

A. 静脉分流定义（h. 排水器，f. 自由末端，c. 有连接的，I1～I3. 来自于下环域和上环域相对应的部分）；B. 中脉的形成；C. 环域的形成（ULD. 上环域，LLD. 下环域）；D. “连接”叶脉的形成；E. 双极细胞的生成

金鱼草的PHAN（phantastca）与拟南芥的AS1类似，统称ARP，属于MYB类转录因子，与DNA结合蛋白（具亮氨酸拉链和半胱氨酸重复序列）AS2、RNA结合蛋白RIK、染色质修饰蛋白HIRA形成复合体，抑制*KNOX I* 类基因的表达。KNOX的下调表达引起AS1的起始表达，标志叶分生组织和茎顶端分生组织与叶原基的分离。AS1 AS2复合体在叶片发育过程中与其他不同类型的基因产物在不同的部位抑制*KNOX I* 类基因的表达，*as1*和*as2*基因的突变导致叶发育过程中细胞分裂周期分布的改变，*as2*突变体变化更为显著。这种变化可以通过决定细胞分裂的周期蛋白的分布表现出来（图10-13）。*as1*和*as2*突变体中生长素反应部位也发生了显著变化（图10-14）。生长素分布将维管束原形成层预先定位，但由原形成层分化形成各种专一类型的细胞还需要多种其他因子的共同作用。叶片近远轴建立，表现在维管束木质部分布在近轴端，而韧皮部分布在远轴端。此外，叶近轴远轴极性由近轴-远轴叶表皮细胞的形态，叶肉细胞中海绵组织、栅栏组织的分布和结构，维管束木质部和韧皮部背脊的分化表现出来。

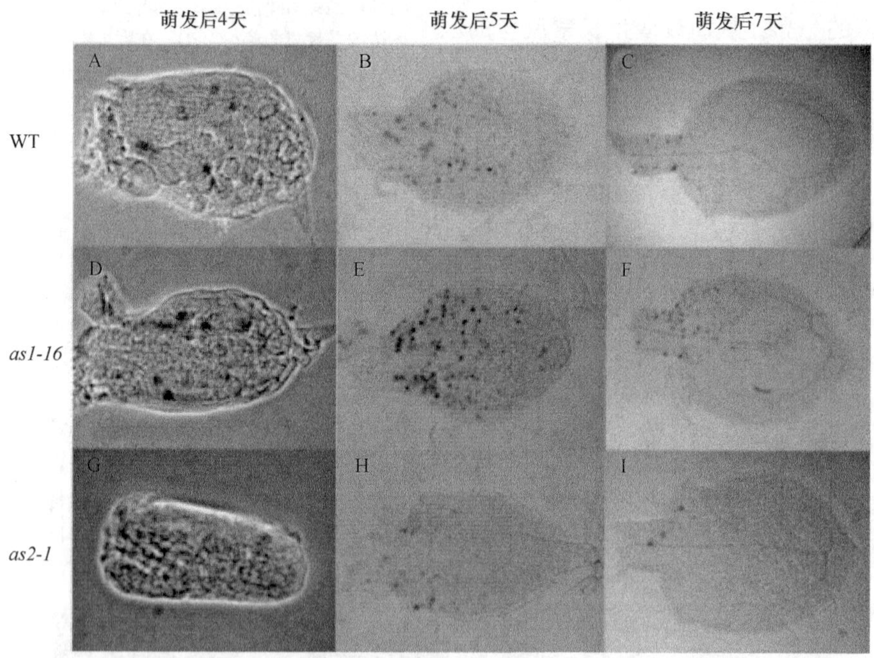

图10-13　*as1*和*as2*对叶片中细胞分裂部位分布的影响（引自Zgurski et al.，2005）

WT．野生型；*as1-16*．*as1-16*突变体；*as2-1*．*as2-1*突变体

叶片近轴-远轴表现出极性，以金鱼草为例，叶的背腹性在发育过程的早期就被决定了，叶片背腹轴决定因子最早是在金鱼草的*phan*突变体中发现的，该突变体表现为缺少决定背腹性发育的功能。正常金鱼草的叶片从背面到腹面依次是不同的细胞层：被表皮细胞、栅栏叶绿素、海绵叶绿素和腹部表皮，中脉微管束也具有极性。*phan*突变体中叶片没有背腹性，植株突变体上部的叶片基本上只由腹部的细胞组成。在突变体植株的叶片背上苞叶和花瓣突起有不同程度的抑制。*PHAN*基因已经被克隆，它编码一个MYB家族转录因子，对于叶片背部细胞的分化是必需的。决定叶原基和叶片中近轴-远轴极性的

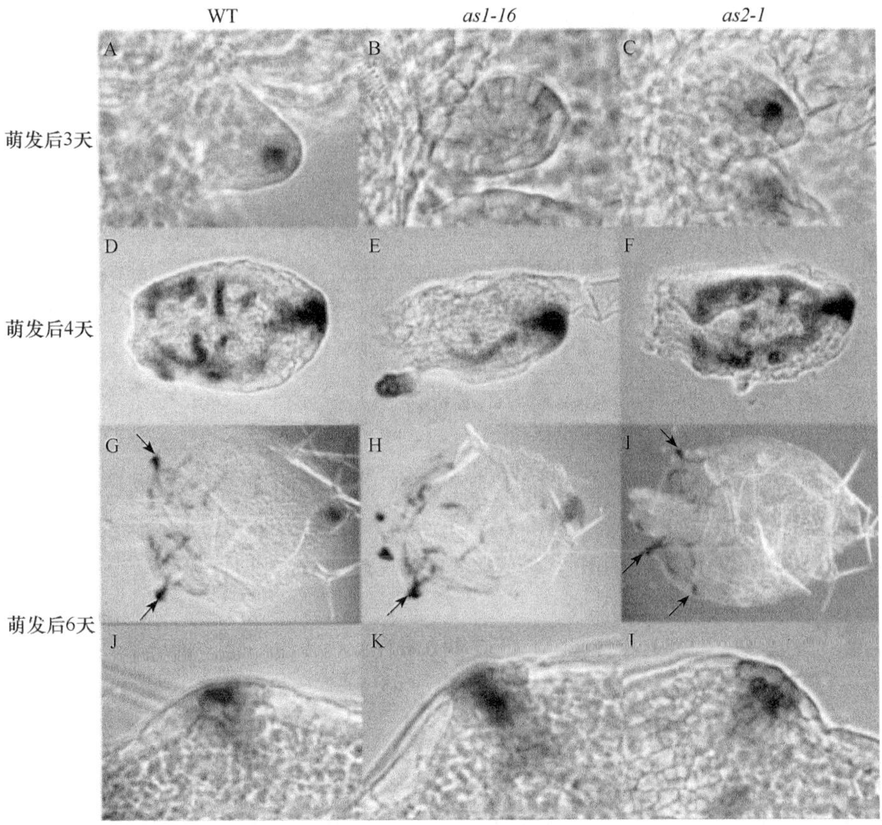

图10-14　*as1*和*as2*对叶片中生长素反应（DR5::GUS）分布的影响（引自Zgurski et al.，2005）

WT. 野生型；*as1-16*. *as1-16*突变体；*as2-1*. *as2-1*突变体；箭头指示表达较高的部位，为植物的排水孔

因子有远轴特性KAN1（kanadi 1）、KAN2、KAN3和YAB（yabby），近轴特性HD-ZIP Ⅲ类的PHB（phabulosa）、PHV（phavoluta）、REV（revoluta）和AS1。近轴-远轴极性因子相互抑制，与其他调控因子如LEU、LUH、SEU和SLK等一起，调控促进细胞分裂延长的KNOX等类型的基因在特定的时间和部位表达，使叶子表现出近轴-远轴的极性。

YAB家族基因编码锌指结构和bHLH蛋白，参与侧生器官远轴端的形成。该基因家族成员的作用重叠，单突变表型变异不明显，使叶中KNOX类基因（*STM*、*KNAT1*、*KNAT2*）被抑制，并使*stm*突变体表型部分恢复。双突变体叶没有远轴端特性。

KAN（kanadi）编码的蛋白含有一个保守的GARP区域，与DNA特定序列结合，包括4个基因（*KAN1*～*KAN4*）。KAN在叶和花原基的远轴端表达，蛋白的亚细胞定位为核定位。KAN的组成型表达造成胚轴缺乏SAM和维管组织。*kan*突变体的片层生长依赖YAB的功能，KAN1、KAN2、KAN3在器官发生中具有重叠作用，共同抑制HD-ZIP Ⅲ类PHB、PHV、REV的近轴功能，决定远轴特性。

*REV*基因编码一个HD-ZIP Ⅲ转录因子，含有START甾醇脂类结合区（sterol-lipid binding domain）。与REV相似的HD-ZIP Ⅲ类基因还有*PHB*、*PHV*、*CNA*（*ATHB15*）、*ATHB8*。*PHB*、*PHV*、*REV*、*CNA*、*ATHB8*几个HD-ZIP Ⅲ基因在拟南芥发育过程中的作用具有重叠、拮抗、独特的作用特点。CNA、ATHB8的作用在某些组织与REV作用拮抗，

在另一些组织与REV作用重叠。REV在侧生茎尖分生组织和花分生组织最早时期表达，该基因决定侧生分生组织和叶原基分生组织活性及维管组织类型。PHB在叶原基早期整体表达，后期在近轴端表达并增强。PHB控制SAM与叶原基相邻区域和叶原基近轴端的基因表达。ATHB8、ATHB9、ATHB14、ATHB15、REV都在维管束中表达，ATHB15（CNA）是早期维管束发育中专一决定维管束前形成层细胞特性的关键转录因子，*athb15*突变体木质部在韧皮部外侧。生长素正调控ATHB-8的表达，ATHBS也在拟南芥发育中限制在前维管束细胞中表达，但ATHB8的增强表达促进木质部的发育。

REV、PHB等具有相似结构域的HD-ZIP Ⅲ转录因子，其成员也参与SAM的发育和叶片的极性建成。拟南芥有10个HD-ZIP Ⅲ转录因子，其中三个基因*hat3 ath64 athb2*的三突变体同时表现叶片极性的缺陷和SAM的缺失。上述三个基因在胚胎发育早期即有表达，突变体中生长素转运蛋白PIN1的表达区域受到影响。ATHB2受到HAT3的直接调控，在胚胎发育中的极性建成、子叶发育、侧生器官的发育和叶片极性调控上与HAT3和ATHB4功能冗余。在三突变体中，YAB等基因的表达区域发生明显改变，*phb*和*rev*的突变对表型具有增强作用。ChIP实验表明，*ATHB2*是*REV*的直接靶基因，*rev*突变体中*ATHB2*的表达量明显升高。

microRNA也参与了叶片生长发育的调控。miRNA165和miRNA166与HD-ZIP Ⅲ中START区域互补，miRNA165调控PHB、PHV、REV、ATHB8的蛋白水平，miRNA166调控CNA（ATHB15）的水平。RNA依赖的RNA聚合酶（RdRP）催化双链RNA的合成，*RDR6*基因增强AS2的功能，*rdr6 as2*双突变体中miRNA165和miRNA166水平提高，而PHB、REV、ATHB8、ATHB15水平下降，但ATHB15下降不显著，BP表达异常。这说明RDR6、AS2通过miRNA调控HD-ZIP Ⅲ的蛋白水平。miRNA165/166的基因在胚胎发育中的表达具有保守性，而且这种表达模式不受SHR/SCR信号途径的反馈调控。miRNA165/166不仅在成年植株叶片中负调控PHB/PHV等叶片背腹轴关键基因的表达，这种调控在胚胎发育早期就已经开始（图10-15）。

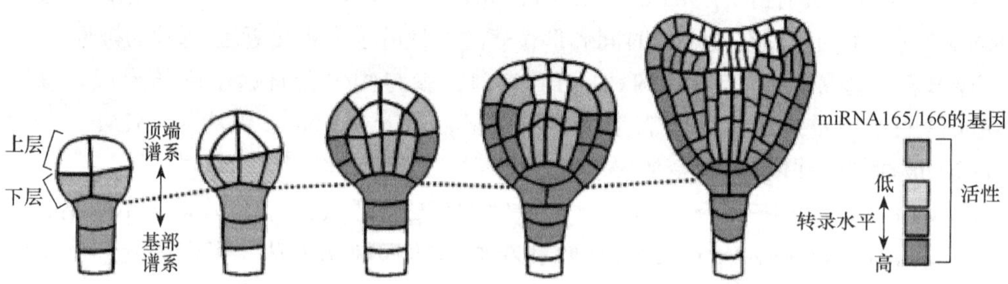

图10-15 miRNA165/166与PHB表达和作用模式图（引自Miyashima，2013）

（三）叶型的调控

自然界中的叶片形态多种多样，有单叶、复叶之分。复叶又可分为羽状复叶、掌状复叶、三出叶和单身复叶。叶型首先取决于叶面细胞的长与宽，其次取决于叶面细胞停止分裂的早晚。叶型包括单叶、复叶，叶边缘圆滑或锯齿、深裂或浅裂，叶柄有或无、长或短，叶宽或窄、大或小。叶片的大小不同是由细胞发育过程中起作用的基因控制的表层细胞分裂导致的。在双子叶植物中，叶的发育沿着基部-茎尖的轴分化，分化顺序遵循以下原则：先分化中脉，然后分化叶片；从中脉向边缘。尽管各个物种成熟的叶各种各样，但是叶原基和薄层组织没有延伸的幼小叶在形态上，各个物种之间却没有多大的区别，叶的形态发生是在叶原基形成，薄层组织延伸之后的发育阶段。叶结构是由细胞分布决定的，锯齿和裂槽的凹陷是由细胞分裂的缺乏造成的。各种与细胞分裂和分化有关的基因的表达强度和分布，以及与极性决定相关基因之间的作用可以对叶型造成复杂的影响。

KNAT1、*AS1*、*AS2*和*SE*基因直接互作影响叶型的形成。图10-16、图10-17显示了拟南芥叶片发育中*KNAT1*基因的过量表达造成叶片形状的改变，叶边缘形成突起和裂片。侧生器官决定基因*AS1/2*、*SE*的突变同样造成叶片形状的改变。*AS1*和*AS2*抑制*KNAT1*在叶脉的表达。*se*、*as1*或*as2*的双突变体在叶子大部分区域失去对*KNAT1*的抑制作用，在叶子凹槽处对*KNAT1*的表达抑制作用消失。这说明*SE*也影响*KNAT1*的表达。

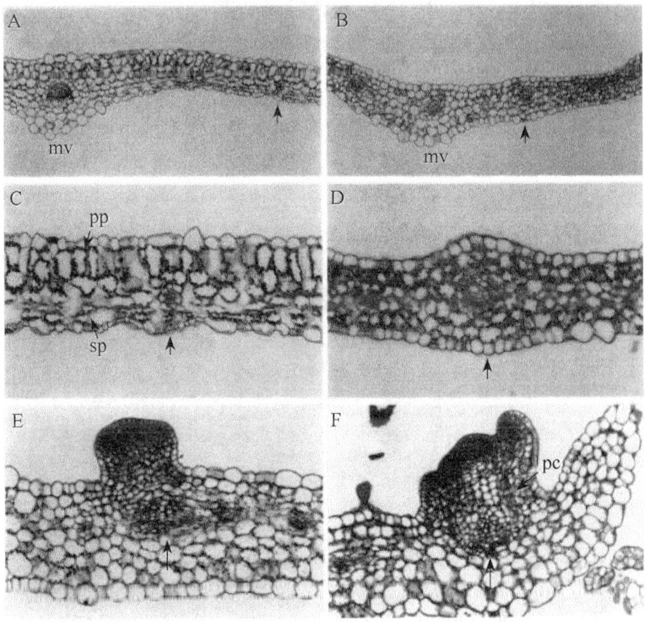

图10-16 *KNAT1*对叶片组织发育的影响（引自Chuck et al.，1996）

A. 野生型莲座丛叶的横切面；B. *35S::KNAT1*莲座丛叶横切面；C. 野生型的横切面特写；D. *35S::KNAT1*的横切面特写；E. *35S::KNAT1*转化体的茎叶横切面；F. 在静脉上有初始营养分生组织的*35S::KNAT1*莲座丛叶横切面。mv. 中脉；pp. 柱状薄壁组织；sp. 海绵组织；pc. 扁平细胞；箭头表示叶子中静脉位置

*AS2*具有近轴表达特性，在叶中抑制*KNAT1*、*KNAT2*、*KNAT6*的表达，但对*STM*的表达没有影响。过量表达*AS2*使远轴特性转变成近轴特性（图10-18）。

BLH（BEL1-like homeodomain）有13个成员，都可以与KNOX1类蛋白质形成复合物，包括KNAT1和STM，BLH2/SAW1（sawtooth 1）和BLH4/SAW2（sawtooth 2）在侧生器官表达，负调控KNAT1表达。单突变体表型不明显，双突变体叶锯齿和卷边在较晚期（第8片叶以上）增多，KNAT1表达异常（图10-19）。

图10-17 *KNOX1*类基因对叶型的影响（引自Lincoln et al.，1994）

A．*35S::KNAT1*转化植株的莲座叶；B．野生型（WT）植株的莲座叶丛；C．*35S::kn1*转化植株、野生型和*35S::KNAT1*转化植株的莲座叶表型比较。*35S::KNAT1*．*KNAT1*基因过表达突变体；WT．野生型；*35S::KN1*．*KN1*基因过表达突变体

图10-18 *AS2*过量表达对叶型的影响（引自Lin et al.，2007）

A．12月苗的野生型与*35S::AS2*突变体的表型差异；B．野生型（Col-0）8月苗；C．带有中心叶的*35S::AS2*转基因植株；D．*35S::AS2*转基因植株及背面叶生长；E．*35S::AS2*莲座叶，箭头指向背面突起；F．*35S::AS2*植株花序；G．野生型（左）和两种不同的*35S::AS2*植株（右）；H．野生型花序；I．高倍率*35S::AS2*花梗。*35S::AS2*．*AS2*基因过表达突变体；WT．野生型

*KNOX*基因对分生组织的功能是必需的，然而叶原基中KNOX功能的抑制也是叶形态建成必需的。在35S启动子控制下，KN1与肾上腺皮质激素受体区域连接，恒定共表达，没有甾醇激素时，该融合蛋白在细胞质中，一旦施加甾醇激素（steroid decamethasone，DEX），该融合蛋白即可以进入细胞核发挥作用，但这时其作用能否进行，取决于与之相互作用的各种因子的存在状态。这种情况排除了对KN1转录表达控制的调节作用。处于2～7部位的叶原基对DEX的处理敏感，并随着剂量的变化发生相应的反应。处理后叶出现裂生，缺乏叶柄，叶片生长减少，叶柄变宽导致无叶柄现象，而叶柄变宽的部位，除了中心维管束，还有平行的小维管束。在叶柄以上叶片部位，维管束分枝散开，每枝维管束通向一个叶边缘的突出点。叶边缘维管束的分布和结构也决定了叶边缘的形状。一般而言，维管束在叶边缘的连接圆滑，叶边缘形状也圆滑，维管束在叶边缘呈尖状突出连接，叶边缘也呈现齿状突出（图10-20）。

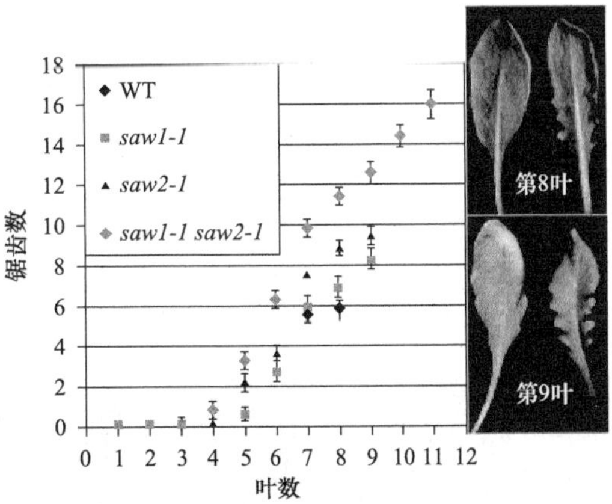

图10-19　BLH基因*SAW1/2*对叶型的影响（引自Kumar et al.，2007）

WT．野生型；*saw1-1*．*saw1-1*突变体；*saw2-1*．*saw2-1*突变体；*saw1-1 saw2-1*．*saw1-1*和*saw2-1*双突变体

BOP1（blade-on-petiole 1）和BOP2编码BTB/POZ（broad-complex，trantrack，Bric-a-Brac/POX virus zine finger），与Cullin-3蛋白作用，可能属于经蛋白质降解酶途径降解的蛋白质。BOP1在拟南芥侧生器官通过抑制*KNOX Ⅰ*类基因的活性控制侧生器官的发育，BOP1/2作用重叠，它们单独过量表达都引起叶形态的异常（图10-21）。*bop1 bop2*双突变体*b1 b2*叶柄变宽，叶形细长，与侧生器官极性因子AS1/AS2（a1/a2）的三突变组合叶形

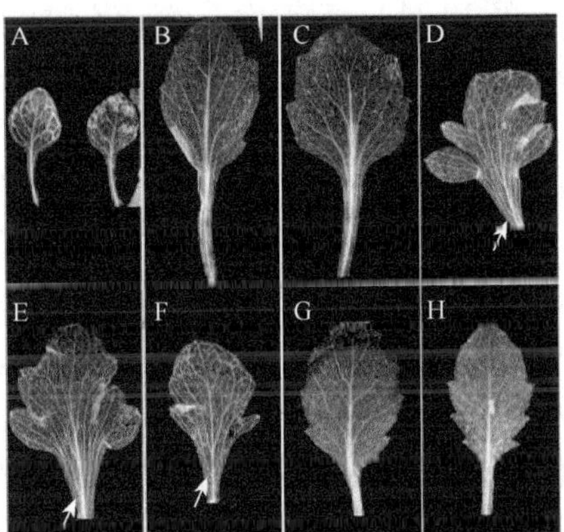

图10-20　叶脉、叶型与KN1的关系（引自Hay et al.，2003）

A～H．DEX诱导的35S::KN1-GR（GR.糖皮质素受体）植株1～9叶的维管形态：A～C．1～4叶叶脉紧贴中脉；D～F．叶宽且短，叶脉没有紧贴中脉（箭头所示）；G，H．具有正常维管形态

图10-21　*BOP1*过量表达的叶型变化（引自Ha et al.，2007）

as2-101．*as2-101*突变体；*as2 35S::B1*．*as2 35S::B1*双突变体；*as1-101*．*as1-101*突变体；*as1 35S::B1*．*as1 35S::B1*双突体；箭头表示叶片形态向上卷曲

变化多样，一部分叶子呈线状，另一些则较宽。而远轴极性因子 KAN1 KAN2双突变*k1 k2*与*a1*或*a2*的三突变组合叶型变化最为急剧，叶子成为窄带状。*b1 b2*与*k1 k2*四突变叶型不规则（图10-22）。从不同组合突变体的叶柄维管束分布和极性看，AS1/2（a1/a2）和BOP1/2（b1/b2）都影响木质部和韧皮部在叶柄中的两侧对称性，*a1 a2 k1/k2*三突变组合导致以木质部为中心、韧皮部围绕木质部的辐射对称，而*b1 b2 k1 k2*导致木质部韧皮部相间排列，或木质部内韧皮部外、或韧皮部外木质部内多个维管束（3个）平均围绕中心分散分布，呈辐射对称，有些类似于单子叶茎中维管束的分布（图10-23）。

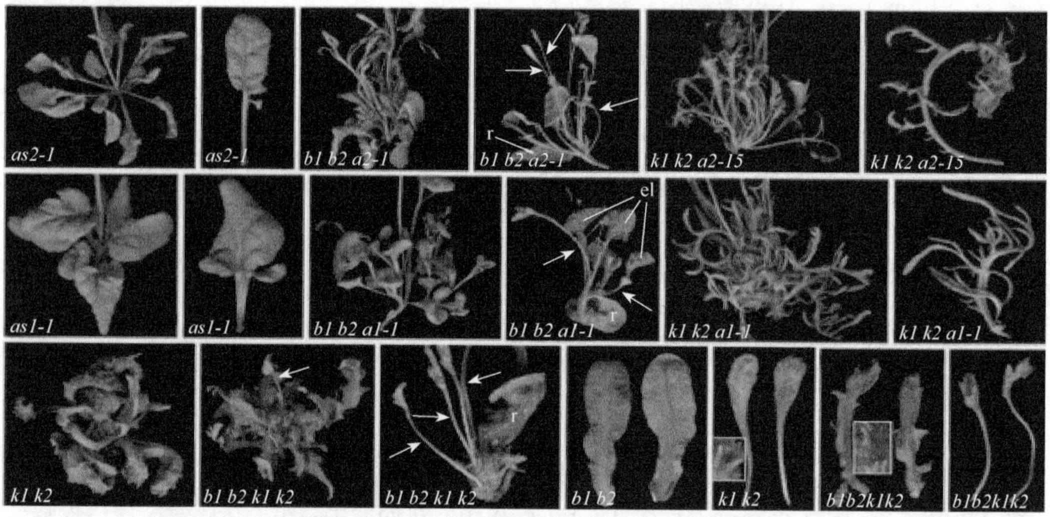

图10-22 *BOP1/2*、*AS1/2*、*KAN1/2*突变体不同组合对叶型的影响（引自Ha et al.，2007）

箭头表示异位发育的放射状叶片；方框内显示了叶片背面的异位生长的莲座丛叶

el. 异位叶；r. 莲座叶

复叶的发育与单叶不同。在复叶发育中起关键作用的基因是豌豆的*UNI*（unifolmt）、金鱼草中的*FLO*（floricaula）、苜蓿的*SGL1*（single afleti 1，图10-24），与拟南芥的LFY（leafy）类似。豆科植物中一个很大的分支中KNOXⅠ类蛋白质缺乏反向重复（inverted repeat-lacking clade，IRLC），不与复叶发育相关。这类IRLC植物中FLO/UNI在复叶的形成中对复叶中小叶原基的形成起关键作用。在非IRLC类豆科植物大豆中，*FLO*、*LFY*类基因表达减少导致微量小叶数目减少，个别复叶变为单叶，具有一定程度的作用，不影响全局。而*KNOXⅠ*基因在非IRLC中起主要作用（图10-25）。*KNOXⅠ*在IRLC植物苜蓿中过量表达导致小叶数目增加，说明一些FLO在复叶的植物中对KNOX也有一定作用。番茄叶也是复叶，番茄*KNOXⅠ*类基因*LeT6*在复叶形成中起关键作用，过量表达LeT6导致多重复叶的形成。LeT6的功能需要*AS1*类基因*LePHAN*的作用。这种KNOXⅠ-AS1类因子的相互作用也体现在其他植物。在紫花苜蓿中通过突变体杂交和基因表达分析等发现，与叶背腹极性密切相关的*PHAN*基因不受*STM*和*BP*等*KNOXⅠ*基因的影响；反过来，*phan*突变体中*KNOX*基因在叶原基和叶柄中的表达与野生型有明显差异（图10-26）。这说明不同类型的植物中，KNOX和FLO的作用程度不同，与进化和环境适应性有关。另一类特殊的中空叶的形成则是通过细胞程序性死亡完成的。细胞程序性死亡在叶发育过程中装饰叶边缘。水生植物花边植物（lace plant）成熟叶片纵向与横向叶脉之间都是空洞（图10-27）。

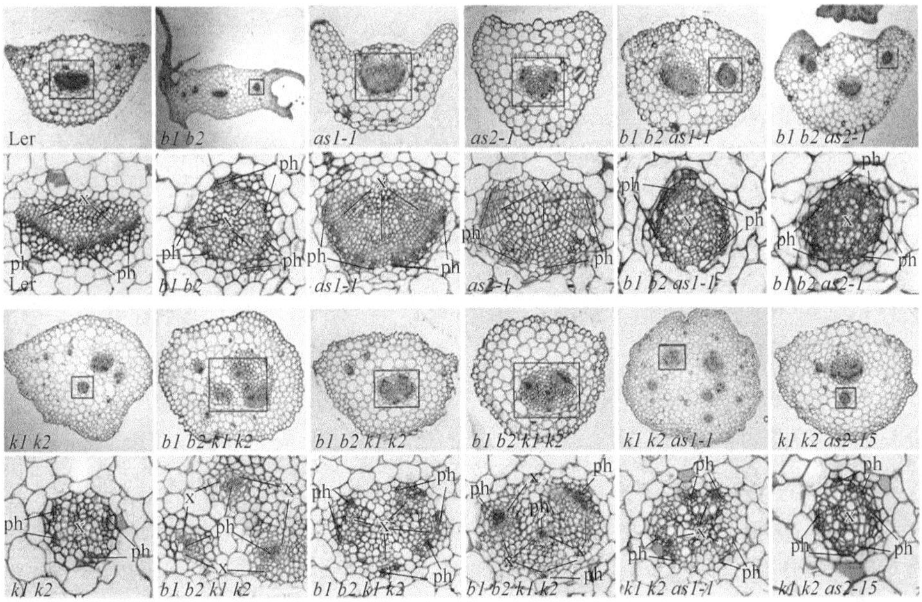

图10-23　*BOP1/2*、*AS1/2*、*KAN1/2*突变体不同组合对叶柄维管束分布和极性的影响（引自Ha et al.，2007）

ph．韧皮部；x．木质部

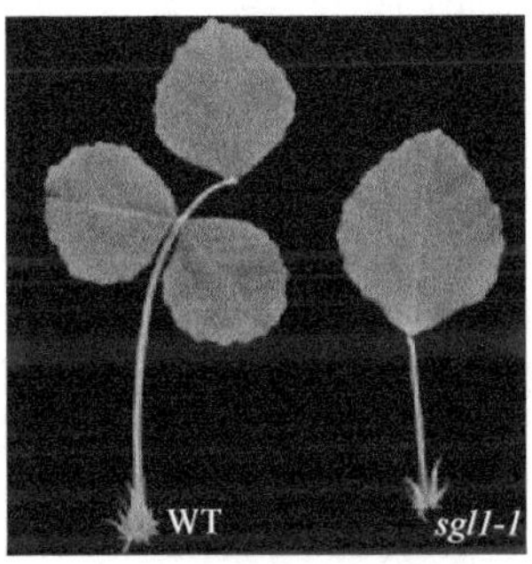

图10-24　*SGL1*决定复叶性状（引自Wang et al.，2008）

WT．野生型；*sgl1-1*．*sgl1-1*突变体

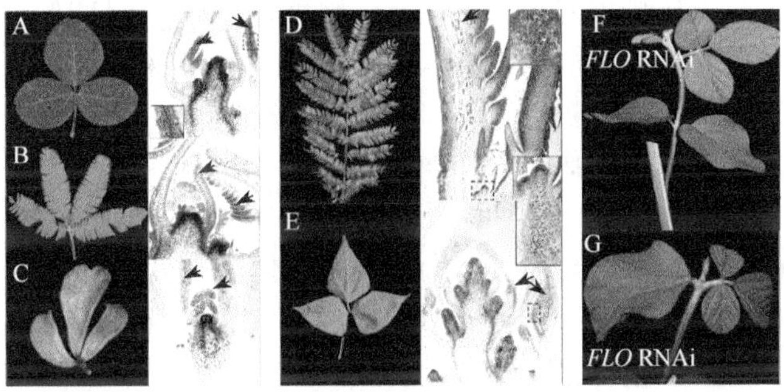

图10-25　*KNOXI*基因在非IRLC复叶中的表达分布（A～E）和大豆*FLO*类基因RNAi抑制后的叶型（F，G）（引自Champagne et al.，2007）

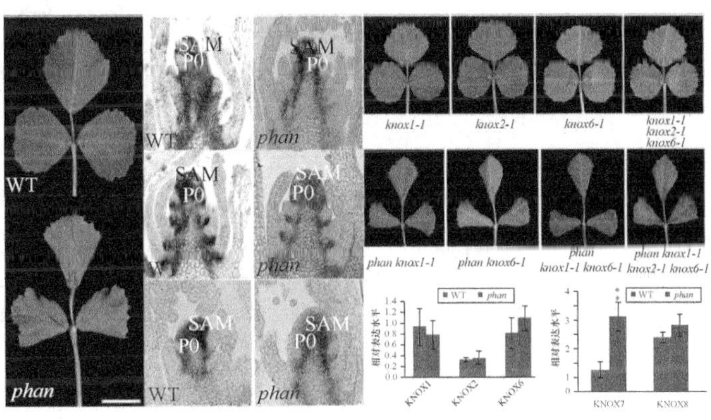

图10-26　紫花苜蓿中*PHAN*与*KNOX*对叶片极性的影响（引自Zhou et al.，2014）

WT．野生型；*phan*．*phan*突变体；SAM．茎尖分生组织；P0．初期的叶原基

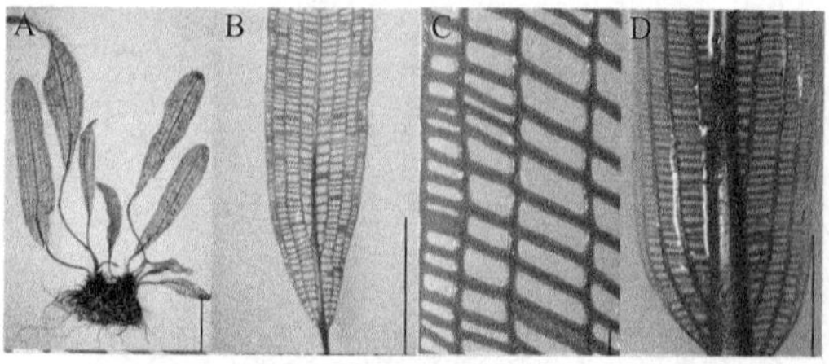

图10-27　成熟和发育中花边植物叶的形态
（引自Gunawardena et al.，2004）
A. 全植物；B，C. 成熟叶，显示纵向与横向脉；D. 穿孔前的未成熟叶

（四）表皮毛的发育

表皮毛由植物表皮细胞发育而来，广泛分布于陆生植物，是生长在植物表皮组织的一种特化结构。表皮毛的形态多种多样，可以由一个细胞构成，也可以由多个细胞构成；有分枝的，也有不分枝的。在拟南芥和烟草中，叶的表皮毛细胞在叶原基形成之后紧接着出现。拟南芥叶的表皮毛是由一个细胞发育而来的。成熟的叶表皮毛有3～4个分枝，发育阶段有起始阶段、原表皮细胞分裂停止阶段、细胞扩张延伸分化阶段。

叶表皮毛的发育由一些基因包括R2R3 MYB转录因子*GL1*（glabra 1）、*MT823*、bHLH转录因子*GL3*（glabra 3）、*EG13*（enhancer of glabra 13）等调控。其中促进叶表皮毛的因子有GL1、bHLH转录因子GL3、WD40重复蛋白TTG1，它们可以组成一个异源蛋白复合体并促进TTG2和GL2表达。负调控因子包括CPC、TRY、ETC1、ETC2、ETC3和TCL1，它们都是R3MWB 转录因子家族成员，也可以与TTG1和GL3形成复合体，抑制向表皮毛细胞的分化。表皮毛细胞进行4次胞内DNA复制，因此染色体倍性为32，而旁边的表皮细胞正常分裂。赤霉素（GA）和水杨酸（SA）激素对表皮毛的发育具有拮抗作用：高浓度GA和茉莉酸（JA）可以提高表皮毛的数量，高浓度SA则起到抑制作用。下面就每个表皮毛发育关键基因分别进行介绍。

*GL1*是控制表皮毛发育的一个重要基因。WI4 重复蛋白TTG1（transparent testa glabra1）被认为与表皮毛形成有关，但有人在实验中得出了不同结果。对突变体的研究表明，表皮毛的形成涉及细胞核的扩大、初级表皮毛的产生、次级表皮毛的产生等，然后形成一个坚硬的结构。单一重复R3 MYB转录因子TRY（triptychon）有部分抑制过量表达GL1的作用。GL1是表皮毛形成的正调控因子，TRY防止表皮毛的相邻细胞也形成表皮毛。TRY和GL1也调控细胞内复制循环数，TRY是细胞内复制的负调控因子，GL1过量表达也引起细胞繁殖和核内复制的异常（图10-28）。拟南芥中共有6个单一重复R3 MYB转录因子TRY、CPC（caprice）、TCL1（trichomeless 1）、ETC1（enhancer of TRY CPC1）、ETC2、ETC3，都与GL3发生作用（图10-29）。

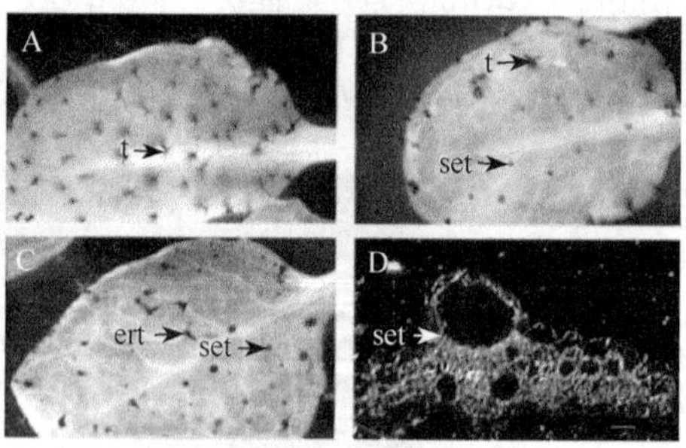

图10-28　拟南芥中*GL2::GUS*报告基因在不同try/GL1背景下的表达
（引自Szymanskia and Marks，1998）
A. 在完全展开的try叶中GL2::GUS活性；B. 完全展开的try/TRY 35S::GL1叶片中GL2::GUS的活性；C. 在完全展开的try/try 35S::GL1叶片中GL2::GUS活性。D. 对TRY/try 35S::GL1皮下层毛状体的GUS染色部分的暗场镜检。ert. 喷发的毛状体；t. 毛状体；set. 表皮下毛

叶表皮毛在延伸生长中进行细胞内复制，细胞内复制的抑制使表皮毛数目减少，一些表皮毛脱分化恢复有丝分裂，返回普通表皮细胞特性。编码周期蛋白依赖激酶抑制因子的拟南芥*SIM*（siamese）基因与有丝分裂后

期促进复合物激活因子CDH1/FZR类蛋白协同作用，起始表皮毛的内复制。在表皮毛发育过程中，一些基因表达受到GL3、SIM抑制，如GL3、SIM失去功能，至少有4个基因*HDG2*、*BLT*、*PEL3*、*SVB*的上调表达会显著改变表皮毛的结构。叶表皮毛的形成过程的初级阶段，调控因子决定了其发育方向，细胞分裂停止后，与细胞内DNA复制有关的细胞内循环有关的活动增加，使表皮毛具有足够的DNA容量，支持即将进行的大细胞体积的生长和分枝活动，此外与细胞生长有关的细胞骨架、细胞壁合成和有关次生物质合成的代谢活动旺盛进行，保证叶表皮毛的有效和有序正常进行。叶表皮毛的形成是对逆境的适应。人为伤害和茉莉酸都增加叶表皮毛的数目。水杨酸负调控叶表皮毛的形成，并抑制茉莉酸的效果。赤霉素与茉莉酸有协同促进叶表皮毛形成的作用。赤霉素和光周期共同作用，差异调节叶近轴表皮毛和远轴表皮毛的形成（图10-30）。

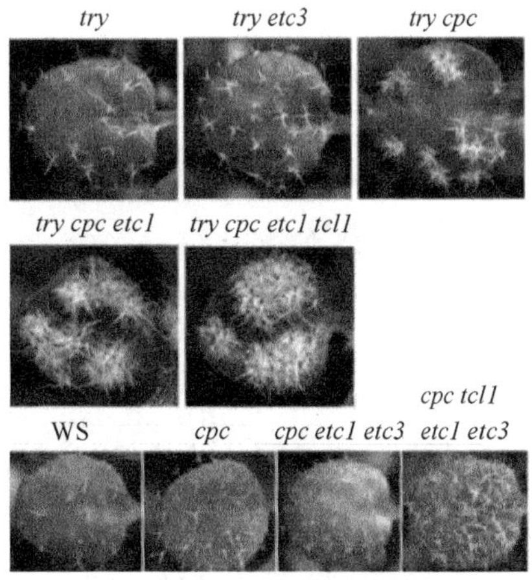

图10-29 表皮毛的空间分布
（引自Wang et al.，2008）
WS. 哥伦比亚野生型

（五）气孔的发育

保卫细胞（GC）是植物与大气交流气体、水分蒸发的通道。两个保卫细胞之间存在一个间隔使得其能随环境变化而开合。保卫细胞的起始、分布类型和数目受到密切调控。陆生植物保卫细胞的发育具有保守性，都通过保卫细胞前体母细胞分裂形成两个保卫细胞。植物形成保卫细胞的过程共需要三个关键步骤，并且被三个关键bHLH转录因子调控。

拟南芥保卫细胞和气孔的发育需要三种前体细胞：类分生细胞母细胞（MMC）、类分生细胞（meristemoid, M）、保卫细胞前体母细胞（guard mother cell，GMC）。类分生细胞母细胞不对称分裂形成类分生细胞，类分生细胞继续两次同样但不同方向的不对称分裂。不对称分裂产物小细胞成为更新的类分生细胞——气孔世系基细胞（stomatal lineage ground cell，SLGC），位于远离保卫细胞的一侧，或转变成保卫细胞前体母细胞后对称分裂形成保卫细胞，或继续类似的分裂（图10-31）。

气孔发育的三个关键步骤分别由三个bHLH转录因子SPCH（speechless）、MUTE、FAMA控制，第一个关键步骤是类分生细胞母细胞不对称分裂形成类分生细胞，SPCH在这个步骤控制不对称细胞分裂，失去功能的*spch*突变体只有表皮细胞和表皮毛。MUTE控制由类分生组织到保卫细胞前体母细胞（GMC）的转变。失去功能的*mute*突变体类分生组织过度不对称分裂，造成类分生组织被不完全分化的细胞包围。MUTE过度表达或功能过强，导致所有表皮细胞转变形成保卫细胞。FAMA促进CMC到保卫细胞的分化，抑制GMC自身的繁殖，突变体保卫细胞重复形成（图10-32）。

在叶表皮细胞发育过程中，气孔的数目和位置受到整体大环境与自身小环境的调控，目前发现大环境调控信号有冷调控相关的关键基因*SCRM*（scream）和*SCRM2*，又称*ICE1*（inducer of cbf expression 1），编码亮氨酸拉链蛋白。一个半显性突变体*SCRM-D*

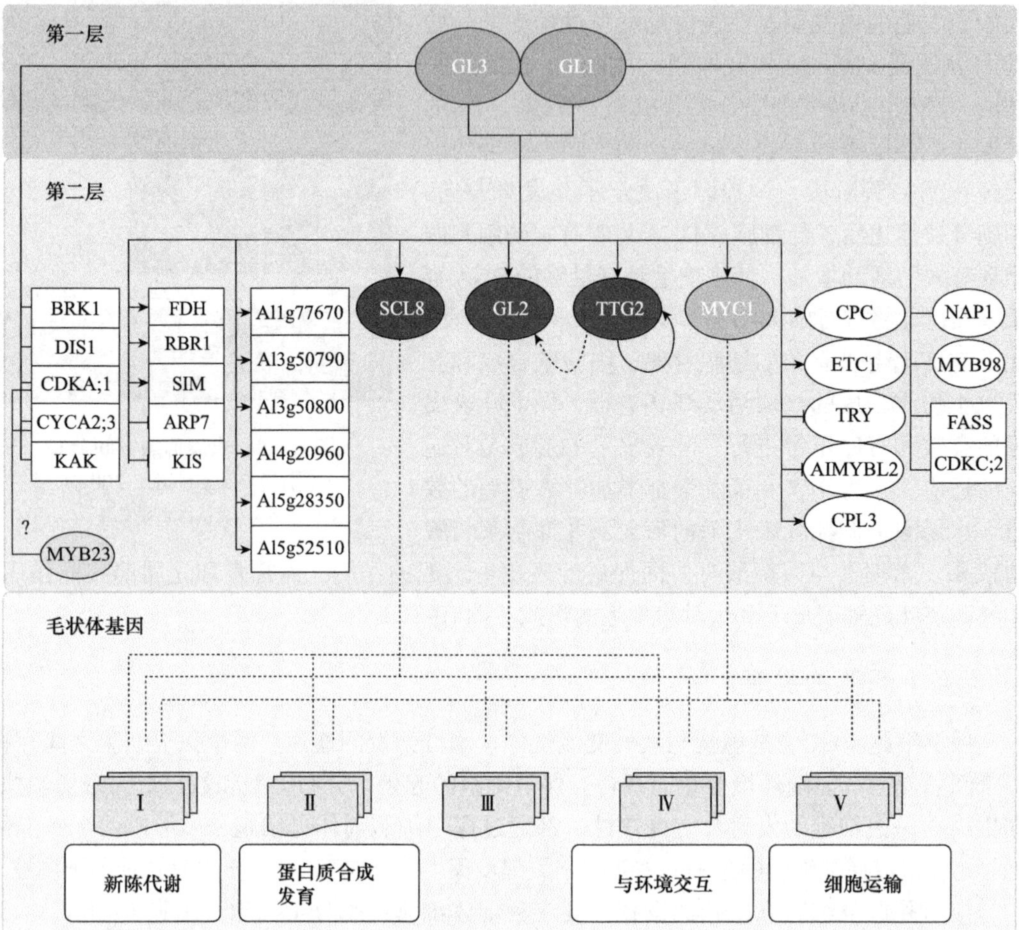

图 10-30 表皮毛中含有GL1和GL3作用启动子的基因网络（引自 Morohashi and Grotewold，2009）

实线代表GL1与GL3对其他各个基因的调节；虚线代表最可能位于每个调节器（SCL8、GL2、TTG2、MYC1）下游的最小毛状体集合的基因

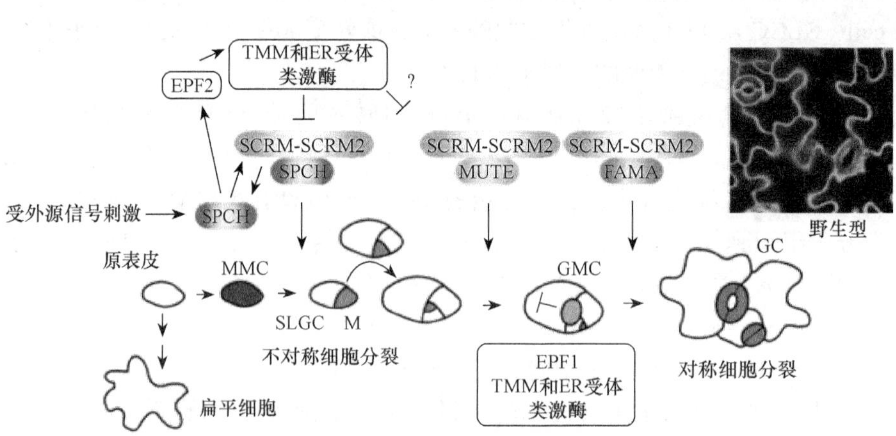

图 10-31 拟南芥叶气孔发育过程和调控机制示意图（引自 Peterson et al.，2010）

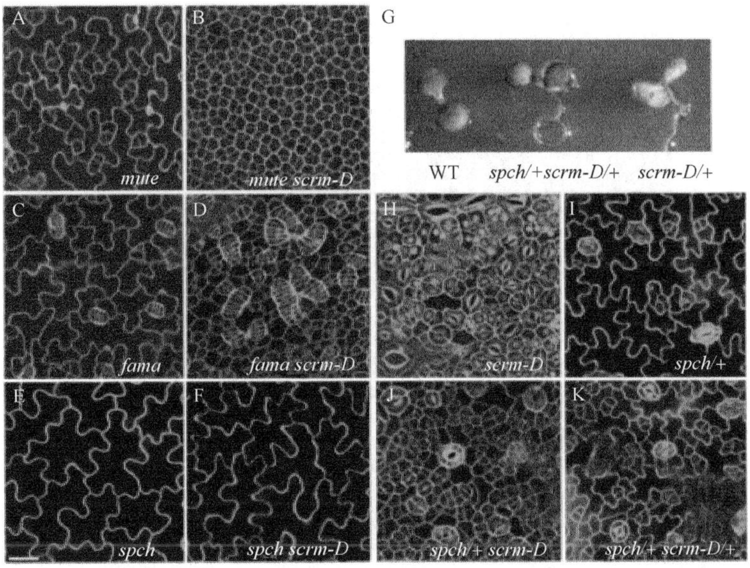

图10-32 拟南芥叶气孔发育过程中三个bHLH转录因子和SCRM的调控作用
（引自Kanaoka et al.，2008）
A～F，H～K．各突变体远轴莲座叶表皮；G．6天龄的野生型与*spch/*＋ *scrm-D/*＋和*scrm-D/*＋突变体的比较

直接使表皮细胞分化形成保卫细胞，*scrm-D*纯合体所有表皮细胞都是保卫细胞。ICE1和SCRM2与三个bHLH转录因子SPCH、MUTE、FAMA形成异源复合体，在气孔发育的三个阶段起调控作用。SCRM1在所有气孔发育衍生细胞中表达。SCRM很可能在SPCH下游作用。

蓝光、红光、远红光通过其受体CRY、PHYB、PHYA，以及连接这些光信号的COP1控制气孔的发育。*cry*、*phya*、*bhyb*突变体在相应光下气孔发育受到抑制。COP1在几种光受体下游、MAPKKK YODA和三个bHLH蛋白SPCH、MUTE、FAMA上游作用，与富含亮氨酸重复的细胞膜受体TMM（too many mouths）作用平行。在*cop1*和*yda*突变体中，气孔无论在光下还是黑暗中都能形成。几种光受体都参与气孔的形成，各自在相应的光条件下做出对气孔数目和分布的贡献（图10-33）。

光信号通过YDA-MKK4/MKK5/MKK7/MKK9-MPK3/MPK6/激酶系列的磷酸化反应影响气孔发育。这个激酶系列始终在衍生保卫细胞系列表达，控制调整非对称分裂和分裂的方向，使保卫细胞按一定比例与表皮细胞形成间隔，失去功能（LOF），导致保卫细胞过量形成。激酶表达过量（GOF），抑制非对称分裂和改变分裂方向，只形成表皮细胞（图10-34）。MAPKKK YODA在这个激酶系列MKK4/MKK5/MKK7/MKK9-MPK3/MPK6/的上游。MKK4/5抑制类分生组织的更新，MKK7/9止调控GMC到MPK的转变，磷酸化MPK3/6。FIP和MYB88是MPK3/6的底物，但FAMA和MUTE不是MPK3/6的底物。FLP和MYB88是MYB类转录因子，与FAMA在同一时期作用，双突变不能形成保卫细胞。除了光信号，MAPK信号转导系列还对上游信号细胞表面LRR受体样激酶TMM受体和相应配体，以及在类分生细胞、保卫细胞前体母细胞和保卫细胞中形成的小分子细胞内负调控因子EPF1/2（epidermal patterning factor1/2）和叶肉细胞形成的正调控因子

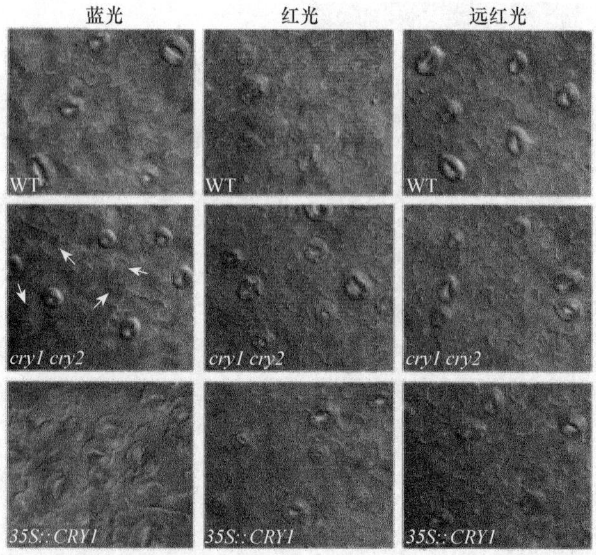

图10-33 拟南芥叶气孔发育过程中光信号转导组分对气孔数目的影响（引自Kang et al.，2009）
箭头指示为不明显的气孔

STOMAGEN反应中，行使其位置效应的功能。

为了保证气孔开合运动和适当的气流交换、防止水分过度流失和微生物入侵，气孔之间至少间隔一个表皮细胞，并保持与环境和生长需求相应的密度，气孔发育过程中衍生保卫细胞系列自身具有信号形成、识别和反应机制。LRR受体样激酶TMM在气孔发育过程中始终在衍生保卫细胞系列表达（图10-35），与相应的配体小分子分泌多肽

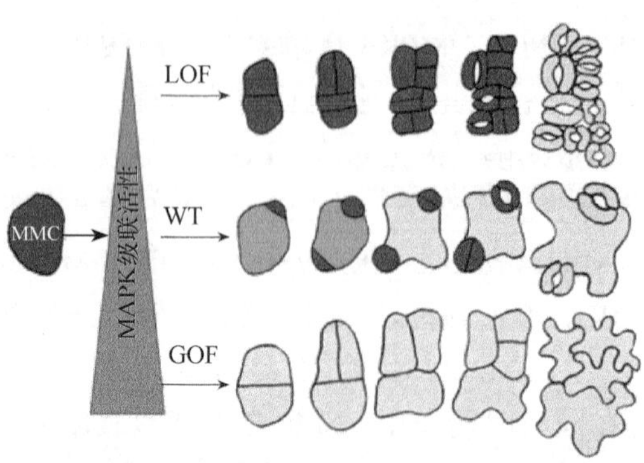

图10-34 拟南芥叶气孔发育过程中激酶系列磷酸化的影响（引自Wang et al.，2007）
LOF. 功能沉默；WT. 野生型；GOF. 功能获得

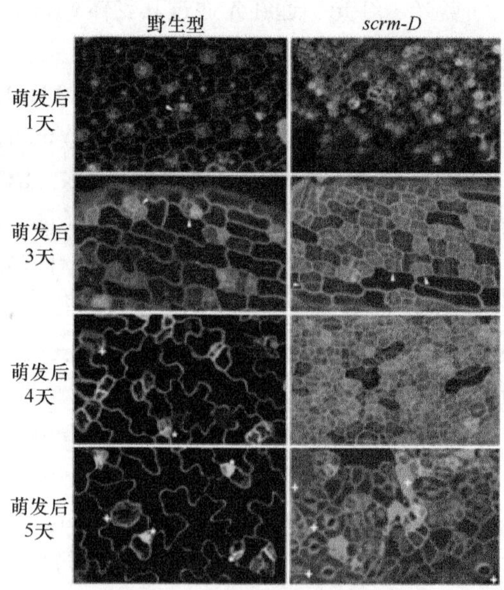

图10-35 拟南芥叶气孔发育过程中*TMM*::GFP的表达分布（引自Kanaoka et al.，2008）
dag. 萌发后天数；*scrm-D*. *scrm-D*突变体

EPF1/2共同控制气孔形成过程中的不对称分裂部位、方向和次数。过量表达EPF1/2气孔减少，突变体气孔数目增加且成簇排列，没有间隔。BASL（breaking of asymmetry in the stomatal lineage）蛋白在类分生细胞中合成，突变体发生大量对称分裂。BASL的作用独立于EPF2。气孔衍生系列细胞中的多肽信号和受体为气孔分布与发育提供了自身小环境指导的信号，结合光和温度等因素，保证了表皮中气孔的分布与环境和自身功能相适宜。

第四节 成花转化与花的发育

植物的一生要经历营养生长和生殖生长两个重要的生长阶段。一般来说，植物花的发育过程广义上可分为两个主要步骤：成花转化（transition to flowering）和花的发育。前者包括营养分生组织转换为花序分生组织、花序分生组织转换为花分生组织，后者是指花器官的分化发育过程。植物在开花前，茎尖分生组织或细胞在外界刺激和信号调节下做出决定由营养生长转向生殖生长。当叶感受到开花诱导信号，并将之转导给茎端，便启动花发育的起始步骤，使营养分生组织转换成有性分生组织。在花的分化和发育阶段，花分生组织开始分化，同时起始一系列器官原基的形成。器官原基进行正确的分化，按照预先存在的遗传发育模式，使所有分化的组织能够保持适宜的空间关系。在植物开花过程中，早期的开花转换易受环境因素影响，而到后期一旦花原基形成，其命运一般就不受外界信号控制了。

一、植物的成花转化

（一）影响植物开花的因素

植物开花是一个极其复杂的生理过程。环境因子和植物内部条件会以不同的方式、在不同程度上影响开花过程。光周期和光质也能有效地影响开花。然而在完全黑暗的条件下，只要有充足的碳水化合物补充到茎尖分生组织，拟南芥就可以迅速开花。温度对开花的调节作用表现在对春化的要求，即在低温下短暂处理，可以促进开花。因此随着研究的深入，人们逐渐意识到控制开花的诱导途径可能不止一条。譬如对光周期敏感的植物，如短日照植物（SD）的裂叶牵牛（*Pharbitis nil*）与长日照植物（LD）的高雪轮（*Silene armeria*），在不适宜的光下，可以通过改变温度、光强、营养或去根而诱导开花。春化处理或增加远红光的比例能使拟南芥的某些晚开花突变体提前开花，说明植物开花不是孤立地只受一种因素影响的。目前研究人员发现，植物已经进化出一种机制来支持它在适宜的环境下开花。而人们在长期的生产实践中已经总结出的使植物提前或推迟开花的经验，也正是建立在植物可以对温度、光周期（甚至光质）、养分及水分进行应答的基础上。另外，植物内部因子间相互作用也是影响开花的重要因素。在20世纪初，人们认为开花是由一种叫成花素（florigen）的因子控制的。早在1936年，苏联植物生理学家Chailakhyan通过嫁接实验提出了成花素（florigen）假说，即叶片在感知日照长度的刺激之后，产生了成花刺激物质，运输到茎尖分生组织（SAM）进而促进了植物开花。1937

年，Chailakhyan正式将这种可以被光周期诱导，传递成花诱导信号的物质定名为“成花素”。经过70多年的探究，直到20世纪80年代，“成花素”假说渐渐又得到了完善，即植物感受光周期反应的植物器官为叶片，经诱导后产生了成花刺激物质——成花素；成花素通过韧皮部运输到茎尖分生组织促进了成花反应，虽然在不同植物中的成花素基因不相同，但是它们却具有相似的性质。

与拟南芥开花有关的基因一个接一个被克隆，研究人员发现有两个基因在植物开花诱导过程中起关键作用。在光周期依赖性途径中，CO（constans）和FT（flowering locus T）是介导日长对开花影响的关键元素，两种基因都在成熟的叶片中表达，且都不在茎尖分生组织表达。*CO*编码含有锌指结构的核蛋白，在长日照诱导开花的过程中起关键作用。*FT*是诱导植物开花中最重要的整合基因之一，对成花转变起着至关重要的作用。在长日照条件下，*CO*基因表达上调且其蛋白质稳定，诱导叶片中*FT*基因的表达，*FT*基因的产物（mRNA或蛋白质）被运输到茎尖分生组织来诱导植物开花。但是还不知道是*FT*的mRNA或者FT蛋白还是两者全参与了花芽的诱导。

到2007年，德国科隆马克斯·普朗克研究所Coupland研究小组运用绿色荧光蛋白（GFP）来对拟南芥中 FT蛋白进行标记，构建了FT:GFP融合蛋白转基因植株，利用GFP荧光特性追踪了FT蛋白通过拟南芥的脉管系统运输到达茎尖分生组织，进而激活下游的其他基因并且诱导植物开花的完整过程。他们得到的结论如下：在叶片中经光周期刺激之后，诱导产生FT蛋白，进而诱导植物花芽的分化；FT蛋白能从植物的叶片运输到茎尖分生组织；*FT*基因在叶片中的表达并不能诱导出其他与开花有关的物质的产生；在茎尖分生组织中不能检测到*FT* mRNA。因此我们可以得出结论，FT蛋白是人们一直寻找的成花素。

环境因子可被植物的不同部位感受，如感受光周期与光强度的部位是成熟叶片，茎端则感受温度。显然，植物的不同部位存在相互作用。整个植株产生一系列长距离信号，转导到茎尖分生组织，共同决定茎尖分生组织的命运——是保持营养生长状态，还是转变成有性发育。光周期敏感植物的叶片在适宜的（诱导的）或不适宜的光照条件下，能够分别产生开花的促进因子或抑制因子，通过同化作用将信号由叶片沿韧皮部转导到茎端，由根产生的信号则通过蒸腾流沿木质部转导到茎尖分生组织。

（二）影响植物花期的调控模式

植物体内既有促开花因子，也有抑开花因子。这些因子的变化会使开花时间提前或延后。因此，分离到影响花期的突变体是研究工作的关键，在拟南芥中对开花时间进行了深入的研究。

拟南芥在LD（长日照）及SD（短日照）下均能开花，但在LD下开花比在SD下早。拟南芥即使在完全黑暗中最终也能开花，表明光周期只是激活一个自动开花程序，诱导途径只是修饰组成型途径或与之重叠而已。拟南芥在营养生长期，侧分生组织发育为叶，茎节不伸长，从而形成莲座叶。将拟南芥从SD下移到LD下，在几小时内，茎尖分生组织即停止形成叶原基，转而开始产生花原基。由于产生的第一个花器官常常是嵌合型的（同时具有叶和花的特征），Hempel等认为，从叶转导的信号能够直接作用在已经存在的叶原基上，从而改变其发育命运。如果将植物置于LD下数小时后，再转回SD条件，它仍然能够不可逆转地开花，这是因为LD已导致开花刺激，即使再转回SD条件也能持续表达，使其稳定地产生花器官原基。Sung等提出，在营养生长向生殖生长转换的过程中，有一种抑开花因子［又称为时期转换控制因子（controller of phase switching，COPS）］会减少，当它低于某个阈值时，便会激活开花起始过程（floral initiation process，FLIP）。然而对开花诱导机制更加有效的研究是从两类突变体入手的。

1. 延迟开花突变体 一类延迟开花突变体的花期滞后是非常明显的，譬如*ld-3*突变体，在SD下，花期比野生型迟近40天（野生型经25天营养生长便开花）；在LD下，花期延迟近20天。按照突变体对春化处理及SD生长条件的敏感程度，将鉴定的11个延迟开花的基因位点分为三种类型：①*fca*、*fpa*、*fve*、*fy*、*fld*、*ld*为一种类型，对SD及春化处理均敏感，以*fca*最敏感，春化处理后其开花时间，以及开花时叶片总数（LN）都与野生型相似，它们属于自主促进途径开花，不依赖环境因子。②*fe*、*ft*、*fd*、*fwa*只对SD敏感，对春化不敏感。③*co*（*fg*）、*gi*（*fb*）对SD及春化处理都不敏感，它们分别属于不同的调控途径。由此，Koornneef提出了一个植物开花的基因控制模型（图10-36）。

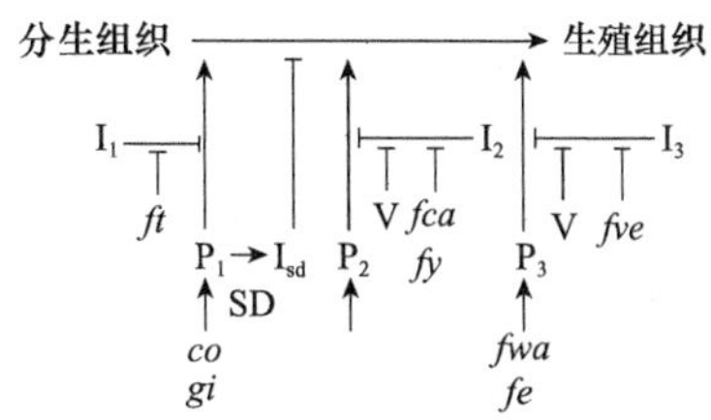

图10-36 拟南芥开花的基因控制模型（引自Koornneef et al.，1991）

I_1、I_2、I_3. 抑开花因子；P_1、P_2、P_3. 促开花因子；I_{sd}. SD诱导的抑开花因子；V. 春化处理

SD诱导促开花因子P_1向抑开花因子I_{sd}转换，而*CO*及*GI*基因激活P_1，由于*co*、*gi*突变，P_1不能合成或无活性，也就对SD不敏感了。同样，对于*fwa*、*fe*突变体来说，由于促开花因子P_3不能合成或无活性，对春化处理也不敏感。而*fca*、*fy*、*fve*突变体则不同，由于春化参与相同的抑制途径，它们突变与否，不影响春化效应，因而仍对春化处理敏感。前述的突变体，虽然有的在SD下150天不开花，但转到液体培养基中，在全黑暗条件下，只形成几片叶后就开花。这些事实表明，在拟南芥中，开花诱导过程是自动进行的，只能促进或抑制而不能终止，而且有多种因子能促进或抑制开花，那些终止开花的突变是致死的，从而无法分离到。

拟南芥*pgmTC75*和*sopTC26T*突变体在连续光照条件下，表型正常，但在SD条件下，其生长速度变慢，花期延长。*pgmTC75*是一种不能产生淀粉的突变体，其质体内葡糖磷酸歧化酶（phosphoglucomutase）合成有缺陷，*TC26T*则是一种产生过量淀粉的突变体，其淀粉降解途径异常，可以认为花期延迟是淀粉不能转运引起的。

2. 早开花突变体 拟南芥中同样也存在着早开花的突变体，如*elf 1*（early flower 1）、*elf2*、*elf3*及*tfl1*（terminal flower 1）、*emf1*（embryonic flower 1）、*emf2*等。其中*emf*突变体与其他突变体差异较大，在种子萌发后，几乎没有营养生长而直接进入生殖生长，但花器官常常是不育的。*EMF*基因抑制生殖生长，其产物随植株年龄的增长及外界环境因素的变化而逐渐减少，在植物生长和开花转换过程中起决定作用。*emf*对*tly*、*lfy*、*co*、*fb*、*elf*等均具有上位作用。*tfl1*突变体对光周期敏感；而*elf3*突变体不受影响，但其昼夜节律有缺陷，在LD和SD下都提前开花，胚轴也比野生型长（在蓝光和绿光下特别明显）。*hy2*（long hypocotyl 2）、*hy3*突变体也早开花，与光敏色素合成有关且能使延迟开花突变体的表型得以改善，如*hy3 fca*、*hy3 co*、*hy2 fwa*等双突变体的开花期比*fca*、*co*、*fwa*等单突变体提前。*det1*和*cop1*在SD下显示早花表型，*DET1*基因编码一个新型的核蛋白，可能控制细胞类型特异的光调节启动子的表达；*COP1*基因则编码一个锌指蛋白，并且含有一个Gβ同源区。

（三）成花转化的遗传控制途径

植物开花受环境条件和发育过程的影响，具有复杂的调控机制和途径，以保证植物在合适的时间内完成成花转变。目前，人们在水稻（短日照植物）和拟南芥（长日照植物）之间保守的开花途径方面有了一些收获。通过对拟南芥进行大量的研究发现，主要包括4条信号途径来调控植物开花的过程，即光周期途径（photoperiod pathway）、春化途径（vernalization pathway）、自主途径（autonomous pathway）和赤霉素途径（gibberellin pathway），其中前面两条途径主要受环境因素的影响，后面两条途径主要受植物本身生长发育状况的调控。在这些途径中的核心基因主要包括*GI*（gigantea）基因、*CO*（constans）基因、*FT*（flowering locus T）基因、*SOC1*（suppressor of overexpression of co1）基因、*LFY*（leafy）基因及*FLC*（flowering locus C）基因等。

（四）光周期途径

光周期（photoperiod）是指昼夜24h周期中光照和黑暗时间相对长度的交替变化。光周期现象（photoperiodism）是指生物体对日照长短周期性变化的反应。自然界中的植物大致可以分为三大类型：长日照植物、短日照植物和日中性植物。长日照植物是指在24h的昼夜周期中，日照长度需要大于一定时数（即需要大于临界日长）才能开花的植物。短日照植物是指在24h昼夜周期中，日照长度需要小于一定时数（即需要小于临界日长）才能开花的植物。如果适当延长或缩短日照长度，能够相应地推迟或提前植物开花。日中性植物的开花对日照长度的反应不够敏感，只要需要的条件可以满足，就能在任何日照长度下开花。

在长日照植物拟南芥光周期途径中，光受体（photo receptor）感受到光信号，进而将光信号传递给生物节律钟（circadian clock），由生物节律钟产生生物节律（circadian rhythm）并将其输送到下游的节律调节基因（circadian regulated gene）*CO*，然后诱导开花整合基因*FT*的表达，以促进植物开花。植物光受体可分为向光素（phototropin）、隐花色素（cryptochrome）和光敏色素（phytochrome），向光素主要是在对蓝光依赖的反应中发挥作用。

（五）春化途径

春化作用是指长时间暴露在低温下来促进植物开花的过程。拟南芥的春化作用需要*FLC*和*FRI*（frigida）两个基因。*FLC*基因是拟南芥开花调控机制中的抑制因子，春化途径通过抑制*FLC*基因的表达进而调控植物的开花。*FLC*编码了一种MADS盒蛋白，该蛋白质可以抑制开花促进因子FT和SOC1的表达，由此抑制植物开花。FRI也是一种重要的开花抑制因子，编码一种促进FLC转录的卷曲螺旋蛋白，它通过上调FLC的表达进而抑制开花。*VRN1*（vernalization 1）、*VRN2*和*VIN3*（vernalization insensitive 3）三个基因在春化过程中起作用。VIN3在春化过程中识别低温处理信号，进而抑制*FLC*基因的表达。*VRN1*和*VRN2*编码DNA结合蛋白和核定位的锌指蛋白，VRN1和VRN2的作用是参与维持FLC抑制，而VIN3具有在春化期间抑制FLC的功能。有研究表明，在寒冷条件下，VIN3表达不受*vrn1*突变体和*vrn2*突变体的影响，说明VIN3位于VRN1和VRN2的上游。

（六）自主途径

自主途径是指在缺少其他外部因素诱导的情况下，有一些植物在营养生长达到一定阶段之后也会开花。自主途径包括的基因有*FCA*、*LD*（luminidependens）、*FPA*、*FY*、*FLD*（flowering locus D）、*FVE*、*FLK*和*REF6*。这些基因之间相互独立，彼此互不调控表达。FCA、FPA、FLK和FY蛋白主要与RNA加工有关，其他自主途径蛋白是染色质修饰酶。自主通路中的这8个基因是通过抑制*FLC*基因的表达发挥作用，在突变体中观察到的晚花现象在很大程度上是由于FLC水平升高。因此，自主通路中的基因通常是通过抑制开花抑制因子FLC的表达而间接地促进开花的。

FCA是一个主要的核蛋白，有两个RRM和一个WW结构域。FY是FCA的WW结构域的蛋白质伴侣，并且参与FCA促进开花的调控。*FY*编码一种在真核生物中高度保守的蛋白质，其在酿酒酵母中的同源物在mRNA前体3′端形成中起作用。FCA与FY相互作用以促进*FCA* mRNA前体第3内含子的过早聚腺苷酸化，下调开花抑制因子FLC，控制拟南芥开花转化。*LD*编码同源结构域蛋白质，参与了蛋白质与DNA或者与RNA的结合。*FLD*编码与人类组蛋白脱乙酰基酶复合物同源的蛋白质，它的功能是通过去除组蛋白质尾巴上的乙酰基，将染色质重塑为沉默形式。FLD使FLC染色质脱乙酰，防止FLC转录并促进开花。*FVE*编码WD重复蛋白，这些WD重复蛋白存在于染色质组装或修饰过程中的一系列复合物中。*FLD*和*FVE*两个基因是参与FLC染色质组蛋白去乙酰化所必需的。FPA具有三个RRM，增强了该近端3′处理位点的使用。FPA需要FLD来抑制FLC，其功能独立于FCA调节FLC的表达。*flk*突变体延迟开花，FLC的表达上调，FLK是FLC表达的负调控因子，其抑制FLC的表达以抑制开花的启动。*REF6*编码了锌指结构域，REF6是FLC抑制因子，*ref6*突变体延迟开花，*FLC* mRNA的水平表现为上升，并且*ref6*突变体呈现出FLC染色质区域H4过度乙酰化，表明REF6对FLC的转录具有抑制作用，并对FLC染色质中的组蛋白进行修饰。

（七）赤霉素途径

赤霉素（GA）是植物生长的内源调节因子，是一种二萜酸类的植物激素，在种子萌发、茎和根的伸长、开花时间、花器官形成等方面起着非常重要的作用。赤霉素途径不需要经过春化途径和光周期途径的调控，而只有GA诱导的成花途径。

与赤霉素途径相关的基因分为两种：一种是有关GA生物合成的基因（如*GA20OX*、*GA2OX*、*GA3OX*等），另一种是有关GA信号转导的基因（如*GAI*、*RGA*、*RGL1*、*RGL2*和*RGL3*等）。拟南芥中包含了5个DELLA蛋白，分别为GAI、RGA、RGL1、RGL2和

RGL3。其中，GAI、RGA、RGL1和RGL2参与开花的负向调控。研究表明，高水平的GA能让DELLA蛋白泛素化，并且通过26S蛋白酶体让其降解，从而解除对开花的抑制。DELLA则能直接抑制CO的表达，从而协助调控在长日照条件下的植物开花诱导过程。GA还能在茎尖促进*SOC1*、*LFY*、*FT*等基因的表达，从而直接诱导植物开花。

（八）控制花期基因之间的相互作用

研究人员发现，在同一群内的延迟开花突变体相互之间的双突变体表型与单突变体相似（*fwa*和*co*例外），而不同群的延迟开花突变体相互之间的双突变体开花期一般比其双亲都晚，显示出协同效应。例如，*fld-2*在LD下需76天才开花（野生型仅需20天），*co-3*需30天，*fld-2 co-3*双突变体需93天开花。相反，*GI*分别对*CO*、*FWA*、*FHA*、*FE*和*FT*显示上位作用，表明GI在最下游作用；*CO*分别对*FWA*、*FT*和*FE*显示上位作用，表明CO在GI上游作用；*FWA*对*FT*又显示上位作用。在另一群中,*FCA*对*FY*显示上位作用，*FVE*对*FPA*显示上位作用。在两个不同群之间，*GI*对*FPA*显示上位作用，而*FT*、*FE*与*FPA*三者间和*FHA*与*FCA*两者间显示协同作用。*FWA*基因的作用比较特殊。在*fwa emf1-1*中没有任何花器官形成，表明FWA不仅影响开花，也影响花器官的正确形成。*fwa*突变体也导致花分生组织类别基因活性降低或消失，并增强*lfy*和*ap1*突变体表型。此外，*ESD4*和*EFS*对*FVE*显示上位效应，*FLD*对*ELF1*、*ELF2*、*ELF3*均显示上位作用。

由此可见，开花是一个极其复杂的过程，它受多种因子的影响。而植物体内存在一种机制，以保证植物可以适应各种环境并且开花。事实上，迄今在拟南芥中未发现不开花（或没有任何花结构）的突变体，相反，*emf1*能够绕过营养生长阶段，直接开花。这说明在正常情况下，抑开花因子或营养发育的促进因子抑制植物直接开花，因为没有营养生长阶段毕竟对植物的发育有不利影响。

二、花的发育

花发育的分子生物学研究最早是在花器官发育的研究中取得突破性进展。由于Meyerowitz、Bowman、Coen等的杰出工作，人们得以初窥花发育的内在奥秘，通过Bowman提出的花器官发育的ABC模型，人们可以预测何种突变会出现何种表型，并在实际操作中得到验证。它为未来的园艺学家展示了创造新奇花卉品种的广阔前景。当植物接受了开花诱导信号决定开花时，营养分生组织相继转化为花序分生组织、花分生组织后，最后一步也是最关键的一步就是：开什么样的花。花器官的发育涉及花器官的类型、位置、大小和数目是如何决定的等方面。因此，花器官的发育调节必然有别于花序、花分生组织发育的调控。

（一）花器官发育的ABC模型

Meyerowitz提出的理论模型是根据金鱼草及拟南芥花的同源（异型）突变类型总结和推导出来的。从拟南芥及金鱼草突变体的表型发现，一个突变总是影响相邻的两轮器官，只改变单轮花器官形态的突变迄今尚未发现（除在矮牵牛中）。根据突变表型，可将拟南芥突变体分为三类：*ap1*（apetala 1）、*ap2*（apetala 2）为第一类，它们影响最外两轮花器官——花萼、花瓣的类型；*ap3*（apetala 3）、*pi*（pistillata）为第二类，影响第二、三轮花器官的类型；*ag*（agamous）为第三类，控制内两轮——雄蕊、心皮的类型。推断可能存在三种类型的基因活性，Meyerowitz分别称之为A、B、C功能基因活性。A功能基因在第一、二轮花器官中表达，B功能基因在第二、三轮花器官中表达，而C功能基因则在第三、四轮花器官中表达。Meyerowitz同时假设A功能基因与C功能基因活性相互拮抗，A功能基因抑制C功能基因在第一、二轮花器官中表达，C功能基因则抑制A功能基因在第三、四轮花器官中表达。在第一轮花器官中，只有A功能基因存在活性，器官发育成花萼；在第二轮花器官中，A、B功能基因均存在活性，器官发育成花瓣；在第三轮花器官中，B、C功能基因同时存在活性，器官发育成雄蕊；在第四轮花器官中，只有C功能基因存在活性，器官发育成心皮。

若A功能基因活性丧失（如*ap1*、*ap2*突变体），C功能基因在第一、二轮异位表达，第一轮发育为心皮，第二轮由于B、C功能基因作用发育为雄蕊，第三、四轮不受影响。

若B功能基因活性丧失（如*ap3*、*pi*突变体），则在第二、三轮花器官中分别只有A、C功能基因表达，分别发育成花萼、心皮，而第一、四轮不受影响，正常发育。

若C功能基因活性丧失（如*ag*突变体），则在第三、四轮花器官中有功能基因的异位表达，第三轮花器官由于功能基因作用而发育成花瓣，第四轮花器官由于A功能基因表达而形成花萼。

拟南芥的花由4个同心轮花器官组成，第一轮为花萼，第二轮为花瓣，第三轮为雄蕊，第四轮为心皮，不同花器官由于三类同源（异型）基因A、B、C在每一轮中的表达而得以特化，其中第二、三轮是A、B、C基因表达的重叠区。Goethe早在200年前就提出花器官是变态的叶，也就是说花器官的基态（ground state）是营养叶，根据这种观点，当三种功能基因全部突变或者A、C功能基因突变（导致第一、四轮中没有花器官类别基因表达）时，花器官应该转化成营养叶，Bowman等证实了这一点：在*ap2 ag*双突变体中，第一、四轮花器官均转化成叶（绿色，有托叶，叶表面长出毛状体，衰老延迟）。

（二）与花器官发育相关的基因

植物花器官发育过程中有许多基因参与其中。

1. *AP1*基因　*AP1*（apetala 1）基因是A功能基因，也是花分生组织类别基因。典型的*ap1*突变体的4轮花器官为心皮、雄蕊、雄蕊、心皮。由于AP1也是花分生组织类别基因，因此*ap1*突变体第一轮花萼转化成苞叶状结构，而苞叶状结构腋下长出次级花芽，次级花芽第一轮器官腋下再长出三级花芽，次级花和三级花的结构不完整或不规则。在电镜下，可看到第一轮器官的表皮细胞与茎出叶的细胞相似，表明第一轮花萼已转化成苞叶状器官。通过分析不同强度的等位突变体的形态发现，*ap1*突变体表型的特点是：①第一、二轮花器官受影响；②第一轮侧端器官呈苞叶状或缺失，而居中器官则可能是苞叶、叶与心皮中的一种；③第二轮器官在强等位突变中缺失，在中度突变中为类似雄蕊结构（staminoid），在弱等位突变中为类似花瓣结构（petaloid）；④第一轮居中器官和第二轮所有器官多数为嵌合器官，在弱等位突变中更常见；⑤后形成的顶端花比先形成的基部花更为敏感，形态变异更大；⑥高温能增强所有突变表型。

2. *AP2*基因 *AP2*（apetala 2）基因也属于A功能基因。*ap2*突变体表型非常复杂，在*ap2-5*突变体中，居中花萼转化为心皮，侧端花萼正常；花瓣转化为雄蕊，第三、四轮器官正常。在嵌合器官中，不同细胞类型的扇区并不随机分布，在器官边缘处的细胞易于发生同源（异型）转换，似乎细胞所处的位置能影响发育的命运——形成何种器官类型。例如，在花瓣-雄蕊嵌合体中，花药细胞总是在器官的顶部发育，基部从不会产生花药细胞。另外，值得注意的是，心皮似乎具有诱导与相邻器官融合的能力。在*ap2-6*、*ap2-7*中的融合器官似乎都有心皮的成分，第一、二轮形成的花萼-心皮嵌合器官或类似心皮的结构，有时是与类似雄蕊的第三、四轮器官融合，而且融合总是发生在该器官边缘的胎座组织（placenta）处。

3. *AP3*基因 *AP3*（apetala 3）基因为B功能基因，控制拟南芥第二、三轮花器官的发育。一般来说，*ap3*突变都引起第二、三轮器官的变化，但对具体某一个等位突变来说，突变表型并非如此简单。以强等位突变体*ap3-3*为例，第二轮花瓣全部转化为花萼，但第三轮器官可以是心皮、丝状结构或缺失。居中器官和侧端器官的形态变异有所区别：居中器官多数转化为心皮（70%），少数缺失或形成丝状结构；侧端器官只有少数转化为心皮（16%），多数缺失或发育成丝状结构。丝状结构与雄蕊的花丝相似，但顶端偶尔有乳状突起。

4. *PI*基因 *PI*（pistillata）基因也属于B功能基因，基因序列与AP3高度同源。在花发育早期，二者的表达模式完全相同，但在稍后即显示差异，可在第四轮器官中表达。*pi-1*突变体第二轮花瓣发育成花萼，第三轮常常缺失，第四轮心皮也异常，有可能是由第三轮细胞与之融合而引起的。*pi-2*突变体表型比*pi-1*弱一些，前两轮器官与*pi-1*相似，但第三轮可以出现丝状结构或心皮状结构，有时也会缺失，第三轮器官经常与心皮融合。*pi-3*突变体表型与*ap3-1*极其相似。*pi-3*突变体表型也是在阶段Ⅴ才表现出来，即第二轮花器官原基正常形成但器官类型已变。由于环绕第二轮原基的细胞形成雌蕊，似乎第三轮的细胞也参与了心皮的形成。

5. *AG*基因 *AG*（agamous）基因属于C功能基因，控制第三、四轮器官发育。*ag*突变从字面上理解是没有生殖能力的（agamous），故而不会有雄蕊与心皮的发育。从ABC模型看，由于第三、四轮没有C功能基因表达，导致A功能基因在该处异位表达，因而第三、四轮器官将发育成花瓣和花萼。真正的*ag*突变体的确只有花萼与花瓣两种器官，但却出现增殖现象，产生大量的花萼、花瓣，总数可超过70个。花分生组织似乎可以无限分化，不断产生新的“花”，可以将*ag*突变体的花简化为（花萼4-花瓣4-花瓣6）$_n$（数字表示花器官的数目），可见*AG*基因与花分生组织的有限生长模式有关，说明心皮是终止分化的器官。

6. *HUA1*和*HUA2*基因 在*AG*基因被克隆后的七八年间，人们一直以为只有这一个C功能基因，尽管存在某些现象暗示应该有额外的C功能基因存在，但一直无法分离到。美国加利福尼亚理工学院的陈雪梅（1999）认为，之所以分离不到其他的C功能基因，有两种可能：①*AG*基因可能是控制C功能唯一的主调节基因；②存在基因冗余现象（由于*AG*基因的存在，即使另一个C功能基因突变，也不显示任何突变表型；或者该基因突变将导致胚胎致死效应）。基于后一种考虑，她选择了弱等位突变*ag-4*为诱变起始材料，成功地分离到另外两个C功能基因，并自豪地用汉语拼音命名为*HUA1*和*HUA2*基因。

*ag-4*是一个非常弱的突变，与其他*ag*突变体不同，它的第三轮花器官仍然是雄蕊。如果存在一个与*AG*功能冗余的基因的话，则该基因的突变就有可能增强*ag-4*的表型，使其第三轮雄蕊转化为心皮，与强等位突变*ag-3*表型相似。与*hua2*相比，*hua1*更能增强*ag-4*的表型，*ag-4*的第三轮花器官为花瓣状雄蕊，而*ag-4 hua2*的第三轮花器官的花瓣性状就没前者那么明显。另外，*ag-4/ag-4 hua1/hua1 hua2/*＋的表型比*ag-4hua1*双突变体强，*ag-4/ag-4 hua1/*＋*hua2/hua2*的表型也比*ag-4hua2*双突变体强，表明*hua1*与*hua2*存在相互作用，并且显示剂量效应。不仅如此，*hua1*和*hua2*也与*ag-4*相互作用并显示剂量效应，因为*ag-4/*＋*hua1/hua1 hua2/hua2*的第三轮花器官也显示花瓣的性状，相反，*ag-4/*＋与野生型没有区别。*hua1*和*hua2*单突变体与野生型没有区别，*hua1 hua2*双突变体显示微弱表型，比*ag-4*还弱，这就是为何难以分离到这两个突变体的原因。在*hua1 hua2*中，*AP1*基因能够异位表达，表明*HUA1*和*HUA2*基因都参与抑制*AP1*基因在第三、四轮花器官的表达，但它们并不能调节*AG*基因的表达。

*hua1 hua2 pi-3*的表型与强等位突变体的相似，*ag-1/*＋*hua1/hua1hua2/hua2*也含有花中花，*hua1 hua2 ap2-2*第一轮花器官的心皮性状比*ap2-2*单突变体弱，都表明*HUA1*和*HUA2*基因能够参与控制雄蕊和心皮的发育，并且*AG*基因单独并不足以控制心皮的发育命运。尽管*HUA2*基因只在第三、四轮花器官中起作用，但它却在所有器官组织中表达，类似*LUG*基因，因此，它们要么与其他只在第三、四轮或第一、二轮花器官中特异表达的蛋白质因子作用，要么就存在转录后、翻译或翻译后调节，来保证蛋白质在特异区间表达。*HUA2*基因编码一种新型蛋白质，其与所有已知蛋白质都没有同源性。但它含有4个核定位信号，并且在C端分别有富含酸性氨基酸区、脯氨酸区和脯氨酸、丝氨酸、天冬氨酸区，很可能是一个转录因子。

主要参考文献

Aguilar-Martínez JA, Sinha N. 2013. Analysis of the role of *Arabidopsis* class I TCP genes *AtTCP7*, *AtTCP8*, *AtTCP22* and *AtTCP23* in leaf development. Frontiers in Plant Science, 4: 406

Ahmad M, Cashmore AR. 1993. HY4 gene of *A. thaliana* encodes a protein with characteristics of a blue-light photoreceptor. Nature, 366 (6451): 162-166

Aida M, Ishida T, Tasaka M. 1999. Shoot apical meristem and cotyledon formation during *Arabidopsis* embryogenesis: interaction among the CUP-SHAPED COTYLEDON and SHOOT MERISTEMLESS genes. Development, 126 (8): 1563-1570

Bennett MJ, Marchant A, Green HG, et al. 1996. *Arabidopsis AUX1* gene: A permease-like regulator of root gravitropism. Science, 273 (5277): 948-950

Capron A, Chatfield S, Provart N, et al. 2011. Embryogenesis: Pattern formation from a single cell. Arabidopsis Book, 7: e0126

Champagne CEM, Goliber TE, Wojciechowski MF, et al. 2007. Compound leaf development and evolution in the legumes. Plant Cell, 19 (11): 3369-3378

Chen MK, Wilson RL, Palme K, et al. 2013. ERECTA family genes regulate auxin transport in the shoot apical meristem and forming leaf primordia. Plant Physiol, 162 (4): 1978-1991

Chuck G, Lincoln C, Hake S. 1996. KNAT1 induces lobed leaves with ectopic meristems when overexpressed in *Arabidopsis*. Plant Cell, 8 (8): 1277-1289

Dolan L, Janmaal K,Willemsen V, et al. 1993. Cellular organisation of the *Arabidopsis thaliana* root. Development, 119 (1): 71-84

Friml J, Vieten A, Sauer M, et al. 2003. Efflux-dependent auxin gradients establish the apical-basal axis of *Arabidopsis*. Nature, 426 (6963): 147-153

Gunawardena AHLAN, Greenwood JS, Dengler NG. 2004. Programmed cell death remodels lace plant leaf shape during development. Plant Cell, 16: 60-73

Ha CM, Jun JH, Nam HG, et al. 2007. BLADE-ON-PETIOLE 1 and 2 control *Arabidopsis* lateral crgan fate through regulation of LOB domain and adaxial-abaxial polarity genes. Plant Cell, 19 (6): 1809-1825

Hay A, Jackson D, Ori N, et al. 2003. Analysis of the competence to respond to KNOTTED1 activity in *Arabidopsis* leaves using a steroid induction system. Plant Physiol, 13 (4): 1671-1680

Howell SH. 1998. Molecular Genetics of Plant Development. New York: Cambridge University Press

Jang JC, Fujioka S, Tasaka M, et al. 2000. A critical role of sterols in embryonic patterning and meristem programming revealed by the fackel mutants of *Arabidopsis thaliana*. Genes & Development, 14 (12): 1485-1497

Kanaoka MM, Pillitteri LJ, Fujii H, et al. 2008. SCREAM/ICE1 and SCREAM2 specify three cell-state transitional steps leading to *Arabidopsis* stomatal differentiation. Plant Cell, 20 (7): 1775-1785

Kang CY, Lian HL, Wang FF, et al. 2009. Cryptochromes, phytochromes, and COP1 regulate light-controlled stomatal development in *Arabidopsis*. Plant Cell, 21 (9): 2624-2641

Kirik V, Schnittger A, Radchuk V, et al. 2001. Ectopic expression of the *Arabidopsis AtMYB23* gene induces differentiation of trichome cells. Developmental Biology, 235 (2): 366-377

Koornneef M, Hanhart CJ, van der Veen JH. 1991. A genetic and physiological analysis of late flowering mutants in *Arabidopsis thaliana*. Molecular and General Genetics, 229 (1): 57-66

Kubo M. 2005. Transcription switches for protoxylem and metaxylem vessel formation. Genes & Development, 19 (16): 1855

Kumar R, Kushalappa K, Godt D, et al. 2007. The *Arabidopsis* BEL1-like HOMEOPO MAIN protein SAW1 and SAW2 act redundantly to regulate KNOX expression spatially in leaf margins. Plant Cell, 19 (19): 2719-2735

Lai LB, Nadeau JA, Lucas J, et al. 2005. The *Arabidopsis* R2R3 MYB proteins FOUR LIPS and MYB88 restrict divisions late in the stomatal cell lineage. Plant Cell, 17 (10): 2754-2767

Lin W, Shuai B, Springer PS, et al. 2007. The Arabidopsis LATERAL ORGAN BOUNDARIES-domain gene *ASYUUETRIC LEAVES2* functions in the repression of KNOX gene expression and in adaxial-abaxial patterning. Plant Cell, 15: 2241-2252

Lincoln C, Long J, Yamaguchi J, et al. 1994. A lenotted like homeobox gene in *Arabidopsis* is expressed in the vegetative meristem and dramatically alters leaf morphology when overexpressed in transgenic plants. Plant Cell, 6 (12): 1859-1876

Mattsson J, Ckarshmova W, Berlet T. 2003. Auxin signaling in *Arabidopsis* leaf vascular development. Plant Physial, 131: 1327-1339

Miyashima S, Handa M, Hashimoto K, et al. 2013. A comprehensive expression analysis of the *Arabidopsis* UICKO-RNA165/6 gene family during embryogensis reveals a conserved role in meristem specification and a non-cell-autonomcus function. Plant Cell Physiol, 54 (3): 375-384

Morohashi K, Grotewold E. 2009. A systems approach reveals regulatory circuitry for *Arabidopsis* trichome initiation by the GL3 and GL1 selectors. PLoS Genet, 5 (2): e1000396

Ohashi-Ito K, Bergmann DC. 2006. *Arabidopsis* FAMA controls the final proliferation/differentiation switch during stomatal development. Plant Cell, 18 (10): 2493-2505

Olsen O. 2004. Nuclear endosperm development in cereals and *Arabidopsis thaliana*. Plant Cell, 16: S214-S227

Parcy F, Valon C, Kohara A, et al. 1997. The ABSCISIC ACID-INSENSITIVE3, FUSCA3, and LEAFY COTYLEDON1 loci act in concert to control multiple aspects of *Arabidopsis* seed development. Plant Cell, 9 (8): 1265-1277

Peterson KM, Rychel AL, Torii KU. 2010. Out of the mouths of plants: The molecular basis of the evolution and diversity of stomatal development. Plant Cell, 22 (2): 296-306

Scarpella E, Barkoulas M, Tsiantis M. 2010. Control of leaf and vein development by auxin. Cold Spring Harbor Perspectives in Biology, 2 (1): a001511

Schultz EA, Haughn GW. 1991. LEAFY, a homeotic gene that regulates inflorescence derelopment in *Arabidopsis*. Plant Cell, 3 (8): 771-781

Szymanski DB, Marks MD. 1998. GLABROUS$_1$ overexpression and TRIPTYCHON alter the cell cycle and trichome cell fate in *Arabidopsis*. Plant Cell, 10 (12): 2047-2062

van den Berg C, Willemsen V, Hage W, et al. 1995. Cell fate in the *Arabidopsis* root meristem determined by directional signaling. Nature, 378(6552): 62-65

Wang HL, Chen JH, Wen JQ, et al. 2008. Control of compound leaf development by *FLORICAULA/LEAFY* ortholog *SINGLE LEAFLET1* in *Medicago truncatula*. Plant Physiol, 146 (4): 1759-1772

Wang S, Hubbard L, Chang Y, et al. 2008. Comprehensive analysis of single-repeat R_3 MYB proteins in epidermal cell patterning and their transcriptional regulation in *Arabidopsis*. BMC Plant Biol, 8: 81

West M, Harada JJ. 1993. Embryogenesis in higher plants: An overview. Plant Cell, 5 (10): 1361-1369

Zgurski JM, Sharma R, Bolokoski DA, et al. 2005. Asymmetric auxin response precedes asymmetric growth and differentiation of *asymmetric leaf1* and *asymmetric leaf2 Arabidopsis* leaves. Plant Cell, 17 (1): 77-91

Zhou CE, Han L, Li GF, et al. 2014. STM/BP-like KNOXI is uncoupled from ARP in the regulation of compound leaf development in *Medicago truncatula*. Plant Cell, 26 (4): 1464-1479

第十一章 分子遗传研究与农作物生产

第一节　玉米理想株型分子育种——玉米叶夹角控制基因的发现

玉米（*Zea mays* L.）属禾本科作物，原产于墨西哥，是世界第一大粮食作物。2019年联合国粮食及农业组织（FAO）数据显示全球玉米产量已超过11.48亿吨。玉米在我国各地均有种植，主要分布在黄淮海平原夏播玉米区、北方春播玉米区、西南山地玉米区、南方丘陵玉米区、西北灌溉玉米区和青藏高原玉米区。但随着农作物种植结构供给侧改革的不断深入，玉米的种植面积从2016年的4417万公顷缩减到2020年的4126万公顷，同比减少6.59%，产量从2.63亿吨减少到2.60亿吨，同比减少1.14%（数据来源于国家统计局）。在玉米种植面积日益减少的情况下，如何提高玉米单位面积产量成为我国乃至全世界急需解决的问题。

一、玉米理想株型

玉米作为全球最重要的粮食作物和饲料作物，在生产供需上面临重大挑战。玉米育种家将提高群体产量、改善资源品质和增强植株抗逆性作为研究目标。然而玉米的株型决定了冠层光分布和群体光能利用率，进而影响产量和品质。自20世纪以来，提高玉米产量主要有两种方式：一是利用杂交优势选育玉米新品种；二是提高玉米种植密度，种植株型紧凑、耐密高产的品种。1968年，Donald第一次提出了农作物理想株型这个概念，他认为具有影响光合作用、生长和谷物产量的理想模式特征的株型，可以更好地利用光、水和养分。1975年，Mock等学者对玉米理想株型做了进一步详细的描述：玉米理想株型的生长环境应该包括可以最大限度地利用水分、温度、肥力和高密度、窄行距、早播种等种植条件，前三者是玉米生长所必需的，后三者则影响玉米对光的最大利用率。玉米理想株型应具有以下特征：穗上叶竖直上冲且穗下叶平展，光能利用率最大化，花粉脱落和花丝快速生长的时间重合，雄穗较小，种子芽期和苗期的耐寒性好，光周期不敏感，籽粒灌浆期长等，以达到个体竞争力最小化。研究理想株型的主要性状，便于针对玉米育种需求做出选择，最终达到提高产量的目的。

二、玉米叶夹角对株型的影响

玉米叶夹角是指玉米叶片和茎秆之间的夹角，决定叶片的伸展方向和植株的紧凑性，是提高玉米种植密度关键的农艺性状之一，也是衡量玉米种植紧凑程度的评价指标之一。

叶夹角直接影响玉米叶片冠层内光和二氧化碳的合理分布，并影响玉米冠层截光能力和群体光能利用率，从而影响产量，是玉米理想株型育种的直观形态参数。根据叶夹角的大小，可以把玉米株型分成紧凑型（叶夹角小）、半紧凑型（叶夹角适中）和平展型（叶夹角大）三种类型。适当调整叶夹角大小可以提高种植密度，降低不同叶片冠层遮挡程度，提高光能利用率，增加叶片中氮的积累，促进玉米产量的增长。

三、调控玉米叶夹角的主要基因

玉米叶夹角的大小是由多条信号途径中的多个基因共同调控的。目前已报道的调控叶夹角发育的基因主要是通过调节叶耳、叶舌或主叶脉厚度来影响叶夹角的大小。

（一）*lg1*、*lg2*和*Lgn*基因

位于玉米2号染色体上的*lg1*（liguleless 1）基因和3号染色体上的*lg2*（liguleless 2）基因是两个调控叶夹角的关键基因。*lg1*基因在幼嫩叶片的叶舌、叶耳和叶鞘部位表达，编码一个核定位转录因子，内含一段77个氨基酸残基的保守结构域，与金鱼草SBP蛋白（SQUAMOSA promoter-binding protein）有很高的相似性。*lg1*基因具有在叶舌信号传递-转导途径中的细胞自主表达性，是玉米叶片叶鞘边界正确形成叶舌和耳廓所必需的基因。*lg1*突变体没有叶舌和叶耳，叶片直立变窄，叶片和叶鞘之间缺乏明显的界线（图11-1A）。*lg2*基因编码一个类bZIP转录因子，表达范围更广。*lg2*突变体的表型不如*lg1*突变体明显，仅在植株最下部的叶片位置缺少叶舌和叶耳，而在较高位置的叶片边缘仍有叶舌和耳廓（图11-1B）。与*lg1*基因不同，*lg2*在细胞间信号的转导中是非自主性的，二者在叶耳发育途径中发挥不同作用。*lg1*和*lg2*表达时间接近，*lg2*比*lg1*更早表达，*lg2*可能通过调节制造叶耳和叶舌的信号发挥作用，而*lg1*可能参与信号的接收或下游信号转导。此外，*Lgn*（liguleless narrow）是另一个影响叶夹角发育的基因，编码一个丝氨酸/苏氨酸激酶，*Lgn*突变体雄穗分枝较少，在叶鞘和叶片之间不能形成清晰的边界（图11-1A）。

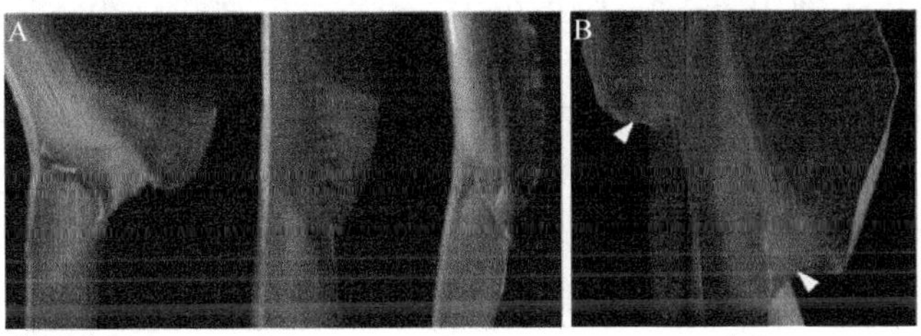

图11-1　野生型和*lg1*、*lg2*、*Lgn*突变体的叶片叶鞘边缘（引自Moon et al., 2013）

A. 野生和*lg1*、*Lgn*突变体的叶片叶鞘边缘；B. *lg2*突变体的叶片叶鞘边缘（箭头所示）

（二）*UPA1*、*UPA2*和*ZmRAVL1*基因

中国农业大学田丰教授团队分析了玉米自交系W22与玉米野生种大刍草CIMMYT 8759（*Zea mays* ssp. *parviglumis*）杂交衍生得到的866份BC_2S_3重组自交系群体，结合表型调查和SNP分子标记对叶夹角进行QTL定位分析，获得12个叶夹角相关QTL。其

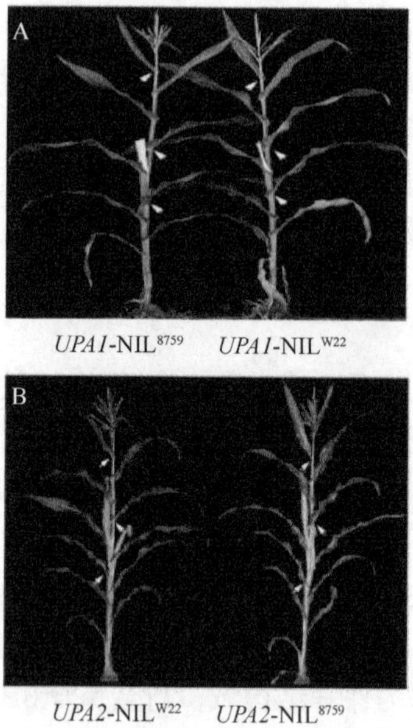

图11-2 两对近等位基因系的植株（引自Tian et al.，2019）

A. *UPA1*-NIL^{W22}和*UPA1*-NIL^{8759}玉米植株；B. *UPA2*-NIL^{W22}和*UPA2*-NIL^{8759}玉米植株

中，效应较大的两个QTL分别定位于1号和2号染色体上，命名为*UPA1*（upright plant architecture 1）和*UPA2*（upright plant architecture 2）。

为了验证*UPA1*和*UPA2*等位基因效应，团队设计了两对近等位基因系（near-isogenic lines，NIL）*UPA1*-NIL^{W22}和*UPA1*-NIL^{8759}、*UPA2*-NIL^{W22}和*UPA2*-NIL^{8759}。*UPA1*-NIL^{8759}的穗下叶夹角、穗上叶夹角和旗叶倒二叶夹角都大于*UPA1*-NIL^{W22}，而*UPA2*-NIL^{8759}的三个夹角都小于*UPA2*-NIL^{W22}，说明*UPA1*和*UPA2*改变了叶夹角的表型（图11-2）。叶夹角更大的*UPA1*-NIL^{8759}与*UPA1*-NIL^{W22}相比，其叶环带宽度明显变宽、叶耳面积增大、近轴端厚壁细胞的层数变少，而叶夹角更小的*UPA2*-NIL^{8759}则比*UPA2*-NIL^{W22}叶环带宽度明显变窄、叶耳面积减少、近轴端厚壁细胞的层数变多。近轴端厚壁细胞的层数越多，对叶片的机械支撑能力就越强，进而维持叶片形成相对更小的夹角；反之，叶夹角变大。

对*UPA1*和*UPA2*基因进行精细定位，*UPA1*定位在M249.1和M249.3之间223bp的非编码区，*UPA2*定位在M150-6和M150-7之间240bp的非编码区。*UPA1*与水稻*Osbrd1*同源，编码一个油菜素内酯C-6氧化酶（brassinosteroid C-6 oxidase）BRD1，催化油菜素内酯合成的最后一步。*BRD1*在*UPA1*-NIL^{8759}发育中的叶片、叶环和叶鞘的表达高于*UPA1*-NIL^{W22}。*BRD1*过表达玉米的叶夹角增大、叶耳面积变大、近轴端厚壁细胞层数减少，表明*BRD1*参与了玉米叶夹角的调控途径。*UPA2*下游9540bp是*ZmRAVL1*基因，包含一个外显子，编码区长1230bp，编码一个由409个氨基酸残基组成的含有B3结构域的蛋白质（图11-3A）。ZmRAVL1蛋白定位于细胞核，在玉米所有组织中均有表达，尤其在*UPA2*-NIL^{W22}的未成熟叶片中表达量高于*UPA2*-NIL^{8759}。UPA2可能作为一个顺式作用元件远程调控下游*ZmRAVL1*基因的表达。*ZmRAVL1*基因的CRISPR/Cas9基因敲除（*ZmRAVL1*-KO）和RNAi（*ZmRAVL1*-RNAi）植株的叶夹角、叶耳面积和叶耳边缘宽度明显小于野生型，而过表达（*ZmRAVL1*-OE）植株的叶夹角显著大于野生型（图11-3B～D）。ZmRAVL1作为正调节子参与玉米叶夹角调控途径，它的功能缺失或表达降低都会导致叶夹角变小和叶片向上生长，有利于形成紧凑型植株。

玉米YABBY转录因子DRL1在N端包含一个C2C2锌指结构域，对叶长、叶宽、叶夹角和节间长度都有影响。240bp的非编码区内存在一段锌指蛋白C2H2转录因子结合区，能与DRL1结合。

通过研究*lg1*、*lg2*、*BRD1*、*drl1*和*ZmRAVL1*这些基因的关系发现，*lg2*位于*lg1*的上游，正调控*lg1*的表达；*lg1*位于*ZmRAVL1*的上游，LG1可以直接结合在*ZmRAVL*的启动子上并激活*ZmRAVL1*的表达；*ZmRAVL1*能够促进下游*BRD1*的转录，并影响内源性油菜素类固醇含量。同时，LG1在体内和体外都可以与DRL1互作，二者互作后抑制了LG1对下游

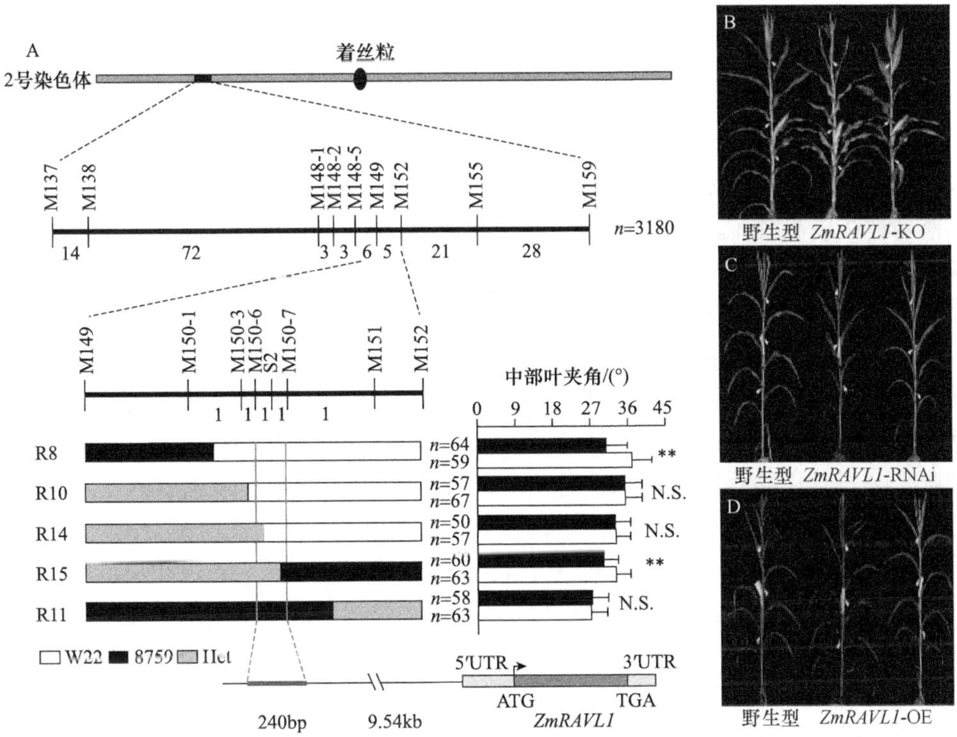

图11-3　*ZmRAVL1*基因定位和转化植株（引自Tian et al.，2019）

W22．W22纯合区；8759．8759纯合区；Het．杂合区；N.S.．不显著；**．$p<0.01$；UTR.非翻译区；ATG．起始密码子；TGA．终止密码子

基因*ZmRAVL1*的转录激活作用。

四、玉米叶夹角调控基因的应用

*lg1*和*lg2*在生产中并没有被广泛应用，这是由于在高密度种植的环境下，它们的植株表型极端，叶片过于直立容易产生秃尖。在田间高种植密度实验中，直立叶角的*UPA2*-NIL^{8759}产量高于*UPA2*-NIL^{W22}，说明*UPA2*基因不仅改变了玉米叶夹角的结构，还可以提高高密度种植的产量。同样，*ZmRAVL1*-KO的产量也高于野生玉米。*UPA1*、*UPA2*和*ZmRAVL1*基因的克隆和研究，完善了玉米叶夹角的调控途径，为玉米理想植株的精准育种提供了理论基础。

第二节　玉米单倍体诱导基因的克隆

玉米是典型的二倍体植物，$2n=2x=20$，是世界上最早利用杂种优势的作物之一。玉米杂交育种的核心环节是自交系选育，这种育种方式周期长、进度慢，获得稳定的自交系至少需要8代的连续自交。而单倍体育种采取“诱导+单倍体加倍”两个步骤，只需两代即可获得双单倍体（doubled haploid，DH）纯系，大大缩短了育种时长，已被国内外各大育种公司广泛应用。近年来，玉米单倍体育种技术发展迅速，商业化应用范围日益扩大，和转基因技术、分子标记辅助育种技术并称为现代玉米三大育种技术。

一、玉米单倍体的形成

单倍体（haploid）是指体细胞只具有雄配子体染色体数目的个体。玉米、水稻、小麦等很多作物的雄配子体是三核花粉，含一个大的营养细胞和两个小的精细胞。当成熟花粉落到柱头表面时，经过水合，花粉膨胀萌发后生长出花粉管，营养细胞和精细胞顺着花粉管在花丝中延伸到达胚囊，其中一个精细胞与卵细胞融合产生二倍体受精卵，另一个精细胞和中央细胞融合形成三倍体胚乳，从而完成双受精过程。关于单倍体的形成，目前主要有两种假说：单受精假说和染色体排除假说。单受精假说认为有一个精细胞和中央细胞可以正常形成胚乳，而另一个精细胞与卵细胞不能产生受精卵，通过孤雌生殖产生单倍体；染色体排除假说认为在双受精正常完成后，来自父本的染色体在后续细胞分裂过程中被排除，从而产生母本单倍体。但是这两种假说的诱导发生机制尚不明确。

玉米自然产生单倍体的比率低于0.1%，远远达不到生产所需。以往获得单倍体的方法主要是通过花药离体培养，离体花药经过人工添加诱导剂秋水仙碱，使染色体数目加倍获得纯合的正常植株染色体数目。但花药离体培养过程复杂，秋水仙碱的毒性较大、加倍时间不好掌握、效率不能保证，在实际应用中难度很大。目前玉米单倍体育种主要依靠采用孤雌生殖诱导系诱导获得。单倍体玉米植株比较弱小，高度不育，加倍成正常植株染色体数后才能形成DH系，恢复育性从而得到种子，DH系可以直接用于育种。

二、玉米单倍体育种基因

（一）*Stock6*突变体

1959年，美国遗传学家将*Stock6*作为父本诱导系，诱导产生了母本单倍体（诱导率仅为2%左右）。但*Stock6*有明显的缺点，如诱导率低、高温不易散粉、自交结实率低等，难以大规模推广应用。过去几十年，育种学家对*Stock6*不断进行优化改造，将选育后的*Stock6*衍生系作为父本与其他材料杂交，产生的母本单倍体诱导率（单倍体后代占后代总数的百分比）可达7%～15%，这已成为DH育种中应用最广、最有效的方法。虽然对*Stock6*衍生系的诱导基因定位有一些研究报道，但控制诱导率的具体基因仍不清楚。

（二）*MTL*基因的发现

2017年，先正达公司从由*Stock6*衍生品种RWK（单倍体诱导率约13%）构建的后代群体中发现控制玉米单倍体诱导的*qhir1*位置，通过精细定位将其缩小到0.57Mb区域范围内（图11-4A）。通过对其基因组进行测序发现，在编码磷脂酶的基因*GRMZM2G471240*中有一个4bp的插入（图11-4B），将*GRMZM2G471240*干扰后发现单倍体诱导率增加，表明*GRMZM2G471240*上的移码会导致诱导单倍体的功能丧失，将其命名为*MTL*（matrilineal）。*MTL*编码一个定位于精细胞细胞质的花粉特异性磷脂酶。通过转录激活因

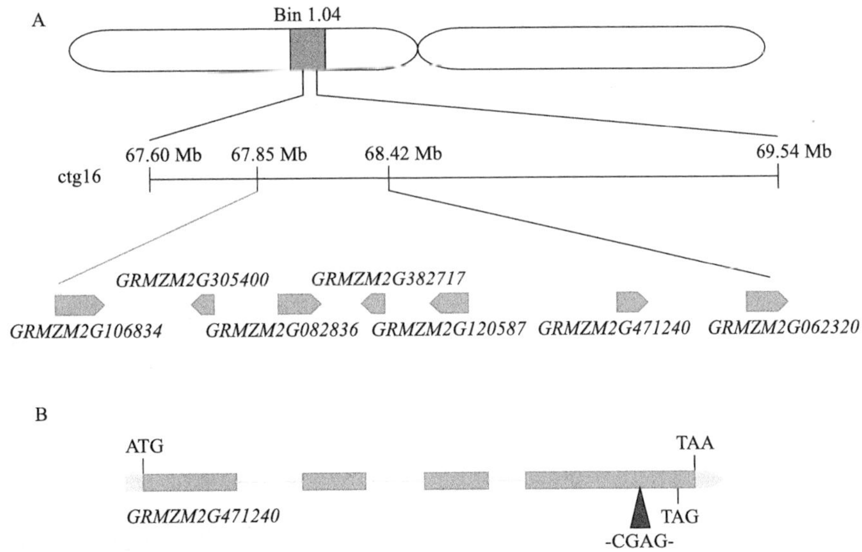

图11-4　*MTL*基因定位和突变体表型（引自Kelliher et al.，2017）

Bin 1.04. 标记；ATG. 起始密码子；TAG、TAA. 终止密码子

子样效应物核酸酶（transcription-activator-like effector nuclease，TALEN）编辑技术，在*MTL* 4bp位置处引入缺失，后代产生4.0%～12.5%（平均6.65%）的单倍体诱导率，说明*MTL*的移码与玉米单倍体的高诱导率直接相关。*MTL*在第380个氨基酸残基处发生移码，导致随后的20个氨基酸残基发生改变，提前29个氨基酸终止转录。

（三）*ZmPLA1*基因的发现

几乎与先正达公司同时，中国农业大学陈绍江教授、金危危教授及华中农业大学的严建兵教授团队也发现了同一个基因。他们利用4个定位群体，在全基因组范围内扫描了控制玉米单倍体诱导的QTL，共获得8个QTL位点。其中位于1号染色体Bin1.04的*qhir1* QTL效应最大。比对B73参考基因组，*qhir1*的定位被缩小至243kb区域范围内。在这243kb定位区间内比对出13个基因，其中只有两个基因编码蛋白质。经过对玉米B73和B73诱导系花药的RNA测序分析，确定了其中编码磷脂酶A（phospholipase A）的基因是*qhir1*的候选基因，被命名为*ZmPLA1*（图11-5A）。*ZmPLA1*含有4个外显子，编码一个长428个氨基酸残基的磷脂酶（图11-5B）。*ZmPLA1*转录本仅在花药中表达，在花药发育的双核期开始被检测到，表达量到三核期时达到最高（图11-5C）。为了鉴定*ZmPLA1*的变异情况，该研究团队构建了*Stock6*衍生的单倍体诱导株系CAU5的细菌人工染色体（bacterial artificial chromosome，BAC）文库，通过对文库进行筛选、测序、序列比对和基因功能注释等分析，发现CAU5 BAC文库中的*ZmPLA1*在蛋白质编码区含有11个SNP和1个在第四个外显子上的4bp（CGAG）插入突变（图11-5B）。由于密码子的简并性，11个SNP中大多没有引起氨基酸的变化，只有位于409位的C碱基变成T碱基、421位的C碱基变成G碱基、1210位的G碱基变成C碱基，使编码的氨基酸发生改变。最重要的是，第四个外显子上4bp的插入导致了转录的移码和提前终止，使编码的磷脂酶缩短了29个

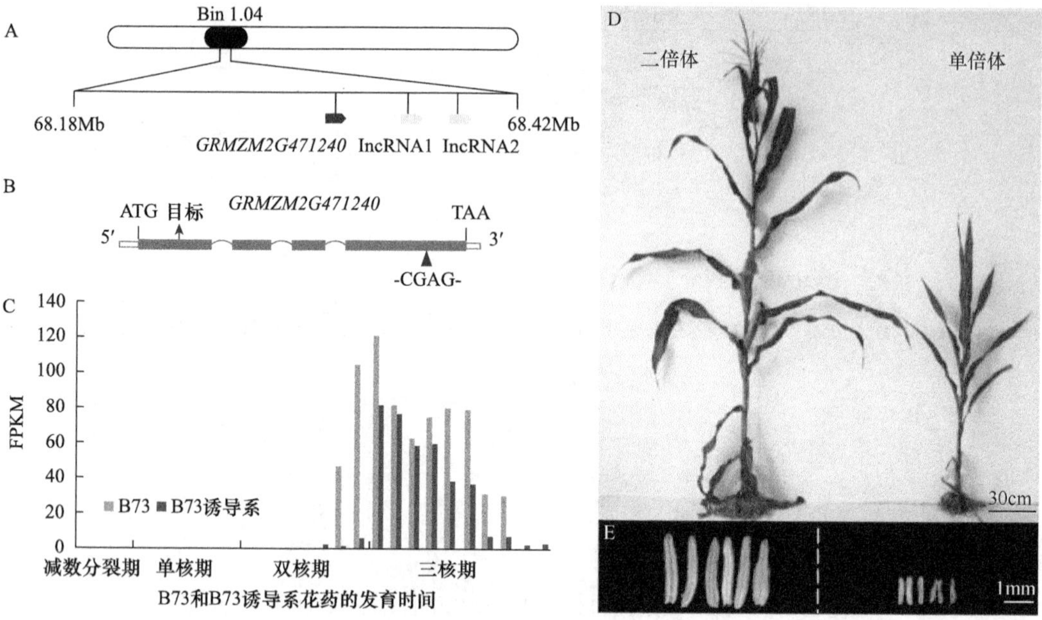

图11-5 *ZmPLA1*突变诱导玉米单倍体的出现（引自Liu et al.，2017）

A. *ZmPLA1*基因精细定位；B. *ZmPLA1*基因结构；C. *ZmPLA1*在花药发育不同时期的表达情况；D. *ZmPLA1*敲除后和ZD958杂交后代二倍体和单倍体的植株；E. *ZmPLA1*敲除后和ZD958杂交后代二倍体（左）和单倍体（右）的花药。FRKM表示基因表达水平的通用方法，代表每百万片段中来自某基因每千碱基长度的片段数

氨基酸残基。通过对玉米自交系、大刍草自交系和诱导系的检测发现，第四个外显子的4bp碱基CGAG插入仅存在于诱导系中，是诱导系的一个独有特征，可能导致*ZmPLA1*等位基因的功能减弱或丧失，从而导致单倍体诱导表型的出现。

利用CRISPR/Cas9定点突变技术将野生型玉米*ZmPLA1*基因敲除后的植株作为雄性，和ZD958杂交后代获得了单倍体诱导能力，植株呈现株高矮、花药小、不育等农艺性状（图11-5D，E）。通过多态分子标记分析，结果显示所有的单倍体都来自母本基因组。*ZmPLA1*敲除系影响单倍体诱导率的原因可能类似于*Stock6*中的基因突变。总之，*ZmPLA1*是一个可以偶然导致*qhir1*单倍体诱导产生的基因，*ZmPLA1*中4bp的插入导致了单倍体诱导基因的形成。

三、单倍体育种技术展望

单倍体育种技术是玉米育种历史上的一个重要突破，解决了玉米育种周期长这一严重制约育种发展的关键问题。*ZmPLA1*/*MTL*作为诱导玉米单倍体的主效基因，在此基础上构建的玉米单倍体高效育种体系和新品种可以大面积推广，实现了基础研究和育种应用的紧密结合，大力推动了玉米育种技术的转型和升级。

磷脂酶编码基因在玉米、水稻和高粱等多种作物中都有家族成员存在，序列的高度相似性暗示了它们的功能可能具有一定的保守性。目前已经成功在水稻、小麦中敲除*ZmPLA1*/*MTL*的同源基因诱导产生单倍体，这为其他作物建立单倍体的高效育种体系奠定了基础。

第三节 野败型水稻细胞质雄性不育基因的发现

水稻（*Oryza sativa*）是世界上最重要的粮食作物之一，提高水稻产量是保障粮食安全的重要举措。2019年，FAO数据显示全球水稻产量已超过7.55亿吨。我国2020年水稻种植面积达3008万公顷，产量约2.11亿吨（数据来源于国家统计局）。

一、野败型水稻的发现

植物雄性不育（male sterility）是指植物的雄性器官发育不良，不能产生正常功能的雄配子体导致不育的现象。雄性不育植株的雌性器官正常，但是雄性配子无正常功能，不能进行自交繁殖，但可以与外源花粉进行受精结实，极大地促进了异质基因的交流，丰富了种群遗传多样性。植物细胞器基因组和核基因组之间的不亲和导致了细胞质雄性不育（cytoplasmic male sterility，CMS），它阻止自花授粉，提高了杂交作物的产量。20世纪60年代，我国开始进行水稻雄性不育的研究。1964年，袁隆平首次发现了雄性不育水稻，即洞庭早籼雄性不育水稻，该材料为核不育类型，无法获得高效繁殖不育系，因此不能进行杂交稻育种。1970年11月，袁隆平团队在收集野生雄性不育系水稻时，李必湖在海南岛南红农场发现了一棵花药异常的野生雄性不育株系，该植株的花药发白，形态瘦小，不开裂，花粉内无填充物，属于碘败型花粉败育。于是，袁隆平将这棵不育野生水稻植株命名为“野败”（wild abortive，WA），就是野生的雄性败育水稻系。“野败”雄性不育野生水稻的发现，为杂交稻成功选育提供了坚实的物质基础，因此，袁隆平被国内外称为“杂交水稻之父”。1972年，全国多个省市参与了水稻雄性不育与杂种优势利用的研究项目，将首次发现的不育材料作为细胞质供体，采用回交法育成我国首批半矮秆籼稻野败型细胞质雄性不育系和保持系，如‘二九南1号A’‘珍汕97A’‘29矮4号A’。1973年，育成了‘汕优2号’和‘南优二号’强优势杂交组合，形成了籼型杂交水稻三系配套体系。1976年，三系杂交稻开始在全国推广，经济收益及社会效益得到极大的提高。野败型杂交稻培育成功后，国际国内多个水稻育种机构继而培育出多种不育系，这些拥有共同来源的野败型雄性不育细胞质的不育系被统称为野败型细胞质雄性不育（CMS-WA）。

二、水稻野败型细胞质雄性不育相关基因

阐明细胞质雄性不育发生的关键是了解相关基因的分子机制，国内外科学家经过不断努力，成功克隆了细胞质不育系的相关基因，并提出多种细胞质雄性不育的作用机制假说。植物绒毡层在花粉发育过程中的降解起着将小孢子从四分体中分离出来、为小孢子发育提供能量、为花粉外壁形成提供物质等重要作用，任何干扰绒毡层正常降解的因素都会影响花粉的育性。Balk等在向日葵中首次发现，细胞质不育基因会造成植物绒毡层细胞程序性死亡（programmed cell death，PCD）的提前发生。

华南农业大学刘耀光教授团队在第一个水稻线粒体基因组序列的基础上，结合长距离精确聚合酶链反应（long and accurate polymerase chain reaction，LA-PCR）技术，将CMS-WA品种‘珍汕97A’（‘ZS97A’）和两个可育系品种‘日本晴’粳稻（‘Nipponbare’）、

籼稻93-11的线粒体基因组分成43个7.36～15.2kb的片段。通过限制性分析、Northern杂交分析发现，ZS97A和可育系之间存在两个有表达差异的转录本。经过进一步的测序和功能验证，该团队在水稻线粒体中发现了一段新的重组ORF，其编码产物具有三个跨膜区，大小为352bp，被命名为 *WA352*（wild abortive 352）。*WA352* ORF由4个片段组成：284s、cs3、cs2和cs1。将 *WA352* 和线粒体转运信号MTS融合构建植物表达载体分别转化水稻ZH11和拟南芥，结果显示 *WA352* 是导致水稻雄性不育的关键基因。

通过酵母双杂交实验筛选到WA352的互作蛋白COX11，COX11是一个核编码线粒体跨膜蛋白细胞色素c氧化酶组装因子。WA352含有两个COX11互作区域：第218～292个氨基酸区域和由cs1序列编码的第294～352个氨基酸区域。WA352编码的蛋白在花药小孢子母细胞阶段的绒毡层大量积累，与COX11互作后，抑制了COX11清除活性氧（reactive oxygen species，ROS）的功能，使绒毡层细胞ROS爆发，导致绒毡层PCD提前发生，最终导致花粉败育。

该团队调查了808个野生和栽培水稻系的线粒体基因组，鉴定出11个与 *WA352* 相关的线粒体重组结构，通过对它们序列相似性的比较发现，这些ORF在进化上是新的基因。其中 *WA352a*、*WA352b*、*WA314* 和 *WA352c*（即 *WA352*）都是组成型表达基因，它们的功能相同，可以与COX11互作，造成水稻细胞质雄性不育。植物线粒体基因组中的重复序列可以介导DNA重组。根据这些重组结构在序列和结构的相似性去追溯它们的起源进化发现，*WA352c* 来源于 *WA352b*，*WA352c* 在位点G和H处重组，将一个含atp6的序列从其原始位置转移到S352b，替换了cs5序列。研究人员首次发现了两个无功能的CMS原基因（protogene）*orf367* 和 *orf356*，原基因经过序列变异和重组产生了新的CMS功能基因，从而减轻了蛋白质的自我抑制，新功能基因经历了从低拷贝到高拷贝的进化过程（substoichiometric shifting）。这项研究提出了一种新的CMS基因的进化模型，为细胞器基因组-核基因组互作和核质不亲和提供了重要的分子证据，也为水稻杂交育种提供了丰富的种质资源。

三、野败型雄性不育恢复系的研究

来自1号染色体上的 *Rf3* 和10号染色体上的 *Rf4* 基因都可以恢复CMS-WA育性，但这两个基因的精细定位尚不清楚。Tang等对ZS97A和恢复系MH63杂交后代的雄性不育植株进行多态性标记，将 *Rf4* 基因定位于10号染色体的137kb区域内，该区域周围存在多个五肽重复序列（pentatricopeptide repeat，PPR）蛋白质编码基因（图11-6A）。通过对CMS-WA水稻遗传转化植株的表型观察发现，*PPR9-782-M* 具有恢复CMS-WA育性的功能（图11-6B），最终将这个编码782个氨基酸的基因确定为 *Rf4* 基因。*PPR9-782-M* 编码的蛋白质与 *Rf1a* 编码的PPR3-791-M具有86%的氨基酸序列一致性，并且都含有18个PPR基序，但PPR3-791-M不能恢复CMS-WA的育性。*Rf4* 区域的 *PPR* 基因通过序列重复和碱基变异产生了功能性（显性）*Rf4* 基因和两种非功能性（隐形）*rf4* 基因：籼型 *rf4-i* 和粳型 *rf4-j*。进一步研究表明，*Rf4* 编码的PPR9-782-M蛋白进入线粒体，在转录后水平降低了 *WA352* mRNA的表达，从而恢复了水稻育性（图11-7）。

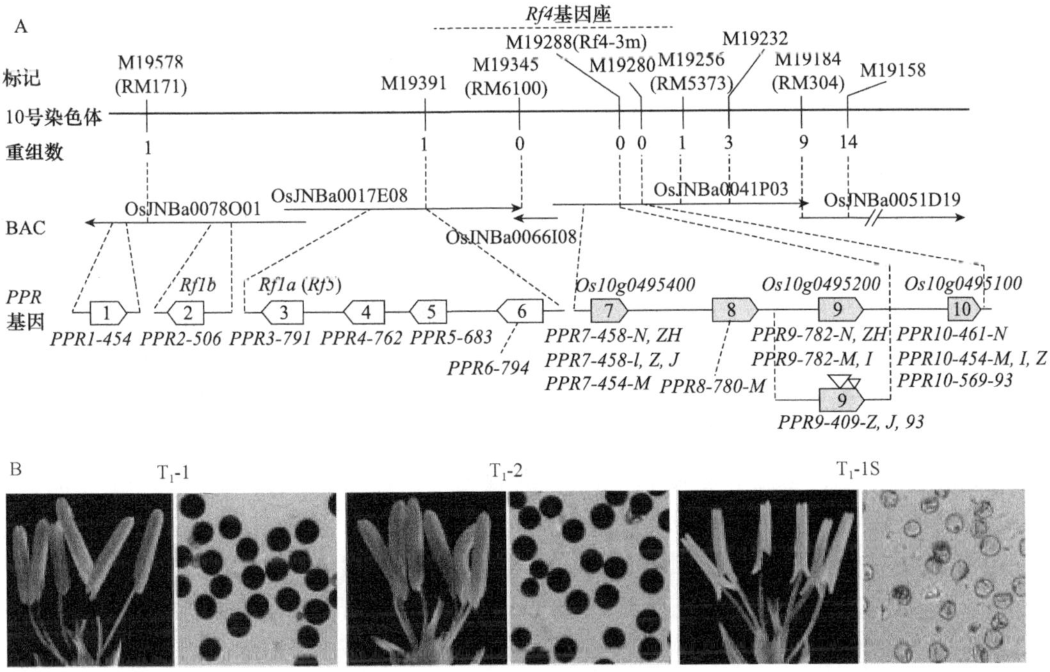

图 11-6　CMS-WA 恢复基因 *Rf4* 的定位和功能分析（引自 Tang et al.，2014）

BAC．细菌人工染色体文库；T_1-1，T_1-2．转基因植株下一代的两个株系；T_1-1S．没有发生育性分离的 T_1 代株系

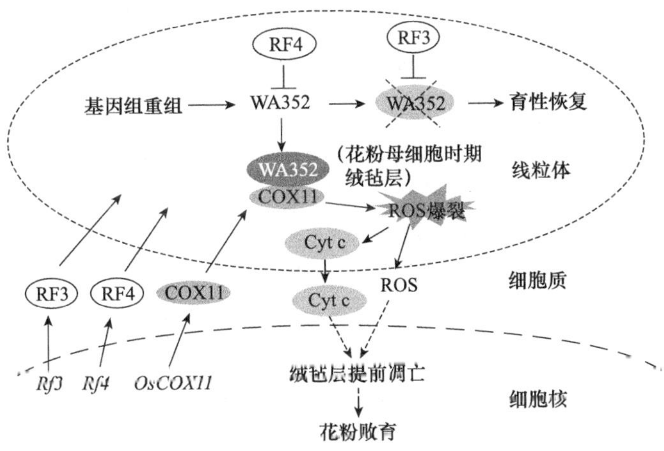

图 11-7　CMS-WA 系统机制模型（引自 Luo et al.，2013）

Cyt c．细胞色素 c；ROS．活性氧；实箭头代表已经证实的，虚箭头代表推测的

第四节　小麦抗赤霉病主效基因 *Fhb7* 的克隆与应用

小麦（*Triticum aestivum*）属于禾本科小麦属作物，和玉米、水稻并称世界三大谷类作物。2019年，FAO数据显示全球小麦产量已超过7.65亿吨。我国小麦主要种植于江苏、河南、安徽、山东、湖北、河北等十余省份，2020年种植面积达2338万公顷，产量约1.34亿吨

（数据来源于国家统计局）。然而，小麦在生长发育的各个阶段都会受到不同病虫害等生物胁迫的侵害，严重威胁了世界粮食生产和食品安全，是农业生产上首要解决的问题。在育种中选育具有良好抗病虫害的优质高产小麦品种有利于在生产上大规模推广。

一、小麦赤霉病概况

小麦赤霉病（*Fusarium* head blight，FHB）是全球范围内的一种小麦病害，也被称作小麦"癌症"，是由禾谷镰刀菌（*Fusarium graminearum*）、黄色镰刀菌（*Fusarium culmorum*）、燕麦镰刀菌（*Fusarium avenaceum*）等多种镰刀菌属真菌引起的一种穗部病害。其中禾谷镰刀菌是中国、美国、加拿大和欧洲等地引起小麦赤霉病的主要致病菌。在中国，小麦赤霉病集中发病于南方冬麦区，如长江中下游冬麦区、川滇冬麦区和华南冬麦区等地；东北三江平原春麦区在多雨年份也可流行成灾。禾谷镰刀菌孢子在小麦开花期侵染穗部小花，通过木质部和髓部持续传播繁殖，在小穗和颖片上出现小的水渍状、淡褐色病斑，后期导致整个小穗枯黄或萎蔫，造成小麦减产甚至绝收。同时，病程中会产生并积累多种环氧倍半萜类化合物（trichothecenes）毒素，包括脱氧雪腐镰孢菌烯醇（deoxynivalenol，DON）及其衍生物、玉米赤霉烯酮（zearalenone，ZEN）和雪腐镰孢菌醇（nivalenol，NIV）等，长期食用被毒素污染的粮食会严重危害人畜消化系统和器官功能。

二、小麦抗赤霉病主效基因 *Fhb7* 的克隆

小麦赤霉病抗性是由数量性状控制的，易受环境条件的影响，表现出较复杂的遗传机制，阻碍了抗赤霉病小麦的遗传育种工作进展。山东农业大学孔令让教授团队经过近20年的研究，从小麦近缘植物长穗偃麦草（*Thinopyrum elongatum*）中通过远缘杂交的方式获得了小麦抗赤霉病基因*Fhb7*。长穗偃麦草是一种多年生的小麦近缘种，包括二倍体、四倍体、十倍体，携带多种优异抗性基因，抗寒、抗旱、抗病能力都很强，并且可以与小麦杂交，是实现优质小麦育种的重要亲本之一。

该团队在完成二倍体长穗偃麦草E基因组的组装后，依次利用小麦-长穗偃麦草异代换系（7E/7D）和异位系研究，建立小麦-长穗偃麦草异代换系7el1/7D与7el2/7D杂交重组自交系（RIL）群体，以及用7el1作为轮回亲本构建B6F1群体筛选分析，将*Fhb7*基因定位于长穗偃麦草7E染色体长臂末端约1.2Mb的物理区间内。通过对BAC文库和分子标记筛选，最终将该基因定位于分子标记Xsdau86和Xsdau88之间245kb的物理区间内，获得唯一表达的候选基因*Tel7E01T1020600.1*。随后，用病毒诱导的基因沉默法（VIGS）、定向诱导基因组局部突变（TILLING）群体筛选、构建原始启动子融合846bp编码区的转基因小麦株系等一系列实验，最终确定候选基因*Tel7E01T1020600.1*就是目标抗赤霉病基因*Fhb7*。将*Fhb7*启动子融合*Fhb7*基因的载体转入FHB敏感小麦品种'KN199'中，T_3代转基因植株小穗患病数明显少于对照。

序列比对显示，*Fhb7*基因编码一个谷胱甘肽*S*-转移酶（glutathione *S*-transferase，GST），通过对GST超家族系统进化分析发现，*Fhb7*属于谷胱甘肽转移酶醚酶相关（glutathione transferase etherase-related，GTE）亚家族，目前对GTE亚家族尚未有相关

功能的研究结果。*Fhb7*基因在植物界中没有同源基因，而在温带禾本科植物内生真菌*Epichloë aotearoae*基因组却存在相似性高达97%的同源基因。进一步的序列比对表明，在多个内生真菌香柱菌属（*Epichloë*）中都存在*Fhb7*基因的同源序列。此外，研究人员发现*Fhb7*基因同时存在于二倍体和十倍体E基因组中，由此推测在二倍体长穗偃麦草形成之后、十倍体长穗偃麦草形成之前，*Epichloë*的内生真菌可能与二倍体长穗偃麦草共生，*Fhb7*基因从内生真菌水平基因转移（horizontal gene transfer，HGT）到二倍体长穗偃麦草并整合到其基因组中，从而使后者进化出抵御镰刀菌属病原菌侵染的抗性。

三、小麦抗赤霉病主效基因 *Fhb7* 的分子机制

脱氧雪腐镰孢菌烯醇（DON）是一种单端孢霉烯真菌毒素，可抑制真核蛋白质的合成，诱发细胞产生过氧化氢，促进细胞程序性死亡。基于对DON浓度、感染过程和宿主转录水平的研究，DON的表达量在禾谷镰刀菌侵染48h后最高，促进了宿主植物组织的坏死。携带*Fhb7*基因的7E2/7D代换系小麦幼苗经25mg/L DON处理6h，可以诱导*Fhb7*的表达量达到最高，推测*Fhb7*基因编码的GST可能在外源毒素的解毒过程中发挥作用。随后，将*Fhb7*近等基因系（NIL）和*Fhb7*转基因小麦幼苗分别在含有25mg/L DON的培养基上进行生长抑制实验，*Fhb7*转基因小麦幼苗长势明显好于不含*Fhb7*基因的对照幼苗（图11-8A）。同时，酵母生长实验表明含有*Fhb7*基因的毕赤酵母在400μmol/L DON的培养基中可以正常生长，而不含*Fhb7*的对照酵母不能生长（二者在不含DON的培养基上均能正常生长）。为了进一步验证*Fhb7*基因如何参与DON毒素的解毒过程，研究人员选择了7E2/7D代换系小麦、*Fhb7*转基因小麦和*Fhb7*转基因毕赤酵母分别用DON处理，利用液相色谱-高分辨质谱（LC-HRMS）分析不同处理组的样品，通过观察样品峰图发现不同处理组中均有谷胱甘肽加合物（DON-GSH）的产生，不同的是DON-GSH加合物在不含*Fhb7*基因对照组的出峰时间是2.40min，而携带*Fhb7*基因实验组的出峰时间是1.68min，由出峰时间的不同推测出这两种产物是同分异构体（图11-8B）。核磁共振波谱证实2.40min的DON-GSH加合物是GSH结合DON第一个平面环C10位的双键形成的，而1.68min的DON-GSH加合物是GSH结合在DON的C13位，通过去环氧化破坏其环氧基团产生解毒功能（图11-8B）。后续对37个不同小麦种质资源和1个不含*Fhb7*的栽培品种进行液相色谱-高分辨质谱分析，所有的38个品种中都只能检测到2.40min的DON-GSH（C10）峰，而没有检测到1.68min的DON-GSH（C13）峰。

DON毒素属于单端孢霉烯真菌毒素，这类毒素还包括3-乙酰基脱氧雪腐镰刀菌烯醇（3-ADON）、15-乙酰基脱氧雪腐镰刀菌烯醇（15-ADON）、单端孢霉烯族毒素（T-2、HT-2）、雪腐镰孢菌醇（NIV）和镰刀菌酮X（FUS-X）等，它们的环氧基团相对保守。萃取离子色谱和液相色谱-高分辨质谱结果显示，这些真菌毒素都可以与GSH形成加合物，说明*Fhb7*基因具有广谱的解毒功能。此外，对*Fhb7*转基因小麦分别接种引起茎腐病的假禾谷镰刀菌（*Fusarium pseudograminearum*）和中国南方赤霉病的主要致病菌亚洲镰刀菌（*F. asiaticum*），转基因小麦的抗病性都优于野生型。以上结果表明，携带*Fhb7*基因的长穗偃麦草通过去环氧化破坏了单端孢霉烯真菌毒素的环氧基团，使植株免受镰刀菌属引起的细胞毒性损伤。

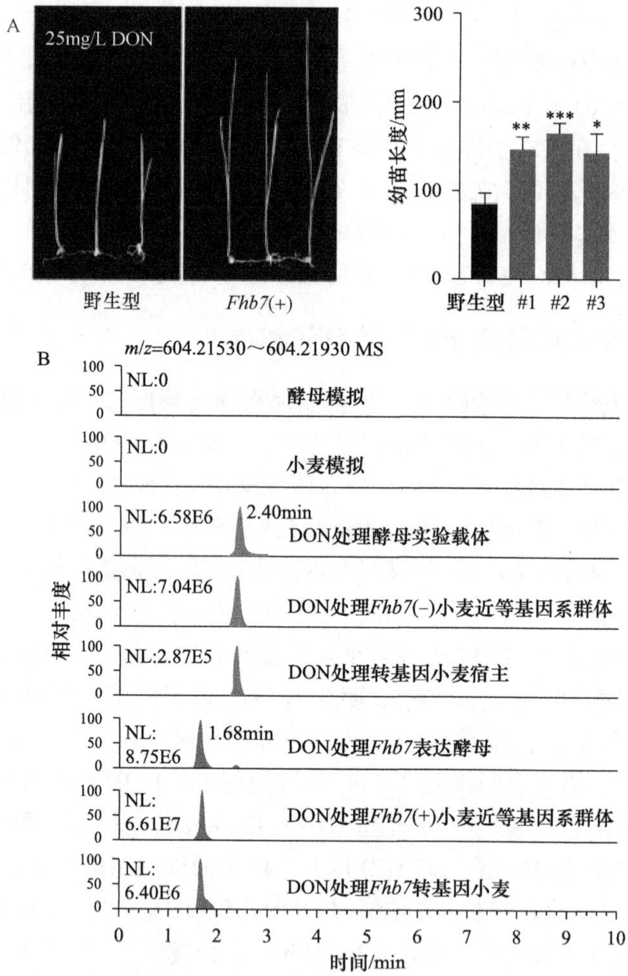

图11-8 *Fhb7*通过解毒DON赋予小麦FHB抗性（引自Wang et al.，2020）

A．野生型和*Fhb7*转基因幼苗；B．两种DON-GSH加合物的出峰时间；*m/z*．质量/电荷值；NL．离子强度响应值

四、小麦抗赤霉病主效基因 *Fhb7* 的应用

近年来，由于全球气候变暖和耕作方式的调整，小麦赤霉病有向黄淮麦区和北方麦区蔓延的趋势，山东、河南和山西等麦区的赤霉病发生范围日趋扩大。如何有效防治赤霉病已成为急需解决的粮食安全问题。目前防治赤霉病的方式主要有三种：化学防治、生物防治和种植抗赤霉病小麦品种。化学防治是在小麦开花期喷施适量化学药剂进行防治，是使用范围最广，也是最有短期成效的防治方式，但其使用药剂单一，容易使致病菌产生抗药性并造成环境污染。生物防治产品较少，使用的话会提高生产成本，仍未大面积使用。因此，挖掘优异抗病基因、培育优质抗赤霉病小麦品种是最经济、最有效的防治方式。

小麦长穗偃麦草表现出较强的赤霉病抗性，是由于*Fhb7*基因通过水平基因转移事件从内生真菌整合到二倍体长穗偃麦草的基因组中并稳定遗传给后代。有研究表明，*Fhb7*基因能够破坏单端孢霉烯真菌毒素的环氧基团，有效降低麦粒中的毒素含量，还能显著提高不同遗传背景的小麦对赤霉病和茎腐病的抗性，同时小麦的产量及相关农艺性状却未发生明显变化，为小麦抗病遗传育种提供了优异基因。

第五节　“基因设计”育种——‘优薯1号’杂交马铃薯的诞生

马铃薯（*Solanum tuberosum*）属于一年生茄科草本植物，是世界上最重要的块茎类粮食作物，全球约有13亿人口将马铃薯作为主食。2019年，FAO数据显示全球马铃薯产量已超过3.70亿吨。我国马铃薯主产区位于黑龙江、甘肃、内蒙古、宁夏、云南、贵州等省份。2018年，全国马铃薯种植面积达475万公顷，产量约1798万吨（数据来源于国家统计局）。与谷物类粮食作物不同，马铃薯是依靠栽培薯块进行无性繁殖的四倍体作物，四倍体遗传的复杂性和薯块繁殖的高成本严重制约了马铃薯遗传改良育种进程和产业发展。为了解决这些问题，中国农业科学院基因组研究所黄三文研究员联合云南师范大学等国内外优势团队发起了“优薯计划”，目的是用杂交种子繁殖的二倍体育种替代无性繁殖的四倍体育种，这是马铃薯育种和繁殖的“绿色革命”，是对马铃薯产业重要的农业创新。

一、二倍体杂交马铃薯育种的难点

建立二倍体杂交马铃薯育种平台，首先必须克服两大育种难点：自交不亲和（self-incompatible）与自交衰退（inbreeding depression）。

自交不亲和是指植物具有完全花，可形成正常的雌雄配子，但在自花受精后不能结实的现象。二倍体马铃薯普遍存在自交不亲和，属于配子型自交不亲和作物。1998年，日本科学家Hosaka在自交亲和野生种*Solanum chacoense* chc 525-3中定位了抑制二倍体马铃薯自交不亲和的显性位点*Sli*（S-locus inhibitor）基因。但在栽培种中导入*Sli*基因会导致匍匐茎变长、块茎中的有毒甾体配糖生物碱含量高等不良性状，需要后续进行多次遗传改良，造成了育种时间的延长。

自交衰退是指生物在自交后由有害的隐性等位基因引起的生理机能衰退的现象。马铃薯作为高度杂合的异交作物，长期以来一直通过营养块茎进行无性繁殖，积累了大量杂合状态的有害隐性等位基因，在连续多代自交后，这些有害突变表现出生活力下降、产量降低等现象，增加了培育自交系的难度。有害突变被认为是近交衰退的主要原因，只有清除这些有害突变，才能获得高纯度的自交系，加快马铃薯遗传育种的进展。2011年，荷兰科学家Lindhout公布了马铃薯杂交育种的概念实验，但近10年来研究进展缓慢，自交系纯度较低，仍然无法完全克服自交衰退。

二、二倍体杂交马铃薯的研究进展

基因编辑是一种新兴的通过敲除或修饰目的基因来设计农作物所需性状的技术，CRISPR/Cas9基因编辑技术在作物遗传改良中具有重要作用，可以实现定点编辑，技术操作简单、成本低、效率高。

在“优薯计划”中，黄三文团队使用CRISPR/Cas9基因编辑技术敲除调控马铃薯自交不亲和的*S-RNase*基因，创建了自交二倍体马铃薯。由于*S-RNase*基因在基因组中的高度多态性，用传统的扩增方法很难获得目的基因序列。该团队采用从头拼接RNA-Seq得到*S-RNase*基因的全长，将CRISPR/Cas9载体定位于*S-RNase*的第一个外显子上，使*S-RNase*基因丧失自亲和功能，通过自交最终获得不含Cas9元件的二倍体马铃薯自交亲和材料，后代株系的生长状态与野生型无差异，可以直接用于后续育种（图11-9）。他们在基因编辑全过程中没有引入任何野生DNA片段。该团队从200多个二倍体马铃薯中筛选到*S-RNase*的天然突变体，发现二倍体马铃薯中的有害突变具有明显的品种特异性，说明遗传背景差异大的两个自交系杂交时，杂交后代将有高度的杂种优势。大多数影响存活和生长活力的有害隐性等位基因位于重组率高的基因组区域，可以通过重组的方法去除这些有害基因，从而解决自交不亲和的问题。

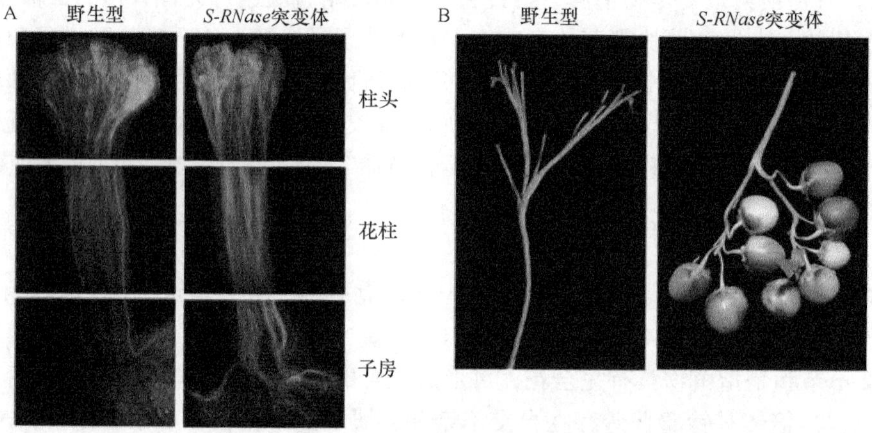

图11-9 *S-RNase*突变体的花粉管和果实（引自Ye et al.，2018）

A．野生型和*S-RNase*突变体授粉时的花粉管；B．野生型和*S-RNase*突变体坐果期

2020年，该团队采用多种测序技术对马铃薯自交衰退的遗传机制进行分析，组合出自交亲和二倍体马铃薯品种‘RH89-039-16’（RH）的单倍型解析基因组图谱，大小为1.67Gb。通过数据比较发现，有害突变和差异表达的等位基因分布在两套单倍型基因组中，通过减数分裂重组无法去除有害等位基因，也不能聚集优异等位基因。二倍体马铃薯的单倍型解析的完成可以帮助识别有害突变，特别是紧密连锁的有害基因，这为分子选择育种和基因编辑技术提供了清除有害突变的有效方法。

在之前研究的基础上，该团队利用基因组大数据分析，建立起一套完整的马铃薯基因组设计杂交育种流程（图11-10），包括以下4个步骤：①起始材料的选择。培育二倍体马铃薯自交系的起始材料必须打破自交不亲和。首先要对起始材料中基因组纯合性的百分比和有害突变的数量进行评估，选择携带有不同自交亲和基因的自交系作为亲本，避免F_1代产生任一自交亲和基因的有害突变。此外，基因组杂合性与有害突变的数量呈正相关，选择较低杂合性和较少有害突变的品种作为起始材料更利于自交系的培育。②SI群体的遗传分析。生育力是影响马铃薯自交系培育的关键因素，必须去除那些影响育性的有害基因。该团队对杂合二倍体S_1群体进行测序，根据苗期、花期、坐果期和块茎等的偏分离热点区域（segregation distortion region，SD）和表型鉴定，找出携带大效应有害突变或控制关键农艺性状的遗传位点。③自交系的开发。根据S_2植物的表型和纯合度，

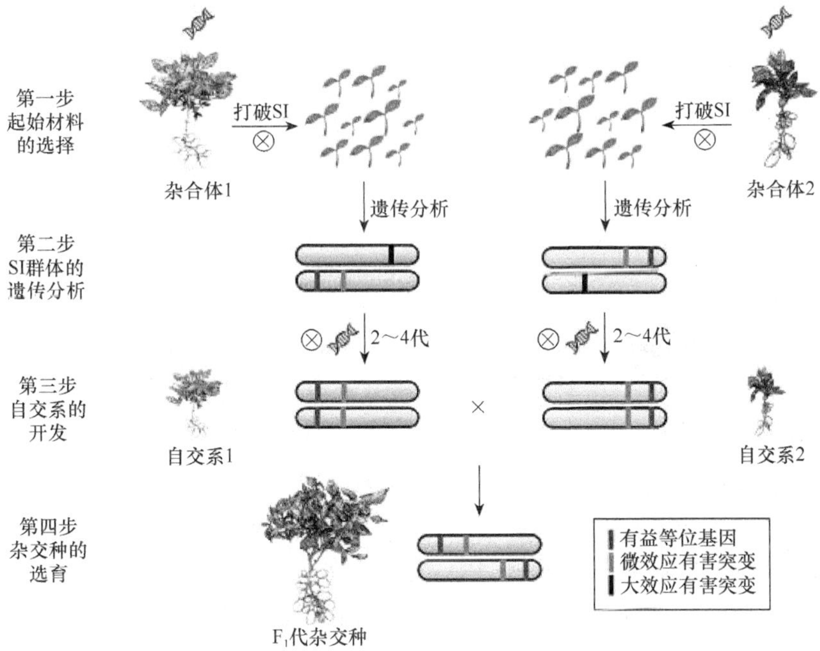

图11-10　马铃薯基因组设计杂交育种流程（引自Zhang et al.，2021）
SI. 自交不亲和

结合基因组辅助选择，收集具有相对较高纯合度的个体，将所得群体进一步自花授粉2～4次，获得多个携带优异等位基因的高纯合度自交系。其中，打破大效应有害突变和优异等位基因的紧密连锁是培育自交系关键的一步。④杂交种的选育。根据基因组测序选择互补性较高的自交系杂交，F_1代在温室和田间的生长活力与产量都具有很强的杂种优势。这说明大多数有害突变产生的不利影响在F_1代没有显现出来。两个纯合自交系的基因组互补程度越高，越容易获得F_1代的杂种优势。

三、'优薯1号'杂交马铃薯的应用

通过基因组设计育种，黄三文团队已经培育出高纯合度的二倍体马铃薯杂交品种'优薯1号'。在云南省德宏傣族景颇族自治州的小区试验显示，'优薯1号'F_1代有明显的杂种优势，产量约为2.7t/亩，接近当地主要四倍体品种的产量（3t/亩），类胡萝卜素和干物质含量较高，蒸煮口感俱佳。但'优薯1号'在产生大量块茎的同时也长出很多果实，需要通过调整块茎分配或抑制果实发育来进一步提高块茎的产量。目前二倍体杂交马铃薯仍然处于起步阶段，需要国内外育种家共同合作，在产量、抗病性和适应性方面把马铃薯培育成更有竞争力的作物，使其成为人类餐桌上更有营养的食物。

第六节　园艺作物育种进展

一、黄瓜分子育种研究进展

黄瓜（*Cucumis sativus*）属于葫芦科甜瓜属，一年生攀缘性草本植物，$2n=2x=14$，是全球重要的蔬菜作物之一。黄瓜在我国栽培历史久远，作为主要的设施蔬菜种植范围广泛，对蔬菜周年供应和产业发展起着无可替代的作用。2019年，FAO数据显示，我国黄瓜种植面积达125万公顷，产量约7034万吨。但黄瓜至今仍然缺少高产、抗病和品质优良的品种。

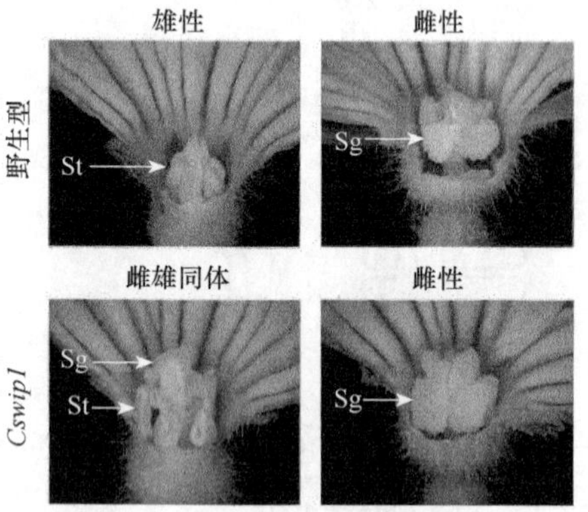

图11-11　*Cswip1*突变体的花组织
（引自Hu et al.，2017）
St. 雄蕊；Sg. 柱头

（一）黄瓜基因编辑研究进展

到目前为止，在黄瓜中运用CRISPR/Cas9技术的研究鲜有报道。Chandrasekaran等通过敲除*elF4E*基因，提高了黄瓜对病毒的广谱抗性。黄瓜*CsWIP1*是甜瓜心皮发育抑制子*CmWIP1*的同源基因，*CmWIP1*可以调控甜瓜产生全雌性状。用CRISPR/Cas9技术将黄瓜*CsWIP1*敲除后，在后代中将筛选标记和Cas9共分离，获得纯合的无转基因*Cswip1*突变体。*Cswip1*突变体仅有雌花和雌雄同体花（图11-11）。雌雄同体花产生的果实短而圆，而雌花产生的果实与野生型产生的果实极相似，在黄瓜育种方向具有重要的潜在价值。

（二）黄瓜苦味基因研究进展

黄瓜果实中经常出现苦味，严重影响了消费者食用的口感，降低了黄瓜商品品质，造成经济效益减少。葫芦科果实中的苦味是由一种四环三萜化合物葫芦素（cucurbitacin）在果实中的积累导致的，植物叶和根中的葫芦素能增强植株抵御病虫害侵染的能力。此外，葫芦素可以通过特异性抑制Janus激酶信号转导和转录激活因子（JAK-STAT）通路导致癌细胞的细胞周期停滞、凋亡和生长抑制。由于葫芦素在植物体内含量相对较低，化学合成难度大，目前对这一重大的科学问题研究进展缓慢。

*Bi*基因是一个使黄瓜产生苦味的基因。为了找到*Bi*基因，黄三文团队对115个不同品种黄瓜的变异图谱进行了全基因组关联分析，结果发现最显著的一个SNP定位于*Bi*基因上，导致除CG7744外，所有黄瓜品种中的*Csa6G088690*基因第393位氨基酸从半胱氨酸（C）到酪氨酸（Y）的非同义替换。而在CG7744中，*Csa6G088690*基因在第760个氨基酸处有1bp的缺失造成移码突变，因此认为*Csa6G088690*基因就是*Bi*基因（图11-12A）。*Bi*基因属于氧化角鲨烯环化酶（oxidosqualene cyclase，OSC）基因家族，是南瓜葫芦二烯醇合酶基因（cucurbita dienol synthase gene）*CPQ*的同源基因。在黄瓜中，*Bi*在无苦味天然突变体XY-3叶片中的表达水平不足有苦味野生型XY-2的1%。将XY-3和甲磺酸乙酯诱导的无苦味突变体E3-231重测序比对，两种无苦味突变体实际上是由叶片bHLH转录因子*Csa5G156220*的两个隐性等位基因造成的，故将*Csa5G156220*命名为*Bl*（bitter leaf）基因（图11-12B）。在黄瓜叶片中，*Bl*通过与*Bi*启动子上的E-box（CANNTG）元件结合来激活*Bi*的转录以调控葫芦素C（CuC）的生物合成。*Bl*的同源基因*Csa5G157230*在黄瓜果实中特异表达，*Csa5G157230*的表达量与*Bi*的表达量呈正相关，

不同黄瓜品种的苦味程度也与*Csa5G157230*基因的表达量呈正相关。瞬时表达结果结合ChIP和EMSA分析显示，*Csa5G157230*通过与*Bi*启动子上的E-box元件结合激活*Bi*的转录，并促进果实中CuC表达水平的提高，共同验证了*Csa5G157230*基因是*Bt*（bitter fruit）基因。

葫芦二烯醇（cucurbita dienol）必须通过细胞色素P450酶（P450）和酰基转移酶（ACT）催化的一系列反应才能合成CuC。其中，*Bl*和*Bt*分别在叶子和果实中与9个共表达基因（1个OSC、7个P450 和1个ACT）的启动子特异性结合，直接反式激活了这9个基因，进而调控CuC生物合成途径中苦味的合成。

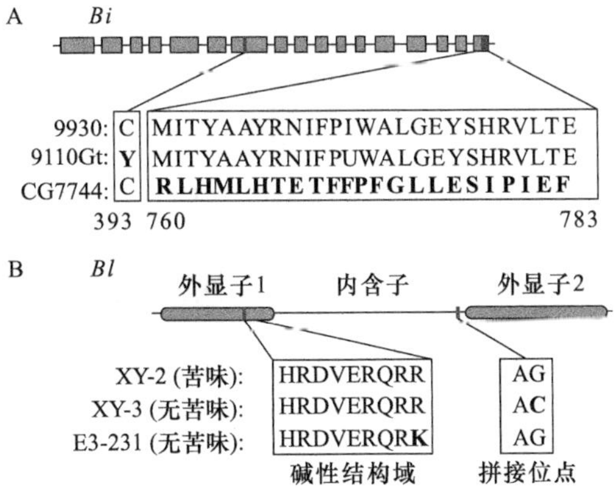

图11-12 *Bi*和*Bl*基因的氨基酸序列

（引自Shang et al.，2014）

9930. 黄瓜野生型；9110Gt、CG7744. 黄瓜突变体；E3-231. 黄瓜无苦味突变体

在黄瓜中，CuC生物合成代谢途径可以分为4个步骤：①*Bi*编码葫芦二烯醇合酶，催化2,3-氧化角鲨烯环（2,3-oxidosqualene）转化成四环葫芦烷（tetracyclic cucurbitane）；②P450基因*Csa3G903540*催化葫芦二烯醇的衍生物19-羟基葫芦二烯醇（19-hydroxy cucurbita dienol）的合成；③P450基因*Csa6G088160*催化19-羟基葫芦二烯醇，羟基从C-19转移到C-25位，同时C-24和C-25之间的双键转移到C-23和C-24之间，产物变为19,25-二羟基葫芦二烯醇（19,25-dihydroxy cucurbita dienol）；④ACT基因*Csa6G088700*负责将脱乙酰CuC（deacetyl CuC）乙酰化成CuC。

葫芦素生物合成途径不仅可以降低黄瓜苦味，还将为三萜类化合物作为抗癌药物的生物合成开发新的思路。这类植物天然产物合成、调控和转运途径的发现将有助于对植物分子调控机制的探究，帮助科研人员有针对性地对特定代谢物途径进行更深入的探索。

二、番茄分子育种综述

番茄（*Solanum lycopersicum*）别名西红柿，属于茄科番茄属，$2n=2x=24$，一年生或多年生草本植物。果实中富含对人体有益的多种维生素和番茄红素等营养物质，在世界各地被广泛种植，是重要的蔬菜经济作物之一。2019年FAO数据显示，全国种植面积达108万公顷，产量约6287万吨。

（一）番茄代谢组学研究进展

番茄是由野生祖先经过环境适应的驯化筛选，分化成的不同的后代品种。现代育种主要是根据消费者喜好、用途、当地气候环境条件培育出不同类型的番茄品种。其中，粉红色番茄深受亚洲国家消费者的喜爱。

粉红色番茄品质是多种代谢物的综合表现。在番茄果实发育过程中，碳水化合物等主要代谢物都发生了明显的变化，随着果实进入成熟期，黄酮类化合物和类胡萝卜素开

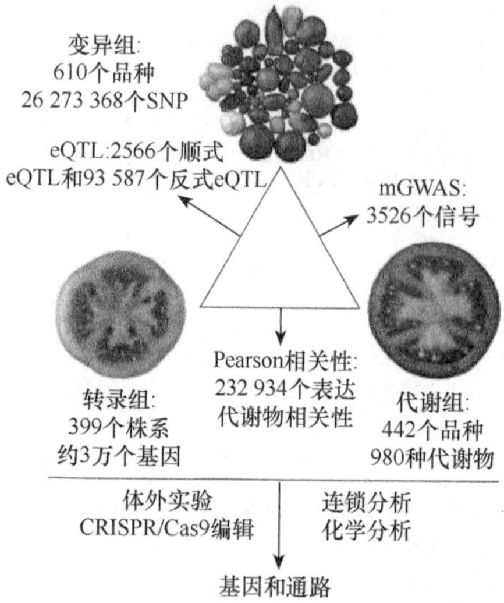

图11-13　番茄品种组学分析
（引自Zhu et al.，2018）
SNP．单核苷酸多态性；eQTL．表达数量性状位点；mGWAS．基于代谢组的全基因组关联研究

始积累，而苦糖生物碱和α-番茄碱含量则显著下降。黄三文团队将610种番茄品种的基因组、399个品种的橙期（75%成熟状态）果皮转录组和442个品种的代谢组合成一个大型数据库（图11-13），挖掘到3526个mGWAS信号、2566个顺式表达数量性状位点（expression quantitative trait locus，eQTL）、93 587个反式eQTL和232 934个表达代谢物的相关性，从中确定了大量控制番茄果实代谢物的遗传位点。

转录因子SlMYB12是一个类黄酮生物合成途径的关键调控因子，主要在转色期的果皮表达，与番茄红色表型相关。比较红色和粉红色番茄的果皮代谢组发现，有122种代谢物发生了显著变化，包括mGWAS挖掘的56个代谢物。为了研究粉红色番茄的代谢途径中哪些基因直接或间接地受到*SlMYB12*基因的调控，Zhu等构建了两个不同的sgRNA（single-guide RNA）载体，用CRISPR/Cas9技术转化红色番茄，获得粉红色果实的*SlMYB12*基因敲除突变体（图11-14A）。橙果期果皮的转录组结合eQTL分析显示，受到*SlMYB12*基因调控的49个基因发生了显著变化，其中18个基因很可能是*SlMYB12*的直接下游靶点。在敲除突变体中，类黄酮和其他一些配糖生物碱、多胺、多酚等化合物的表达量都出现了不同的变化（图11-14B），说明*SlMYB12*基因作为番茄果实代谢的关键调控因子会直接或间接地影响多种代谢途径。

现代农业育种一直致力于针对优异性状进行有目的地靶向选择，精准地改良作物表型和品质，丰富了植物代谢组学的资源，多组学分析结合精确的基因编辑技术可以加速作物分子标记辅助育种的进程。

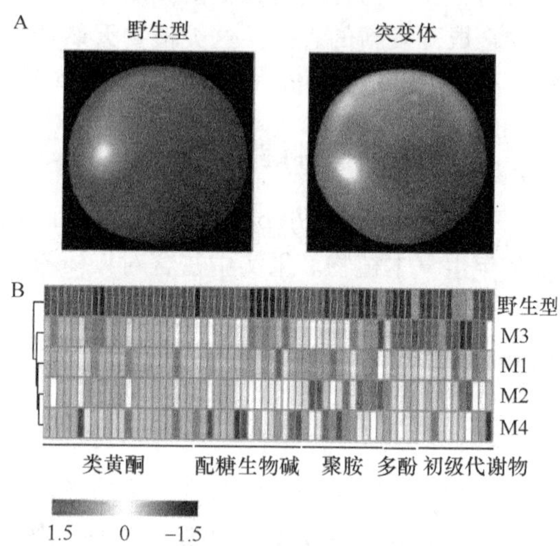

图11-14　*SlMYB12*突变体果实和代谢物表达量
（引自Zhu et al.，2018）
A．野生型和*SlMYB12*突变体果实；B．*SlMYB12*突变体果皮中代谢物的变化

（二）番茄花柄脱落研究进展

在植物的营养和生殖生长过程中，脱落区（abscission zone，AZ）的植物器官受到不同的发育信号和周围环境的刺激而产生脱落。AZ由一组圆形的、特定的分生组织细胞组成，涉及多种信号通路。其中生长素的消耗会在AZ处产生乙烯（ETH）并加速脱落，在这个过程中还需要过氧化氢（H_2O_2）的参与。目前，脱落过程的调

控机制尚未研究清楚。

沈阳农业大学李天来教授团队在AZ发现水通道蛋白（aquaporin，AQP）家族在番茄花梗脱落中发挥着十分重要的作用。其中*SlTIP1;1*转录本在番茄花梗脱落时的AZ特异表达，是所有AQP成员中表达量最高的成员。SlTIP1;1蛋白位于中央液泡、小液泡液泡膜和质膜中。*SlTIP1;1*通过调控细胞质H_2O_2浓度和渗透水渗透率（osmotic water permeability，P_f）来调节脱落。细胞质中H_2O_2水平升高造成早期脱落阶段的生长素信号受到抑制，并在脱落期间增加了ETH的产生，通过增加P_f提高膨胀压力，为AZ细胞分离提供分离能力。去花后，*SlTIP1;1*敲除植株中细胞质H_2O_2的产生和积累被抑制，细胞生长素信号高于野生型，ETH表达量明显降低，造成花梗脱落的延迟。而过表达*SlTIP1;1*则导致质外体和细胞质中H_2O_2的增加，ETH表达量显著提高，加速了花梗脱落。ETH诱导乙烯响应因子SlERF52（ethylene response factor 52）与*SlTIP1;1*启动子中的DRE（CCGAC）元件直接结合，激活*SlTIP1;1*的表达，*SlTIP1;1*在ETH信号下游发挥作用使花梗加速脱落（图11-15）。

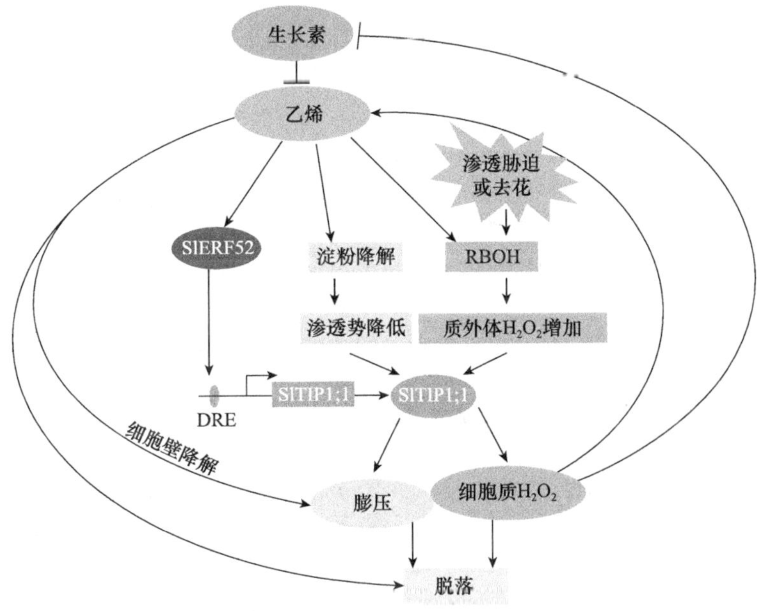

图11-15 SlERF52-SlTIP1;1调控花梗脱落模型（引自Wang et al.，2021）

RBOH. 呼吸爆发氧化酶同源物

主要参考文献

陈乐天，刘耀光. 2016. 水稻野败型细胞质雄性不育的发现利用与分子机理. 科学通报，61（35）：3804-3812

葛文扬，孙思龙，王宏伟，等. 2020. 天然“转基因”使小麦获得赤霉病抗性. 自然杂志，42（4）：340-346

谢勇尧，汤金涛，杨博文，等. 2019. 水稻育性调控的分子遗传研究进展. 遗传，41（8）：703-715

Hake S, Richardson A. 2019. Using wild relatives to improve maize. Science, 365 (6454): 640-641

Hu B, Li D, Liu X, et al. 2017. Engineering non-transgenic gynoecious cucumber using an improved transformation protocol and optimized CRISPR/Cas9 system. Molecular Plant, 10 (12): 1575-1578

Kelliher T, Starr D, Richbourg L, et al. 2017. MATRILINEAL, a sperm-specific phospholipase, triggers maize haploid induction. Nature, 542 (7639): 105-109

Liu C, Li X, Meng D, et al. 2017. A 4-bp Insertion at *ZmPLA1* encoding a putative phospholipase a generates haploid induction in maize. Molecular Plant, 10: 520-522

Luo D, Xu H, Liu Z, et al. 2013. A detrimental mitochondrial-nuclear interaction causes cytoplasmic male sterility in rice. Nature Genetic, 45 (5): 573-577

Moon J, Candela H, Hake S. 2013. The liguleless narrow mutation affectsproximal-distal signaling and leaf growth. Development, 140: 405-412

Shang Y, Ma Y, Zhou Y, et al. 2014. Biosynthesis, regulation, and domestication of bitterness in cucumber. Science, 346 (6213): 1084-1088

Tang H, Luo D, Zhou D, et al. 2014. The rice restorer *Rf4* for wild-abortive cytoplasmic male sterility encodes a mitochondrial-localized PPR protein that functions in reduction of WA352 transcripts. Molecular Plant, 7: 1497-1500

Tian J, Wang C, Xia J, et al. 2019. Teosinte ligule allele narrows plant architecture and enhances high-density maize yields. Science, 365: 658-664

Wang H, Sun S, Ge W, et al. 2020. Horizontal gene transfer of *Fhb7* from fungus underlies *Fusarium* head blight resistance in wheat. Science, 368 (844): eaba5435

Wang R, Li R, Cheng L, et al. 2021. SlERF52 regulates *SlTIP1;1* expression to accelerate tomato pedicel abscission. Plant Physiol, 185 (2): 1829-1846

Yao L, Zhang Y, Liu C, et al. 2018. *OsMATL* mutation induces haploid seed formation in indica rice. Nat Plants, 4 (8): 530-533

Ye M, Peng Z, Tang D, et al. 2018. Generation of self-compatible diploid potato by knockout of *S-RNase*. Nat Plants, 4: 651-654

Zhang C, Wang P, Tang D, et al. 2019. The genetic basis of inbreeding depression in potato. Nature Genetics, 51 (3): 374-378

Zhang C, Yang Z, Tang D, et al. 2021. Genome design of hybrid potato. Cell, 184: 3873-3883

Zhou Q, Tang D, Huang W, et al. 2020. Haplotype-resolved genome analyses of a heterozygous diploid potato. Nature Genetics, 52: 1018-1023

Zhu G, Wang S, Huang Z, et al. 2018. Rewiring of the fruit metabolome in tomato breeding. Cell, 172: 249-261